CB056357

BARRAGENS DE ENROCAMENTO COM FACE DE CONCRETO

2ª edição | revista e atualizada

oficina de textos

BARRAGENS DE ENROCAMENTO COM FACE DE CONCRETO

2ª edição | revista e atualizada

PAULO T. CRUZ

BAYARDO MATERÓN

MANOEL FREITAS

© Copyright 2009 Oficina de Textos
2ª edição 2014

Grafia atualizada conforme o Acordo Ortográfico da Língua Portuguesa de 1990, em vigor no Brasil desde 2009.

Conselho editorial   Cylon Gonçalves da Silva; José Galizia Tundisi; Luis Enrique Sánchez;
Paulo Helene; Rozely Ferreira dos Santos; Teresa Gallotti Florenzano

Capa e projeto gráfico MALU VALLIM
Diagramação DOUGLAS DA ROCHA YOSHIDA, MALU VALLIM e MARIA LÚCIA RIGON
Fotos da capa BARRAGEM DE CAMPOS NOVOS, SC – BRASIL
Preparação de figuras MAURO GREGOLIN
Preparação de texto GERSON SILVA
Revisão de texto PÉTULA LEMOS e HÉLIO HIDEKI IRAHA

Dados Internacionais de Catalogação na Publicação (CIP)
(Câmara Brasileira do Livro, SP, Brasil)

Cruz, Paulo T.
    Barragens de enrocamento com face de concreto / Paulo T. Cruz,
Bayardo Materón, Manoel Freitas. --
São Paulo : Oficina de Textos, 2014.

    Bibliografia.
    ISBN 978-85-7975-155-4

    1. Barragens de enrocamentos 2. Face de concreto
I. Materón, Bayardo. II. Freitas, Manoel. III. Título.

14-10079   CDD-627.83

Índices para catálogo sistemático:
1. Barragem de enrocamentos com face de
concreto : Engenharia civil 627.83

Todos os direitos reservados à OFICINA DE TEXTOS
Rua Cubatão, 959
04013-043 São Paulo SP Brasil
Fone: (11) 3085-7933   Fax: (11) 3083-0849

Autores

Paulo Teixeira da Cruz, Engenheiro Civil pela Escola de Engenharia Mackenzie (1957), Mestre e Doutor em Geotecnia pela Universidade de São Paulo, onde atua há mais de 40 anos.

Iniciou seus trabalhos no campo das barragens na histórica barragem de Três Marias, e nesses 50 anos de vida profissional trabalhou em projetos de inúmeras barragens brasileiras, destacando-se as emblemáticas Itaipu e Tucuruí, entre muitas outras. Desde a década de 1980 tem atuado como consultor independente. Participou do *board* de consultores da barragem de Campos Novos. É autor do livro *100 Barragens Brasileiras – casos históricos, materiais de construção, projeto* (1996), no qual consolida o notável *know-how* brasileiro em projeto e construção de barragens. É Vice-Presidente da CFRD International Society.

Bayardo Materón, Engenheiro Civil pela Universidade de Cauca, Popayán, Colômbia (1960), e Mestre em Engenharia Civil pela Purdue University, Indiana, EUA (1965). Trabalha como engenheiro consultor em métodos construtivos no campo de barragens de enrocamento e hidrelétricas. Desde o término da BEFC Alto Anchicayá, em 1974, tem se envolvido com muitas organizações líderes em projeto e construção de barragens de enrocamento e projetos hidrelétricos. É membro de diversos *boards* de consultores para diferentes projetos em construção. Atualmente é Presidente da CFRD International Society. Participou do projeto e da construção das BEFCs mais altas do mundo, tais como Alto Anchicayá, Salvajina, Porce III, Ranchería, Ituango e Tona (Colômbia); Foz do Areia, Xingó, Segredo, Itá, Itapebi, Machadinho, Campos Novos e Barra Grande (Brasil); Aguamilpa, El Cajón, La Yesca, La Parota, Chicoasén II e Las Cruces (México); Antamina, Torata, Olmos, Chaglla e Chavimochic (Peru); Caracoles e Punta Negra (Argentina); Messochora (Grécia); Kannaviou (Chipre); Bakún (Malásia); Mohale (Lesoto, África); Tiangshengqiao 1 (China); Merowe (Sudão); Berg River e Braamhoek (África do Sul); Santa Juana, Puclaro, Punilla, Ancoa e Carén (Chile); Kárahnjúkar (Islândia) e Siah Bishe (Irã).

Manoel de Souza Freitas Jr., Engenheiro Civil pela Escola de Engenharia de São Carlos da Universidade de São Paulo (1969). Iniciou suas atividades no setor de barragens no início da década de 1970, como especialista em geotecnia, tendo participado na supervisão de projetos na área Recursos Hídricos e Obras Hidrelétricas. Atualmente atua como consultor independente para várias empresas construtoras, sendo ainda consultor do Banco Mundial e do Banco Interamericano em projetos hidrelétricos no Brasil. Atuou como Engenheiro-Chefe e Gerente Técnico da construção da BEFC de Tianshengqiao 1 (1.200 MW, China) e participou como consultor independente das BEFCs de Barra Grande, Campos Novos e, recentemente, de Mazar (Equador) e Reventazón (Costa Rica), em construção.

Agradecimentos

A publicação deste livro só se tornou viável graças ao apoio e suporte financeiro dos seguintes parceiros: Comitê Brasileiro de Barragens, Engevix Engenharia, Intertechne Consultores Associados, Construções e Comércio Camargo Corrêa e Construtora Norberto Odebrecht.

A Engevix e a Intertechne são duas empresas de renome mundial e pioneiras no desenvolvimento de vários projetos de barragens descritos neste livro, tanto no Brasil como no exterior. As construtoras Camargo Corrêa e Norberto Odebrecht, por sua vez, são empresas cuja história se confunde com a história das barragens brasileiras e que têm se consolidado como construtoras de Barragens de Enrocamento com Face de Concreto no Brasil e em vários países.

Somos particularmente gratos também a dois grandes engenheiros de barragens: ao Dr. Edilberto Maurer, pelas considerações elogiosas feitas na Apresentação do livro e por sua colaboração no Cap. 1, ampliando o horizonte do histórico das BEFCs, em especial no tocante à introdução dessas barragens no nosso meio; e ao professor e pesquisador Xu Zeping, pela sua participação neste livro na área de Métodos Numéricos e pelas informações sobre o desenvolvimento das BEFCs em seu país.

Desde a sua fundação, em 1961, o Comitê Brasileiro de Barragens, ligado ao Comitê Internacional de Grandes Barragens, tem promovido congressos sobre barragens brasileiras de grande repercussão, tanto no Brasil como no exterior, e contribuído para a divulgação de nossas barragens por meio de publicações próprias e de incentivos à publicação de livros como este.

A Engevix Engenharia tem 43 anos de atuação efetiva na engenharia de barragens brasileiras e participou, entre muitos outros, dos projetos de Itaipu e Tucuruí. No campo das BEFCs brasileiras, desenvolveu os projetos das barragens de Itá, Itapebi, Quebra-Queixo, Barra Grande, Campos Novos (202 m, a maior em altura em 2006), Monjolinho e Paiquerê. Projetou a BEFC Baines, na Namíbia, e teve participação, por meio da Braspower, na BEFC Shuibuya (China). Organizou e participou ativamente, junto com o CBDB, de dois Simpósios Internacionais sobre BEFCs (1999 e 2007), em Florianópolis. A Engevix contribuiu também na elaboração do *J. Barry Cooke Volume - CFRD*, em homenagem ao Dr. Barry Cooke, distribuído aos participantes da 20a Conferência da ICOLD (Pequim, Setembro/2000).

A Intertechne é uma empresa brasileira de Consultoria de Engenharia, organizada em 1987 por um grupo de engenheiros brasileiros que atuam em conjunto desde meados dos anos 1960, em atividades de projeto e construção de obras hidráulicas, hidrelétricas e sistemas de transmissão. Expandiu suas atividades por meio da incorporação de novos talentos e do desenvolvimento de novas tecnologias de análise e elaboração de projetos de engenharia. Em seu campo de atuação, atualmente está consolidada como uma das principais empresas de engenharia de projeto e consultoria, atuando seletivamente em uma larga esfera de empreendimentos no Brasil e no exterior. No campo das BEFCs, participou, junto com a Milder Kaiser, no projeto da BEFC de Foz do Areia, pioneira no Brasil e a mais alta no seu tempo. Atuou ainda nos projetos das BEFCs de Segredo, Itapebi, Pichi Picún Leufú, Bakún, El Cajón e, recentemente, de duas barragens na África: Lauco e Caculo.

A atuação no Brasil e no exterior, especialmente no que tange à construção de obras civis de grande porte, como hidrelétricas, rendeu à Construtora Camargo Corrêa diversos prêmios. Porém, mais do que premiações, o reconhecimento internacional de sua capacidade de inovação, de sua atualização tecnológica e do seu valioso capital humano é motivo de imenso orgulho. A busca constante da melhoria contínua – o que os orientais costumam chamar de *kaizen* –, e a procura frenética pela tecnologia de ponta, incluindo as próprias inovações que a Camargo Corrêa promoveu nesse mercado, levaram a empresa a construir sua tão positiva reputação mundial. Na área de BEFCs, construiu as barragens de Machadinho, Barra Grande, Campos Novos, Porce III (Colômbia) e, em início, a de Paiquerê.

A Construtora Norberto Odebrecht é hoje uma das maiores com atuação no Brasil e no exterior. Ela tem-se destacado como uma empresa com grande foco na construção de barragens, tendo em seu currículo perto de uma centena de barragens para geração de eletricidade e outros fins, sendo reconhecida internacionalmente nesse ramo da engenharia. Sua capacidade na construção de barragens é atestada pela execução simultânea de 14 obras de barramento no ano de 2008. No campo das BEFCs, construiu no Brasil as barragens de Foz do Areia, Xingó, Itapebi e Itá. Na Argentina, Pichi Picún Leufú; no Peru, El Limón; na Malásia, Bakún; e está construindo Tocoma, na Venezuela. Nos últimos anos tem sido reconhecida, pela revista ENR (*Engineering New Records*), como uma das duas principais empresas de construção de hidrelétricas em nível internacional.

Especiais agradecimentos à editora Oficina de Textos, pioneira no lançamento do livro *100 Barragens Brasileiras*, em 1996, e que agora publica este livro sobre Barragens de Enrocamento com Face de Concreto.

A todos, os nossos sinceros agradecimentos.

Os autores

Apresentação da primeira edição

A iniciativa dos colegas e amigos Bayardo Materón, Paulo Cruz e Manoel de Freitas de editar um livro contendo o estado da arte das Barragens de Enrocamento com Face de Concreto é de todo meritória e virá a criar uma fonte de consulta indispensável para quem pretender se envolver em assuntos relativos a essa tecnologia.

Em qualquer assunto envolvendo tecnologia, a consulta ao histórico da evolução conceitual é imprescindível para que se usem adequadamente os eventuais insucessos do passado e os sempre presentes sucessos como referenciais para minimizar os primeiros e maximizar os segundos no desenvolvimento de novos projetos.

Particularmente, em se tratando de BEFC, o caráter predominantemente empírico do desenvolvimento dos seus projetos torna esse fato de muito maior relevância, pois essa característica faz com que seja do sucesso ou insucesso do passado que se tirem os ensinamentos necessários para a evolução da sua tecnologia.

Dessa forma, é expectativa dos autores – e nossa também – que a coletânea de informações aqui apresentada venha a se constituir em um acervo de consulta para todos aqueles que estejam de alguma forma envolvidos em concepção, projeto e execução de empreendimentos com Barragens de Enrocamento com Face de Concreto.

É uma grande oportunidade lançar no mercado um livro com esse conteúdo por ocasião de um evento de suma importância para a engenharia de barragens brasileira, como é a realização do 23º Congresso Internacional de Grandes Barragens, em Brasília. É importante lembrar que este é o mais destacado evento da engenharia de barragens no mundo e o mais importante evento da Comissão Internacional de Grandes Barragens (ICOLD/CIGB).

Para o Comitê Brasileiro de Barragens (CBDB), que é o braço nacional da ICOLD, a oportunidade de sediar e organizar um acontecimento de tanta importância para o meio barrageiro nacional e também para o País é de suma relevância, e que muito o honra e engrandece.

Nossos cumprimentos aos autores, acompanhados de votos de sucesso para esta iniciativa.

Março de 2009

Edilberto Maurer
Presidente do CBDB – Comitê Brasileiro de
Barragens e Vice-Presidente da ICOLD –
International Commission on Large Dams

Sumário

1 Introdução Geral às Barragens de Enrocamento com Face de Concreto (BEFCs)...21
- 1.1 Um panorama geral sobre as BEFC no mundo 21
- 1.2 Importantes eventos relacionados a BEFCs 25
- 1.3 BEFCs em áreas sísmicas: um evento histórico 27
- 1.4 As barragens altas em um futuro próximo 29
- 1.5 Considerações sobre as BEFCs muito altas 29

2 Critérios de Projeto para as BEFCs 31
- 2.1 O maciço de enrocamento 32
- 2.2 Fluxo da água através do enrocamento e vazão 45
- 2.3 Estabilidade 45
- 2.4 O plinto ou a laje do pé 47
- 2.5 A face de concreto 51
- 2.6 Junta perimetral 54
- 2.7 Muro-parapeito e sobre-elevação 55
- 2.8 Alternativas de impermeabilização 55
- 2.9 Construção 56
- 2.10 Instrumentação 57
- 2.11 Conclusão 58

3 Seções Típicas das Barragens 79
- 3.1 Nomenclatura internacional 61
- 3.2 Evolução das barragens tipo BEFC compactadas 61
- 3.3 Casos históricos 61
   - Cethana (Austrália, 1971) 61
   - Alto Anchicayá (Colômbia, 1974) 63
   - Foz do Areia (Brasil, 1980) 65
   - Aguamilpa (México, 1993) 68
   - Campos Novos (Brasil, 2006) 70
   - Shuibuya (China, 2009) 73
   - Tianshengqiao 1 (China, 1999) 75
   - Mohale (Lesoto, África, 2006) 76
   - Messochora (Grécia, 1996) 78
   - El Cajón (México, 2007) 80
   - Kárahnjúkar (Islândia, 2007) 82

Bakún (Malásia, 2008) 83

Golillas (Colômbia, 1978) 85

Segredo (Brasil, 1992) 87

Xingó (Brasil, 1994) 89

Pichi Picún Leufú (Argentina, 1995) 92

Itá (Brasil, 1999) 93

Machadinho (Brasil, 2002) 97

Antamina (Peru, 2002) 99

Itapebi (Brasil, 2003) 101

Quebra-Queixo

(Brasil, 2003) 103

Barra Grande (Brasil, 2005) 106

Hengshan (China, 1992) 108

Salvajina (Colômbia, 1983) 110

Puclaro (Chile, 2000) 112

Santa Juana (Chile, 1995) 114

Mazar (Equador, 2008) 115

Merowe (Sudão, 2008) 117

Reventazón (Costa Rica) 119

Porce III (Colômbia, 2010) 119

La Yesca (México, 2010) 121

3.4   Conclusões 123

4 A Mecânica dos Enrocamentos 127

4.1   A evolução dos maciços de enrocamento 129

4.2   Os enrocamentos compactados 133

4.3   Propriedades geomecânicas dos enrocamentos 136

4.4   Resistência ao cisalhamento 138

4.5   Compressibilidade 144

4.6   Colapso 149

4.7   Fluência 151

4.8   Enrocamentos como materiais de construção 153

       Anexo 4.1 – Barragem de Machadinho 154

5 Estabilidade 159

5.1   Estabilidade estática **159**

5.2   Cálculos de FS para 162

5.3   Estabilidade em regiões sísmicas 164

5.4   Análises dinâmicas 168

5.5	Seleção de sismos para o projeto	169
5.6	Estabilidade dos taludes	169
5.7	Deformações permanentes	170

6 Percolação nos Enrocamentos 173
6.1	Teorias sobre o fluxo em enrocamentos	174
6.2	Aspectos críticos para a estabilidade	180
6.3	Alguns precedentes históricos	190
6.4	Vazões medidas em BEFCs	192
6.5	O projeto de BEFCs para o controle do fluxo interno	200
6.6	O enrocamento armado	202

7 Tratamento das Fundações 207
7.1	Fundação do plinto	207
7.2	Estabilidade do plinto	210
7.3	Fundação das transições	212
7.4	Fundação dos aterros	213
7.5	Injeções	214

8 O Plinto, a Laje e as Juntas 217
8.1	Plinto	217
8.2	Laje	222
8.3	Projeto da armadura	237
8.4	Conceitos atuais de juntas	237
8.5	Muro-parapeito e sobre-elevação da crista	242
8.6	Fissuras, trincas e rupturas – Tratamentos	242
8.7	Drenagem junto ao plinto	246

9 Instrumentação 247
9.1	Grandezas a serem monitoradas	248
9.2	Monitoração e cuidados com a manutenção	257
9.3	Considerações finais	258

10 Desempenho das BEFCs 265
10.1	Recalques	267
10.2	Correlações entre recalques, altura da barragem e forma do vale	270
10.3	Deslocamentos horizontais	272
10.4	Deslocamentos combinados	276
10.5	Deslocamento da laje	276

10.6	Módulo de deformabilidade vertical (E_V) e transversal (E_T)	281
10.7	Deslocamentos tridimensionais	282
10.8	Conclusões	282

11 Análise Numérica e suas Aplicações 287
11.1	Propriedades de engenharia do enrocamento	288
11.2	Modelos constitutivos dos enrocamentos	289
11.3	Métodos de análises numéricas em BEFCs	293
11.4	Aplicação de análises numéricas em BEFCs	295
11.5	Conclusões	309
11.6	Análises numéricas aplicadas a projetos brasileiros de BEFCs	310

12 Aspectos Construtivos 317
12.1	Generalidades	317
12.2	Construção do plinto	318
12.3	Escavação	319
12.4	Execução do concreto	320
12.5	Desvio do rio	326
12.6	Construção dos aterros	332
12.7	Construção do aterro	335
12.8	Construção da laje	340
12.9	Produtividade	348

Referências Bibliográficas 349

Prefácio da segunda edição

Desde a publicação deste livro, em 2009, inúmeras BEFCs de grande altura foram construídas e outras tantas se encontram em construção no México, Costa Rica, Chile, Colômbia, Argentina, Peru, Bolívia e China.

Algumas dessas barragens incorporaram procedimentos mais rígidos de compactação, introduziram novos tipos de veda-juntas e tiveram seu zoneamento alterado para incorporar novos materiais principalmente na zona T. A maioria dessas barragens fica em áreas sísmicas.

Essas alterações no projeto e na construção levaram a uma significativa redução dos recalques e deslocamentos dos enrocamentos durante e após o enchimento do reservatório, e, como consequência, a uma redução significativa da vazão.

Os autores, por considerarem essas informações importantes, incluíram-nas nos Caps. 2, 3, 5, 6 e 8.

Prefácio da segunda edição

Prefácio da primeira edição

O desenvolvimento das barragens de enrocamento com face de concreto (BEFCs) teve um grande impulso a partir do início da década de 1970. O progresso no projeto e na construção de barragens de médio e grande portes (acima de 150 m) a partir dessa década deve-se, em parte, à aplicação dessa tecnologia.

A BEFC constitui-se em uma estrutura segura a longo prazo, em termos de estabilidade estática e dinâmica, especialmente contra sismos intensos, como ficou demonstrado em maio de 2008, na BEFC de Zipingpu (156 m, concluída em 2006), construída na província de Sichuan (China), onde foi registrado um abalo sísmico de 8.0 na Escala Richter, com epicentro a cerca de 20 km da barragem. Apesar dos danos localizados ocorridos na laje e na crista da barragem, sua estrutura permaneceu segura e estável após o fenômeno.

A alternativa de BEFC tem-se constituído em uma solução de baixo custo em relação às alternativas de enrocamento com núcleo impermeável (argila, asfalto) ou concreto por gravidade, CCR ou duplo arco, tanto em vales de geometria aberta (fator geometria do vale $A/H^2 > 4$) como em vales fechados ($A/H^2 \leq 4$).

A sua viabilidade econômica em relação às demais alternativas citadas deve-se à maior flexibilidade construtiva, como no zoneamento interno do maciço, de modo a promover-se a utilização dos vários tipos de enrocamento obtidos a partir das escavações obrigatórias. Os custos do tratamento da fundação (escavação, tratamentos superficiais e execução da cortina de injeção) têm-se mostrado significativamente atrativos pelo fato de serem executados na região de montante – área do plinto –, independente da construção do maciço principal. Em relação à alternativa de enrocamento com núcleo de argila, a BEFC tem-se mostrado viável principalmente nas regiões com limitações de jazidas de solos ou de climas com altas precipitações pluviométricas.

No caso de locais onde na calha do rio ocorre uma camada espessa (> 20 m) de materiais aluvionares de características granulares, o tratamento quanto à estanqueidade pela fundação é garantido pela construção de uma parede-diafragma na fundação do plinto, não havendo necessidade de remoções significativas do material aluvionar de fundação na parte central, como seria obrigatório para algumas das alternativas mencionadas.

As estruturas de enrocamento permitem ainda a implantação de taludes relativamente íngremes de montante e jusante (1,4H :1,0V; 1,5H :1,0V), com redução de seu *off set* da base, permitindo otimização nos comprimentos dos túneis de desvio e de adução. Complementarmente, a estrutura de enrocamento (enrocamento armado) permite que durante a construção, nos períodos de cheias, haja a passagem de vazões pelo maciço (*overtopping*), no trecho da calha do rio, permitindo a otimização das estruturas de desvio (túneis, ensecadeiras). Em alguns casos, ainda durante a fase de passagem da cheia no trecho da calha do rio, pode-se prosseguir o alteamento dos maciços em ambas as ombreiras e, paralelamente, a construção do plinto e das respectivas injeções nessas áreas de cotas mais elevadas.

Nas últimas duas décadas, o desenvolvimento tecnológico dos equipamentos de escavação em rocha, transporte e lançamento, bem como dos rolos compactadores, somados a um bom planejamento dos acessos às frentes de lançamento, permite que a produção do maciço de enrocamento alcance picos mensais superiores a 1.000.000 m^3.

No caso da face de concreto, os desenvolvimentos ocorridos a partir da década de 1990, utilizando formas deslizantes com larguras entre 12 m e 18 m, têm permitido a sua execução em duas ou três etapas, concomitantemente com a elevação das zonas de enrocamento nas partes central e a jusante. Permitem ainda a execução da laje em uma única etapa, iniciando-a logo após a conclusão da barragem de enrocamento, propiciando sensível flexibilidade de etapas construtivas e com significativas vantagens de prazos e custos.

Na América Latina e, particularmente, no Brasil, ocorreu uma aceitação rápida das BEFCs em relação às de enrocamento com núcleo e às de gravidade de CCR. As 11 barragens brasileiras de enrocamento com face de concreto representam apenas 3,6% das mais de 300 BEFCs construídas e em construção no mundo, com mais de 30 m de altura, sendo cerca de 180 na China. Apesar desse patamar de 3,6%, o Brasil tem-se destacado nesse campo pelo menos por três razões básicas:

1) Foz do Areia (1975-1980), com 160 m de altura, foi a maior de seu tempo e constituiu um marco de progresso na engenharia desse tipo de barragem, desenvolvendo critérios de projeto e metodologias construtivas com grandes produções. Campos Novos (2001-2006), recém-concluída, com 202 m de altura, só foi superada por Shuibuya (China) em 2008, com seus 233 m de altura;

2) As barragens de face de concreto seguem a tradição brasileira de avaliação detalhada de seu desempenho, descrito em inúmeros trabalhos de repercussão nacional e internacional, contribuindo para o aprimoramento de novos projetos;

3) Consultores e empresas brasileiras têm-se destacado mundialmente, e os primeiros ocupam posição relevante nos *Boards of Consultants* dos principais projetos mundiais.

A história brasileira de barragens, que teve início nos primórdios de 1900, tem seguido trajetórias descontínuas, intercalando períodos de grande atividade e períodos de calmaria, consequência das periódicas mudanças na área governamental do desenvolvimento e do planejamento do setor elétrico e dos projetos de irrigação e abastecimento.

Esses períodos de calmaria têm sido propícios à reflexão e análise do que se tem feito nas nossas barragens e geraram as publicações do Comitê Brasileiro de Barragens (1982, 2000, 2009) dos principais projetos e de alguns trabalhos de síntese, como 100 Barragens Brasileiras (Cruz, 1996).

As BEFCs, embora contemporâneas das barragens de terra e terra enrocamento (ou mesmo de época anterior), seguiram uma trajetória própria e se apoiam na experiência adquirida e em critérios aprimorados com análises numéricas e modelagem dos materiais, além do desenvolvimento de estruturas cada vez mais altas.

A Fig. A apresenta a evolução dessas barragens após a incorporação da compactação dos rolos vibratórios nos anos 1960.

Ainda se avaliam na China vários projetos com alturas entre 250 m e 340 m.

Com a experiência acumulada, têm sido adotadas mudanças graduais em relação aos projetos anteriores, bem como em relação às práticas de execução, com o objetivo de reduzir as infiltrações, o custo, e simplificar a construção.

Os casos recentes (2003, 2005, 2006, 2007) de ruptura de algumas lajes centrais após o enchimento, como ocorreu nas barragens de Tianshengqiao 1 (TSQ1), Barra Grande, Campos Novos e Mohale, surpreenderam projetistas, construtores e consultores. A experiência adquirida foi transportada para projetos de barragens ainda em construção, incorporando-se nas obras juntas centrais compressíveis, modificando-se a compactação e as características das lajes

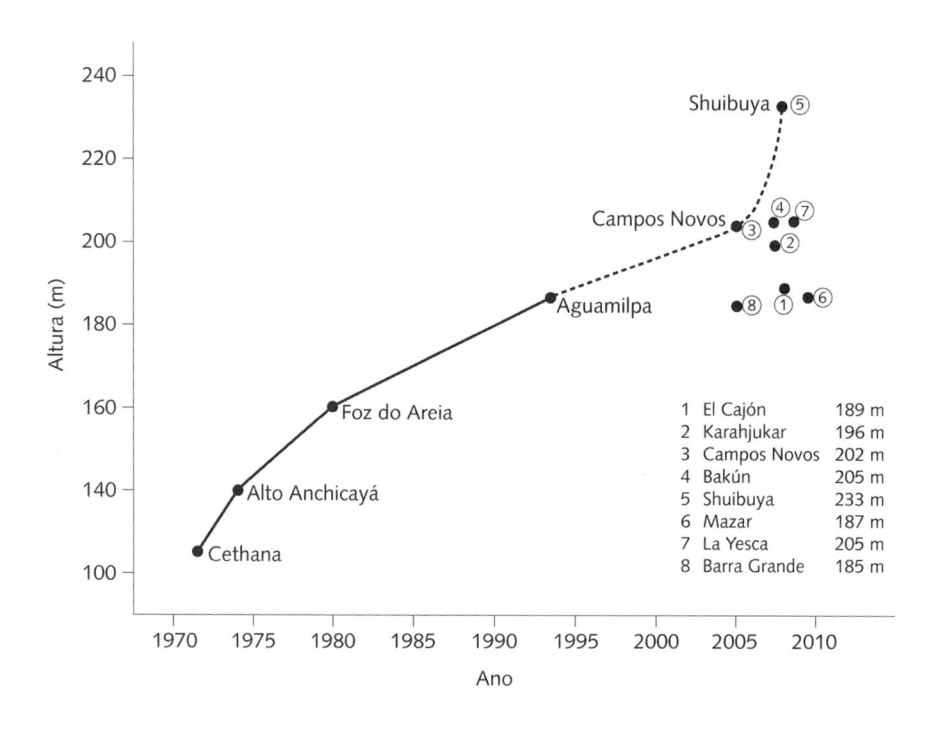

FIG. A *Evolução das barragens após a incorporação da compactação por rolos vibratórios nos anos 1960*

para reduzir os esforços de compressão entre as placas (Kárahnjúkar, Shuibuya, Bakún, La Yesca, El Cajón e Caracoles, entre outras), com resultados positivos em seu funcionamento.

A maior parte dessas barragens, na sua etapa de projeto, têm utilizado análises numéricas que, comparadas com os critérios empíricos, permitem aprimorar conceitos e introduzir novos critérios apoiados primordialmente na experiência e, em menor escala, no resultado da modelagem e nos testes de materiais a serem utilizados.

Na barragem de Cethana (Austrália), Boughton (1970) e Wilkins (1970) desenvolveram análises elásticas do comportamento do enrocamento para serem utilizadas nos critérios dessa barragem. Em Alto Anchicayá (Colômbia), Sigvaldason et al. (1975) desenvolveram uma análise por métodos de elementos finitos para o projeto das lajes e do plinto em ombreiras íngremes. Métodos similares foram aplicados nas barragens de Foz do Areia (Brasil) e Aguamilpa (México).

No empirismo em que se tem respaldado o projeto e a construção dessas BEFCs, tem havido algumas vezes um esforço de incorporar à análise do desempenho os recursos de modelagem matemática, objetivando-se prever as tensões e deformações que ocorrem no maciço de enrocamento e verificar como tais esforços são transmitidos à face de concreto, tanto no período construtivo como no enchimento do reservatório e no período de operação.

No presente livro dá-se especial atenção aos enrocamentos, aos deslocamentos registrados nos protótipos e aos recursos de cálculo que podem contribuir para o projeto de futuras BEFCs.

O ressurgimento dos ensaios de laboratório com equipamentos de grandes dimensões, tanto oedométricos como triaxiais, acoplados a medições de campo, tem propiciado o estabelecimento dos parâmetros necessários aos cálculos por elementos finitos e fornecido dados para o projeto e a avaliação do desempenho das barragens. Infelizmente não existe ainda um processo de cálculo que simule as características reais do projeto dessas barragens, e os critérios vigentes baseiam-se majoritariamente na experiência do comportamento de projetos similares.

Vinte e oito barragens ao redor do mundo, de cuja maioria os autores têm participado, são descritas em detalhes no Cap. 3. Em outros capítulos, apresenta-se e discute-se a prática existente, dando-se destaque a casos em que as barragens mostram comportamentos com alguns desvios em relação ao preconizado.

O Cap. 11 foi elaborado pelo Dr. Xu Zeping, do *China Institute of Water Resources and Hydropower Research* (IWHR), em Pequim. Trata-se de um pesquisador conhecido dentro e fora da China, que já visitou várias BEFCs no Brasil e apresentou uma detalhada conferência no Instituto de Engenharia de São Paulo, quando de sua recente visita ao Brasil. O capítulo trata das aplicações dos Métodos Numéricos ao projeto e à avaliação do desempenho das BEFCs, incluindo também alguns trabalhos brasileiros sobre o tema.

Hoje em dia, a barragem de Shuibuya (233 m - China) é a estrutura mais alta com adequado funcionamento (Fig. B).

FIG. B   *Visão artística da barragem de Shuibuya (233 m - China) (Gezhouba Group)*

1 | Introdução Geral às Barragens de Enrocamento com Face de Concreto (BEFCs)

1.1 Um panorama geral sobre as BEFCs no mundo

O conceito de construir uma barragem de enrocamento como estrutura estável com face impermeável externa provou ser uma alternativa "segura e econômica" em relação a outros tipos de barragem. Exemplos dessas soluções são mencionados em referências bibliográficas desde o começo do último século.

A barragem de La Granjilla, com 13 m de altura e 460 m de comprimento, foi construída na Espanha já em 1660, com face impermeável de argamassa e cal. Essa barragem tem um talude de montante de 0,16(H):1(V) e de jusante de 1(H):1(V). Seu corpo foi construído com solo e enrocamento.

Em países como França, Alemanha, Reino Unido, Portugal, Espanha, Romênia, Albânia, Grécia, Turquia, Bulgária e Islândia, entre outros, pode-se destacar algumas experiências importantes na construção das BEFCs. Em Portugal, destacam-se a BEFC de Salazar (70 m de altura, 1949) e a histórica barragem de Paradela (112 m, 1955), seguidas pela de Vilar (55 m, 1965) e Odeleite (61 m, 1988). A Espanha desenvolveu cerca de vinte projetos de BEFC, que começaram nos anos 1960, como os de Pias (47 m, 1961), Piedras (40 m, 1967); Amalahuigue (60 m, 1983), San Anton (68 m, 1983), Bejar (71 m), Guadalcacin (78 m, 1988) e Alfilorios (67 m, 1990).

A França construiu diversas barragens com face de concreto entre as décadas de 1960 e 1980, como as de Fades (70 m) e Gandes (44 m), ambas em 1967, e de Rouchain (60 m, 1976). Na Grécia, merece menção a BEFC de Messochora (150 m), concluída em 2006.

Duas barragens acima de 100 m de altura foram concluídas em 2001, na Turquia: Kürtün (133 m) e Dim (135 m). Nesse país, deve-se mencionar ainda, entre outras, a BEFC Ilisu, com 135 m de altura, 2.300 m de crista e um volume de enrocamento de 24 milhões de m^3, atualmente em construção e que será a maior BEFC em termos de volume de barramento compactado (Dinçer; Humbel; Yavuz, 2013).

Recentemente, em 2007, a BEFC Kárahnjúkar, com 196 m, foi concluída na Islândia, onde as condições meteorológicas de temperaturas baixas durante a maior parte do ano exigiram uma adaptação de técnicas inovadoras de construção. O comportamento dessa barragem é excelente do ponto de vista das deformações e perdas d'água.

É importante mencionar a barragem de Nissaström, na Suécia, de 15 m de altura, concluída em 1950, e a barragem de Quioch, na Escócia, de 38 m de altura e 320 m de comprimento, concluída em 1954, que foram as duas primeiras BEFCs com enrocamento compactado.

Nos Estados Unidos, a construção das barragens de enrocamento começou na era moderna, entre 1850 e 1870, para armazenamento de água para exploração das minas de ouro nas montanhas de Serra Nevada, no Estado da Califórnia. A face de montante do dique para essas barragens era inicialmente de placas de madeira e, mais tarde, de concreto. Duas das barragens de enrocamento com face de madeira são as barragens English, na Califórnia, com 24 m de altura, construída em 1856, e a barragem de Meadow Lake, construída também na Califórnia, em 1903, com 23 m de altura. A ocorrência de queimadas, principalmente na estação seca, e sua vulnerabilidade à deterioração a longo prazo causaram a mudança da face de montante de madeira para concreto.

Entre as barragens norte-americanas, principalmente no Estado da Califórnia, encontram-se as barragens de Morena (54 m, 1895), Strawberry (50 m, 1916), Salt Springs (100 m, 1931), Cogswell (85 m, 1934), Lower Bear 1 (71 m, 1952), Lower Bear 2 (50 m, 1952), Courtright (98 m, 1958), Wishon (82 m, 1958), New Exchequer (150 m, 1966), Balsam Meadows (40 m, 1988) e Spicer Meadow (82 m, 1988). No Canadá, pode-se mencionar as BEFCs de Outardes 2 (55 m, 1978) e de Toulnustouc (77 m, 2006).

Na Austrália, a experiência com BEFCs começou nos anos 1960, com a construção da barragem de Kangaroo Creek (59 m). Na sequência, pode-se citar as barragens de Pindari (45 m, 1969) e Cethana (110 m, 1971), sendo esta um marco histórico das BEFCs modernas pelo uso de enrocamento compactado e de critérios para o dimensionamento da face da laje. A experiência das barragens australianas com face de concreto foi marcada também pelas barragens de Winneke (85 m, 1979), Mackintosh (75 m, 1981), Mangrove Creek (80 m, 1981), Murchison (94 m, 1982), Reece (122 m, 1986), Crotty (82 m, 1991) e Pindari (83 m, 1994).

No México, destacam-se, em termos históricos, as barragens de Pinzanes (67 m, 1956) e San Ildefonso (62 m, 1959). A partir da década de 1990, o México distinguiu-se na construção de BEFCs altas, como a de Aguamilpa (187 m, 1992), El Cajón (189 m, 2006) e La Yesca (208,5 m, 2012).

Na América Central, tem-se o registro da BEFC de Fortuna (105 m), no Panamá, em duas etapas (1984 e 1994), da BEFC de Guaigun, na República Dominicana, e atualmente a BEFC de Reventazón (130 m), na Costa Rica, em construção. Também é importante fazer referência à BEFC Diques (165 m), também na Costa Rica.

Na América do Sul, as técnicas e as evoluções nesse tipo de barragem contribuíram, nas últimas três décadas, para o desenvolvimento dessa tecnologia em diversos países. O Chile foi o primeiro país sul-americano a adotar as BEFCs como alternativa de barramento, como a barragem de Caritaya (40 m, 1935) e, na sequência, a barragem de Cogutí

(85 m, 1939). Outros importantes projetos chilenos de BEFCs foram as de Santa Juana (110 m, 1995), Corrales (70 m, 2000), Puclaro (85 m) e Santa Juana (110 m, 2000).

A Colômbia iniciou sua atividade com as BEFCs com o projeto de Alto Anchicayá (140 m), concluído em 1974, naquela época sem precedentes em termos de altura. Golillas (125 m, 1978) e Salvajina (148 m, 1984) são dois outros projetos colombianos de grande porte e de referência mundial, além das barragens de Porce III (155 m) e Cercado (120 m). Atualmente, estão em construção as BEFCs de Sogamoso (190 m), El Quimbo (150 m) e Tona (104 m).

Na Bolívia, a barragem de Misicuni (126 m), em construção em 2014, na região dos Andes, a uma altitude próxima de 4.000 m, representa um interessante exemplo de implementação de uma alta BEFC em uma região tectônica (Leal et al., 2012).

Na Argentina, merece destaque a construção das BEFCs de Pichi Picún Leufú, Potrerillos e Los Caracoles (131 m), concluída em 2011. Atualmente, estão em construção a BEFC de Punta Negra (86 m) e mais duas a serem iniciadas na região da Patagônia (sul): Nestor Kirchner e Jorge Cepernic.

Na Venezuela, merecem destaque as BEFCs de Neveri (Turimiquire, 115 m, 1981), Yacambu (162 m, 1996) e Tocoma, cuja construção foi concluída em 2009.

Vale a pena mencionar a experiência peruana na construção das BEFCs de Torata (130 m, em dois estágios, 2000 e 2001), Antamina (110 m, 2002), Limón (83 m, 2012) e Chaglla (203 m), com um fator de forma de vale $A/H^2 = 1,50$ e em fase de construção.

No Equador, a BEFC de Mazar (166 m), localizada em um cânion bastante assimétrico, com relação $A/H2 = 1,7$, foi concluída em 2009, e as barragens de Coca-Codo-Sinclair estão atualmente em construção.

A história da chegada desse tipo de barragem ao Brasil começa a ser escrita quando a Companhia Paranaense de Energia (COPEL), concessionária do Estado do Paraná, no sul do Brasil, obteve a concessão para explorar o trecho do Alto Rio Iguaçu, no mesmo Estado.

Ao se desenvolver o projeto para esse aproveitamento, verificou-se ser necessária a execução de uma barragem alta, com cerca de 160 m de altura. Estudando-se as alternativas possíveis, concluiu-se que a alternativa de barragem de enrocamento com face de concreto seria a mais econômica e de cronograma mais favorável, sendo apropriada para a situação topográfica, geológica e climatológica do local.

Para tomar a ousada decisão de construir a primeira barragem compactada desse tipo no Brasil e ao mesmo tempo a maior do mundo (em altura, 160 m; em área de face, 139.000 m^2; e em volume de enrocamento, 14.000.000 m^3), a COPEL buscou cercar-se de uma série de garantias: contratou uma junta de consultores formada pelo saudoso J. Barry Cooke, especialista em BEFC e autoridade em construção de grandes empreendimentos; o também saudoso James Libby; um especialista em geotecnia, o recentemente falecido Prof. Victor F. B. de Mello; e um especialista em obras hidráulicas, o renomado engenheiro local Nelson Sousa Pinto. Contratou também um especialista em barragens do tipo, que havia recém-trabalhado na construção de Alto Anchicayá, então a maior do mundo, o engenheiro Bayardo Materón, um dos autores deste livro.

A partir do sucesso obtido com o desempenho de Foz do Areia, cuja conclusão ocorreu em 1980, diversos outros empreendimentos adotando a solução de BEFC começaram a ser desenvolvidos no Brasil.

Em 1992, foi concluída a barragem de Segredo, no mesmo rio Iguaçu, com 145 m de altura; em 1993, Xingó, no Nordeste do Brasil, no rio São Francisco, com 50 m de altura; em 1999, Itá, na divisa de Santa Catarina com o Rio Grande do Sul, com 125 m de altura; em 2002, Machadinho, próximo a Itá, com 125 m de altura; e recentemente, em 2006, as barragens de Barra Grande e Campos Novos, também em Santa Catarina, com 185 m e 202 m de altura, respectivamente. Em projeto, há a de Paiquerê (150 m).

A barragem de Saturnino de Brito, em Poços de Caldas, Minas Gerais, é uma das barragens construídas com face impermeável no começo do século XX, e é apresentada na Fig. 1.1.

No continente africano, são exemplos de sucesso na implementação de BEFCs nas últimas décadas: no Marrocos, Nakhla (1961) e Dchar El Oued (1999); na Nigéria, Shiroro (130 m, 1984); em Lesoto, Mohale (145 m, 2006); no Zimbábue, Mukorsi (89 m, 2002); na África do Sul, Berg River (60 m, 2006); e no Sudão, Merowe (53 m, 2008).

No Oriente Médio, vale a pena mencionar os projetos de Siah Bishe (baixa, 76 m, e alta, 100 m) e Narmashir (115 m), no Irã.

FIG. 1.1 *Barragem Saturnino de Brito, 1933 (Cortesia do Eng. Cícero M. Moraes)*

Na Ásia, são destaques as experiências na Coreia, Filipinas, Indonésia (Cirata, 125 m, 1987), Tailândia, Laos, Malásia, Sri Lanka (Kotmale, 97 m, 1985), Japão, Paquistão e Índia. Um importante exemplo é a BEFC de Bakún (205 m), na Malásia, concluída em 2010.

A China vem se destacando no cenário mundial nos últimos 20 anos como país detentor de importantes projetos de BEFCs em termos de quantidade e de dimensões (alturas). A primeira barragem de enrocamento lançado (sem compactação) com face de concreto construída na China foi a de Baihua (49 m, 1966). Na sequência, foram construídas as BEFCs de Nanshan e Sanduxi, com cerca de 50 m de altura. Em 1982, foi construída a BEFC de Kekeya, com 41 m de altura, já com enrocamento compactado, assentada em fundação de aluvião e com a construção de parede-diafragma. O uso de modernas técnicas construtivas, com formas deslizantes para concretagem da laje, começou em 1985, com a construção da BEFC Xibeikou (95 m). No final dos anos 1990, outros 40 projetos foram concluídos e aproximadamente 30 BEFCs estavam em construção na China, sendo 12 delas com altura superior a 100 m.

Importantes BEFCs foram construídas na China desde 2000, tais como: Tianshenqiao 1 (178 m, 2000), Hongjiadu (184 m, 2004), Baiyun (120 m), Gaotang (111 m), Panshitou (101 m), Chaishitan (103 m), Gudongkou (120 m), Qinshan (122 m), Wuluwati (135 m), Heiquan (124 m), Yutiao (110 m), Panshitou (101 m), Baixi (124 m), Zipingpu (159 m, 2007), Sanbanxi (186 m, 2008) e as mais altas BEFCs já construídas, Shuibuya (233 m, 2007) e Miaojiaba (111 m, 2012), na província de Gansu. Recentemente, merecem destaque a BEFC de Liyang (165 m, barramento de uma usina reversível), na província de Jiangsu, e a de Jiangpinghe (219 m), em Hubei, ambas em construção.

Listas atualizadas de BEFCs podem ser encontradas no *Year Book* da revista *Water Power & Dam Construction*, da Inglaterra.

1.2 IMPORTANTES EVENTOS RELACIONADOS A BEFCs

A história e a evolução das BEFCs podem ser encontradas também nos anais de simpósios, conferências e congressos, alguns dos quais são listados a seguir.

- 1985 – Simpósio sobre Barragens de Enrocamento com Face de Concreto (Detroit, EUA).
- 1988 – 16º Congresso Internacional de Grandes Barragens (São Francisco, EUA).
- 1993 – Simpósio sobre BEFCs (Pequim, China).
- 1999 – 2º Simpósio sobre BEFCs (Florianópolis, Brasil).
- 2000 – Simpósio Internacional sobre BEFCs, em homenagem a J. Barry Cooke (Pequim, China).
- 2004 – Conferência Internacional sobre Energia Hidráulica (Yichang, China).
- 2005 – Simpósio sobre os 20 anos de construção de BEFCs na China (Yichang, China).

- 2007 – Workshop sobre Barragens Altas (Yichang, China).
- 2007 – 5ª Conferência sobre Engenharia de Barragens (Lisboa, Portugal).
- 2007 – 3º Simpósio sobre BEFCs (Florianópolis, Brasil).

Como se pode observar, a China e o Brasil têm liderado esse campo específico de BEFCs.

Abordagem empírica no projeto e construção de BEFCs, apoiada no desempenho dessas barragens, é enfatizada nos numerosos trabalhos publicados nos anais dos simpósios, conferências e congressos mencionados. Exemplos dessa atitude ficam claros em dois artigos abordados a seguir.

Barry Cooke, no Simpósio sobre BEFCs 2000 (China), resume a sua experiência em dezenas das 197 BEFCs construídas até aquele ano:

1) Sua segurança é assegurada.
2) Podem ocorrer algumas trincas na face e consequente vazamento.
3) A zona semi-impermeável da face deverá limitar a vazão.
4) O vazamento pode ser substancialmente reduzido com o lançamento subaquático de areia siltosa fina pouco permeável.
5) Pouca mudança na prática atual de projeto é prevista.

Os surpreendentes acidentes ocorridos na face de concreto das BEFCs TSQ1 (China, 2003/2004), Campos Novos (Brasil, 2005), Barra Grande (Brasil, 2006) e Mohale (Lesoto, 2006) foram amplamente discutidos no Simpósio de 2007 em Florianópolis.

A análise de Pinto (2007) sobre esses acidentes é reproduzida abaixo:

As BEFCs mantiveram uma "segurança inerente" após a ocorrência dos acidentes relatados, como sempre tem ocorrido, de acordo com a afirmação de Barry Cooke, que já virou emblemática. O plinto, se apoiado em rocha não-erodível, e o zoneamento do enrocamento resultam num gradiente favorável para jusante e permitem que as BEFCs sejam capazes de suportar vazões em muito superiores aos valores medidos de 1,0 a 1,5 m^3/s. A operação das barragens de Barra Grande e Mohale não foi afetada durante os episódios e nenhuma preocupação existiu, em qualquer momento, sobre a segurança das barragens. O reservatório de Campos Novos esvaziou em razão de causas não relacionadas ao acidente nas lajes, ou seja, ocorreu por problemas num túnel de desvio, e vem operando regularmente desde o reenchimento do reservatório e a conclusão dos trabalhos de reparo.

O projeto das BEFCs evoluiu empiricamente, ou seja, guiado por experiência, e não por teorias. Uma das consequências dos problemas de compressão comentados acima foi o questionamento desse procedimento, com ênfase nos modelos de MEF como método alternativo para o projeto da barragem. Entretanto, a complexidade do problema físico a ser analisado analiticamente põe um limite natural ao que pode ser obtido por um modelo matemático. Uma experiência bem compreendida e avaliada continua a ser a melhor e, em essência, a única opção de projeto para as BEFCs, incluindo as muito altas.

A análise das recentes experiências resultou numa maior ênfase na compactação do enrocamento, em lajes centrais mais resistentes e no emprego de juntas "compressíveis" como medidas práticas e efetivas para ampliar o campo de BEFCs bem-sucedidas. Essas foram as medidas adotadas nas barragens de maior altura, em construção ou em projeto. O seu desempenho irá ratificar experimentalmente tais decisões de projeto e deverá constituir a base de referência para futuras barragens.

Os métodos numéricos são uma ferramenta promissora ainda em desenvolvimento. Eles representam uma ajuda para o projeto por possibilitarem análises paramétricas e soluções alternativas, mas ainda não alcançaram um estágio para tornar-se o instrumento principal do projeto das BEFCs. Considerando a natureza das BEFCs é duvidoso que se possa alcançar tal estágio, a menos que a interpretação dos fenômenos físicos envolvidos seja muito mais desenvolvida. As principais decisões de projeto provavelmente ainda continuarão, por um bom tempo, a depender dos aspectos empíricos.

1.3 BEFCs EM ÁREAS SÍSMICAS: UM EVENTO HISTÓRICO

Outro aspecto do comportamento das BEFCs, já antecipado por Cooke e Sherard (1987) e reafirmado no Boletim 70 da *International Commission on Large Dams* (ICOLD), de 1989, é a sua resistência a terremotos. Excertos dos itens 3.4 do Boletim são reproduzidos abaixo:

- As análises dinâmicas realizadas como parte da atividade de projeto das BEFCs construídas em anos recentes foram feitas primeiramente para demonstrar que, usando os procedimentos de projeto, as barragens são estáveis, e que as análises dinâmicas não tiveram uma influência significativa nas decisões principais do projeto.
- Para áreas com alta sismicidade (aceleração básica de pico maior que 0,5 g e magnitude do sismo de 8,5), taludes mais abatidos são necessários para limitar os movimentos a valores aceitáveis no 1/3 superior da barragem. Para esses casos, a previsão de um freeboard conservador pode ser aconselhável.

Vinte e um anos decorreram desde 1987 até 12 de maio de 2008, quando o terremoto na província chinesa de Sichuan, de magnitude 8,0 alcançou a BEFC de Zipingpu, com 156 m de altura.

Três artigos foram apresentados sobre o assunto, dois por Xu Zeping (*Strong earthquake on May 12 in China and its impact on dam safety* e *Performance of Zipingpu CFRD during the strong earthquake*) e outro pela Hydro China Technical Division, durante o seminário da Sociedade Internacional de BEFCs, realizado em novembro de 2008, em Hong Kong.

Do 3º artigo, *Effects of the 12 May 2008 Sichuan earthquake on dams*, alguns excertos são reproduzidos a seguir:

O terremoto de 12 de maio de 2008 foi de magnitude 8,0 na escala Richter e pela pouca profundidade local, de cerca de 10 km, o tremor na região do epicentro deve ter sido muito severo. A distância do epicentro ao local da barragem de Zipingpu era de 17,17 km.

O tremor foi muito violento durante o terremoto e as pessoas não conseguiam ficar de pé na crista da barragem. A aceleração do pico, de 2,06 g (direção vertical) e 1,65 g (direção do rio), foi registrada no topo do talude de jusante da seção central da barragem. O período de maior abalo durou quase um minuto. A aceleração do pico, maior que 0,5 g, foi calculada no embasamento rochoso da barragem. A magnitude do terremoto e a aceleração dinâmica do pico que efetivamente atingiram a barragem foram muito maiores em relação às que constavam do projeto original. É o primeiro caso no mundo em que um macrossismo ocorre tão perto de uma BEFC de grande altura.

A intensidade no epicentro foi de até 11. A aceleração sísmica de pico no corpo da barragem excedeu 500 gal e a intensidade excedeu 9, conforme o cálculo da aceleração de pico medida por medidores sísmicos de aceleração na crista da barragem, excedendo largamente a intensidade sísmica do projeto.

A barragem sofreu ruptura de compressão na face da laje, como se pode observar nas Figs. 1.2, 1.3 e 1.4.

O recalque máximo medido na crista durante o terremoto foi de 810,3 mm, mas uma análise mais cuidadosa dos dados mostra que o recalque pode ter alcançado 100 cm. Esse valor é da ordem de 0,64% da altura da barragem.

O deslocamento horizontal foi de 270,8 mm na El. 854,0.

A Fig. 1.5 mostra os deslocamentos horizontais ocorridos na barragem durante o terremoto.

No talude de jusante, os blocos de rocha ficaram soltos, como se vê na Fig. 1.6.

A vazão medida em 10/5/2008, de 10,38 ℓ/s, passou para 18,82 ℓ/s em 1/6/2008, estabilizando-se em 19 ℓ/s.

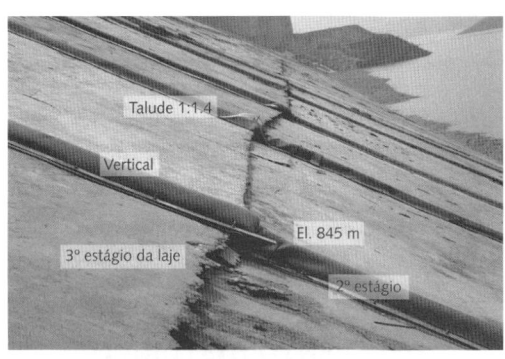

Fig. 1.2 *O deslocamento na direção jusante, entre a estrada de acesso e a crista da barragem, chegava a 630 mm*

Fig. 1.3 *O deslocamento vertical na El.845 atingiu 26 lajes*

Fig. 1.4 *Ruptura de compressão entre as lajes 23 e 24 na posição central da barragem*

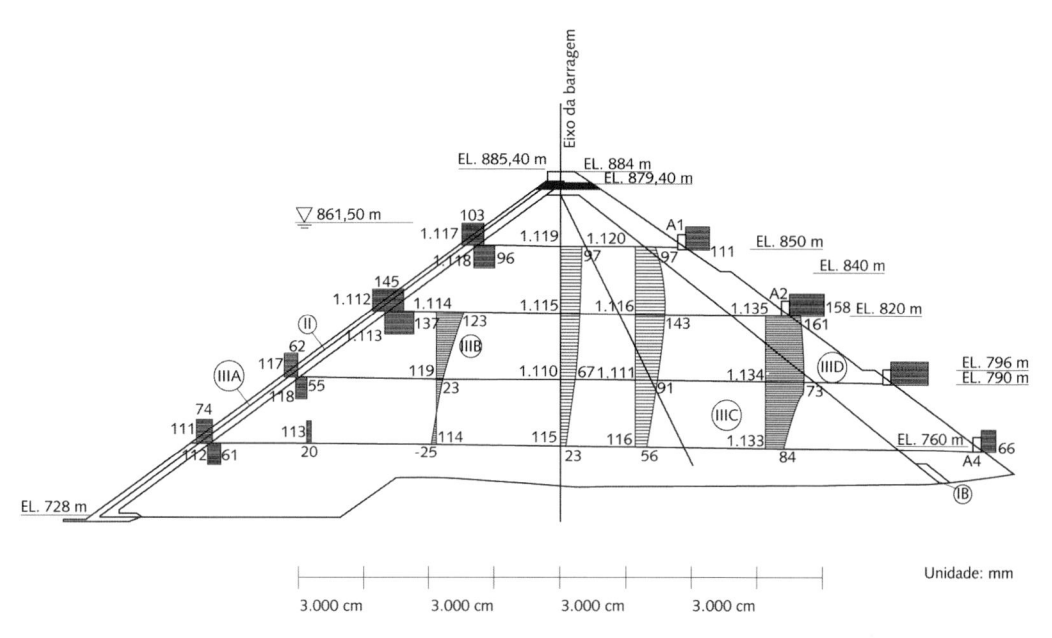

Introdução Geral às Barragens de Enrocamento com Face de Concreto (BEFCs) | 31

FIG. 1.5 *Deslocamentos horizontais durante o terremoto na barragem de Zipingpu (China)*

O nível do reservatório estava na El. 630,0, correspondente a 30% da capacidade total do reservatório no dia do terremoto.

A conclusão importante é que a BEFC resistiu ao tremor intenso, e os reparos foram executados.

1.4 As barragens altas em um futuro próximo

No final de 2008, 294 BEFCs foram concluídas, 26 estavam em construção e 58 em projeto, de acordo com a lista do Yearbook 2008 da revista *Water Power & Dam Construction*.

Qian (2008), no artigo "Immediate Development and Future of 300 m High CFRD", apresenta uma tabela com sete BEFCs muito altas em estudo de pré-viabilidade na China: Cihaxia (253 m de altura, 700 m de comprimento), Maji (300 m de altura, 800 m comprimento), Linghekou (305 m de altura), Songta (307 m de altura), Gushui (310 m de altura, 540 m de comprimento), Shuangjiangkou (314 m de altura) e Rumei (340 m altura, 800 m de comprimento).

Dessas 7 barragens, somente a primeira foi confirmada para ser do tipo BEFC; as outras ainda estão em discussão.

Qian (2008) menciona ainda a BEFC Banduo, com 250 m, já em fase de construção na China.

FIG. 1.6 *Enrocamento "solto" no talude de jusante da barragem de Zipingpu (China)*

1.5 Considerações sobre as BEFCs muito altas

Considerando o futuro quase imediato das BEFCs altas, algumas observações são de interesse:

Os enrocamentos compactados provaram ser uma estrutura estável sob carregamento estático e dinâmico, mesmo quando construídos com taludes íngremes e alturas acima de 200 m. A principal preocupação com esses enrocamentos foi o seu desempenho quanto a recalques e deflexões da face durante a construção, o enchimento do reservatório e a operação. As infiltrações pela face e as chuvas induziram novos recalques e deflexões da face em razão da acomodação progressiva dos blocos de rocha do enrocamento. Os efeitos têm que ser considerados.

A forma do vale, expressa pela relação A/H^2, provou ser um fator importante que afeta a distribuição interna das tensões no maciço do enrocamento e a consequente transmissão das tensões do maciço para a laje de concreto da face.

Uma barragem de 300 m de altura deve ser projetada com compactação mais intensa e melhor zoneamento da barragem para reduzir sua compressibilidade. As técnicas de construção devem ser revistas. Um equipamento mais pesado e camadas mais delgadas devem ser práticas utilizadas em áreas críticas, para se obter um módulo mais elevado. Diferentes análises do projeto, além do conhecimento empírico, devem ser consideradas. As alternativas devem ser comparadas.

O projeto das juntas deve ser revisto para fornecer o espaço necessário para absorver os deslocamentos de compressão nas lajes centrais.

O controle da vazão com medidores de vazão a jusante tem sido um item importante na avaliação do desempenho das BEFCs, durante e após o enchimento do reservatório.

Em áreas sísmicas, atenção especial deve ser dada à inclinação do talude de jusante. A ampliação do ¼ superior da barragem, com taludes mais suaves para aumentar a massa do enrocamento para suportar melhor a aceleração sísmica, deve ser analisada.

Uma análise racional do vale, dos materiais, dos detalhes da face da laje e das técnicas de construção assegurará a viabilidade dessas barragens mais altas.

O papel da instrumentação para analisar o desempenho da barragem merece atenção. Células internas ao enrocamento e nas vizinhanças da face de montante, projetadas para medir os deslocamentos para o centro do vale, podem contribuir para a previsão das tensões que se desenvolverão na face de concreto.

2 | Critérios de Projeto para as BEFCs

Dois artigos escritos por J. Barry Cooke e James L. Sherard – *Barragens de Enrocamento com Face de Concreto I: Conceitos e BEFC II: Projeto* –, ambos publicados no *Journal Of Geotechnical Engineering* (vol. 113, n. 10, outubro 1987), da American Society of Civil Engineering, consolidavam as bases para o projeto e a construção das BEFCs. Os dois artigos estavam baseados no projeto, na experiência e no desempenho das barragens construídas até essa data.

A barragem de Foz do Areia (Brasil, 1980), com 160 m de altura, a maior do mundo na época, é mencionada várias vezes nos artigos.

Nesses 21 anos (1987-2008), o número de barragens, acima de 50 m, em projeto e construção no mundo saltou para 390. A mais alta no momento é Shuibuya (China), com 233 m. No entanto, a ruptura da face de concreto de quatro grandes barragens entre 2003 e 2006, em particular nas juntas centrais em compressão, surpreendeu os especialistas mundiais, porque tais rupturas não foram previstas por consultores, projetistas e construtores.

A Fig. 2.1 mostra a barragem Campos Novos (202 m – Brasil), uma das barragens onde ocorreu a ruptura da face de concreto. Detalhes desse acidente são descritos nos Caps. 3, 8, 10 e 11.

Esses acidentes levaram a uma revisão das bases para projeto e construção propostas por Barry Cooke e James Sherard. A revisão que se segue representa ajustes ao trabalho desses dois grandes engenheiros, que tiveram a coragem de introduzir e valorizar essa alternativa de projeto em lugar das barragens mais tradicionais, considerando uma redução de custos, a segurança e a velocidade na construção.

As quatro barragens que sofreram ruptura de face foram reparadas e estão em operação sem risco de ruptura.

Os autores enfatizam a importância do monitoramento da face e do enrocamento por um sistema efetivo de instrumentação. Infelizmente, por economia, alguns empreendedores têm reduzido a instrumentação das BEFCs em alguns projetos em andamento. Essa decisão prejudicou as análises das rupturas da face de concreto, em alguns dos casos mencionados, e contribuiu para reduzir a aproximação entre as análises por modelos matemáticos (FEM) e os protótipos de futuros projetos das BEFCs.

A presente revisão dos critérios de projeto propostos por Cooke e Sherard

FIG. 2.1 *Barragem Campos Novos*

(1987) é fundamentada no desempenho das BEFCs, em novas propostas para o tratamento de fundações baseado na classificação dos maciços rochosos, no emprego de materiais de construção de qualidade inferior, e em novas técnicas de construção do plinto, da face de concreto e no emprego do concreto extrudado.

2.1 O MACIÇO DE ENROCAMENTO

2.1.1 Escavação da fundação e critérios de tratamento

Considerando que "todo o maciço de enrocamento fica a jusante do empuxo da água, que a base tem mais de 2,6 vezes a altura da barragem e que, em essência, toda a carga da água é transmitida à fundação a montante do eixo", Cooke e Sherard (1987) concluem que "o critério de escavação das fundações e tratamento da fundação, na metade de jusante, pode ser menos exigente do que o das fundações das barragens de enrocamento com núcleo".

As especificações eram as seguintes:

A boa prática corrente requer abrandamentos de taludes negativos e verticais superiores a 2 m na área de fundação desde o pé de montante até uma distância horizontal igual ou próxima de 30% da altura da barragem ou um mínimo de 10 m. No restante da área da fundação, taludes verticais e negativos podem permanecer. Nessa área maior da fundação, vazios de taludes negativos e zonas de menor densidade sob esses taludes ficam arqueados devido à alta resistência de atrito do enrocamento, e não têm nenhuma influência nos deslocamentos da face e no desempenho das BEFCs.

Na maior parte da fundação, a escavação é feita somente com equipamento de terraplanagem, removendo os depósitos de solos superficiais e expondo os afloramentos de rocha dura. A remoção por trator é adequada, requerendo pouca ação dos "rippers". Na porção de montante da fundação de barragens altas, deve-se escavar a maior parte do solo e da rocha alterada mole entre os afloramentos de rocha dura. Utilizam-se retroescavadeiras ou equipamentos similares, mas não se requer a limpeza manual final. Na parte de jusante da fundação, e na maior parte de montante das barragens de altura pequena ou média, o solo e o material superficial, entre afloramentos de rocha dura, são deixados no local. Depósitos de cascalho aluvial, sem areia, no leito do rio, geralmente são deixados no local, exceto a uma pequena distância do pé da face. Tais depósitos de cascalho normalmente têm um elevado módulo de compressibilidade, superior ao do enrocamento bem compactado. Recalques não são problema; no entanto, aluviões que possam ser sujeitos a liquefação têm de ser removidos.

Há muitos casos em que o aluvião foi deixado na fundação. A barragem de Itapebi (120 m – Brasil) é um caso no qual o aluvião, de 15 m de espessura, foi deixado no local, com uma camada de filtro de proteção, a menos de 40 m de montante e 30 m próximo ao pé de jusante onde foi removido por razões de estabilidade. Os recalques do final da construção, medidos na barragem de Itapebi, são mostrados na Fig. 2.2.

Um caso semelhante é o da barragem de Aguamilpa (187 m – México), mostrada na Fig. 2.3, na qual o aluvião da fundação não foi removido, com exceção de uma área a jusante do plinto.

A Tab. 2.1 mostra as zonas e as especificações para a barragem Aguamilpa (México), bem como os materiais de cada zona. Em algumas barragens altas a altura da camada, o número de passa-

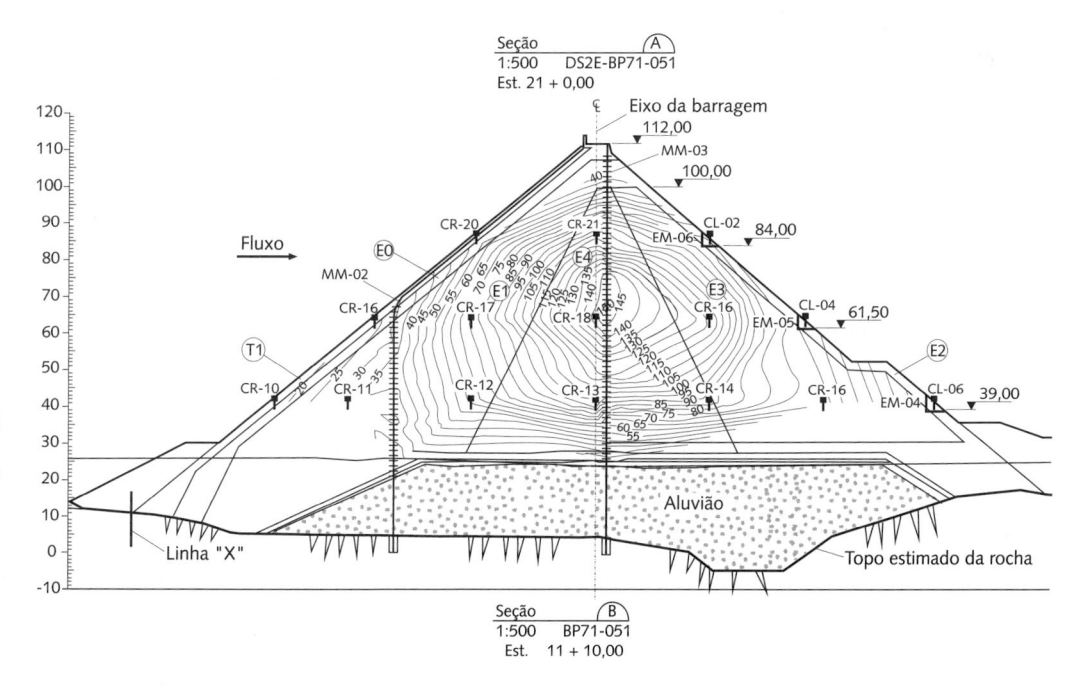

FIG. 2.2 *Recalques medidos no final da construção, na barragem de Itapebi (Albertoni et al., 2001)*

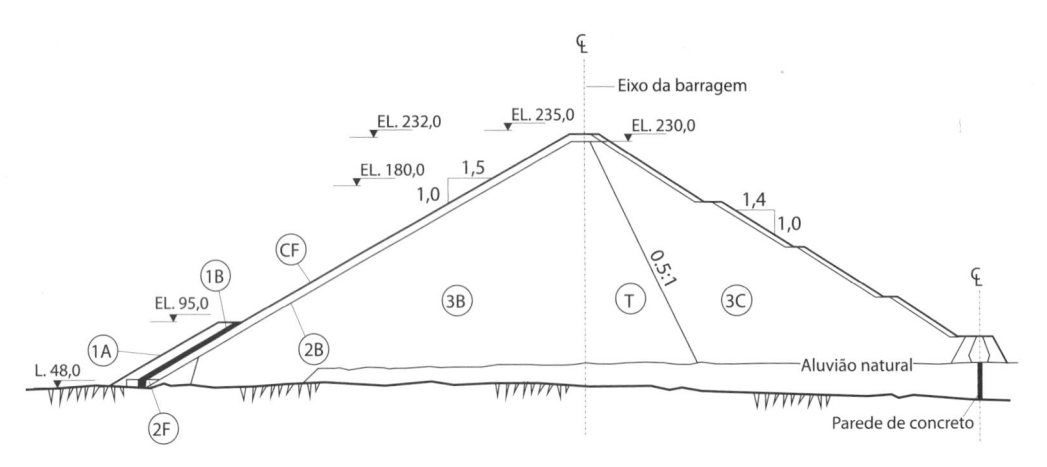

FIG. 2.3 *Barragem de Aguamilpa (Gómez, 1999)*

TAB. 2.1 Zonas, especificações e materiais da barragem Aguamilpa (México)

Material	Especificação	Zona	Compactação	Especificação
Solo	Random	1B	Camada lançada, 80 cm	Equipamento de construção
	Areia siltosa fina $d_{máx.}$ 0,20 cm	1A	Camada lançada, 30 cm	Equipamento de construção
Filtro	Mistura de cascalho aluvial e areia siltosa $d_{máx.}$ 3,8 cm	2F ou 2A	Compactado, camada 30 cm	4 passadas 100 kN SDVR
Enrocamento ou cascalho	Mistura de aluvião e areia e areia processada $d_{máx.}$ 7,6 cm	2B	Compactado, camada 30 cm	4 passadas 100 kN SDVR 6 passadas 40 kN ou 130 kN PC
	Aluvião $d_{máx.}$ 40 cm	3B	Compactado, camada 60 cm	4 passadas 100 kN SDVR
Enrocamento	Enrocamento 3C $d_{máx}$ 50 cm	T	Compactado, camada 60 cm	4 passadas 100 kN SDVR
Enrocamento jusante	Enrocamento $d_{máx.}$ 100 cm	3C	Compactada, camada 120 cm	4 passadas 100 kN SDVR
Enrocamento	Lançado	4	Lançado	Grandes blocos
Laje	Face do concreto	FC	–	–
Leito do rio	Aluvião natural	AN	–	–

das e o peso do rolo foram aumentados. No Cap. 3, as zonas de todas as barragens foram renomeadas de acordo com B. Cooke e J. Sherard.

Pichi Picún Leufú (50 m – Argentina) é outro caso no qual os 30 m do aluvião natural permaneceram na fundação, com remoção de uma faixa de aproximadamente 9,0 m de largura a partir da linha X do plinto. Alto Anchicayá, Golillas, Salvajina, Potrerillos, Caracoles e Limón são exemplos de outras barragens onde a aluvião foi deixada como fundação.

Outros poucos requisitos para o tratamento da fundação foram introduzidos nos últimos vinte anos, porque os requisitos relativamente simples propostos por Cooke e Sherard em 1987 levaram a deslocamentos excessivos da face de concreto. O requisito de compactação das zonas de montante e jusante foi também reforçado, como será visto nos Caps. 3, 4, 7 e 8.

2.1.2 Designação das zonas do maciço

A designação das zonas do maciço é uma das mais importantes contribuições dos artigos de 1987 de Cooke e Sherard. Ela define claramente as funções e os requisitos de cada zona do maciço de enrocamento e promove uma comunicação fácil entre projetistas e construtores das BEFCs.

Infelizmente, em muitas barragens as zonas têm recebido nomes, letras e números diferentes, mas, apesar disso, os conceitos básicos do zoneamento têm sido preservados na maioria das barragens.

A Fig. 2.4, reproduzida de Cooke e Sherard (1987) mostra a designação das zonas de uma BEFC.

Zona 1 – Impermeável.
Zona 2 – Filtro ou transição diretamente sob a face de concreto.
Zona 3 – O maciço de enrocamento.
No Cap. 3, as seções das barragens são seguidas de tabelas similares.

Os materiais necessários e as especificações de compactação de cada zona são descritos por Cooke e Sherard nos artigos de 1987:

Zona 1 – *Um tapete de solo impermeável compactado (zona 1A) foi colocado sobre a parte inferior da face de concreto da barragem Alto Anchicayá, pois sua altura estava quebrando precedentes. Desde então, esse detalhe foi adotado nas barragens Foz do Areia, Khao, Laem e Golillas, e em várias outras grandes barragens. O objetivo é cobrir a junta perimetral e a laje nas cotas inferiores com solo impermeável, preferencialmente silte, o qual colmatará qualquer fissura ou abertura de junta. Uma camada de solo impermeável com espessura mínima construtiva pode ser usada diretamente sobre a laje de concreto e a fundação em rocha, recoberta com um material de bota-fora mais econômico para garantir*

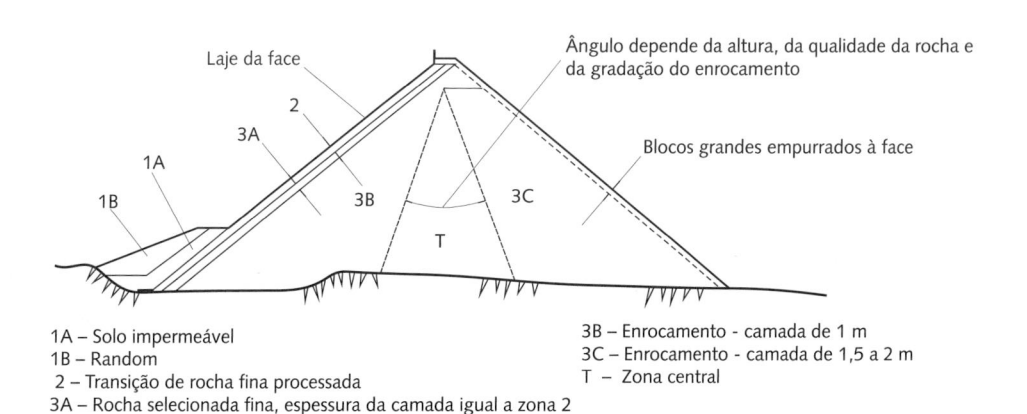

1A – Solo impermeável
1B – Random
2 – Transição de rocha fina processada
3A – Rocha selecionada fina, espessura da camada igual a zona 2
3B – Enrocamento - camada de 1 m
3C – Enrocamento - camada de 1,5 a 2 m
T – Zona central

FIG. 2.4 *Designação das zonas de uma BEFC de enrocamento são (Cooke & Sherard, 1987)*

a estabilidade (zona 1B, Fig. 2.4). Como sugerido por Nelson de Sousa Pinto, uma faixa de areia fina siltosa pode ser colocada sobre e ao longo da junta perimetral.

Barragens sem essa zona 1 de montante foram bem sucedidas, indicando que essa zona 1 não é necessariamente útil. É útil somente se um problema aparecer. Portanto, subsiste a dúvida, em muitos dos casos, se o custo é justificável, exceto talvez para barragens altas. Os autores [Cooke e Sherard] acreditam que é aconselhável considerar a colocação da zona 1 até vários metros acima do leito natural do rio.

Zona 2 – O primeiro e principal objetivo de uma zona de enrocamento fino de espessura reduzida, colocada diretamente sob a face, era conseguir um suporte uniforme e firme para a laje de concreto. Tem sido usado um enrocamento britado (bica-corrida) de dimensões abaixo entre 15 e 7,5 cm. Recentemente surgiu a tendência de se incluir, na granulometria da zona 2, uma fração de areia e finos em quantidade suficiente para melhorar a trabalhabilidade, reduzir o excesso de concreto, ter uma permeabilidade baixa confiável e uma granulometria aproximada de um material para filtro. A resistência ao cisalhamento dessa zona 2 é sempre adequada. Uma granulometria selecionada desta maneira para a zona 2 estabelece uma barreira semipermeável, evitando grandes vazamentos, mesmo que o percurso do vazamento se desenvolva atravessando uma trinca na laje de concreto ou um veda-junta defeituoso. A propriedade de semi-impermeabilidade é de grande valor nas proximidades da junta perimetral e também até a cota a que pode subir o nível d'água do reservatório durante a retenção de uma cheia, na fase do desvio e antes da construção da face de concreto.

Para o tipo de material selecionado para zona 2, com 40% de areia e finos, este é colocado em camadas de 40 a 50 cm de espessura, e compactado com um rolo liso vibratório. Para esse tipo de material, a compactação obtida não é fortemente influenciada pelo teor de umidade. Em geral, o material é transportado para o local numa condição "úmida" comumente com um teor de umidade (da fração do material que passa na peneira 4 no intervalo de 4 a 10%). Nessa condição, ele é compactado a uma densidade alta e satisfatória não sendo necessário especificação quantitativa do teor de umidade. Como esse tipo de zona 2 semipermeável é especialmente sensível a um excesso de umidade, a especificação precisa indicar que o teor de umidade não deve ser tão alto que impeça a operação do equipamento de compactação do material firme. Usa-se especificar o método de compactação, ou seja, quatro passadas de um rolo liso vibratório de 10 t. Os ensaios para determinação das massas específicas são executados para registro.

Um procedimento construtivo revolucionário foi introduzido pela Construtora Norberto Odebrecht nas barragens de Itá e Itapebi. Uma mureta de concreto extrudado para apoio da laje substitui a operação trabalhosa de compactação ao longo do talude da zona 2 e elimina a camada de emulsão asfáltica ou tratamento com concreto neumático. Depois de Itá, o sistema passou a ser usado em inúmeras barragens.

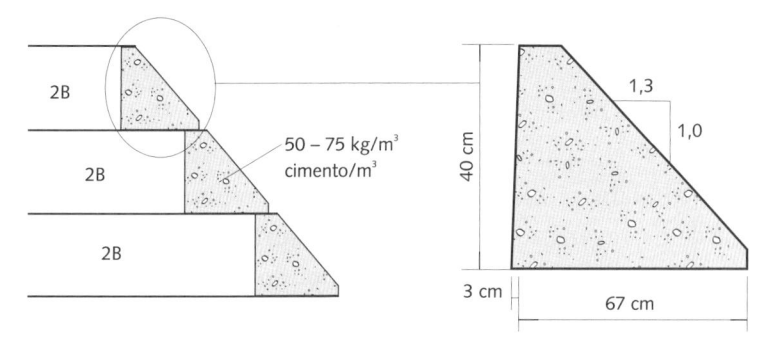

FIG. 2.5 *Detalhe da mureta de concreto extrudado*

Vantagens dessa solução, denominada por Cooke como "O Método de Itá", foram amplamente apresentadas por Resende e Materón no Simpósio sobre BEFCs da *International Commission on Large Dams* (ICOLD), realizado em Pequim, em 2000.

O concreto extrudado serve como suporte para a compactação da zona 2 e protege o material dessa zona da erosão da chuva. As Figs. 2.5 e 2.6 mostram o concreto extrudado e o equipamento para sua confecção.

Essa inovação não elimina a zona 2, essencial para o controle do fluxo. Desde Itá e Itapebi, o concreto extrudado tem sido adotado em todo o mundo, com grande sucesso.

Zona 3 *– Como a maior parte da carga de água passa para a fundação através da porção de montante do maciço, é desejável que a compressibilidade da zona 3B seja feita o mais baixo possível para minimizar os recalques da laje de concreto. As experiências acumuladas têm mostrado que maciços construídos em camadas de 1 m de altura e compactadas com quatro passadas de um rolo vibratório, de um cilindro de aço liso pesando 10 t (estáticas), apresentam desempenho satisfatório.*

A zona 3C de jusante recebe uma carga d'água desprezível, e sua compressibilidade tem pouca influência no recalque da laje da face. Consequentemente, essa zona é comumente construída, de modo satisfatório, em camadas mais altas, usualmente entre 1,5 e 2 m, e também compactadas com quatro passadas do mesmo rolo. É preferível especificar camadas mais espessas para a zona 3C porque ela será altamente permeável, proporcionando uma economia substancial de custo, em razão de um menor desgaste do equipamento. As camadas mais espessas da zona 3C também proveem um local no qual os blocos de rocha de diâmetros máxi-

FIG. 2.6 *Máquina para fabricar a mureta*

mos são colocados, aumentando a altura da camada, se necessário.

Essas especificações, relativas à altura das camadas e aos equipamentos de compactação, continuam a ser utilizadas em dezenas de barragens ao redor do mundo, mas foram modificadas em barragens altas como no caso da barragem de Campos Novos (Fig. 2.1), concluída em 2006, que teve Barry Cooke como consultor no início da obra. Mais detalhes são encontrados nos Caps. 4, 8 e 12.

Uma descrição mais precisa dos materiais de cada zona que foram efetivamente usados nas BEFCs nos últimos anos é apresentada por Materón (2013).

Zona 1A – Material colocado sobre a laje principal. Inicialmente, usava-se um material impermeável argiloso, mas a tendência atual é especificar um silte de baixa plasticidade.

Zona 1B – Random – material usado para confinar o material 1A. Compactado com equipamento de transporte.

Zona 2 – Material bem graduado com um diâmetro máximo entre 76 e 100 mm, teor da areia entre 35% e 60% e uma pequena porcentagem de material fino (< # 200) da ordem de 8%, como recomendado por Sherard.

Zona 2A – Filtro bem graduado colocado sob a junta perimetral, para reter o material 1A no caso da eventual ruptura dos veda-juntas.

Zona 3A – Transição entre os materiais 2 e 3. Se o material 3B for aluvião, a transição 3A pode não ser necessária.

Zona 3B – Material bem graduado com um diâmetro máximo igual ou menor do que a espessura da camada. Tamanho máximo entre 600 e 800 mm.

Zona 3C – Material graduado com maior quantidade de finos e um diâmetro máximo igual ou menor do que a espessura da camada. Essa espessura é maior do que a da zona 3B e pode ser de até 1 m.

Zona T – Material de qualidade inferior colocado no centro da barragem ou a jusante de um dreno vertical. O volume depende da disponibilidade desse material. Em geral, é compactado com espessura menor do que na zona 3B.

Zona 4 – Em geral, é composto de blocos grandes, colocados no talude de jusante para fins estéticos e de acabamento.

2.1.3 Uma nova concepção de zoneamento para as BEFCs

As experiências registradas durante os terremotos de Wenchuan, na China, em 12 de maio de 2008, próximo à barragem Zipingpu (156 m), e de Miyase Iwate, no Japão, em 14 de junho de 2008, próximo à barragem Ishibuchi (53 m), levaram muitos dos especialistas que analisaram o fenômeno a reforçar a necessidade de medidas preventivas a serem incorporadas ao projeto e à construção de BEFCs próximas a zonas de elevada atividade sísmica. As medidas mais importantes são resumidas a seguir:

i) Adotar uma seção conservadora como a mostrada na Fig. 2.7, como proposto por Materón e Fernandez (2011), incorporando um dreno

Critérios de projeto para as BEFCs | 41

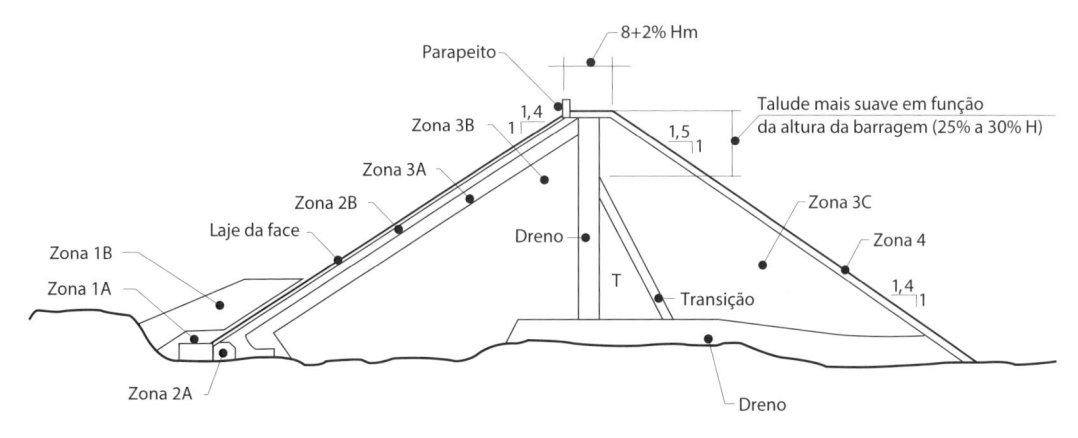

FIG. 2.7 *Zoneamento conceitual recomendado para BEFCs em áreas sísmicas*

vertical no centro da barragem interligado a um dreno horizontal para proteger a área de jusante (T) na eventualidade de um sismo que venha a romper a ligação entre o plinto e a rocha de fundação, deixando a água passar.

ii) Verificar a estabilidade da barragem por meio de métodos convencionais de cálculo incluindo sismos com a aceleração do local e valores de N/A = 0,20 (ver Cap. 5 – item 5.3) (Newmark, 1965), sendo N = coeficiente de máxima resistência e A = máxima aceleração.

iii) Na parte superior da barragem (25% a 30% H), adotar inclinações mais conservadoras de 1,5(H):1,0(V) a 1,6(H):1,0(V), dependendo da altura da barragem.

iv) Ampliar a crista da barragem para 8 m em barragens de até 150 m de altura, e para alturas entre 150 e 300 m usar a fórmula:

$$crista = (8 + 2\% H)m$$

v) Verificar a estabilidade da barragem quando esta incorporar materiais de qualidade inferior e menor resistência na zona T.

vi) Para a compactação da barragem, especificar rolos vibratórios com mais de 20 t, com um mínimo de 12 t no tambor e peso estático > 5 t/m (no tambor).

vii) Especificar espessuras de camadas da ordem de 60 cm para a zona 3B, 40 cm na zona T e 80 cm na zona 3C, com adição de um mínimo de água de 200 ℓ/m^3 se o enrocamento for drenante.

viii) Se o material da zona T contiver finos que tornem a compactação inoperante quando molhado, não adicionar água, mas controlar a densidade e o índice de vazios.

ix) Providenciar muros-parapeitos simples ou duplos com menos de 4 m.

x) Adicionar 1,3% H no bordo livre (*free board*) acima dos requisitos hidráulicos.

xi) Adotar, ao longo da junta perimetral, veda-junta com uma grande capacidade para evitar vazamentos e rupturas durante terremotos.

xii) Tratar as juntas de tração e de compressão levando em conta as características do vale. Expressa por: $A/H^2 \leq 4$.

2.1.4 Granulometria e qualidade do enrocamento

Cooke e Sherard (1987) afirmam que "as propriedades mais importantes dos maciços de enrocamento das BEFCs são a compressibilidade e a alta resistência ao cisalhamento".

Sempre que "rocha dura" for usada nas zonas 3A, 3B e 3C com os requisitos de compactação e granulometria da Tab. 2.1, a elevada resistência e a baixa compressibilidade são conseguidas mesmo em barragens altas.

A hipótese implícita de que as zonas 3A, 3B e 3C não interagem perante à ação da água a montante, como sugerido por Cooke e Sherard, merece algumas considerações.

Uma simples análise das tensões que se desenvolvem nas BEFCs é mostrada nas Figs. 2.8 e 2.9, no final da construção e após o enchimento do reservatório, em pontos distribuídos no enrocamento.

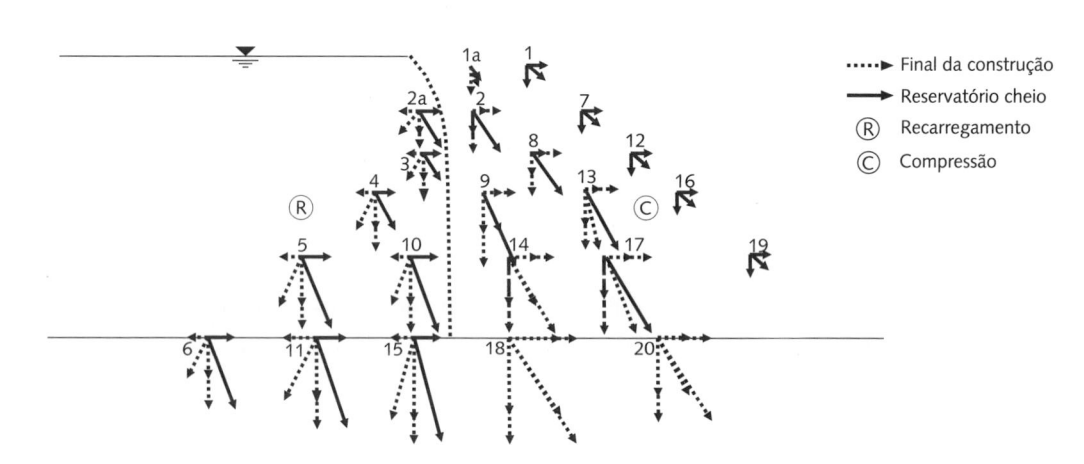

FIG. 2.8 *Tensões horizontal e vertical durante a construção e reservatório cheio (Oliveira, 2002)*

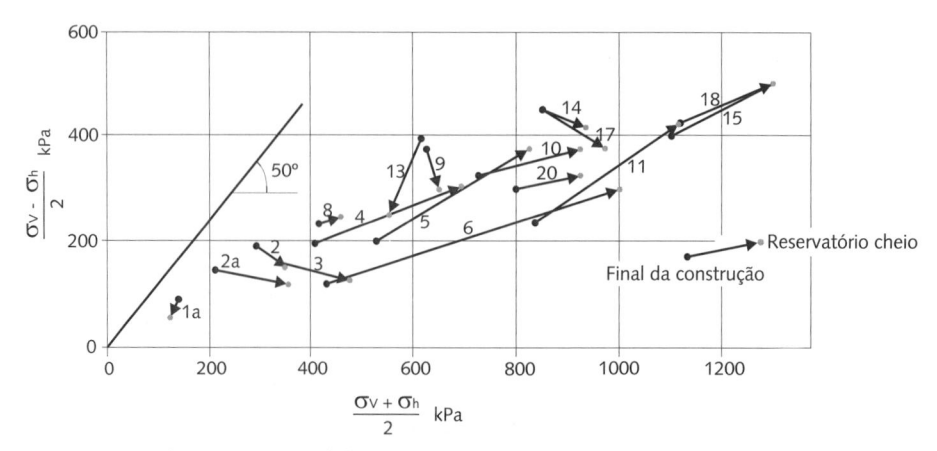

FIG. 2.9 *Trajetória de tensões no final da construção e reservatório cheio (Oliveira, 2002)*

Fica claro que no espaldar de montante há uma mudança na direção das tensões da fase de construção para a fase de reservatório cheio. Próximo à face, a tensão desviatória ($\sigma_v - \sigma_h$) diminui e depois volta a crescer. Na zona de jusante, a mudança na direção das tensões é pouco significativa e as tensões crescem com a carga da água.

As figuras mostram claramente que a barragem se comporta como um todo. Na região de montante, o enrocamento durante o enchimento é primeiramente descarregado e então recarregado, comportando-se como um material pré-adensado (ver Fig. 2.9).

A jusante o enrocamento é sempre comprimido, e se na zona 3C o material é mais compressível do que na zona 3B, os deslocamentos podem atingir a face de concreto, causando problemas.

Sempre que materiais diferentes são empregados nas zonas 3B e 3C, como no caso de Aguamilpa, a face de concreto pode fletir significativamente na sua parte superior (ver Fig. 2.10).

Retomando a qualidade da rocha, foi reconhecido por Cooke e Sherard (1987):

Para BEFCs (e barragens de enrocamento com núcleo de terra) não há necessidade técnica de utilizar rochas com altas resistências à compressão simples; ou seja, enrocamentos compactados de rochas com resistência de 300 a 400 kgf/cm² não são mais compressíveis na barragem terminada do que aqueles de rochas muito mais duras, apresentando comportamento satisfatório em todos os aspectos.

Muitos tipos de rochas com alto índice de absorção ou baixa resistência à compressão, quando ensaiados secos, apresentarão resistências consideravelmente menores quando ensaiados saturados; é frequente encontrar resistências de corpos de prova saturadas, 20 a 40% das resistências de corpos de provas secos. Quando essas rochas são compactadas com rolos vibratórios pesados, ocorre acentuada trituração dos blocos maio-

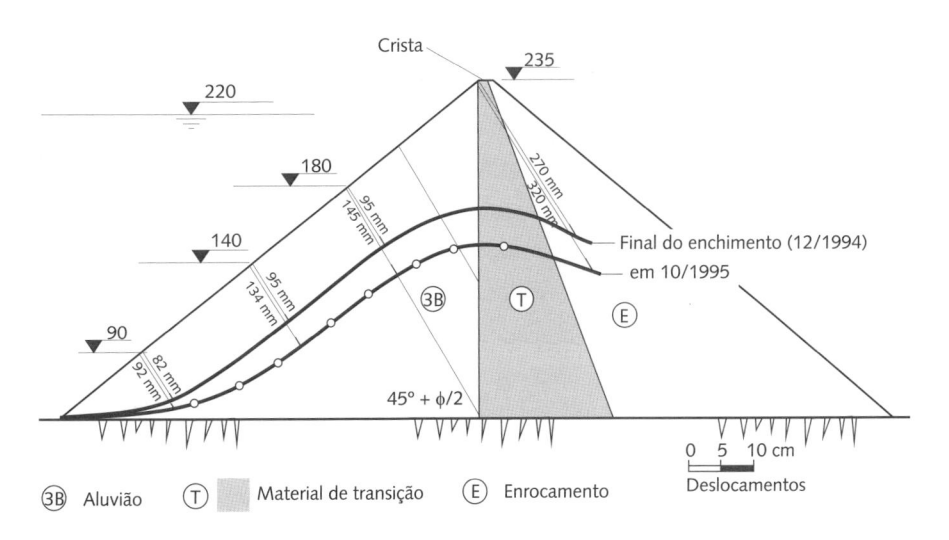

FIG. 2.10 *Deslocamentos da face da barragem Aguamilpa - México (seção com fundação em rocha) (Cooke, 1999 apud Mori, 1999)*

res. Apesar disso, esses materiais podem ser utilizados em BEFCs, com zoneamento e métodos construtivos apropriados.

Nas modernas barragens altas, as especificações sobre a qualidade dos materiais e sobre a compactação têm sido revisadas e reajustadas para reduzir os deslocamentos na face de concreto, como se discute no Cap. 3.

Uma observação final para esse item refere-se a uma maneira prática de avaliar se os finos presentes no enrocamento são prejudiciais, como proposto por Cooke e Sherard (1987):

Quando o enrocamento contém uma quantidade de finos excedendo certos limites, a avaliação final de sua adequação pode ser feita com base na trafegabilidade da superfície do enrocamento quando o material estiver bem umedecido. Uma superfície de rolamento estável sob o tráfego de equipamentos pesados demonstra que as cargas estão sendo suportadas por um arcabouço de enrocamento. Uma superfície de construção instável, com movimentos elásticos sob o deslocamento com dificuldades dos equipamentos, formando sulcos, mostra que o volume de finos terrosos é suficiente para tornar o enrocamento relativamente impermeável. Onde a superfície é instável, os finos comandam o comportamento, e o maciço resultante pode não ter as propriedades desejadas para uma zona de enrocamento permeável.

2.1.5 Adição de água ao enrocamento

O principal objetivo da adição de água é umedecer o material para reduzir a resistência à compressão simples dos blocos maiores de rocha. A finalidade é principalmente minimizar os recalques pós-construtivos. Não há necessidade ou intenção de usar a água adicionada para lavar ou empurrar os finos para o interior dos grandes vazios do enrocamento. Portanto, não é necessário que a água seja aplicada com esguichos de alta pressão. É satisfatório que ela seja adicionada por qualquer meio que molhe completamente o material, preferencialmente antes de compactá-lo, embora o benefício continue, pois o enrocamento é submetido, durante a construção, à umidade e à água que percola por ele.

A quantidade de água aplicada tem sido comumente de 18% a 20% do volume do maciço do enrocamento; ocasionalmente 30%. Para quase todas as rochas, 10% (cem litros por metro cúbico de enrocamento) é mais do que suficiente. A prática de adicionar água à rocha ainda nos basculantes, um pouco antes da descarga na praça de construção, é econômica e assegura uma molhagem total da rocha. (Cooke; Sherard, 1987).

A adição de água ao enrocamento tornou-se uma prática comum em barragens altas numa razão mínima de 200 litros por metro cúbico. Quando a rocha apresenta alguma absorção, a adição da água traz algum benefício. Em Shuibuya, China (enrocamento calcário), e em El Cajón, México (ignimbrito), foi obtido um elevado módulo de deformabilidade após a adição de um volume generoso de água.

Detalhes da absorção da água no enrocamento são discutidos no Cap. 4.

2.1.6 Acabamento da face de jusante do enrocamento

A Fig. 2.11 mostra a face de jusante da barragem Barra Grande, formada por grandes blocos. A mesma prática é exemplificada pela barragem Esmeralda (com núcleo de terra) e da barragem Foz do Areia.

Cooke e Sherard (1987) comentam:

Cria-se uma face atraente de uma maneira prática e econômica, ao empurrar com lâminas de tratores, para a face de jusante, grandes blocos manejados seletivamente. Usa-se como guia gabaritos de madeira indicativos da declividade do talude ou feixes de raios laser, de tal modo que a aresta superior de cada grande bloco esteja entre o plano do projeto e mais 15 cm. Os vazios da superfície não devem ser preenchidos. Pode ser necessário formar pilhas de estoque de grandes blocos para utilizá-los perto da crista, quando a produção de rocha das escavações for baixa.

Além de proporcionar uma superfície esteticamente satisfatória, essa prática cria uma superfície estável para o talude, com um volume adicional mínimo de enrocamento, e sem necessidade posterior de perfilá-lo. A prática permite taludes localmente mais inclinados que 1,3(H):1,0(V) a 1,2(H):1,0(V).

A prática de perfilar ("pentear") a face do talude com retroescavadeira é utilizada às vezes. Pode dar uma superfície de aparência satisfatória. Resulta, entretanto, que blocos soltos rolem pelo talude abaixo e impede taludes mais íngremes em estrada construída na face.

FIG. 2.11 *Barragem Barra Grande*

2.1.7 Rampas e taludes temporários de construção

Cooke e Sherard (1987) sugerem que:

Diferentes trechos do maciço de enrocamento, dentro das zonas 3B e 3C, podem ser construídos em diferentes épocas sem restrições, utilizando-se taludes internos [1,3(H):1,0(V)] temporários, transversais e/ou longitudinais, entre os referidos trechos.

Essa propriedade, em BEFCs, dá uma flexibilidade importante à construção, permitindo o máximo uso de rocha das escavações obrigatórias, por sua colocação diretamente na barragem, sem empilhamento intermediário, com vantagem importante em custos e prazos.

Uma estrada permanente no talude de jusante pode ser útil durante a construção, por ajudar no planejamento ótimo das rampas internas, e ser o caminho mais seguro e curto entre o topo e a base da barragem.

Isso pode ser importante para o acesso entre uma casa de máquinas e a tomada d'água e as comportas do vertedouro.

De fato, essa prática tem sido usada normalmente na construção das BEFCs. Um exemplo de flexibilidade é o canal de enrocamento armado da barragem TSQ1 (Fig. 2.12) para permitir a passagem da água em caso de cheias, que ocorreram durante a primeira fase de construção dessa barragem.

Para barragens muito altas, no entanto, que podem recalcar mais devido ao peso próprio, a sequência da construção deve obedecer a uma ordem mínima para reduzir os deslocamentos pós-construção da laje de concreto.

2.1.8 Ensaios de controle de compactação

Segundo Cooke e Sherard (1987), os ensaios de controle são requeridos somente para a zona semi-impermeável – zona 2:

O material deve ser compactado a 98% da máxima densidade de um ensaio padronizado de compactação considerando a fração abaixo de ¾ de polegadas. Esse requisito é satisfatório.

Para a zona 3 é recomendado abrir grandes poços com profundidade de uma camada e volume de vários metros cúbicos para determinar densidade e granulometria. Isso é feito para o registro e não como controle da compactação.

A compactação deve ser feita conforme procedimentos de rotina, observados a espessura da camada, a água adicionada e o número de passadas do rolo compactador, ditados por experiência ou como resultado de aterros experimentais.

O controle dos finos deve ser feito, como já referido, com base na trafegabilidade do rolo.

Atualmente, ensaios de permeabilidade *in situ* têm sido executados para completar o controle da compactação. Em paralelo, dados da instrumentação – células de recalque e marcos superficiais, representam informações-chave do controle dos registros durante a construção e após o enchimento.

Experiências recentes mostram que o melhor controle é alcançado por pessoal verificando a espessura da camada, controlando o número de passadas e a capacidade do rolo, que deve aplicar uma força de 5 t/m sobre o cilindro, com uma

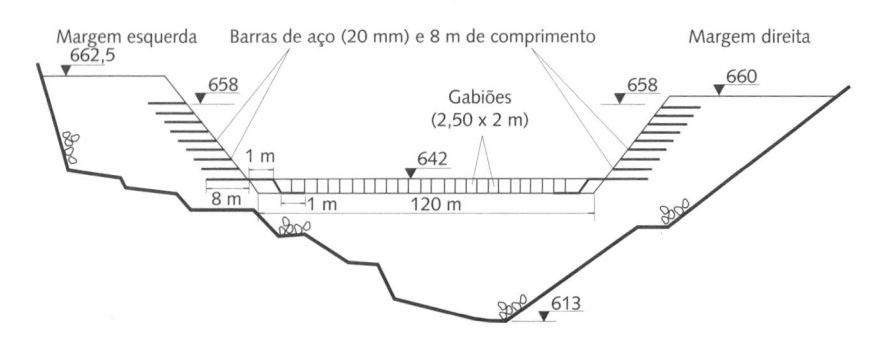

FIG. 2.12 *Seção transversal do canal da barragem TSQ1, com barras de ancoragem para proteger o enrocamento da erosão da água (Freitas, 2006)*

frequência de vibração de 1.400 a 2.000 V.P.M.

A observação da movimentação do rolo como descrita por Cooke e Sherard é uma maneira excelente de avaliar a eficiência da compactação.

2.2 Fluxo da água através do enrocamento e vazão

O aumento da permeabilidade da zona 2 progressivamente através das zonas 3A, 3B e 3C (Fig. 2.4) é desejável durante a construção, no caso de ocorrência de uma cheia, antes da face de concreto ter sido construída. Depois da execução da laje de concreto, não se prevê qualquer problema de vazamento a que o enrocamento não seja capaz de resistir, sem qualquer dano. (Cooke; Sherard, 1987).

Em outro trecho do seu artigo, Cooke e Sherard discutem as vantagens do lançamento que resulta num enrocamento estratificado:

Não há nenhuma desvantagem técnica no método preferido de colocação do enrocamento em camadas segregadas. Além do menor custo, há várias vantagens. A estratificação garante que qualquer fluxo pelo enrocamento ocorrerá mais facilmente na direção horizontal do que na vertical.

A vazão que passa pelas fissuras, trincas e mesmo pelas fraturas da face das BEFCs é controlada pela camada de areia e cascalho (zona 2), sendo muito inferior à que poderia iniciar um processo de remoção dos blocos de jusante. Vazões tão elevadas como 1.000 a 2.000 ℓ/s foram medidas nas BEFCs Barra Grande e Campos Novos (2007), sem qualquer sinal de problema no talude de jusante, confirmando as posições de Cooke e Sherard. Entretanto, no caso de uma cheia alcançar a face da barragem antes da construção da laje, a anisotropia de permeabilidade pode não ser favorável, porque ela resulta na elevação da linha freática e na concentração do fluxo da base na camada segregada, como demonstrado por Pinto (1999) num experimento de laboratório com areia e cascalho.

Sob um ponto de vista teórico, Cruz (2005) demonstrou que quanto mais elevado for o ponto em que a linha freática atinge a zona de jusante, pior é a condição da estabilidade.

O papel da zona 2, de controlar o fluxo pelo enrocamento em caso de enchente durante a construção, é mostrado na Fig. 2.13. Ela evidencia que a linha freática, bem como a vazão, são substancialmente reduzidas devido à presença da zona 2 semipermeável.

Detalhes do fluxo pelo enrocamento são discutidos no Cap. 6.

2.3 Estabilidade

2.3.1 Estabilidade estática do maciço de enrocamento

Os taludes do enrocamento compactado são, em geral, 1,3-1,4(H):1,0(V), 37° em média, baseados na experiência. No caso de cascalho compactado, são de 1,5(H):1,0(V) ou 33°. Comparando esses ângulos com 45° ou mais da resistência ao cisalhamento dos enrocamentos, fica claro que as barragens são estáveis em relação a um plano de ruptura paralelo à superfície do talude.

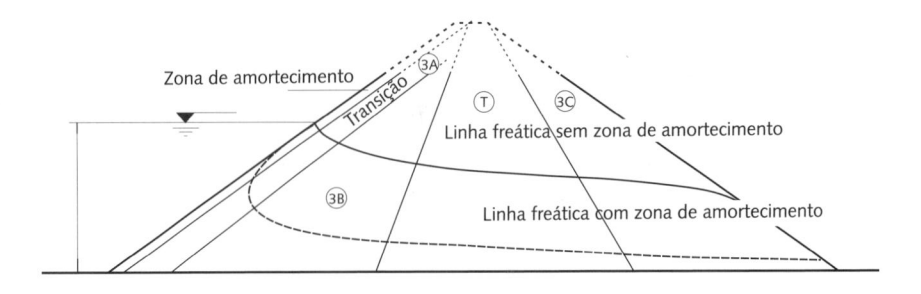

FIG. 2.13 *Efeito da zona 2 na depressão da linha freática*

Cooke e Sherard (1987) são enfáticos em afirmar que em análises de estabilidade convencionais (muitas vezes chamadas análises do equilíbrio limite), comumente elaboradas para taludes naturais de solos e de barragens de terra, postula-se que uma massa deslizante possa mover-se escorregando em superfícies de cisalhamento curvas ou planas. As forças desestabilizantes e resistentes são calculadas e comparadas para definir um coeficiente de segurança. Para a BEFC, que não tem água nos vazios dos enrocamentos e é assente em fundação de rocha sã, toda a experiência e a teoria confirmam que tal escorregamento por cisalhamento não pode ocorrer.

Portanto, as análises de estabilidade convencionais, quando aplicadas a uma BEFC típica, calculam um coeficiente de segurança contra um tipo de movimento que se sabe ser fisicamente impossível.

De fato, no Cap. 5 são apresentadas análises de estabilidade estática para vários tipos de enrocamentos com diferentes equações de resistência ao cisalhamento, e para várias inclinações dos taludes. Os F.S. obtidos foram sempre superiores à unidade.

Mas sempre que a rocha de fundação contiver juntas ou planos de menor resistência, uma análise de estabilidade por blocos deslizantes é concebível e aplicável. O mesmo se aplica à rocha alterada e a fundações em cascalho ou aluvião.

2.3.2 Considerações sobre terremotos

Cooke e Sherard (1987) apresentam uma longa discussão sobre os terremotos, no tocante tanto à estabilidade das BEFCs como em relação aos recalques da crista. Algumas de suas conclusões são reproduzidas a seguir.

Como todo o maciço de uma BEFC é seco, o abalo do sismo não pode causar pressão neutra nos vazios do enrocamento. A fundação da BEFC é rocha, que não amplifica as forças provocadas pelas acelerações que a ela chegam. O maciço é vigorosamente compactado com rolos vibratórios em camadas, em estado denso. Os sismos só podem causar pequenas deformações durante o curto período de tremores intensos. Ao fim do sismo, a BEFC é tão estável quanto antes.

Em sismos muitos intensos, a face de concreto pode sofrer fissuramento, aumentando a infiltração de água. Os possíveis fissuramentos e infiltrações não podem ameaçar a estabilidade global da barragem, porque a quantidade de infiltração que pode atravessar as fissuras e a zona de brita sob a laje da face pode fácil e seguramente passar através do maciço de enrocamento.

Por essas razões, a BEFC é considerada como tendo o mais alto conservadorismo contra sismos, e o mesmo projeto básico tem geralmente sido utilizado tanto em regiões de alta sismicidade como em áreas não--sísmicas.

Para a grande maioria de locais que podem ser fortemente sacudidos, como próximos aos epicentros de um sismo de magnitude 7,5, ou em locais com Índice de Severidade Sísmica (28) calculado dentro do intervalo 10-15, o mesmo projeto da BEFC para áreas não-sísmicas pode ser utilizado. Para esses locais, toda a experiência atual com o comportamento de barragens e os resultados globais dos cálculos dinâmicos correntes dão a confiança de que o pior recalque da crista induzido por sismos será substancialmente menor que 1% da altura da barragem. Um recalque súbito da crista, de 1% da altura da barragem, não ameaçará a segurança de uma BEFC moderna.

Para o menor número de locais onde os mais vigorosos abalos do mundo podem ocorrer, pouco distantes de falhas importantes capazes de gerar sismos de magnitude 8 ou maior, há pouca evidência, da origem que seja para guiar o julgamento a respeito do máximo recalque provável da crista da BEFC moderna induzido pelo sismo. Nesses locais, é aconselhável que o projetista empenhe-se para obter todo o subsídio disponível das análises dinâmicas avançadas. É essencial, em tal empenho,

elaborar estudos paramétricos das várias hipóteses principais, incluindo o método de alimentar a energia do sismo da fundação para a barragem, a resistência ao cisalhamento e características amortecedoras do enrocamento compactado. Provavelmente será concluído no futuro que os recalques máximos possíveis da crista de uma BEFC, com maciço compactado em camadas, não excedam a 1% ou 2% da altura da barragem, mesmo sob as mais severas condições de tremores sísmicos concebíveis. A provisão de uma borda livre conservativa extra é, provavelmente, uma providência apropriada e econômica do projeto sísmico.

O sismo recente (2008) ocorrido na China, de magnitude 8, com o epicentro a 17 km e que durou 1 minuto, atingiu a barragem Zipingpu, de 156 m. A crista recalcou 74 cm, e a vazão passou de 10 para 19 ℓ/s. A laje e o parapeito tiveram fissuras e rupturas que estão sendo reparadas. Estas foram as únicas consequências. A barragem resistiu muito bem ao terremoto, confirmando as predições de Cooke e Sherard.

Por outro lado, modelos matemáticos estão se tornando progressivamente mais acurados nas análises de BEFCs e, por isso, não há razão para desconsiderar este tipo de análise nos projetos das barragens. Mais do que isso, são recomendados.

2.4 O PLINTO OU A LAJE DO PÉ
2.4.1 Tratamento de fundação do plinto

O plinto é usualmente assente sobre rocha sã, dura, não-erodível e injetável. Para rocha de fundação menos favorável, dispõe-se de vários métodos para o tratamento de imperfeições locais, que podem ser aplicados após a abertura de uma trincheira na rocha até uma cota estimada de fundação aceitável. O critério é eliminar a possibilidade de erosão ou piping na fundação. A escavação deve ser executada cuidadosamente para minimizar o fraturamento da superfície da rocha sobre a qual o plinto é colocado. Um pouco antes da colocação do concreto é necessária uma limpeza da rocha com jato de ar, ou de ar e água, para se obter uma superfície de contato que facilite a ligação do concreto à fundação. (Cooke; Sherard, 1987).

O plinto (como usualmente é chamada a laje da fundação) tem um importante papel no desempenho da BEFC: o controle do fluxo pela fundação, porque a montante fica o reservatório e a jusante, o enrocamento.

Tratamento de fundações como os recomendados por Cooke e Sherard são indispensáveis. Sempre que a fundação não for em rocha sã, outros tratamentos são especificados.

Existem boas correlações entre a classificação geomecânica da rocha da fundação e o gradiente requerido para prevenir a erosão da rocha sob o plinto.

Detalhes desses tratamentos são apresentados no Cap. 7.

2.4.2 Dimensões do plinto

Cooke e Sherard (1987) afirmam que "para rocha dura e injetável na fundação, o comprimento do plinto é da ordem de 1/20 a 1/25 da carga de água".

Recomenda-se um aumento da extensão do plinto para rocha de qualidade inferior. Hoje há uma tendência de fixar o comprimento do plinto em função da qualidade da rocha da fundação.

Após a classificação da rocha de acordo com os parâmetros usuais, o comprimento do plinto pode ser definido de acordo com a Tab. 2.2.

É prática comum, atualmente, estender o plinto internamente sob a barragem, de forma que a parte externa seja limitada a 3 ou 4 m. Sempre que a rocha de fundação for sã, mas fraturada, um filtro interno a jusante do plinto é incluído.

Quanto à espessura do plinto, a proposta de Cooke e Sherard (1987) de fazê-la igual à espessura da laje permanece:

A espessura do projeto tem sido frequentemente igual à espessura da laje da face. As sobre-escavações e a topografia

TAB. 2.2 Classificação da rocha e comprimento correspondente do plinto

Classe da rocha RMR	Gradiente H/D	Comprimento B
80 – 100	18 – 20	0,053 H
60 – 80	14 – 18	0,065 H
40 – 60	10 – 14	0,083 H
20 – 40	4 – 10	–
< 20	*	

*Recomenda-se rebaixar a fundação, ou construir trincheiras ou muros de vedação.

irregular usualmente ocasionam maiores espessuras e, então, uma espessura mínima de projeto de 0,3 a 0,4 m é geralmente razoável para a maioria dos plintos.

Mais detalhes sobre o plinto são mostrados nos Caps. 7 e 8.

2.4.3 Estabilidade do plinto

O plinto deve resistir ao alto empuxo horizontal da água sem contar com o suporte do enrocamento. Para um plinto de espessura normal, há ampla resistência de atrito para resistir ao empuxo da água, a menos que a fundação tenha planos de baixa resistência ao cisalhamento, orientados desfavoravelmente e situados bem abaixo do plinto. Para plintos altos, e usualmente em áreas localizadas, requerem-se análises de estabilidade. Assume-se que a subpressão sob o plinto varia linearmente ao longo da largura, da pressão total do reservatório até zero.

A pressão da água na laje da face abre a junta perimetral e, portanto, não há interação do o plinto e da laje da face. O enrocamento pode exercer uma força resistente a jusante do plinto, mas isso não é confiável e é desprezado nos cálculos de estabilidade. (Cooke; Sherard, 1987).

A Fig. 2.14 mostra as forças atuantes a serem consideradas nas análises de estabilidade do plinto. Barras de ancoragem ou tirantes podem ser necessários não só para fixar o plinto na fundação, mas também para resistir à parte do empuxo da água de montante.

2.4.4 Arranjo do plinto

O plinto é disposto como uma série de segmentos retos. Os vértices dos ângulos

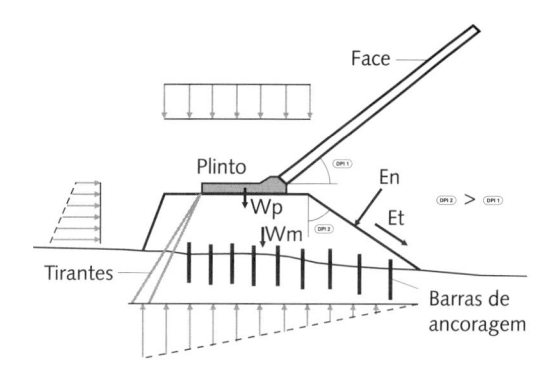

FIG. 2.14 Forças atuantes no plinto

são selecionados para se adaptar às condições de fundação e da topografia, e não se exige qualquer relação com as juntas verticais da laje da face. A linha de referência para escavação está na base da laje do plinto, no plano da base da laje da face. (Cooke; Sherard, 1987).

Em 2000, o próprio Barry Cooke reconheceu que, entre outros aspectos da construção da BEFC, o plinto não recebera a mesma atenção que outros elementos. (Cooke, 2000b).

O arranjo do plinto revisado por Cooke (2000b) é reproduzido no Cap. 8.

2.4.5 Armação – juntas e barras de ancoragem do plinto

A principal finalidade da armadura é a mesma que na laje da face, isto é, funcionar como ferragem de temperatura, espalhar as fissuras e minimizar a largura de qualquer fissura que tende a se desenvolver com as pequenas deformações de flexão. No passado, às vezes usavam-se duas camadas de aço longitudinais, mas agora é geralmente aceito que uma única camada deva ser usada. A armadura é colocada 10 a 15 cm distante da superfície superior, como ferragem de temperatura, onde é enganchada pela ancoragem; 0,3% em cada direção é adequado.

No passado foram comumente utilizadas juntas de construção com veda-juntas localizados a distâncias predeterminadas. Eles eram necessários, pois as juntas se abriam. A conexão do veda-juntas do plinto ao veda-juntas perimetral era, entretanto, um inconveniente.

Hoje, a armadura longitudinal é continuada através das juntas, sem veda-juntas. Isso é considerado uma boa prática; é mais econômica e tem sido adotada nas barragens mais recentes. Com a armadura longitudinal atravessando a junta de construção, não há necessidade de se usar veda-juntas.

A finalidade da ancoragem é simplesmente prender o concreto na rocha. As ancoragens não são para resistir à carga de subpressão. Comprimentos, espaçamentos e diâmetros das barras devem ser escolhidos na base da experiência e das características da rocha de fundação. As ancoragens e a armadura de temperatura melhoram o plinto como tampão de injeções.

As ancoragens utilizadas na prática corrente geralmente são barras de 25 a 35 mm de diâmetro, espaçadas cerca de 1 a 1,5 m em cada direção, com comprimentos usuais de 3 a 5 m. (Cooke; Sherard, 1987).

Aparentemente pouca mudança tem havido na armadura em projetos recentes.

2.4.6 Injeção através do plinto

Injeções têm sido executadas pelos métodos tradicionais, fazendo variar a calda em função das absorções ou utilizando o método GIN quando uma única calda é selecionada com o uso de aditivos. Os dois métodos têm sido utilizados com sucesso.

No entanto, é necessário atenção em zonas nas quais as altas pressões recomendadas pelo método GIN podem levantar o plinto. Em formações cársticas, o método GIN não é aplicável.

O plinto é construído antes que a zona 2 de enrocamento fino seja colocada. As injeções são executadas em qualquer época durante a construção e o plinto serve como tampão às caldas. Esses dois pontos são importantes para um cronograma mais curto e custos mais baixos.

A independência das injeções do cronograma da barragem é importante. As especificações não devem exigir que as injeções sejam executadas antes da colocação do enrocamento adjacente. Em especial, deve-se sempre exigir que as injeções sejam executadas através do plinto, injetando-se com mais eficiência a zona superior da rocha sob o plinto.

Para BEFCs, as injeções de consolidação são de especial importância, por causa do caminho de percolação relativamente curto através da rocha, diretamente sob o plinto. As injeções de consolidação devem ser executadas até profundidades suficientes para penetrar por toda a zona superficial que apresente fissuras abertas ou de alta permeabilidade. (Cooke; Sherard, 1987).

A injeção sob o plinto tem a finalidade de reduzir o fluxo pelas fundações e, por essa razão, a identificação de camadas mais permeáveis da fundação rochosa é um requisito básico para as especificações relativas às caldas e pressões a serem aplicadas.

As tradicionais três linhas de injeção, com a linha central penetrando até 1/3 H a 2/3 H (H – coluna de água sobre o plinto), devem ser consideradas somente como uma referência de projeto.

Na barragem Alto Anchicayá (Colômbia), foram necessárias cinco linhas de injeção, por causa da natureza sedimentar das fundações.

Em Foz do Areia (160 m de altura), as linhas externas tinham 20 m de profundidade e a linha central, 60 m, devido à presença de camadas horizontais no basalto com pressão artesiana, no leito do rio.

O método GIN introduzido por Lombardi e Deer em 1993 para controle das injeções tornou-se uma prática corrente. Foi usado em Aguamilpa, Mohale e Pichi Picún Leufú. Quando utilizado, deve-se ter em mente a possibilidade de gerar fraturas hidráulicas em algumas rochas.

Barragens que tiveram como fundação materiais aluvionares, em geral, cascalho compacto, como no caso de Santa Juana (110 m) e Puclaro (85 m), no Chile, previram uma parede-diafragma executada na borda do plinto, como mostrado na Fig. 2.15.

O desempenho da fundação das barragens foi excelente, o que incentivou a construção de outras barragens em fundações similares.

Mais detalhes são incluídos nos Caps. 7 e 8.

2.5 A FACE DE CONCRETO

2.5.1 Concreto

Para o concreto, a durabilidade e a impermeabilidade são mais importantes do que a resistência. Uma resistência de compressão simples de 20 MPa (3.000 psi) aos 28 dias é adequada. O diâmetro máximo do agregado é de 38 mm (1,5 pol.). Incorporação de ar e utilização de pozolana são comuns na prática atual. (Cooke; Sherard, 1987).

Em geral, as dosagens de concreto são especificadas de acordo com Cooke e Sherard. A Tab. 2.3 apresenta uma dosagem típica.

A resistência tem sido especificada para 28 ou 90 dias, a fim de obter a van-

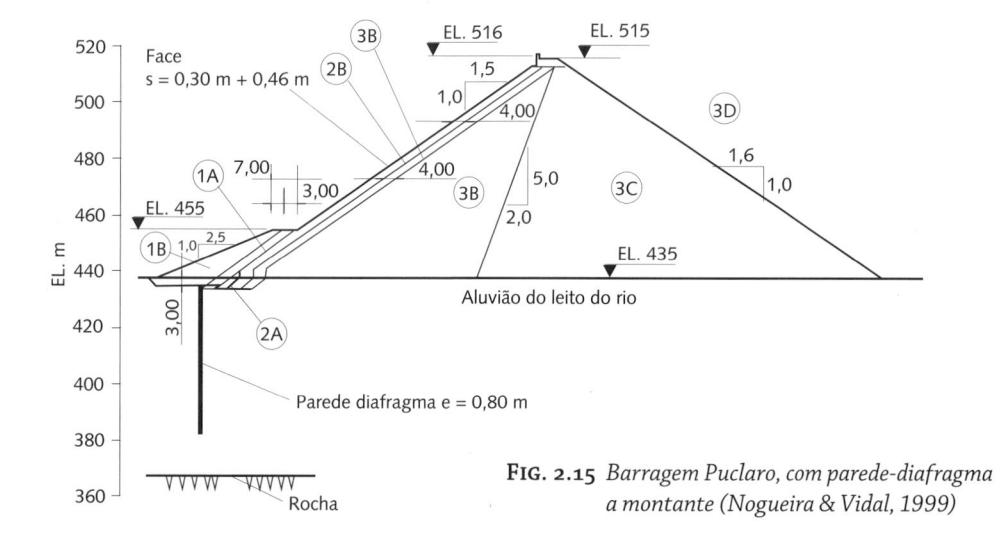

FIG. 2.15 *Barragem Puclaro, com parede-diafragma a montante (Nogueira & Vidal, 1999)*

TAB. 2.3 Dosagem típica do concreto

Cimento pozolana	300 kg
Areia	720 kg
Agregado 1 ½" - ¾"	565 kg
¾" – # 4	605 kg
Água – A	157 ℓ
A/C	0,52
Aditivos	
Incorporação de ar	4% – 6%
Plastificante	0,5% – 1% do cimento

tagem da atuação da pozolana com o tempo. Normalmente tem-se especificado uma resistência de 20-25 MPa a 60 ou 90 dias.

A incorporação de ar, os aditivos e a taxa de *slump* (variável de 3 a 8 cm) precisam ser especificados para concreto de forma deslizante (*slip forming concrete*).

O controle pelo *slump* representa um ponto-chave para o lançamento do concreto da face e para o controle da qualidade. Ambos, *slip forming* speed e qualidade do concreto, devem ser controlados por ajustes no *slump*. Nas usinas de concreto, a umidade da areia e o consumo de água pelo concreto devem ser controlados para garantir taxas de *slump* entre 3 e 8 cm.

O *slump* varia com a temperatura. A cura do concreto é o requisito final e importante da construção para o controle de trincas resultantes da retração do concreto e de tensões resultantes da temperatura.

A aspersão de água diretamente sobre a superfície do concreto tem sido usada com grande eficiência até o momento. Esse procedimento é considerado mais econômico e eficiente do que o tratamento com aditivos químicos.

2.5.2 Espessura da face de concreto

Cooke e Sherard (1987) afirmaram que:

A face de concreto tem demonstrado sua durabilidade sob altos gradientes hidráulicos e condições atmosféricas extremas, mesmo nas primeiras barragens (1920-1930) construídas com enrocamento simplesmente lançado, e naquelas construídas antes do uso de pozolanas e da incorporação de ar no concreto.

A espessura da laje nas primeiras barragens de enrocamento lançado era tradicionalmente igual a 0,3 m + 0,0067 H. A face era assente sobre uma camada de grandes blocos de rocha colocados com guindastes. Para BEFCs com enrocamento compactado, o incremento da espessura foi reduzido para 0,003 H, e mesmo para 0,002 H ou menos. Essas lajes têm desempenhado de modo satisfatório e atualmente há uma tendência generalizada para lajes mais delgadas.

Com a moderna tecnologia do concreto, sua qualidade e durabilidade são uniformemente maiores e mais confiáveis que no passado. Há uma certa espessura, como 25 ou 30 cm, a qual geralmente seria considerada como a mínima para cobrir a ferragem, para uma boa construção, para tornar mínimo o fissuramento superficial de retração etc.

Com base na experiência e prática atualmente disponíveis, é razoável projetar as lajes com uma espessura constante de 25 ou 30 cm para barragens de altura mode-

rada (de 75 a 100 m), e usar uma espessura incremental de cerca de 0,002 H para barragens muito altas e importantes.

À primeira vista, pode parecer surpreendente que uma camada de concreto de apenas 0,30 m possa ser usada como uma barreira para uma barragem de 70 m, mas a experiência tem provado que, para enrocamentos compactados, uma laje de concreto com e = e_o+ kH, sendo e_o = 0,30 a 0,35 m e k = 0,002 a 0,0035, tem obtido sucesso.

O máximo gradiente na laje deve ser da ordem de 200-220.

No caso de Campos Novos (202 m) e Barra Grande (185 m), ambas no Brasil, a equação para a espessura da laje foi e(m) = 0,30 + 0,0020 H, para H < 100m, e e(m) = 0,0050 H para H > 100 m.

Mais detalhes e discussão sobre a laje estão no Cap. 8.

2.5.3 Armadura da laje

As principais recomendações feitas por Cooke e Sherard (1987) são:

A aplicação de 0,4% de aço em cada direção, para faces de barragens de enrocamento compactado, em vez dos tradicionais 0,5% usados em faces de barragens de enrocamento só lançado.

A tendência que parece ser desejável e econômica é passar a armadura através das juntas verticais, retomando uma prática usada com sucesso em algumas barragens antigas. Essa tendência é fundamentada no fato de as faces superior e inferior das lajes estarem sob compressão horizontal. Várias juntas verticais próximas da ombreira são juntas de contração para minimizar a abertura da junta perimetral. Onde a ferragem passa através da junta vertical, às vezes tem sido também usado um veda-juntas na parte inferior da laje, como herança de uma prática antiga. Com a ferragem atravessando, há pouca ou nenhuma tendência para uma trinca se abrir na junta de construção, em vez de em outros locais da laje. Juntas vinculadas são admissíveis em projetos de concreto armado. Não se usam veda-juntas em juntas de construção horizontais das lajes da face de BEFCs.

Uma vantagem econômica de passar a armadura através das juntas verticais é a eliminação dos veda-juntas e da ferragem antiescamamento.

Em quase todas as BEFCs recentes tem sido usada uma fileira de pequenos ferros (armadura antiescamamento) na junta perimetral. Toda a experiência mostra que não há possibilidade de altas tensões de contato e escamamento em juntas perimetrais de barragens de altura pequena ou moderada, pois há pouca compressão na laje antes do enchimento do lago e as juntas se abrem sob a carga do reservatório. Embora não tenha havido problema com escamamento de juntas em barragens de enrocamento compactado, é aconselhável continuar armando essas quinas das juntas perimetrais de barragens altas.

Em geral, utiliza-se aço comum, mas em alguns projetos recentes, incluindo Foz do Areia, aço de alta resistência ao escoamento foi empregado, sem mudança na quantidade de aço.

A experiência em projetos recentes vem indicando uma tendência de concentração de tensões elevadas junto às ombreiras. Para melhorar o desempenho, recomenda-se a utilização de uma armadura de 0,5% numa área de 25 a 30 m perpendicular ao alinhamento do plinto. Em barragens de grande altura implantadas em vales estreitos as barras de compressão têm sido instaladas em duas camadas, elevando a porcentagem de armadura também para 0,5%.

Algumas mudanças na armadura da laje ocorreram desde 1987:

- Taxa de ferragem de 0,40% na direção vertical e 0,30% na direção horizontal;
- Ferros passantes nas juntas verticais não são frequentemente usados, embora existam barragens, como em Khao Laem e Mohale, onde essa solução tem sido adotada;
- Duas fileiras de barras curtas (antiescamamento) ainda são utilizadas a 10 – 15 cm do plinto;
- Armadura dupla (0,4% nas duas direções) tem sido usada nos 20 m próximos ao plinto;
- Na barragem Tianshengqiao 1 (178 m – China), a armadura dupla foi adotada em todo o terceiro trecho da laje;
- Em Campos Novos, a armadura dupla foi usada até 15 m a partir da linha X do plinto por toda a junta perimetral e na parte superior da laje.

2.6 Junta perimetral

De acordo com Cooke e Sherard (1987):

A junta perimetral sempre se abre e se desloca moderadamente no enchimento do reservatório, e é uma fonte potencial de vazamento se não for bem projetada, inspecionada e construída. Para barragens de altura pequena ou moderada (menor que cerca de 75 m), a movimentação da junta comumente tem sido de poucos milímetros, e juntas com os detalhes dos atuais veda-juntas têm geralmente se mantido estanques. Para algumas das barragens mais altas, as aberturas e deslocamentos das juntas têm sido de vários centímetros. Na barragem Foz do Areia, de 160 m de altura, em uma certa área a abertura foi de 25 mm e o deslocamento, de 50 mm. Não houve vazamento pela junta, mas é provável que o bulbo do veda-junta central tenha se rompido.

Por causa do histórico de vazamentos pelas juntas perimetrais, a tendência tem sido instalar de um a dois e, agora, três veda-juntas separados.

O veda-junta superior de mástique, coberto com uma membrana, foi idealizado primeiramente para o projeto da barragem Yacámbu, de 160 m de altura, na Venezuela, mas foi construído pela primeira vez na barragem Foz do Areia. Em princípio, o mástique superior deve ser confiável para vedar a junta e impedir vazamentos, mesmo com grandes deslocamentos.

Devido ao vazamento potencial que pode ocorrer na junta perimetral, além das soluções propostas por Cooke e Sherard, projetos alternativos com o emprego de outros materiais têm sido propostos.

Hoje, ainda prevalece o projeto empírico das BEFCs, baseado na experiência, na observação e no desempenho.

A junta perimetral é protegida de várias formas: cobre W.S., veda-juntas externos, mástique e coberturas de silte e cinzas. Exemplos são apresentados nas Figs. 2.16 e 2.17, para uma junta típica de compressão.

2.7 MURO-PARAPEITO E SOBRE-ELEVAÇÃO

As primeiras barragens tinham um muro-parapeito de 1,2 m de altura. Um muro mais alto, entre 3 a 5 m de altura, tornou-se uma prática econômica e preferível. A economia está em se poupar uma fatia do enrocamento de montante quando o custo dessa fatia exceder o custo do muro.

A borda livre para BEFC é calculada a partir do topo do muro-parapeito, em vez do topo do maciço de enrocamento, sendo as extremidades do muro prolongadas para dentro das ombreiras. (Cooke; Sherard, 1987).

A compensação para os recalques que irão ocorrer após a construção tem de levar em consideração a expectativa da fluência do enrocamento, que depende do zoneamento, do tipo da rocha que foi usada no enrocamento de recalques provocados por eventuais abalos sísmicos e da forma do vale. Recalques pós-construção resultantes do relaxamento do arqueamento em vales fechados podem ser maiores do que em vales abertos.

A Fig. 2.18 mostra o muro-parapeito da barragem Mohale, em Lesoto.

2.8 ALTERNATIVAS DE IMPERMEABILIZAÇÃO

2.8.1 Geomembranas

Geomembranas têm sido usadas como reparo de impermeabilização de barragens de face de concreto. As barragens Lost Creek (1997), Strawberry (2002) e Salt Springs (2004-2005), todas nos Estados Unidos, são exemplos de aplicação de geomembranas sobre antigas lajes de concreto, após anos de vazamentos durante a operação das barragens (Larson; Kelly, 2005; Scuero; Vaschetti; Wilkes, 2007).

Na BEFC de Kárahnjúkar (Islândia, 2007), a geomembrana (CAPRI) foi colo-

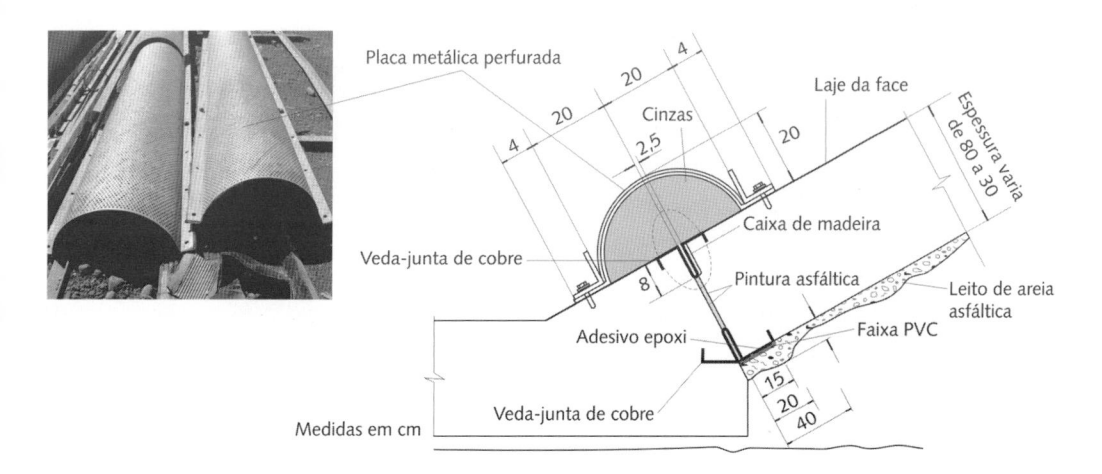

FIG. 2.16 *Junta perimetral usada em El Cajón, México (Mendez, 2005)*

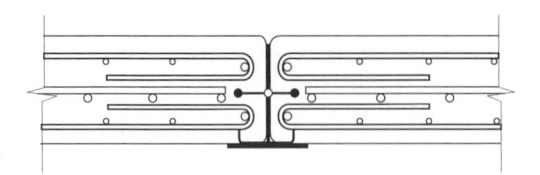

FIG. 2.17 *Junta de compressão típica, projeto inicial – Barragem Kárahnjúkar (Perez, Johannesson & Stefansson, 2007)*

cada sobre a face da primeira laje como proteção adicional contra fraturas. Barragens com perda d'água potencial provocada por elevada compressibilidade deveriam considerar o uso de membrana para prevenir excesso de percolação, uma vez que reparos submersos da face de concreto são extremamente caros.

2.8.2 Concreto asfáltico

Concreto asfáltico tem sido empregado em algumas barragens com face asfáltica, canais e estações de bombeamento em vários países da Europa e Austrália. Ele tem propriedades notáveis, tais como resistência à compressão, impermeabilidade e flexibilidade para absorver as tensões e deformações do enrocamento.

2.9 Construção

As recomendações de Cooke e Sherard (1987) eram:

Começando com a barragem Piedras, na Espanha, em 1967, todas as lajes de face têm sido construídas em faixas verticais com as formas deslizando continuamente de baixo para cima, usando simples juntas de construção horizontais, com a ferragem atravessando-as e sem veda-juntas de construção horizontais. As exceções a essa prática são poucas. O detalhe para as juntas de construção horizontais, com a ferragem atravessando-as e sem veda-juntas, tem sido usado em quase todas as BEFCs, com sucesso completo. As juntas de construção são usadas quando necessárias, seja nas construções por estágios, seja por conveniência do empreiteiro.

A laje da face tem sido concretada em faixas de 12 a 18 m de largura, sendo mais comum a largura da 15 m. A escolha dessa largura deve ser deixada para o empreiteiro.

Há quem pense que o enrocamento precisa estar completo em toda a sua altura antes de ser iniciada a concretagem da face.

FIG. 2. 18 *Muro-parapeito da barragem Mohale*

No entanto, as experiências de construção e o comportamento das barragens Foz do Areia, Salvajina e Khao Laem, mostram conclusivamente que as lajes da face podem ser concretadas em qualquer sequência conveniente ao empreiteiro, para a obtenção dos benefícios de custos e prazos.

O talude de montante do maciço de enrocamento é construído na linha do projeto. Quando a face é compactada e o maciço terminado, o talude de montante já se movimentou. A laje de concreto, com a espessura mínima requerida no projeto, é concretada no talude de montante então existente. A pequena diferença na posição da laje da face comparada com a linha do projeto não tem qualquer influência na construção, no desempenho ou na aparência da laje. As medidas têm mostrado que, com construção cuidadosa, o excesso de concreto está, em geral, no intervalo de 5 a 10 cm a mais do que a espessura de projeto. Considera-se que é uma boa prática contratual reconhecer esse fato, fazendo com que a espessura de pagamento do concreto seja cerca de 7,5 cm maior que a espessura de projeto da laje.

Com o uso do muro extrudado, o excesso de concreto foi substancialmente reduzido. Atualmente, a linha de pagamento é a teórica, desconsiderando o concreto excedente.

Na barragem Foz do Areia, a mais alta BEFC até hoje (160 m), e com os maiores recalques, nos 80 m inferiores da altura da barragem, a laje de concreto foi colocada antes que o maciço de enrocamento fosse concluído. O topo da laje da face no centro do vale, concretada no primeiro estágio, moveu 60 cm para jusante, perpendicularmente ao talude, enquanto o restante do maciço estava sendo finalizado, não tendo havido qualquer problema.

Na barragem de Campos Novos (202 m – Brasil), a laje de concreto foi construída em três fases: a primeira entre março de 2003 e agosto de 2003; a segunda entre setembro de 2004 e março de 2005, e a última (praticamente acima do nível d'água), ao final da construção.

Os deslocamentos verticais e horizontais, medidos com células de recalque e resultantes das cargas do próprio enrocamento, ainda estavam ocorrendo quando foi construída a primeira fase da laje.

Sempre que em barragens altas e por questões de cronograma a laje de concreto é executada antes do término da construção do enrocamento, os movimentos e deslocamentos da face podem gerar tensões de compressão e momentos fletores que precisam ser avaliados. Detalhes das juntas de compressão podem ser modificados, para permitir a aproximação das lajes, sem a transmissão das tensões de compressão, que podem danificar o concreto (Fig. 2.19).

Detalhes da sequência da construção são discutidos nos Caps. 8 e 12.

2.10 Instrumentação

O projeto empírico prevalecente nas BEFCs nos últimos 50 anos vem sofrendo modificações e melhorias, porque essas BEFCs têm sido bem instrumentadas, e seu desempenho pode ser avaliado por meio dos dados de observação.

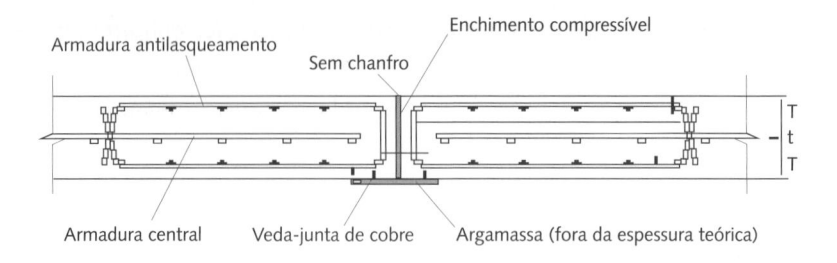

FIG. 2.19 *Detalhe da junta de compressão central em Kárahnjúkar, projeto modificado (Perez, Johannesson & Stefansson, 2007)*

As considerações de Cooke e Sherard (1987) são atuais, como se pode ver nos dois parágrafos:

A instrumentação de BEFCs tem sido importante para se ganhar conhecimentos, que têm conduzido a melhorias no projeto e no zoneamento do enrocamento. Os resultados têm dado confiança para se enfrentar barragens mais altas. A instrumentação não é um requisito para controlar a segurança; entretanto, uma quantidade mínima é instalada mesmo em barragens baixas, pois é sempre necessária alguma medida do desempenho e da condição de qualquer barragem.

A barragem Foz do Areia não seria uma BEFC sem a engenharia pioneira da Hydro-Electric Commission da Tasmânia (Austrália), e a publicação dos resultados da instrumentação. Os proprietários das barragens Foz do Areia (160 m) e Salvajina (148 m) ampliaram a prática. O projeto das BEFCs é essencialmente empírico: ele é baseado na experiência e no julgamento. A instrumentação é um fator relevante nas palavras empírico, experiência e julgamento. Dados de instrumentação de barragens existentes e novas são importantes para a continuação do progresso.

No entanto, os recentes acidentes em Mohale, Barra Grande, Campos Novos e Tianshengqiao 1 têm mostrado que os intrincados mecanismos de transmissão de tensões do enrocamento para a zona 2, o concreto extrudado e o concreto da laje da face não são ainda conhecidos, e que a instrumentação instalada nessas barragens não deu indicações de que tais acidentes viessem a ocorrer.

Os marcos de superfície colocados na crista da barragem e na face de jusante deram alguma informação, mas apenas da superfície externa da barragem.

Um novo instrumento é necessário para fornecer os deslocamentos tridimensionais do enrocamento. Modelos matemáticos têm sido desenvolvidos, mas não foi possível comparar as pressões com os deslocamentos reais.

Tentativas de medir as tensões na laje com *strain gages* foram testadas na barragem Mohale, mas ainda nos falta uma visão completa das tensões na laje de concreto. Por outro lado, as alterações incluídas nas juntas centrais de El Cajón, Shuibuya e Kárahnjúkar têm dado bons resultados.

2.11 Conclusão

Um desafio para os especialistas em modelos matemáticos e análises numéricas é a previsão dos deslocamentos, tensões, distorções e momentos fletores que ocorrem na face de concreto e nas juntas, como resultado dos deslocamentos que ocorrem nas transições e no enrocamento durante a construção e o enchimento, e, em longo prazo, devido à deformação lenta ou fluência do enrocamento.

Hoje, prevalece o projeto empírico, baseado na experiência, na observação e no desempenho das BEFCs. Projetos de instrumentação devem ser implementados em barragens acima de 170 m, principalmente na laje (por exemplo, com eletroníveis), procurando trazer uma melhor compreensão do que ocorre nas BEFCs, para futuros projetos.

O desafio de construir barragens cada vez mais altas, com cronogramas reduzidos, obrigou a profissão a uma revisão dos critérios de projeto propostos por Cooke e Sherard em 1987. O principal propósito dessas mudanças foi obter um melhor controle das deformações da face de concreto.

Não muito foi adicionado aos principais critérios de projeto que se estabeleceram de 1987. A ênfase foi dirigida à modificação das juntas centrais de compressão, introduzindo materiais compressíveis nas juntas e postergando a construção da laje para quando o enrocamento mostrasse valores máximos de *creep* da ordem de 5-7 mm/mês, desde que não afetasse a economia do projeto.

Procurou-se também incrementar a compactação das zonas 3B, T e 3C para melhorar os módulos de compressibilidade.

Nos vinte anos que se passaram desde 1987, mais de 390 BEFCs acima de 50 m foram construídas ao redor do mundo, muitas das quais tiveram J. Barry Cooke como consultor. Os dois artigos de 1987 orientavam o projeto e a construção da maioria dessas barragens.

Nota
As transcrições em português dos artigos de 1987 de Barry Cooke e James Sherard foram reproduzidas (com adaptações) da tradução de Hamilton de Oliveira, publicada pelo Comitê Brasileiro de Barragens (CBDB) em 2004.

3 | Seções Típicas das Barragens

Neste capítulo serão apresentadas as seções típicas das principais BEFCs construídas, mostrando seu comportamento e sua importância cronológica, dentro do progresso e desenvolvimento desse tipo de estrutura na literatura técnica universal.

Para melhor identificação, cada seção da barragem foi transformada e será apresentada com a nomenclatura internacional do zoneamento, não obstante nos artigos originais elas aparecerem com nomenclatura diferente.

3.1 Nomenclatura internacional

Para a designação do zoneamento das barragens e com o propósito de padronizar e tornar mais fácil a comparação, utiliza-se a nomenclatura internacional:

- Zona 1A – silte, material de baixa coesão;
- Zona 1B – random, material para confinar a zona 1A;
- Zona 2B – material sob a laje ou sob a mureta extrudada;
- Zona 3A – enrocamento de transição entre as zonas 2B e 3B;
- Zona 3B – enrocamento principal de montante localizado a jusante da zona 3A;
- Zona T – enrocamento central entre as zonas 3B e 3C;
- Zona 3C – enrocamento de jusante, colocado após o material da zona T ou 3B;
- Zona 3D – material de jusante próximo ao talude;
- Zona 4 – material de proteção do talude de jusante.

3.2 Evolução das barragens tipo BEFC compactadas

A Tab. 3.1 apresenta a evolução das barragens com face de concreto mais altas e suas principais características, como também de outras barragens onde os autores participaram no projeto ou na construção.

3.3 Casos históricos

3.3.1 Cethana (Austrália, 1971)

A Fig. 3.1 ilustra a posição de cada zona na barragem de Cethana. A Tab. 3.2 relaciona os materiais utilizados na construção da barragem.

Características principais: H – 110 m; L – 213 m; L/H – 1,94; A/H^2 – 2,48; tipo de material – quartzito. Taludes 1,3(H):1,0(V) a montante e a jusante, e volume de 1.400.000 m^3 (Fitzpatrick et al., 1973).

A barragem de Cethana (Austrália) foi construída sobre o rio Forth, ao norte da Tasmânia.

Concluída em 1971, essa barragem foi a mais alta do mundo no período de 1971 a 1974. A transição (zona 2B) sob a laje tem tamanhos máximos de 22,5 cm, em camadas de 45 cm, compactadas com

TAB. 3.1 Progresso em altura de algumas BEFCs

Barragem	Altura (m)	País	Área da face m²	Fim da construção	Período de maior altura
Cethana	110 m	Austrália	30.000	1971	1971-1974
Alto Anchicayá	140 m	Colômbia	22.300	1974	1974-1980
Mohale	145 m	Lesoto	87.000	2002	Mais alta da África
Salvajina	148 m	Colômbia	57.500	1983	Mais alta em cascalho
Xingó	150 m	Brasil	135.000	1994	–
Messochora	150 m	Grécia	51.000	1995	Mais alta da Europa 1995-2007
Porce III	155 m	Colômbia	57.000	2010	E.C.
Foz do Areia	160 m	Brasil	139.000	1980	1980-1993
Tianshengqiao	178 m	China	173.000	1999	–
Barra Grande	185 m	Brasil	108.000	2006	–
Mazar	166 m	Equador	45.000	2008	E.C.
Aguamilpa	187 m	México	137.000	1993	1993-2006
El Cajón	188 m	México	113.300	2006	Completa
Kárahnjúkar	196 m	Islândia	93.000	2007	Mais alta da Europa
Campos Novos	202 m	Brasil	106.000	2006	Mais alta até 2006
Bakún	205 m	Malásia	127.000	2007	E.C.
La Yesca	210 m	México	129.000	2010	E.C.
Shuibuya	233 m	China	120.000	2008	Mais alta do mundo

E.C. – Em construção

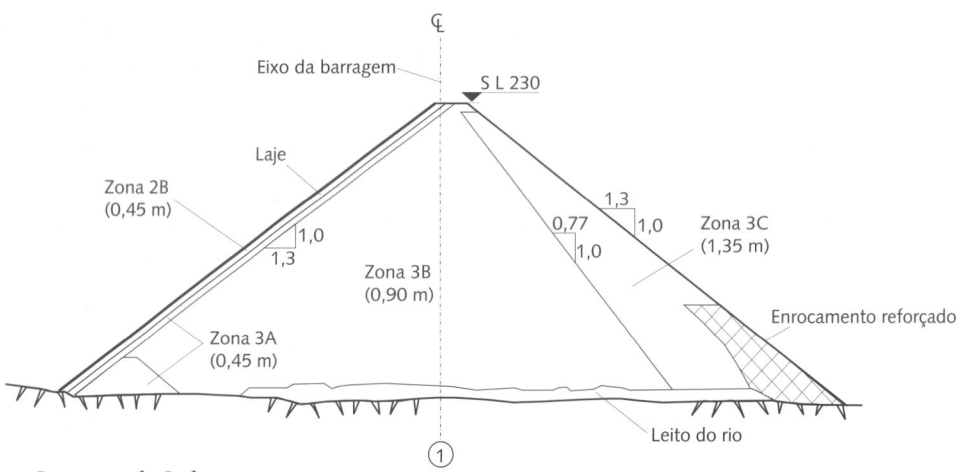

FIG. 3.1 Barragem de Cethana

TAB. 3.2 Materiais da barragem de Cethana

Descrição	Zona	Colocação	Compactação
Quartzito, tamanho máx. 22,5 cm	2B	Compactado em camadas de 0,45 m	
Quartzito, tamanho máx. 22,5 cm	3A	Compactado em camadas de 0,45 m	
Enrocamento bem graduado com $D_{máx.}$ de 60 cm	3B	Compactado em camadas de 0,9 m	Rolo vibratório 10 t, 4 passadas
Enrocamento com $D_{máx.}$ de 120 cm	3C	Compactado em camadas de 1,35 m	
Enrocamento armado	D	Compactado em camadas de 0,45 m	

4 passadas de rolo vibratório de 10 t e adição de água. O material de transição era bem graduado, com um coeficiente de não uniformidade igual a 19. Entretanto, foi reportada uma espessura adicional de concreto de 12,5 cm devido à sobre-escavação (Fitzpatrick et al., 1985), o que significa que a fórmula real para a laje foi:

$$T = 0,30 + 0,002\,H\ (m)$$
mais a sobre-escavação de 0,125 m

É importante mencionar que, para o cálculo da armadura, os projetistas consideravam a espessura teórica da laje mais 10 cm como reconhecimento ao excesso em concreto.

O enrocamento principal 3B foi compactado em camadas de 90 cm, com 4 passadas de rolo vibratório de 10 t e adição de água equivalente a 150 ℓ/m³. Esse enrocamento, com tamanho máximo de 60 cm, tinha coeficiente de não uniformidade 25 e módulo de compressibilidade médio de 140 MPa.

As características principais da laje são: largura de 12 m, área de 30.000 m² e fator de forma do vale A/H^2 de 2,48 (vale estreito). A junta perimetral e as juntas de tração tinham 2 veda-juntas, um de cobre e outro central, de borracha. As juntas de compressão tinham um veda-junta de cobre sem chanfros, porém com armadura antiesmagamento.

Nas ombreiras, as lajes foram divididas em 6 m de largura. Construiu-se a laje em uma etapa, com deformação máxima após o enchimento de 11,6 cm.

A laje apresentou fissuras de retração a cada 7 m, mas seu comportamento foi excelente, com perdas d'água pequenas, da ordem de 35 ℓ/s.

3.3.2 Alto Anchicayá (Colômbia, 1974)

A Fig. 3.2 ilustra a posição de cada zona na barragem Alto Anchicayá. A Tab. 3.3 relaciona os materiais utilizados na construção da barragem.

Características principais: H - 140 m; L - 260 m; L/H - 1,86; A/H^2 - 1,14; tipo de material - hornfels.

A barragem Alto Anchicayá (Fig. 3.3) foi construída sobre o rio Anchicayá, no ocidente colombiano. Com taludes 1,4(H):1,0(V) a montante e a jusante, seu volume é de 2.400.000 m³ (Materón et al., 1982).

Concluída em 1974, essa barragem foi a mais alta do mundo no período de 1974 a 1980. A transição (zona 2B) foi construída com tamanhos máximos de 30 cm, em camadas de 50 cm, compactadas com 4 passadas de rolo vibratório de 10 t e adição de água. O material de transição era bem graduado, com um coeficiente de não uniformidade igual a 17. Entretanto, a sobre-escavação resultante em concreto adicional foi muito alta, conduzindo em espessuras muito maiores que as calculadas com a fórmula teórica:

$$T = 0,30 + 0,003\,H\ (m)$$

Para o cálculo da armadura, consideraram-se valores de 0,5% da seção teórica para o reforço horizontal e vertical, colocado em uma ou duas camadas.

O enrocamento principal 3B foi compactado em camadas de 60 cm, com 4 passadas de rolo vibratório de 10 t e

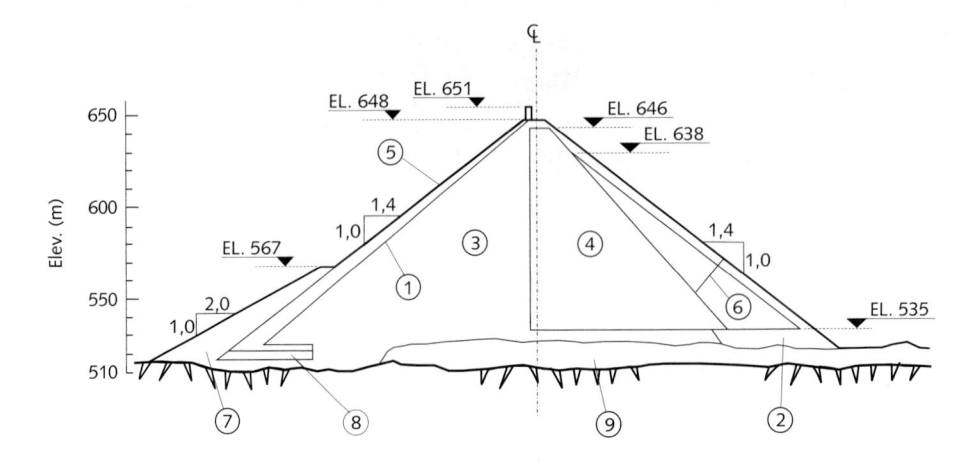

FIG. 3.2 *Barragem Alto Anchicayá*

TAB. 3.3 Materiais da barragem Alto Anchicayá

N°	Zona	Colocação	Compactação
1	2B	Compactada em camadas de 0,50 m	Rolo vibratório 10 t, 4 passadas horizontais e 8 passadas na direção do talude
2	Dreno	Compactada em camadas de 1,0 m	Rolo vibratório 10 t
3	3B	Compactada em camadas de 0,60 m	Rolo vibratório 10 t e adição de água 200 ℓ/m³ – 4 passadas
4	3C	Material com mais finos, camadas de 0,60 m	Rolo vibratório 10 t e adição de água 200 ℓ/m³ – 4 passadas
5	Laje	Concreto	Espessura variável
6	3D	Blocos maiores	Rolo vibratório 10 t
7	1	Silte argiloso	Equipamento de construção
8	Filtros	Areia e seixos	Filtros e seixos processados compactados com rolo vibratório 10 t, 2 passadas
9	Leito do rio	Seixos rolados	Seixos naturais compactados

adição de água equivalente a 200 ℓ/m³.

O material 3B tinha um tamanho máximo de 60 cm e coeficiente de não uniformidade 16, bem graduado, resultando em um aterro denso, com módulo de compressibilidade médio de 135 MPa.

As características principais da laje são: largura de 15 m, área de 22.300 m² e fator de forma do vale A/H^2 de 1,14 (muito estreito). A junta perimetral e as juntas de tração tinham apenas um veda-junta central de borracha. As juntas de compressão tinham também um só veda-junta de borracha, sem chanfros, porém com armadura antiesmagamento.

Em Alto Anchicayá foram colocadas juntas subparalelas à junta perimetral para distribuir os potenciais movimentos, pois as ombreiras eram muito íngremes (Sigvaldason et al., 1975).

Durante o enchimento do reservatório, ocorreram infiltrações altas (1.800 ℓ/s), especialmente em pontos concentrados nas ombreiras, com maior intensidade na direita, devido ao desprendimento do veda-junta, que foi encontrado solto. Após um tratamento rápido com a colocação de um mástique, a infiltração foi reduzida

FIG. 3.3 *Barragem Alto Anchicayá*

para 180 ℓ/s, e tem permanecido quase constante durante a vida do projeto. A laje foi construída em duas etapas, registrando uma deformação máxima após o enchimento de 12 cm.

A laje apresentou microfissuras na parte central, sem maior importância. Uma inspeção após o rebaixamento do reservatório mostrou um excelente comportamento da laje. A Fig. 3.4 ilustra aspectos da construção da laje com 4 formas deslizantes.

Alto Anchicayá mostrou a relevância de considerar várias linhas de proteção na junta perimetral (Materón, 1985).

3.3.3   Foz do Areia (Brasil, 1980)

A Fig. 3.5 ilustra a posição de cada zona na barragem Foz do Areia. A Tab. 3.4 relaciona os materiais utilizados na construção da barragem.

Características principais: H - 160 m; L - 828 m; L/H - 5,18; A/H^2 - 5,43; tipo de material - basalto. Com taludes

FIG. 3.4 *Aspecto da construção da laje de Alto Anchicayá*

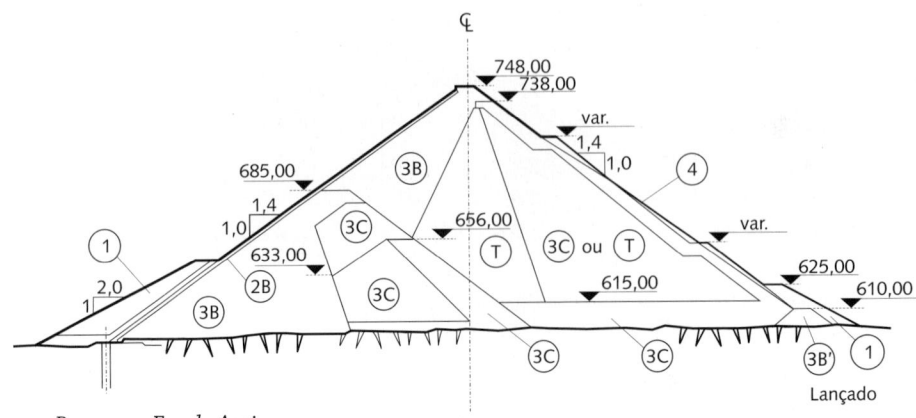

FIG. 3.5 *Barragem Foz do Areia*

TAB. 3.4 Materiais da barragem Foz do Areia

Material	Descrição	Zona	Colocação	Compactação
Enrocamento	Basalto maciço com até 25% de brecha basáltica	3B'	Lançado	–
		3B	Compactado em camadas de 0,80 m	Rolo vibratório 10 t, 4 passadas, 25% de água
		3C	Compactado em camadas de 1,60 m	
	Intercalação de basalto maciço e brecha basáltica	T	Compactado em camadas de 0,80 m	
	Basalto maciço, rocha selecionada de 0,80 m ($D_{mín.}$)	4	Rocha da face arrumada	–
Transição II	Brita corrida de basalto maciço	2B	Graduada menor que 6", compactada em camadas de 0,40 m	Rolo vibratório 10 t; Camadas: 4 passadas horizontalmente; Face: 6 passadas ascendentes
Aterro argiloso	Material impermeável	1	Menor que ¾", compactado em camadas de 0,30 m	Rolo pneumático ou equipamento de construção

1,4(H):1,0(V) a montante e a jusante, seu volume é de 14.000.000 m³ (Pinto; Materón; Marques Filho, 1982).

A barragem de Foz do Areia (Figs. 3.6 e 3.7) foi construída sobre o rio Iguaçu, no Estado do Paraná, Sul do Brasil.

Concluída em 1980, essa barragem foi a mais alta do mundo no período de 1980 a 1993. A transição (zona 2B) foi construída com tamanhos máximos de 7,5 cm, embora as especificações permitissem tamanhos máximos de até 15 cm.

Esse material foi compactado em camadas de 40 cm, com 4 passadas de rolo vibratório de 10 t e adição de água. O material de transição era uniforme, com um coeficiente de não uniformidade igual a 10, por falta de finos nos basaltos processados. Similar à barragem de Cethana, a sobre-escavação de concreto adicional foi reportada em 12,5 cm, o que significou um aumento na espessura do concreto com respeito à fórmula teórica utilizada, que foi:

$$T = 0,30 + 0,00357\,H\ (m)$$

FIG. 3.6 *Barragem Foz do Areia – vista aérea*

FIG. 3.7 *Barragem Foz do Areia: vista lateral do talude de jusante*

Para o cálculo da armadura, foi considerado 0,4% da seção teórica da laje em ambas as direções (Pinto; Materón; Marques Filho, 1982).

O enrocamento principal 3B foi compactado em camadas de 80 cm, com 4 passadas de rolo vibratório de 10 t e adição de água, equivalente a 250 ℓ/m^3.

O enrocamento 3B, com tamanho máximo de 80 cm, tinha coeficiente de não uniformidade 6 e módulo de compressibilidade médio de 40 MPa.

As características principais da laje são: largura de 16 m, área de 139.000 m^2 e fator de forma do vale A/H^2 de 5,43 (vale amplo). A junta perimetral tinha 2 veda-juntas, um de cobre e outro central, de PVC, além de uma cobertura com um mástique. As juntas de tração tinham 2 veda-juntas, um de cobre e outro superior, de mástique. As juntas de compressão tinham um só veda-junta de cobre, com pequenos chanfros e com armadura antiesmagamento. A laje foi construída em duas etapas, e alcançou deformação máxima, após o enchimento, de 69,2 cm, relativamente alta.

A perda d'água inicial foi de 236 ℓ/s, diminuindo com o tempo. A Fig. 3.8 apresenta a laje construída até o nível do parapeito, tendo sido muito bom o seu comportamento.

3.3.4 Aguamilpa (México, 1993)

A Fig. 3.9 ilustra a posição de cada zona na barragem de Aguamilpa. A Tab. 3.5 relaciona os materiais utilizados na construção da barragem.

Características principais: H - 187 m; L - 642 m; L/H - 3,43; A/H² - 3,92; tipo de material - seixos e ignimbrito. Com taludes 1,5(H):1(V) a montante (cascalho) e 1,4(H):1(V) a jusante (enrocamento), seu volume é de 13.000.000m³ (Montañez; Hacelas; Castro, 1993).

A barragem de Aguamilpa foi construída sobre o rio Santiago, no Estado de Nayarit, no ocidente mexicano.

Concluída em 1993, essa barragem foi a mais alta do mundo no período de 1993 a 2006. Construiu-se a transição (zona 2B) com seixos rolados processados a um tamanho máximo de 7,5 cm e compactada em camadas de 30 cm, com 4 passadas de rolo vibratório de 10 t e adição de água. O material de transição era bem graduado, com um coeficiente de não uniformidade superior a 100. Não temos informação acerca da sobre-escavação e concreto adicional, mas a espessura da laje foi calculada pela fórmula:

$$T = 0,30 + 0,003\,H\ (m)$$

A parte de montante da barragem foi constituída por seixos naturais do rio Santiago, seguida por uma transição de aluviões e enrocamentos. A parte de jusante foi de enrocamentos procedentes da escavação das estruturas (Gómez, 1999).

Para o cálculo da armadura, a espessura teórica da laje foi considerada com porcentagem variável entre 0,3 e 0,5%, dependendo da localização. A armadura

FIG. 3.8 *Laje de Foz do Areia*

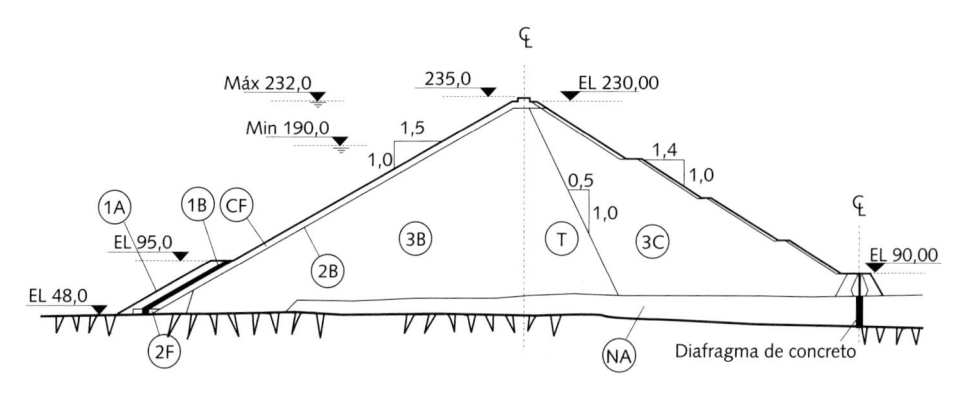

FIG. 3.9 *Barragem de Aguamilpa*

TAB. 3.5 Materiais da barragem de Aguamilpa

Material	Classificação	Zona	Colocação	Compactação
Solo	Não classificado	1A	Lançado em camadas de 80 cm	Equipamento de construção
Solo	Areia siltosa fina, $D_{máx.}$ de 0,2 cm	1B	Lançado em camadas de 30 cm	Equipamento de construção
Filtro 2F	Mistura de cascalho aluvionar e areia siltosa, $D_{máx.}$ de 3,8 cm	2A	Compactado em camadas de 30 cm	4 passadas com rolo vibratório (100 kN)
Seixos	Mistura de seixos britados e areia, $D_{máx.}$ de 7,5 cm	2B	Compactado em camadas de 30 cm	Camada: 4 passadas com rolo vibratório (100 kN) Face: 6 passadas com rolo vibratório de 40 kN ou 130 kN PC
	Aluvião, $D_{máx}$ de 40 cm	3B	Compactado em camadas de 60 cm	4 passadas com rolo vibratório (100 kN)
Enrocamento	Rocha 3C com redução $D_{máx}$ de 50 cm	T	Compactado em camadas de 60 cm	4 passadas com rolo vibratório (100 kN)
Enrocamento a jusante	Rocha ignimbrito, $D_{máx}$ de 100 cm	3C	Compactado em camadas de 120 cm	4 passadas com rolo vibratório (100 kN)
Laje	Face de concreto	CF	–	–
Leito do rio	Aluvião natural	NA	–	–

foi colocada na parte central da laje, com reforço antiesmagamento, próximo à junta perimetral e nas juntas de tração.

O enrocamento principal 3B (seixos) foi compactado em camadas de 60 cm, com 4 passadas de rolo vibratório de 10 t, tamanho máximo de 60 cm, coeficiente de não uniformidade maior que 100 e módulo de compressibilidade médio de 250 MPa. O enrocamento de jusante foi compactado em camadas de 1,20 m, com tamanho máximo de 1 m e módulos de compressibilidade médios de 50 MPa.

As características principais da laje são: largura de 15 m, área de 137.000 m² e fator de forma do vale A/H² de 3,92.

A junta perimetral e as juntas de tração tinham 2 veda-juntas, um de cobre e outro central, de PVC, e cobertura com enchimento de cinza volante. As juntas de compressão tinham um só veda-junta de cobre, com pequenos chanfros superiores, porém sem armadura antiesmagamento.

Um aspecto importante nas juntas de compressão centrais foi a introdução de uma madeira de 2 cm de espessura, alternadamente a cada quinta junta, para mitigar potenciais esforços de compressão.

A laje foi construída em três etapas (Fig. 3.10) e sua deformação após o enchimento foi relativamente pequena, de 15 cm, mas a crista se movimentou o dobro para jusante.

A laje apresentou uma série de fissuras de retração e uma fissura horizontal alta predominante, em razão da diferença de módulos de compressibilidade entre os seixos rolados e o enrocamento.

O comportamento da barragem é bom, com infiltrações iniciais máximas de 258 ℓ/s, que vêm sendo reduzidas com o tempo.

3.3.5 Campos Novos (Brasil, 2006)

A Fig. 3.11 ilustra a posição de cada zona na barragem de Campos Novos. A Tab. 3.6 relaciona os materiais utilizados na construção da barragem.

Características principais: H - 202 m; L - 592 m; L/H - 2,93; A/H^2 - 2,60; tipo de material: basalto. Com taludes 1,3(H):1,0(V) a montante e a jusante 1,4(H):1,0(V) (com inclinação de 1.20H:1V entre bermas), seu volume é de 12.100.000 m^3 (Xavier et al., 2007a).

A barragem de Campos Novos (Fig. 3.12) foi construída sobre o rio Canoas, no Estado de Santa Catarina, Sul do Brasil.

- Face de concreto: painéis de 16 m de largura
- Espessura variável conforme a expressão $e = 0,30 + 0,002\,H$ (para H < 100 m) e $e = 0,005\,H$ (para H >100 m)
- Área da face de concreto: 106.000 m^2
- Taxa de armadura: 0,4% em ambas as direções

Concluída em 2006, essa barragem foi a mais alta do mundo até 2008, em operação comercial. A transição (zona 2B)

FIG. 3.10 *Barragem de Aguamilpa - Construção da 3ª fase da laje principal*

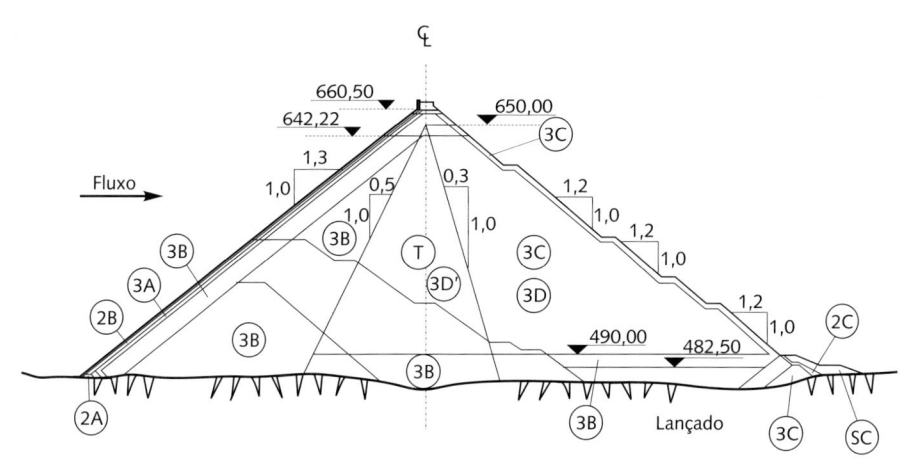

FIG. 3.11 *Barragem de Campos Novos*

TAB. 3.6 Materiais da barragem de Campos Novos

Material	Classificação	Zona	Colocação	Compactação	Especificação da resistência
Transição fina (a jusante da junta perimetral)	$D_{máx.}$ 25 mm	2A	Compactado em camadas de 0,50 m	Rolo vibratório de 12 t	–
Transição fina	Basalto denso processado, $D_{máx.}$ 100 mm	2B	Compactado em camadas de 0,50 m	Rolo vibratório de 12 t, 6 passadas	–
Transição grossa	Basalto denso, $D_{máx.}$ < 0,5 m	3A	Compactado em camadas de 0,50 m	Rolo vibratório de 12 t, 6 passadas	–
Enrocamento de montante	$D_{máx.}$ 100 cm mín. 70% de basalto ou riodacito denso	3B	Compactado em camadas de 1,0 m	Rolo vibratório de 12 t, 6 passadas e molhagem 200 ℓ/m³	Pelo menos 70% com resistência à compressão simples superior a 50 MPa
Enrocamento de jusante	Blocos com $D_{máx.}$ 1,60 m	3C	Compactado em camadas de 1,60 m	Rolo vibratório de 12 t, 6 passadas	Pelo menos 70% com resistência à compressão simples superior a 40 MPa
Enrocamento de jusante	Blocos com $D_{máx.}$ 1,60 m	3D	Compactado em camadas de 1,60 m	Rolo vibratório de 12 t, 6 passadas	Pelo menos 70% com resistência à compressão simples superior a 25 MPa
Enrocamento da zona central	$D_{máx.}$ 100 cm com pelo menos 70% de basalto ou riodacito denso	3D[1] T	Compactado em camadas de 1,0 m	Rolo vibratório de 12 t, 6 passadas e molhagem (200 ℓ/m³)	Pelo menos 70% com resistência à compressão simples superior a 25 MPa
Solo	Solo superficial/ saprolítico	SC	Lançado	–	–
Solo	Solo superficial/ saprolítico	2C	Compactado com tráfego de equipamento em camadas de 0,40 m	–	–

foi construída sob a laje com tamanhos máximos de 7,5 cm, embora as especificações permitissem tamanhos máximos de até 10 cm. Esse material foi compactado em camadas de 50 cm, com 6 passadas de rolo vibratório de 12 t e adição de água. O material de transição era uniforme, típico dos basaltos britados, com um coeficiente de não uniformidade igual a 5, em razão da sua falta de finos. A fórmula teórica utilizada para dimensionamento da laje foi:

$$T = 0{,}30 + 0{,}002\,H\ (m)$$
até 100 m de profundidade

Para profundidades maiores que 100 m, calculou-se a laje em T = 0,005 H. Esse aumento de espessura na laje foi especificado para que os gradientes hidráulicos não excedessem o valor 200, que provou ser adequado em outras barragens.

Para o cálculo da armadura (Fig. 3.13), foi considerado 0,3% da espessura teórica da laje no sentido horizontal e 0,4% no sentido vertical. Em zonas próximas às ombreiras, foi aumentada para 0,5% e colocada em camada dupla.

O enrocamento principal 3B foi compactado em camadas de 1,00 m, com 6 passadas de rolo vibratório de 12 t e adição de água equivalente a 200 ℓ/m^3. Esse enrocamento, com tamanho máximo de 80 cm e granulometria uniforme, tinha coeficiente de não uniformidade 6 e módulo de compressibilidade médio de 55 MPa.

As características principais da laje são: largura de 16 m, área de 106.000 m² e fator de forma do vale A/H^2 de 2,60, típico de um vale estreito.

As juntas de compressão tinham um só veda-junta de cobre, porém sem armadura antiesmagamento. A laje foi construída em duas etapas, com deformação máxima após o enchimento de 86 cm.

A laje apresentou rupturas nas juntas verticais de compressão, como também

FIG. 3.12 *Vista aérea da UHE Campos Novos*

FIG. 3.13 *Campos Novos: armadura dupla próxima às ombreiras*

rupturas inclinadas, que se discutem amplamente no Cap. 8.

Em outubro de 2005, ocorreu um acidente, com a ruptura da junta central de compressão e a sobreposição de uma laje sobre a outra, de aproximadamente 12-15 cm, com distorções na armadura, veda-juntas de cobre danificados e aumento de infiltrações (Antunes Sobrinho et al., 2007).

Por um acidente ocorrido em um dos túneis de desvio, o reservatório de Campos Novos se esvaziou completamente no período de 18 a 22 de junho de 2006. Esse esvaziamento evidenciou ainda mais a ruptura nas juntas centrais verticais, uma ruptura transversal, localizada aproximadamente a 30%-40% da altura e com um comprimento de aproximadamente 300 m. As Figs. 3.14 e 3.15 apresentam aspectos do rompimento das lajes e a deformação das barras da armadura observadas nos sítios afetados.

É importante indicar que a barragem de Campos Novos foi construída em um vale estreito com basalto de granulometria uniforme. Os módulos de compressibilidade foram de 50-60 MPa. As infiltrações alcançaram valores de 1.500 ℓ/s quando o reservatório atingiu 93% de sua altura. Medidas corretivas atenuaram levemente essa perda d'água, mas a barragem se comporta bem.

FIG. 3.14 *Ruptura da laje da barragem Campos Novos*

FIG. 3.15 *Ruptura das juntas centrais de compressão da barragem Campos Novos*

3.3.6 Shuibuya (China, 2009)

A Fig. 3.16 ilustra a posição de cada zona na barragem de Shuibuya. A Tab. 3.7 relaciona os materiais utilizados na construção da barragem.

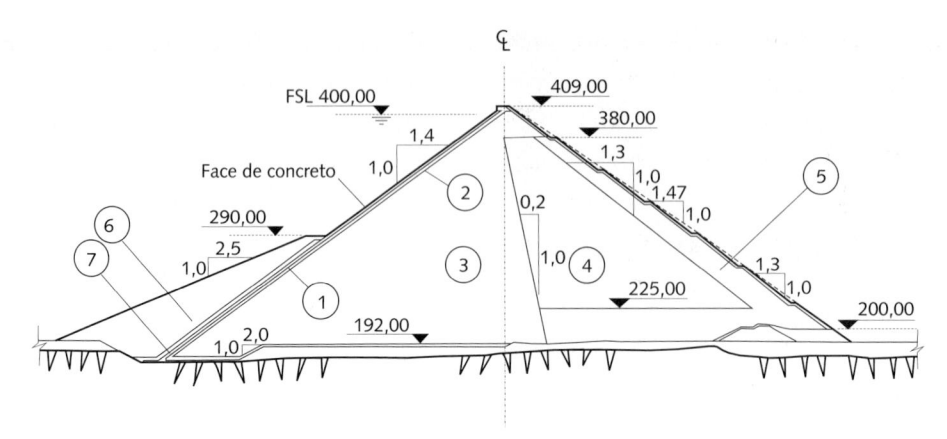

FIG. 3.16 *Barragem de Shuibuya*

TAB. 3.7 Materiais da barragem de Shuibuya

Material	Descrição	Zona	Compactação	Especificações
1	Filtro de calcário processado γ_d 2,25 t/m³	2B	Compactado em camadas de 0,40 m	Compactado com 8 passadas de rolo 18 t e água
2	Transição de calcário processado γ_d 2,20 t/m³	3A	Compactado em camadas de 0,40 m	Compactado com 8 passadas de rolo 18 t e 15% água
3	Enrocamento calcário γ_d 2,18 t/m³	3B	Compactado em camadas de 0,80 m	Compactado com 8 passadas de rolo 25 t e 15% água
4	Enrocamento calcário γ_d 2.15 t/m³	3C	Compactado em camadas de 0,80 m	Compactado com 8 passadas de rolo 25 t e 10% água
5	Enrocamento calcário γ_d 2,15 t/m³	3D	Compactado em camadas de 1,20 m	Compactado com 8 passadas de rolo 25 t
6	Solo	1B	Lançado	Equipamento de construção
7	Solo	1A	Lançado	Equipamento de construção

Características principais: H - 233 m; L - 660 m; L/H - 2,83; A/H² - 2,21; tipo de material - calcário. Com taludes 1,4(H):1,0(V) a montante e a jusante, seu volume é de 15.640.000 m³ (Sun; Yang, 2005).

A barragem de Shuibuya foi construída sobre o rio Qingjian, afluente do Yangtsé, na província de Hubei, região central da China.

Essa barragem foi concluída em 2008 e faltavam 9 m para seu reservatório encher completamente em abril do mesmo ano. A compactação da barragem foi muito rigorosa, como indicado na Tab. 3.7. Fibras foram incorporadas dentro do concreto para reduzir a frequência de fissuras na laje, que foi alta durante a construção.

Um aspecto importante dessa barragem é que ela foi construída com um tipo de veda-junta corrugado e um mástique (denominado GB) desenvolvido pelo China Institute of Water Resources and Hydropower Research (IWHR) e protegido por uma banda de material resistente fabricado de EPDM. Todas as juntas de tração e compressão são protegidas por esse mástique. Após as experiências das barragens brasileiras de Campos Novos e Barra Grande, as juntas de Shuibuya adotaram a inclusão de elementos compressíveis dentro das juntas centrais para evitar a concentração de esforços. O número de juntas nas proximidades das ombreiras tem sido aumentado, dividindo-se a largura da laje com juntas intermediárias. Shuibuya é, hoje, a barragem mais alta do mundo, com excelente comportamento.

3.3.7 Tianshengqiao 1 (China, 1999)

A Fig. 3.17 ilustra a posição de cada zona na barragem de Tianshengqiao 1. A Tab. 3.8 relaciona os materiais utilizados na construção da barragem.

Características principais: H - 178m; L - 1.104 m; L/H - 6,2; A/H^2 - 5,68; tipo de material: calcário e argilito. Com taludes 1,4(H):1,0(V) a montante e a jusante, seu volume é de 17.700.000 m^3 (Wu et al., 2000b).

A barragem de Tianshengqiao 1 (TSQ1) foi construída sobre o rio Nanpanjiang, na fronteira entre a província de Guizhou e a província autônoma de Guangxi, sudoeste da China.

Concluída no ano de 2000, essa barragem é, atualmente, uma das mais altas da China e a maior em operação comer-

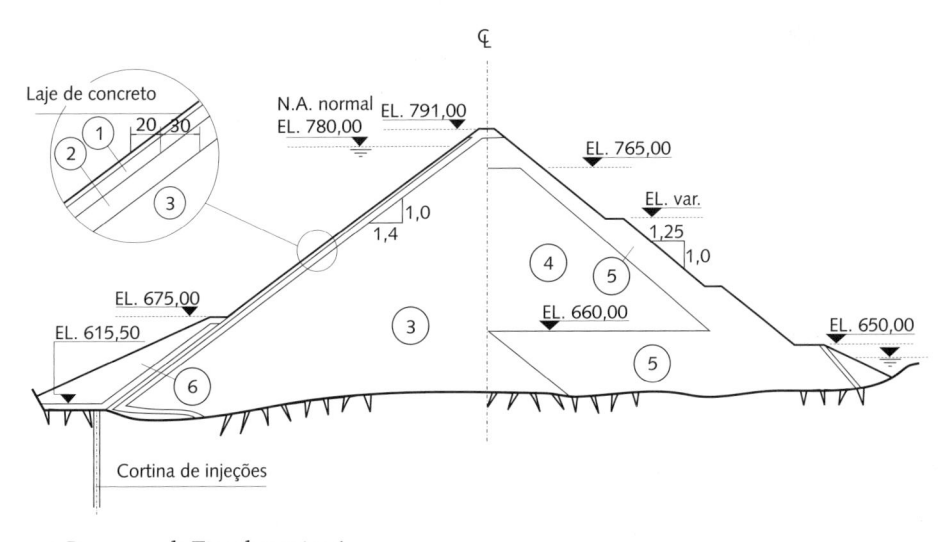

FIG. 3.17 *Barragem de Tianshengqiao 1*

TAB. 3.8 Materiais da barragem de Tianshengqiao 1

Material	Descrição	Zona	Colocação	Especificações
1	Filtro de calcário processado $D_{máx.}$ 7,5 cm	2B	Camadas de 0,40 m	Compactado com 6 passadas de rolo de 9 t horizontalmente e 8 passadas na direção do talude
2	Transição de calcário processado $D_{máx.}$ 0,30 m	3A	Camadas de 0,40 m	Compactado com 6 passadas de rolo vibratório de 9 t
3	Enrocamento de calcário $D_{máx.}$ 0,80 m	3B	Camadas de 0,80 m	Compactado com 6 passadas de rolo vibratório de 18 t
4	Enrocamento de argilito $D_{máx.}$ 0,80 m	3C	Camadas de 0,80 m	Compactado com 6 passadas de rolo vibratório de 18 t
5	Enrocamento de calcário $D_{máx.}$ 1,0 m	3D	Camadas de 1,0 m	Compactado com 6 passadas de rolo vibratório de 18 t
6	Solo	1	Camadas de 0,30 m	Equipamento de construção

cial. A transição (zona 2B) foi construída sob a laje com tamanhos máximos de 7,5 cm, obtida por processamento de rocha calcária. O material de transição era bem graduado, com um coeficiente de não uniformidade igual a 33. A fórmula teórica utilizada para dimensionamento da laje foi:

$$T = 0{,}30 + 0{,}0035\,H\ (m)$$

Para o cálculo da armadura, os projetistas consideraram 0,3% da espessura teórica da laje no sentido horizontal e 0,4% no sentido vertical, localizada na parte central da laje. A presença de fissuras na laje, devido às múltiplas etapas construtivas do aterro, indicou a necessidade de colocar a armadura nas partes superior e inferior, durante a terceira etapa da laje. Essas fissuras foram devidamente tratadas antes do enchimento do reservatório.

O enrocamento principal 3B foi compactado com adição de água. Esse enrocamento, com tamanho máximo de 80 cm e granulometria bem graduada, tinha um coeficiente de não uniformidade superior a 17 e módulo de compressibilidade médio de 45 MPa.

As características principais da laje são: largura de 16 m, área de 173.000 m² e fator de forma do vale A/H^2 de 5,46, típico de um vale amplo, como Foz do Areia. O comportamento da barragem foi bom, com máxima deformação de 2,92 m, no centro da barragem, e infiltração da ordem de 55 ℓ/s, que é baixa para as dimensões da barragem.

As juntas de compressão tinham um só veda-junta de cobre, com armadura antiesmagamento e chanfro na parte superior. A laje foi construída em três etapas.

Tianshengqiao 1 apresentou rompimento das juntas de compressão centrais, por concentração de esforços, três anos após o primeiro enchimento. Contudo, foi reparada e seu comportamento continua bom, sem aumento das infiltrações.

3.3.8 Mohale (Lesoto, África, 2006)

A Fig. 3.18 ilustra a posição de cada zona na barragem de Mohale. A Tab. 3.9 relaciona os materiais utilizados na construção da barragem.

Características principais: H - 145 m; L - 600 m; L/H - 4,14; A/H^2 - 4,14; tipo de material - basalto, basalto dolerítico. Com taludes 1,4(H):1,0(V) a montante e 1,45(H):1,0(V) a jusante, seu volume é de 7.800.000 m³ (Johannesson; Tohlang, 2007b).

A barragem de Mohale (Fig. 3.19) foi construída sobre o rio Senqunyane, próximo à confluência com o rio Likalaneng, ao leste de Maseru, capital de Lesoto, África.

Essa barragem teve seu reservatório completamente cheio em fevereiro de 2006. É a mais alta da África, do tipo BEFC. A transição (zona 2B) foi construída sob a laje com tamanhos máximos de 7,5 a 10 cm, com adição controlada de água. O material de transição 2B é uniforme, de basalto processado, com um coeficiente de não uniformidade igual a 10. A laje foi dimensionada utilizando-se a seguinte fórmula:

$$T = 0{,}30 + 0{,}003\,H\ (m)$$

Para o cálculo de armadura, foi considerado 0,35% da seção nas duas direções.

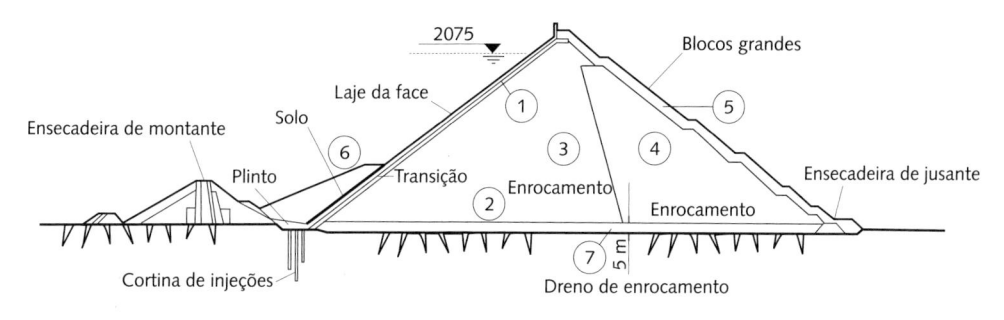

FIG. 3.18 *Barragem de Mohale*

TAB. 3.9 Materiais da barragem de Mohale

Número	Designação	Zona	Colocação	Compactação
1	Material dolerítico processado $D_{máx.}$ 75 mm	2B	Colocado em camadas de 0,40 m	Rolo vibratório 12 t, 4 passadas
2	Enrocamento $D_{máx.}$ 400 mm	3A	Colocado em camadas de 0,40 m	Rolo vibratório 12 t, 6 passadas
3	Enrocamento $D_{máx.}$ 1,0 m	3B	Colocado em camadas de 1,0 m	Rolo vibratório 12 t, 6 passadas
4	Enrocamento $D_{máx.}$ 2,0 m	3C	Colocado em camadas de 2,0 m	Rolo vibratório 12 t, 6 passadas
5	Enrocamento de proteção talude jusante	4	Com retroescavadeira	Colocado
6	Solo	1	Colocado em camadas 0,30 a 0,60 m	Compactado com equipamento de construção
7	Dreno	Dreno	Basalto dolerítico com tamanho superior a 1,0 m	Colocado com trator sem compactação

Entretanto, próximo às ombreiras e nos arranques, foi utilizado 0,4%.

O enrocamento principal 3B foi compactado em camadas de 1 m, com adição de água equivalente a 150 ℓ/m³. Esse enrocamento, com tamanho máximo de 1 m, tinha um coeficiente de não uniformidade inferior a 15 e módulos de compressibilidade baixos, da ordem de 32 MPa.

As características principais da laje são: largura de 15 m, área de 87.000 m² e fator de forma do vale A/H^2 de 4,14. A junta perimetral e as juntas de tração tinham 2 veda-juntas, um de cobre e outro central, de PVC, além de uma

FIG. 3.19 *Barragem de Mohale*

cobertura com material fino não coesivo. As juntas de compressão tinham um veda-junta de cobre com chanfros, porém, sem armadura antiesmagamento. A armadura atravessava o local da junta.

A laje foi construída em duas etapas, tendo apresentado fissuras de retração que foram tratadas antes do enchimento. Seu comportamento foi e continua adequado, mas quando o reservatório atingiu 90% da altura, houve rupturas nas juntas de compressão central, e outra ruptura transversal, similares às observadas em Campos Novos e Barra Grande, com infiltrações até 600 ℓ/s (Johannesson; Tohlang, 2007a). A barragem opera bem.

3.3.9 Messochora (Grécia, 1996)

A Fig. 3.20 ilustra a posição de cada zona na barragem de Messochora. A Tab. 3.10 relaciona os materiais utilizados na construção da barragem.

Características principais: H - 150 m; L - 337 m; L/H - 2,25; A/H^2 - 2.27; tipo de material: calcário. Apresenta taludes de 1,4(H):1,0(V) a montante e a jusante, embora os últimos metros de jusante tenham uma inclinação de 1,55(H):1,0(V) (Materón, 2006).

A barragem de Messochora (Fig. 3.21) foi construída sobre o rio Acheloos, no nordeste da Grécia.

Concluída em 1995, era a mais alta barragem da Europa na época. Foi construída em um vale estreito, com relação de área A/H^2 de 2,27.

A transição 2B foi feita com material processado de seixos rolados, com tamanho máximo de 7,5 cm, porcentagem média de areia de 38% e material passando na peneira nº 200 inferior a 5%. O material é bem graduado, com densidades de 2,25 a 2,30 t/m³, índice de vazios de 0,16.

As zonas 3B e 3C foram construídas com material procedente das pedreiras de calcário próximas ao sítio da barragem, com densidades de 1,9-2,0 t/m³. Os módulos de compressibilidade são da ordem de 44 MPa, que correspondem a índices de vazios de 0,30-0,36, relativamente altos. A laje foi calculada utilizando-se a fórmula:

$$T = 0,30 + 0,003 \, H \, (m)$$

O cálculo da armadura foi convencional, aumentando-se a quantidade de armadura próximo às ombreiras.

A junta perimetral foi projetada com armadura antiesmagamento e um enchimento de mástique com veda-junta de cobre inferior. Na parte superior foi colocado um mástique protegido com banda de neoprene.

As juntas de compressão têm chanfros preenchidos com mástique que foi protegido por uma banda de neoprene de 3 mm de espessura.

O reservatório de Messochora não foi enchido em razão de aspectos sociais e ecológicos, os quais estão em vias de solução. Uma inspeção recente indicou que é necessário ampliar as juntas de compressão centrais para evitar problemas similares aos apresentados nas barragens de Mohale, Tianshengqiao 1, Barra Grande e Campos Novos.

Para avaliar esse problema, foi desenvolvida pela Public Power Corporation da Grécia (PPC), proprietária do projeto, uma metodologia de análise utilizando um programa não linear em 3D, por meio do qual concluiu-se que em vales estreitos com enrocamentos de baixos módulos ocorrem altas trações perto do

FIG. 3.20 *Barragem de Messochora*

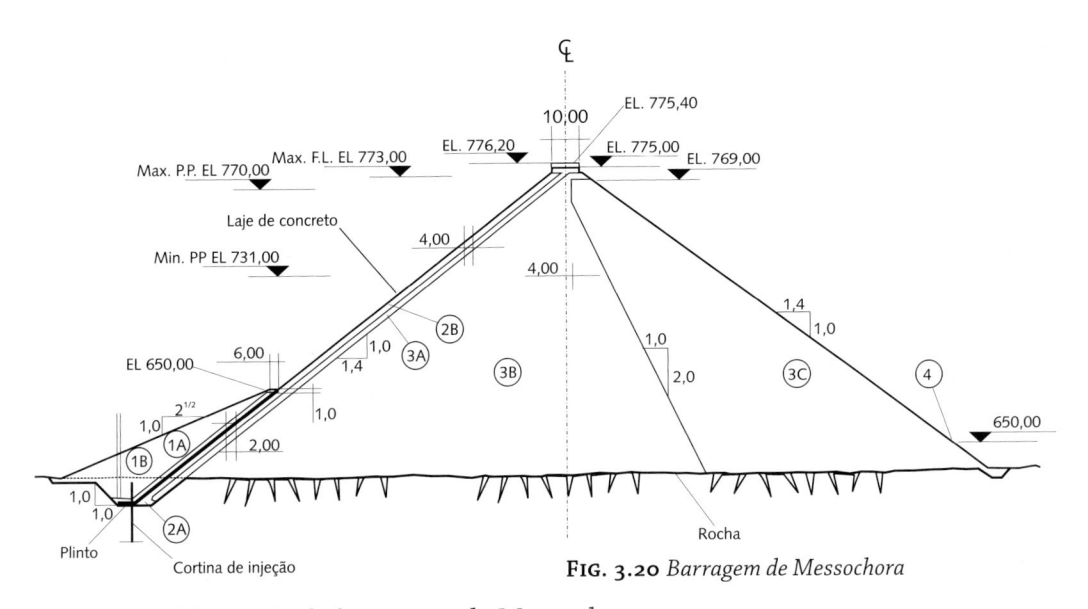

TAB. 3.10 Materiais da barragem de Messochora

Designação	Zona	Colocação	Compactação
Material impermeável, 80% passando no 4	1A	Camadas de 0,30 m	Equipamento de construção
Random	1B	Camadas de 0,30 m	4 passadas rolo vibratório liso
Filtro processado de seixos rolados	2A	Camadas de 0,40 m	Compactado com placa vibratória
Material processado de seixos rolados $D_{máx}$ 75 mm	2B	Camadas de 0,40 m	4 passadas rolo vibratório 10 t
Enrocamento selecionado da pedreira, $D_{máx}$ 400 mm	3A	Camadas de 0,40 m	4 passadas rolo vibratório 10 t, 10% do volume de água
Enrocamento principal $D_{máx.}$ 1.000 mm	3B	Camadas de 1,00 m	4 passadas rolo vibratório liso 10 t, 10% do volume de água
Enrocamento $D_{máx.}$ 1.500 mm	3C	Camadas de 1,50 m	4 passadas rolo vibratório liso 10 t, 10% do volume de água
Enrocamento selecionado $D_{máx}$ 1.500 mm	4	Colocado no talude	–

plinto e esforços de compressão severos no terço central da barragem (Dakoulas; Thanopoulos; Anastassopoulos, 2008) (ver Cap. 11).

3.3.10 El Cajón (México, 2007)

A Fig. 3.22 ilustra a posição de cada zona na barragem de El Cajón. A Tab. 3.11 relaciona os materiais utilizados na construção da barragem.

Características principais: H - 188 m; L - 550 m; L/H - 2,93; A/H^2 - 3,21; tipo

FIG. 3.21 *Barragem de Messochora*

de material: ignimbrito. Com taludes 1,4(H):1,0(V) a montante e a jusante, seu volume é de 10.900.000 m³ (Marengo-Mogollón; Aguirre-Tello, 2007).

A barragem de El Cajón (México) foi construída sobre o rio Santiago, a montante do reservatório de Aguamilpa, no Estado de Nayarit.

Concluída no ano de 2007, El Cajón é uma das barragens mais altas do mundo e a maior desse tipo no México.

Construiu-se a transição (zona 2B) em camadas de 0,30 m, com material processado bem graduado e diâmetro máximo de 7,5 cm. O coeficiente de não uniformidade do material foi superior a 100, teor de areia entre 40-55% e fração fina (< nº 200) cerca de 10%.

O índice de vazios foi ≤0,22 e o coeficiente de permeabilidade médio de 0,5 x 10^{-3} cm/s.

Um aspecto interessante nesta barragem é que o material 2B foi colocado utilizando-se um equipamento de pavimentação, resultando em camadas bem conformadas, como se indica na Fig. 3.23.

O material 3A também foi processado com um tamanho máximo de 0,15 m, bem graduado e compactado em forma similar ao 2B. O coeficiente de não uniformidade foi superior a 60.

Os materiais para as zonas 3B, T e 3C foram adequadamente compactados, obtendo-se módulos altos. A rocha utilizada foi ignimbrito de relativamente baixo peso específico. As densi-

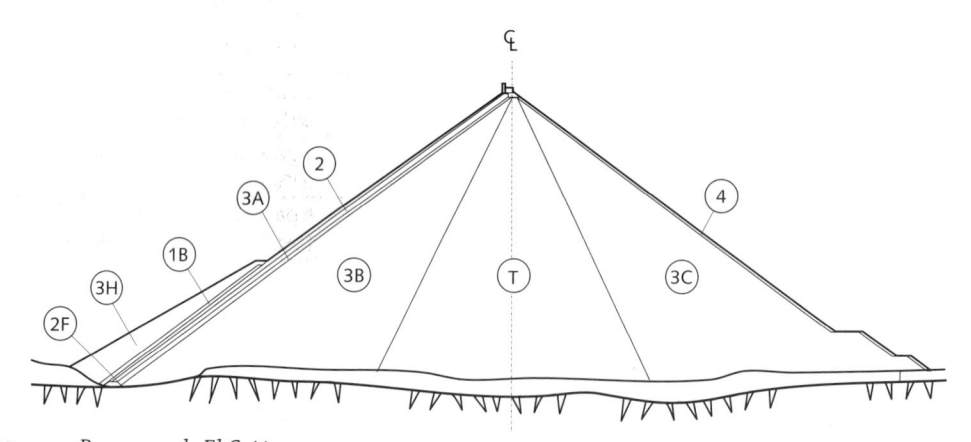

FIG. 3.22 *Barragem de El Cajón*

TAB. 3.11 Materiais da barragem de El Cajón

Material	Zona	Colocação	Compactação
1B	1B	Camadas de 0,30 m	Trator
2F	2A	Camadas de 0,30 m	Rolo vibratório 10 t, 6 passadas
2	2B	Camadas de 0,30 m	Rolo vibratório 10 t, 8 passadas
3A	3A	Camadas de 0,30 m	Rolo vibratório 10 t, 8 passadas
3B	3B	Camadas de 0,80 m	Rolo vibratório 12 t, 6 passadas, água > 200 ℓ/m³
T	T	Camadas de 1,0 m	Rolo vibratório 12 t, 6 passadas, água > 200 ℓ/m³
3C	3C	Camadas de 1,40 m	Rolo vibratório 12 t, 6 passadas, água > 200 ℓ/m³
3H	Random	Camadas de 0,40 m	Trator ou equipamento de construção
4	4	Colocado como proteção	Colocado com pá carregadeira

FIG. 3.23 *Equipamento utilizado na barragem de El Cajón para a transição 2B*

dades relatadas foram relativamente baixas se comparadas com as de outros enrocamentos.

Os valores registrados durante o controle de qualidade estão na Tab. 3.12.

A quantidade de água aplicada durante a compactação foi maior que os 200 ℓ/m³ especificados originalmente, o que fez um bom efeito devido à alta absorção da rocha (5%) (Mena Sandoval et al., 2007b).

Um aspecto importante durante a compactação dessas zonas é o fato de serem utilizados compactadores de 10-12 t do tambor, com pressão superior

TAB. 3.12 Controle de qualidade da barragem de El Cajón

Zona	Densidades (t/m³)	Módulo de compressibilidade (MPa)
3B	1,8	110
T	1,8	125
3C	1,78	75

a > 5 t/m no cilindro vibratório.

A laje da face tem uma área de 113.300 m² (Mendez et al., 2007) e espessuras variáveis de:

- 0,30-0,50 m (0-100 m de profundidade)
- 0,50-0,80 m (> 100 m)

Foi construída em quatro etapas, com produtividade das fôrmas deslizantes entre 3,0 e 5,50 m/h.

Antes do enchimento do reservatório, o máximo recalque foi de 0,85 m, o que representa 0,45% da altura da barragem, sendo relativamente menor que o observado em outras BEFCs.

A máxima deformação da laje foi de 0,18 m, que ocorreu à altura de 0,54 H.

Os deslocamentos da junta perimetral registrados em diferentes pontos foram: recalque - 24,4 mm; abertura - 8,8 mm de deformação; cisalhamento - 3,4 mm, que são coerentes com os movimentos esperados e muito inferiores à capacidade dos veda-juntas colocados.

O comportamento do enrocamento e da laje de El Cajón são uma demonstração de que enrocamentos bem compactados, com altos módulos de compressibilidade, apresentam baixas deformações e tensões compatíveis com o dimensionamento da laje.

O comportamento da barragem construída em um vale estreito é excelente dessa altura:

$$A/H^2 = \frac{113.300}{188^2} = 3,21$$

A máxima infiltração de 150 ℓ/s é muito baixa quando se compara com outras barragens de porte similar.

3.3.11 Kárahnjúkar (Islândia, 2007)

A Fig. 3.24 ilustra a posição de cada zona na barragem de Kárahnjúkar. A Tab. 3.13 relaciona os materiais utilizados na construção da barragem.

Características principais: H - 196 m; L - 700 m; L/H - 3,57; A/H² - 2,42; tipo de material - basalto. Com taludes 1,3H:1V a montante e a jusante, seu volume é de 8.500.000 m³ (Perez; Johannesson; Stefansson, 2007).

A barragem de Kárahnjúkar (Islândia) foi construída sobre o rio Jökulsá, alimentado pela maior geleira da Europa, a Vatnajökull.

Concluída no ano de 2007, a barragem de Kárahnjúkar teve seu reservatório cheio completamente ao final do mesmo ano. Atualmente é a barragem do tipo BEFC mais alta da Europa.

Essa barragem está localizada em um vale estreito, com um cânion de 45 m de profundidade e paredes verticais na base; uma encosta muito íngreme na margem direita, enquanto a margem esquerda é ampla, com um perfil aproximado de 2,5H:1V.

O material 2B é processado de lava almofadada, com um tamanho máximo de 7,5 cm, uma quantidade de areia

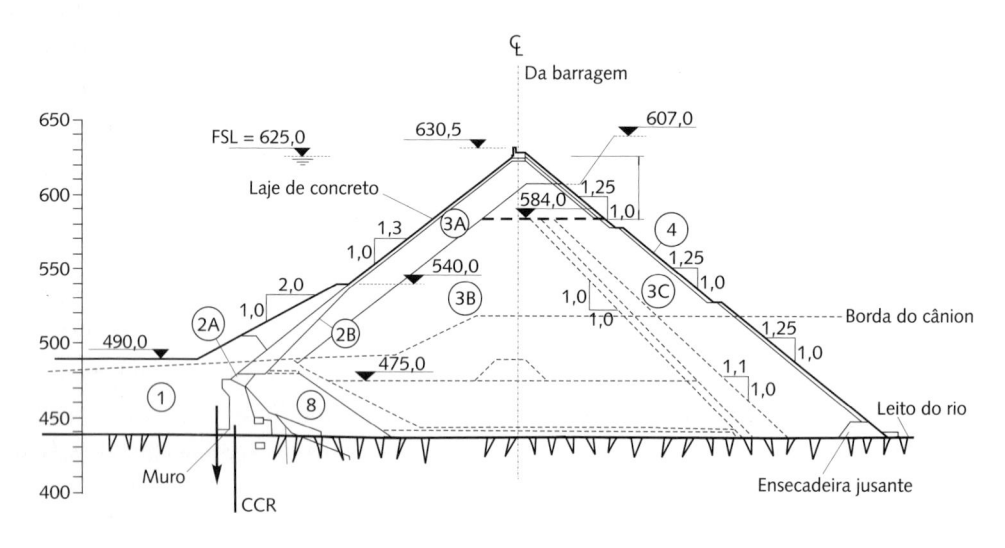

FIG. 3.24 *Barragem de Kárahnjúkar*

TAB. 3.13 Materiais da barragem de Kárahnjúkar

Descrição	Zona	Colocação	Compactação
Silte glacial e areia fina	1	Camadas com 50 cm	Compactado dinamicamente (350 kN) com 6 passadas
Filtro fino, processado de lava almofadada (pillow lava)	2A	Camadas com 20 cm	Compactado com placa vibratória e água (50 kN)
Transição processada de lava almofadada	2B	Camadas com 40 cm	Compactado com 4 passadas e água no verão e 6, sem água, no inverno (350 kN)
Lava almofadada de pedreira	3A	Camadas com 40 cm	
Cascalho natural	8	Camadas com 40 cm	
Cascalho arenoso, Moberg e lava almofadada	3B	Camadas com 40, 60 e 80 cm	
Basalto durável	3C	Camadas com 160 cm	
Proteção de talude selecionada	4	Colocado e arrumado pela escavadeira	—

variando entre 15-40% e finos inferiores a 5%. O material não segue as granulometrias indicadas por Sherard, porém é bem graduado, com um coeficiente de não uniformidade, C_u = 20.

As zonas 3B e 3C foram compactadas com espessuras variáveis de 0,60 a 1,20 m e o material de jusante em camadas de 1,60 m.

O projeto original foi calculado com porcentagens de armadura superiores às utilizadas convencionalmente, em razão das características especiais de um vale estreito em uma das ombreiras, bem como da existência do cânion, onde a barragem era suportada por uma estrutura de concreto compactado a rolo (CCR).

Durante a execução da obra, houve rompimentos das juntas centrais das barragens em basalto de Barra Grande, Campos Novos e Mohale, com módulos de compressibilidade similares aos observados em Kárahnjúkar.

Os projetistas, assessorados por um grupo de especialistas internacionais (Perez; Johannesson; Stefansson, 2007), introduziram as seguintes adaptações a implementar:
- redução da camada de compactação a 0,40 m entre El. 584-625;
- colocação de um antiaderente de 3 mm de espessura sobre o concreto extrudado;
- aumento da espessura das 10 lajes centrais em 10 cm acima da El. 535, fazendo uma transição entre as lajes já construídas e as novas;
- redução do berço de argamassa e eliminação do chanfro em V superior para proporcionar melhor contato entre as lajes;
- colocação de espaçadores de 15 mm entre as juntas centrais de compressão;
- colocação de espaçadores de 25 mm entre as juntas centrais do muro-parapeito;
- modificação do reforço antiesmagamento, como indicado na Fig. 2.19;
- aumento do material não coesivo sobre a laje até a El. 540.

O comportamento da barragem após o enchimento do reservatório tem sido excelente, com deformações baixas e infiltrações inferiores a 200 ℓ/s, consideradas normais para a região glacial onde se construiu a barragem.

3.3.12 Bakún (Malásia, 2008)

A Fig. 3.25 ilustra a posição de cada zona na barragem de Bakún. A Tab. 3.14 relaciona os materiais utilizados na construção da barragem.

Características principais: H - 205 m; L - 750 m; L/H - 3,66; A/H^2 - 3,02; tipo de material - grauvaca, folhelho. Com taludes 1,4(H):1,0(V) a montante e 1,5(H):1,0(V) a jusante, em razão da estrada de acesso localizada sobre esse talude, o volume é de 16.200.000 m³ (Long et al., 2005).

A barragem de Bakún está sendo construída sobre o rio Balui e foi finalizada em 2008, faltando a execução do parapeito e o enchimento do reservatório, programado para abril-maio de 2009.

O material de transição 2B foi construído em camadas compactadas de 0,40 m, com partículas de tamanho máximo de 80 mm, bem graduado, por 4-6 passadas de um rolo vibratório de 12 t. O material foi processado de grauvaca fresca, sendo o mesmo material da zona 3A.

Embora a granulometria do material 2B tenha sido especificada nos limites de Sherard, o material médio colocado apresentou um conteúdo de areia variando entre 18% e 46%, com valor médio de 32% e um coeficiente de não uniformidade, $C_u = 23$.

Os materiais 3B e 3C, além de altas porcentagens de grauvaca (arenito), tinham porcentagens variáveis de argilito ou folhelho. Um aspecto importante nessa barragem foi a determinação de misturar os diferentes materiais presentes na pedreira. Verificou-se que mistura de grauvaca fresca com até 30% de argi-

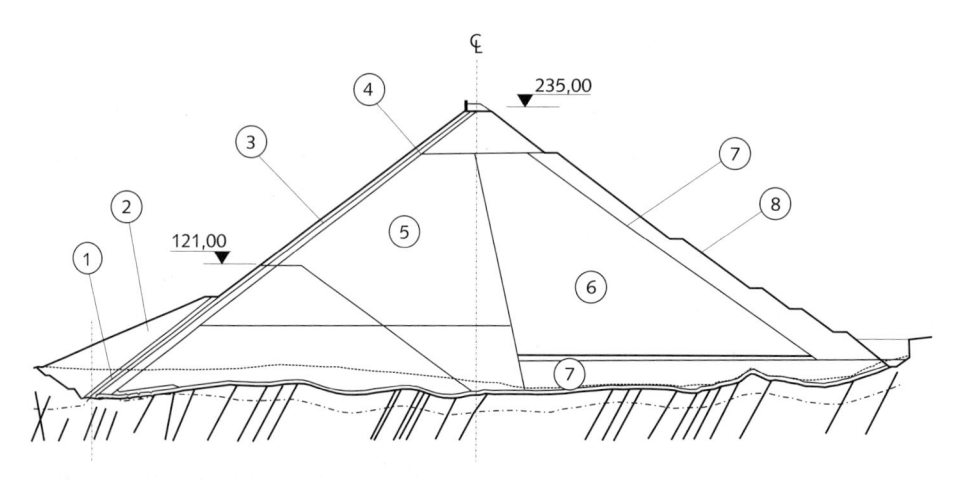

FIG. 3.25 *Barragem de Bakún*

TAB. 3.14 Materiais da barragem de Bakún

Material	Descrição	Zona	Colocação	Compactação
1	Silte compactado	1A	Camadas de 0,20 m	Rolo vibratório, 2-3 passadas
2	Random	1B	Camadas de 0,30 m	Equipamento de construção
3	Grauvaca processada, $D_{máx}$ 80 mm	2B	Camadas de 0,40 m	8 passadas de rolo vibratório 12 t
4	Grauvaca processada, $D_{máx}$ 300 mm	3A	Camadas de 0,40 m	8 passadas de rolo vibratório 12 t
5	Grauvaca fresca ligeiramente intemperizada, $D_{máx}$ 800 mm	3B	Camadas de 0,80 m	8 passadas de rolo vibratório 12 t, água 150 ℓ/m³
6	Grauvaca e argilito moderados a ligeiramente intemperizados, $D_{máx}$ 800 mm	3C	Camadas de 0,80 m	8 passadas de rolo vibratório 12 t, água 150 ℓ/m³
7	Grauvaca fresca, $D_{máx}$ 1.600 mm	3D	Camadas de 1,60 m	8 passadas de rolo vibratório 12 t, água 150 ℓ/m³
8	Material selecionado	4	Com equipamento	–

lito/folhelho era aceitável na barragem.

As características da barragem, com uma área de laje de 127.000 m², altura de 205 m e um fator do vale inferior a 4, determinaram um tratamento similar ao de Kárahnjúkar nas juntas de compressão centrais.

Além desses tratamentos, construiu-se a parte central da laje da barragem quando a deformação do enrocamento foi inferior a 7 mm/mês. A Fig. 3.26 apresenta aspectos de Bakún já finalizada.

3.3.13 Golillas (Colômbia, 1978)

A Fig. 3.27 ilustra a posição de cada zona na barragem de Golillas. A Tab. 3.15 relaciona os materiais utilizados na construção da barragem.

Características principais: H - 125 m; L - 108 m; L/H - 0,86; A/H² - 0,92; tipo de material - seixos sujos. Taludes de 1,6H:1V a montante e a jusante. Uma das principais características dessa barragem é o vale muito estreito, causando o efeito de arqueamento entre as ombreiras (Amaya; Marulanda, 1985).

A barragem de Golillas (Fig. 3.28) foi finalizada em 1978, sobre o rio Chuza, como parte do projeto de Chingaza para o fornecimento de água potável à cidade de Bogotá, na Colômbia.

O material de transição 2B foi processado com tamanho máximo de 0,15 m e compactado em camadas de 0,60 m por 4 passadas do compactador de 10 t. Adicionalmente, 4 passadas na direção do talude foram aplicadas na face de montante. O valor reportado de densidade foi de 2,18 t/m³, com um índice de vazios de 0,25.

Devido à permeabilidade do material existente na região (seixos sujos), a barragem tem um dreno inclinado para montante, construído de seixos limpos processados, de tamanho máximo de 0,30 m.

As zonas 3B e 3C foram construídas em camadas de 0,60 m, com seixos sujos e 4 passadas de rolo vibratório de 10 t. A zona 4, no talude de jusante, foi construída com blocos grandes em camadas de 1,20 m.

FIG. 3.26 *Vista aérea da barragem de Bakún*

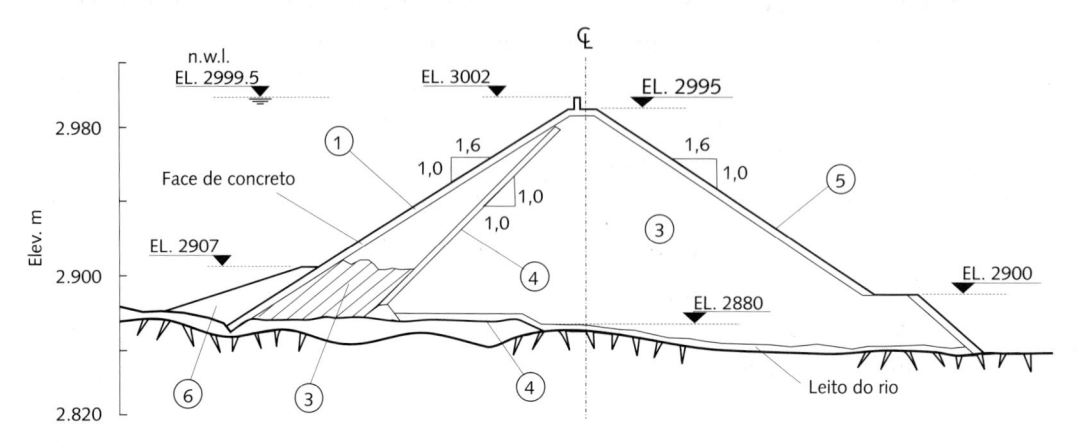

FIG. 3.27 *Barragem de Golillas*

TAB. 3.15 Materiais da barragem de Golillas

Material	Descrição	Zona	Colocação	Compactação
1	Cascalho natural processado, $D_{máx.}$ 0,15 m	2B	Camadas de 0,6 m	Rolo vibratório 10 t Face: 4 passadas horizontalmente e 4 passadas no talude
3	Cascalho natural não processado, $D_{máx.}$ 0,60 m	3B	Camadas de 0,6 m	Rolo vibratório 10 t, 4 passadas
4	Cascalho limpo com $D_{máx.}$ 0,30 m	Dreno	Camadas de 0,6 m	Rolo vibratório 10 t, 2 passadas
5	Talude jusante $D_{máx.}$ 1,20 m	4	Blocos maiores	–
6	Argila siltosa	1	Camadas de 0,3 m	Trator

Durante o enchimento do reservatório, verificou-se que os movimentos próximos às ombreiras eram similares aos ocorridos no centro da barragem, causando ruptura dos veda-juntas de cobre e PVC na junta perimetral e aumento de infiltrações.

As perdas d'água alcançaram valores superiores a 1 m³/s para a altura máxima do reservatório. Também se observou que algumas juntas existentes na rocha, preenchidas com argila, foram erodidas pelos altos gradientes causados pelo reservatório. Golillas indicou que é importante proteger com filtros as zonas potencialmente erodíveis da barragem.

As juntas perimetrais em vales muito

FIG. 3.28 *Barragem de Golillas*

estreitos precisam de vários tipos de defesa para evitar rupturas dos veda-juntas.

Após reparos, a infiltração reduziu para 650 ℓ/s e tem diminuído com o tempo. A barragem comporta-se bem.

3.3.14 Segredo (Brasil, 1992)

A Fig. 3.29 ilustra a posição de cada zona na barragem de Segredo. A Tab. 3.16 relaciona os materiais utilizados na construção da barragem.

Características principais: H - 145 m com muro-parapeito de 6 m; L - 720 m; L/H - 4,97; A/H^2 - 4,14; tipo de material - basalto. Com taludes de 1,3H:1V a montante e a jusante 1,4H:1V (médio, com inclinação de 1,2H:1V entre bermas), seu volume de enrocamento é 7.200.000 m³.

- Área da face de concreto: 87.000 m²
- Espessura variável: mínimo de 0,30 m e máximo de 0,70 m
- Espessura teórica da laje variável segundo a expressão: e = 0,30 + 0,003 H (m)
- Concreto utilizado: 260 kg/m³ de cimento
- Relação água/cimento: 0,65
- Ar incorporado: 4±0,5%
- Aditivo incorporado de ar: 1 kg/m³ e abatimento de 7±1 cm
- Resistência do concreto: 16 MPa aos 90 dias
- Taxa de armadura: 0,3%
- Recalque do enrocamento: 2,22 m no ponto central do seu eixo vertical durante a construção

A barragem de Segredo (Fig. 3.30) foi construída sobre o rio Iguaçu, no Estado do Paraná, Sul do Brasil, entre 1987 e 1992, pela Companhia Paranaense de Energia (Copel), proprietária também da usina de Foz do Areia (Pinto; Blinder; Toniatti, 1993).

O material de transição 2B foi processado com um tamanho máximo de 7,5 cm e colocado com largura constante de 5 m, ampliando-se até 10 m perto da fundação basáltica.

As zonas 3B e 3C foram compactadas em camadas de 0,80 m e 1,60 m, respectivamente, com 6 passadas de rolo vibratório de 10 t e adição de água na parte de montante equivalente a 250 ℓ/m³.

Segredo tinha mais basalto são que brechas ou basaltos amigdaloides, encontrados com muita frequência na barragem de Foz do Areia.

Os módulos de compressibilidade medidos na barragem variaram entre 20 MPa a jusante e 70 MPa a montante nas camadas inferiores. A deformação da barragem foi típica de basaltos com granulometria de pontos finos, porém similares às observadas em Foz do Areia.

A deformação máxima da laje foi de 34 cm. Os movimentos registrados nas juntas foram muito pequenos, variando em torno de 6 mm de abertura e 2 mm de recalque da laje.

Um fato interessante, ocorrido antes do fechamento dos túneis de desvio, foi o aumento da vazão no rio, a valores de 7.000 m³/s, que produziu uma elevação rápida no reservatório até a El. 580, ou seja, quase 115 m desde a fundação do plinto no rio, na El. 465. Essa vazão gerou velocidades superiores a 20 m/s nos túneis sem revestimento, porém sem danos no basalto são.

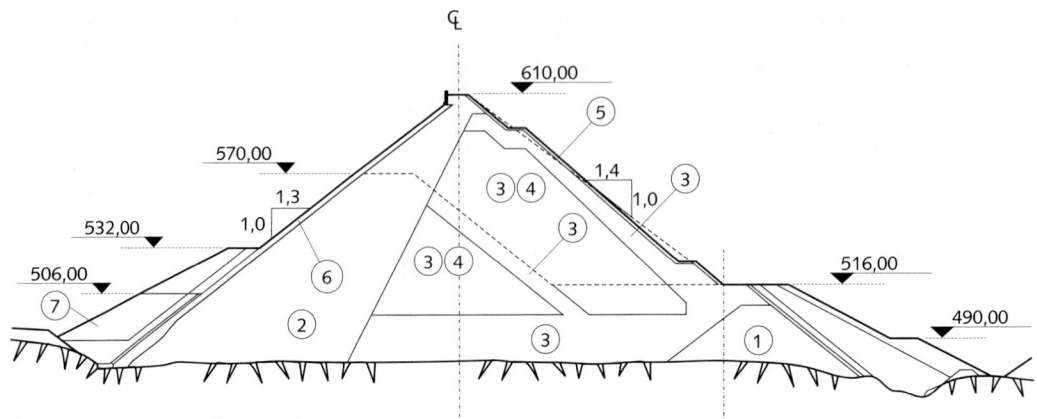

FIG. 3.29 *Barragem de Segredo*

TAB. 3.16 Materiais da barragem de Segredo

Designação	Material	Descrição	Zona	Colocação	Compactação
1	Enrocamento	Basalto maciço (até 25% de brecha basáltica)	3B'	Lançado	–
2	Enrocamento	Basalto maciço (até 25% de brecha basáltica)	3B	Camadas de 0,80 m	Rolo vibratório 10 t, 6 passadas, 25% de água
3	Enrocamento	Basalto maciço (até 25% de brecha basáltica)	3C	Camadas de 1,60 m	Rolo vibratório 10 t, 6 passadas, 25% de água
4	Enrocamento	Intercalação de basalto maciço e brecha basáltica	3D	Camadas de 0,80 m	Rolo vibratório 10 t, 6 passadas, 25% de água
5	Enrocamento	Basalto maciço $D_{máx.}$ 0,80 m	4	Blocos da face arrumados	–
6	Transição processada	Brita de basalto são Bem graduada, $D_{máx.}$ 7,5 cm	2B	Camadas de 0,40 m	Rolo vibratório, mín. 6 passadas horizontal; Face: mín. 6 passadas ascendentes
7	Aterro	Solo impermeável Tam. máx. de ¾"	1	Camadas de 0,30 m	Rolo pneumático ou equipamento de construção

A máxima infiltração observada durante o enchimento do reservatório foi de 390 ℓ/s, que se reduziu a valores de 50 ℓ/s, embora se estime que através da ensecadeira de jusante pode passar da ordem de 100 ℓ/s adicionais.

A infiltração total de 150 ℓ/s é normal para o tamanho da barragem. O comportamento de Segredo tem sido dentro das expectativas, com deformações menores às observadas em Foz do Areia, devido à sua altura de 145 m.

3.3.15 Xingó (Brasil, 1994)

A Fig. 3.31 ilustra a posição de cada zona na barragem de Xingó. A Tab. 3.17 relaciona os materiais utilizados na construção da barragem.

Características principais: H - 150 m; L - 850 m; L/H - 5,67; A/H^2 - 6,0; tipo de material - gnaisse. Com taludes de montante 1,4H:1V e o mesmo a jusante, com duas bermas de acesso incorporadas, cada uma com 12 m de largura.

A barragem de Xingó (Fig. 3.32) foi

FIG. 3.30 *Vista da UHE de Segredo*

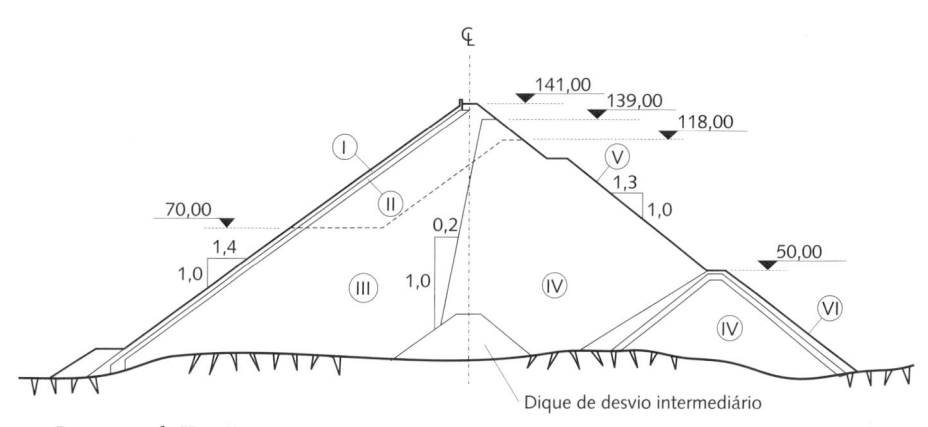

FIG. 3.31 *Barragem de Xingó*

TAB. 3.17 Materiais da barragem de Xingó

Material	Descrição	Zona	Colocação	Compactação
I	Transição de rocha e saprolito com finos	2B	Camadas de 0,40 m, $D_{máx.}$ 0,10 m	6 passadas de rolo vibratório 10 t; compactação da face, uso de Gradall
II	Transição grossa, enrocamento fino $D_{máx.}$ 0,40	3A	Camadas de 0,40 m	6 passadas de rolo vibratório 10 t
III	Enrocamento são, $D_{máx.}$ 1,00 m	3B	Camadas de 1,0 m	6 passadas de rolo vibratório 10 t e 150 ℓ/m³ de água
IV	Enrocamento de jusante	3C	Camadas de 2,0 m	4 passadas de rolo vibratório 10 t sem água
V	Enrocamento de proteção do talude	4	Blocos de 1,0 m arrumados	
VI	Proteção do CCR	–	Camadas de 0,30 m	4 passadas de rolo vibratório 10 t

FIG. 3.32 *UHE Xingó*

construída sobre o rio São Francisco, no Nordeste do Brasil. A fundação da barragem é rocha gnáissica com estrutura ora xistosa, ora granítica. Foi concluída em 1994 e tem volume de enrocamento de granito gnáissico proveniente de escavações obrigatórias de aproximadamente 13.000.000 m³ (Eigenheer; Mori, 1993).

A transição 2B foi produzida passando material granítico intemperizado por uma peneira tipo *grizzly*. O *grizzly* permitia passar partículas inferiores a 0,10 m, com conteúdo de areia de aproximadamente 45% e finos passando na peneira nº 200 em inferior a 12%. Essa granulometria, muito mais fina que a das outras barragens construídas no Brasil, seguia, em princípio, as recomendações de Sherard (Tab. 3.18).

TAB. 3.18 Granulometria e densidade *in situ* dos materiais

Zona	% que passa #4	% que passa #1"	% que passa #200	tf/m³
I	35 – 60		4 – 12	2,3
II		35 – 70	3 – 8	2,25
III	até 23	até 40	3	2,15
IV	7 – 38	15 – 60	2 – 7	2,1

O material foi compactado em camadas de 0,40 m, com 6 passadas de rolo vibratório de 10 t. Adicionalmente, compactou-se o material, na direção do talude, com 4 passadas de rolo vibratório de 6 t, sem vibração, e depois com outras 8 passadas, com vibração (Souza et al., 1999).

O material 2B foi construído além do alinhamento e foi removido com uma escavadeira Gradall, como se apresenta esquematicamente na Fig. 3.33.

O material foi controlado como um núcleo de uma barragem utilizando-se o método Hilf, para a determinação do grau de compactação e o controle de umidade (Koch et al., 1993).

Durante a colocação do material, houve zonas onde o excesso de umidade causou o efeito "borrachudo", porém o material comportou-se bem quando o excesso de água se dissipou.

As zonas 3B e 3C da barragem foram compactadas em camadas de 1,0 m e 2,0 m, respectivamente, com 4 a 6 passadas de rolo vibratório de 10 t e adição de água (150 ℓ/m³) para a zona 3B.

- Módulo de deformabilidade secante médio na zona I (2B): 47 e 68 MPa;
- Módulo de deformabilidade na zona I (2B): 59 MPa;
- Módulo de deformabilidade na zona II (3A): 40 MPa;
- Recalque na zona III (3B): 170 cm (para secção mais alta da barragem);
- Recalque na zona IV (3C): 290 cm (no ponto central);
- Módulo de compressibilidade vertical na zona III (3B): 32 MPa;
- Módulo de compressibilidade vertical na zona IV (3C): 20 MPa.

Durante a construção ocorreram algumas fissuras nas proximidades da ombreira esquerda, que foram tratadas antes da construção da laje.

O enchimento do reservatório iniciou-se em 10 de junho de 1994 na elevação 40, alcançando a elevação 120, com uma velocidade média extremamente alta, superior a 0,50 m/hora.

A máxima deformação da laje foi de 0,30 m e o maior recalque dos marcos superficiais na crista atingiu um valor similar.

- Face de concreto: 16 painéis de 16 m de largura – Área: 135.000 m²;
- Espessura variável segundo a expressão: 0,3 + 0,002 H (m);
- Espessura mínima: 0,30 m junto ao muro-parapeito e 0,70 m junto ao plinto na, secção de máxima altura;

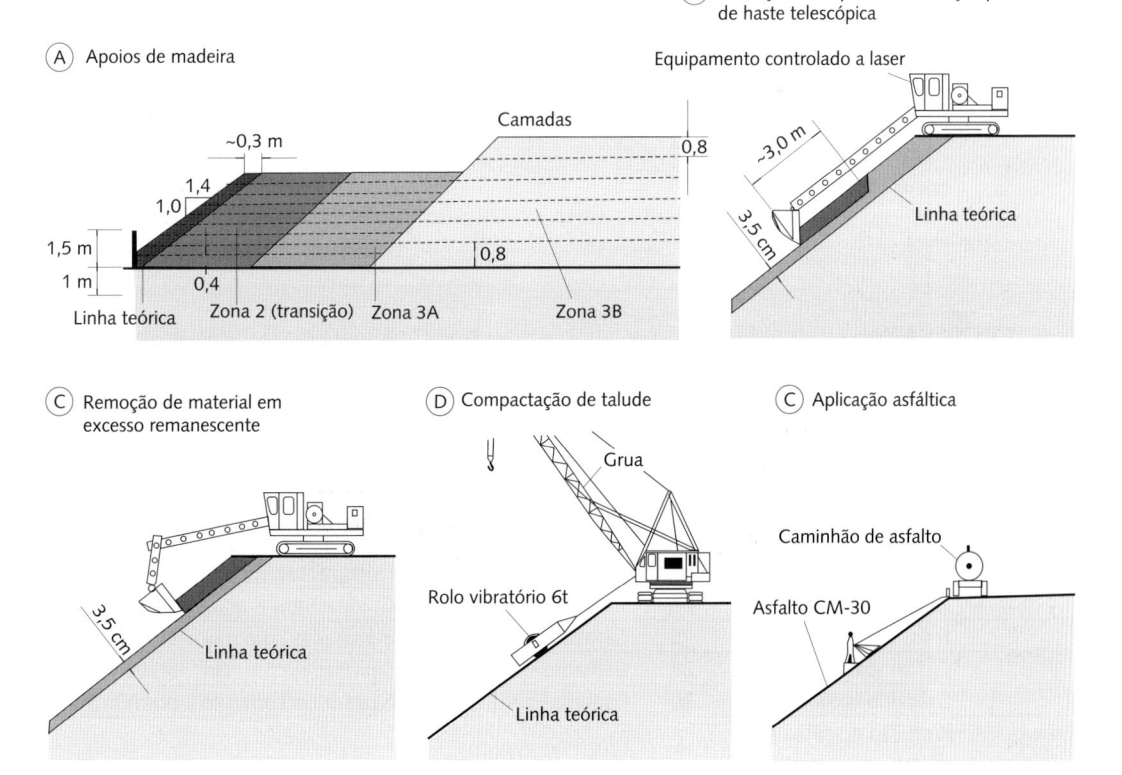

FIG. 3.33 *Colocação do material utilizando escavadeira Gradall*

- Taxa de armadura para laje: 0,4% em ambas direções;
- Resistência do concreto: fck = 15 MPa aos 28 dias;
- Consumo de cimento: 204 kg/m³;
- Consumo de pozolana: 43 kg/m³;
- Formas deslizantes: 1,6 m/h.

Durante a operação do projeto, as deformações foram normais até o ano de 1995 (setembro), quando os movimentos registrados pelas células de recalque se aceleraram.

Observaram-se infiltrações na margem esquerda que, aparentemente, saturaram o enrocamento. Nas lajes da ombreira esquerda foram detectadas fissuras e rupturas após investigações subaquáticas.

O tratamento das fissuras foi executado lançando-se areia fina siltosa em sacos nos lugares onde se identificava sucção.

A infiltração inicial de 200 ℓ/s foi reduzida a valores de 135 ℓ/s com esse tratamento. No ano de 2003, a infiltração aumentou novamente, estabilizando-se em 2005 em 175 ℓ/s. O comportamento da barragem é satisfatório (Silva; Casarin; Souza, 1999).

3.3.16 Pichi Picún Leufú (Argentina, 1995)

A Fig. 3.34 ilustra a posição de cada zona na barragem de Pichi Picún Leufú. A Tab. 3.19 relaciona os materiais utilizados na construção da barragem.

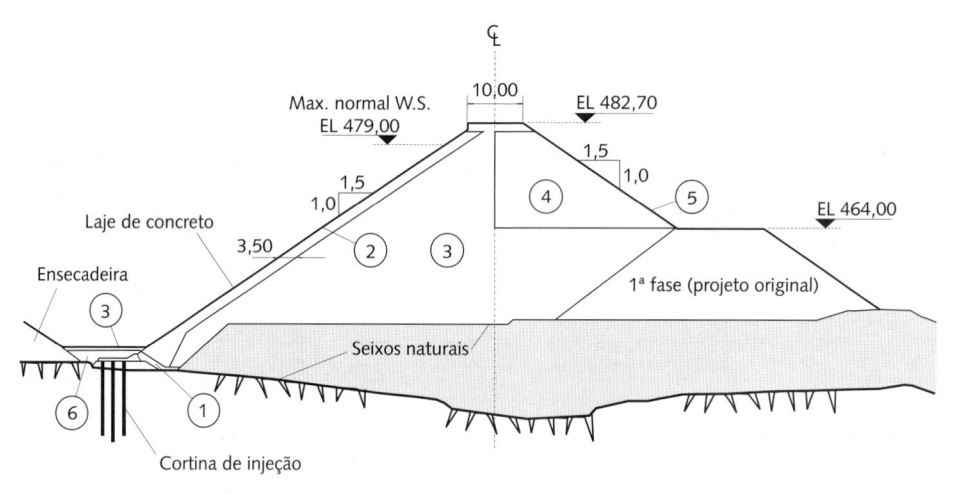

FIG. 3.34 *Barragem de Pichi Picún Leufú*

TAB. 3.19 Materiais da barragem de Pichi Picún Leufú

Material	Descrição	Zona	Colocação	Compactação
1	Filtro fino	2A	Camadas com 0,20 m	Compactado manualmente
2	Transição processada	2B	Camadas com 0,30 m	6 passadas com rolo vibratório 10 t
3	Cascalho compactado	3B	Camadas com 0,6 m	6 passadas com rolo vibratório 10 t
4	Cascalho compactado	3C	Camadas com 1,2 m	6 passadas com rolo vibratório 10 t
5	Proteção de cascalho grosso	4	Cascalho graúdo	–
6	Silte		Camadas de 0,2 m	–

Características principais: H - 50 m; L - 1.100 m; L/H - 22; A/H² - 36 aprox.; tipo de material: seixos; volume de 1.400.000 m³.

A barragem de Pichi Picún Leufú (PPL) foi construída sobre o rio Limay, na Patagônia, Argentina, em 1999. É uma barragem de seixos rolados com taludes de 1,5(H):1,0(V) a montante e com talude similar a jusante, apoiada sobre uma berma de cascalho do projeto original que era, inicialmente, de núcleo impermeável central (Machado et al., 1993).

O material 2B foi processado de cascalhos naturais com tamanho máximo de 5 cm, porcentagem de areia de 45% e fração passando na peneira n° 200 de 5%. Colocou-se esse material em camadas de 0,30 m, e compactou-se com 6 passadas de rolo vibratório de 10 t, após ser umedecido.

Adicionalmente, o talude de montante foi compactado com 6 passadas de rolo vibratório de 6 t, impermeabilizando a face com um cimento asfáltico diluído (Cutback Asphalt).

Os materiais 3B e 3C foram lançados em camadas de 0,60 m e o material 3C, compactado a cada 2 camadas (1,20 m) com 6 passadas de rolo de 10 t, após ser umedecido.

Os materiais 3B e 3C eram seixos naturais com tamanho máximo de 25 cm, fração areia de 33% e baixo teor de finos passando na peneira n° 200 (< 2%).

A compacidade dos materiais foi excelente, com densidades de 2,23 a 2,38 t/m³ e densidade relativa de 102%.

O plinto tinha uma largura de 6,0 m, reduzida a 4 m na ombreira esquerda. O critério para dimensionar o plinto foi classificar a fundação de acordo com diferentes graus de erodibilidade, como se apresenta na Tab. 3.20.

O enchimento do reservatório foi lento e as infiltrações observadas, muito baixas, da ordem de 13,5 ℓ/s. A deformação máxima da laje foi inferior a 2 cm, demonstrando o excelente comportamento que oferecem os cascalhos compactados.

TAB. 3.20 Critérios para o projeto do plinto (Marques Filho et al., 1999)

A	B	C	D (%)	E	F	G	H
I	Não erodível	1/18	>70	I – II	1 – 2	<1	1
II	Pouco erodível	1/12	50 – 70	II – III	2 – 3	1 – 2	2
III	Medianamente erodível	1/6	30 – 50	III – IV	3 – 4	2 – 4	3
IV	Muito erodível	1/3	0 – 30	IV – V	4 – 5	>4	4

A – Fundação tipo (I – IV)
B – Erodibilidade
C – Gradiente
D – RQD (%)
E – Grau de alteração: I – Rocha sã; IV – Rocha decomposta
F – Grau de consistência: 1 - Rocha muito dura; 6 – Rocha friável
G – Número de descontinuidades alteradas por 10 cm de comprimento
H – Classes de escavação: 1 – Escavação a fogo; 2 – Uso de escarificador pesado e escavação a fogo; 3 – Escavação com escarificador leve; 4 – Escavação com lâmina de trator pesado

3.3.17 Itá (Brasil, 1999)

A Fig. 3.35 ilustra a posição de cada zona na barragem de Itá. A Tab. 3.21 relaciona os materiais utilizados na construção da barragem.

Características principais: H - 125 m; L - 881 m; L/H - 7,05; A/H² - 7,04; tipo de material: basalto. Os taludes a montante e a jusante, foram 1,3(H):1,0(V), com 1,2(H):1(V) entre bermas de jusante, com berma de acesso incorporada. O volume de enrocamento basáltico compactado é de 8.900.000 m³.

A barragem de Itá (Fig. 3.36) foi construída sobre o rio Uruguai, entre os Estados de Santa Catarina e Rio Grande do Sul, no Sul do Brasil, no ano de 2000 (Antunes Sobrinho et al., 2000).

- Área da face de concreto: 110.000 m²;
- Volume de concreto: 46.000 m³;
- Face de concreto: 57 painéis de 16 m de largura;
- Espessura variável conforme a expressão: e = 0,30 + 0,002 H;
- Espessura mínima: 0,30 m;
- Taxa de armadura: 0,40% na direção

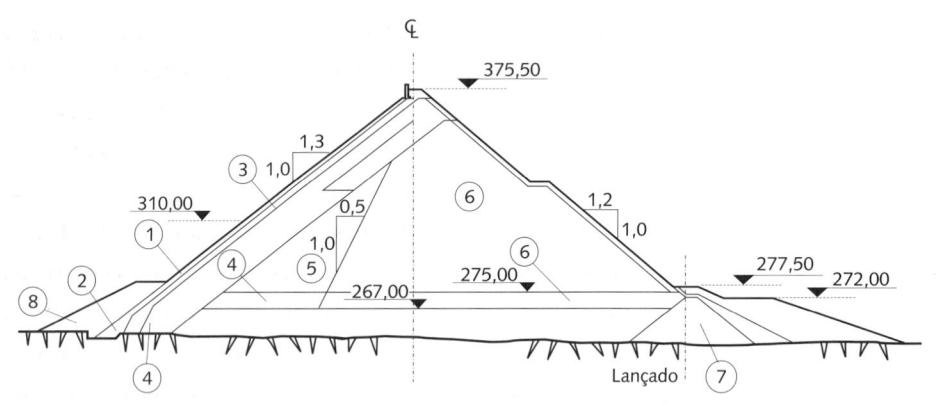

FIG. 3.35 *Barragem de Itá*

TAB. 3.21 Materiais da barragem de Itá

Material	Designação	Descrição	Zona	Colocação	Compactação
1	Transição processada	Diâmetro máximo de 0,10 m	2B	Camadas de 0,40 m	Rolo vibratório 9 t, 4 passadas
2		Sob junta perimetral	2A	Camadas de 0,20 m	Placa vibratória
3	Transição	Enrocamento fino	3A	Camadas de 0,40 m	Rolo vibratório 9 t, 4 passadas
4	Enrocamento principal	70% de basalto denso	3B	Camadas de 0,80 m	Rolo vibratório 9 t, 4 passadas com molhagem (200 ℓ/m³)
5	Enrocamento	Basalto vesicular, material brecha basáltica	3B'	Camadas de 0,80 m	Rolo vibratório 9 t, 4 passadas com molhagem (200 ℓ/m³)
6	Enrocamento de jusante	Brechas, basalto denso e vesicular em qualquer proporção	3C	Camadas de 1,60 m	Rolo vibratório 9 t, 4 passadas sem molhagem
7	Enrocamento	70% de basalto denso	3B"	Lançado	–
8	Solo	Solo e random	1A Random	Colocado	Equipamento de construção

vertical e 0,3% na direção horizontal;
- Resistência do concreto: 21 MPa aos 90 dias.

O material 2B foi processado com tamanho máximo de 0,10 m, teor de areia de 25% e finos passando na peneira n° 200 de 1%. Essas transições processadas com teores de areia inferiores aos propostos por Sherard são típicas do basalto que não produz finos.

Os materiais 3A são transições que se produzem na pedreira e correspondem a rocha mais fragmentada, sem necessidade, porém, de processamento especial, embora algumas barragens o exijam.

A zona 2B foi compactada em camadas de 0,40 m, com 4 passadas de rolo vibratório de 9 t. Construiu-se a zona 3B em camadas de 0,80 m, com 200 ℓ/m^3 de água, e também foi compactada com 4 passadas do mesmo rolo vibratório.

A zona 3C foi lançada em camadas de 1,60 m e compactada de forma similar à 3B, porém sem adição de água.

A fundação da barragem foi condicionada pela presença de espessuras apreciáveis de solo nas ombreiras. Definiu-se o critério de que o plinto seria fundado em rocha, conduzindo às vezes a escavações profundas, para o apoio de muros altos que se estabilizavam com chumbadores até a rocha.

A zona de montante da barragem (1/3 da base) foi escavada até expor a rocha alterada em 50% da área, aceitando bolsões de solo ou saprolito. Nos 2/3 restantes da base, fundou-se a barragem sobre saprolito, com SPT superior a 15 golpes.

Um aspecto diferente das outras barragens desse tipo foi a construção da seção principal a jusante, para proteção de cheias com tempo de recorrência de 500 anos, motivada pela dificuldade de ter o plinto pronto após o desvio.

Na barragem de Itá foi introduzida, pela primeira vez, a utilização da mureta extrudada, que simplificou a construção do material 2B e propiciou proteção ao talude de montante, evitando, assim, a tradicional compactação desse talude.

A Fig. 3.37 apresenta aspectos da proteção com a mureta extrudada.

Durante a construção foram melhorados os métodos construtivos utilizados anteriormente em outras barragens brasileiras (Tsunoda et al., 1999), a saber:

- O confinamento da zona de transição propiciado pela mureta extrudada e a distribuição do material mediante um alimentador metálico reduziram segregações ao longo do talude.
- O comportamento da mureta extrudada foi excelente. Ela ofereceu proteção adequada contra chuvas fortes e maior segurança aos operários e equipamentos envolvidos nas diversas fases executivas. Observaram-se deformações na parte inferior da barragem, com deslocamentos de 3 a 8 cm para montante, que não afetaram a construção da laje. Nas ombreiras, fissuras de tração, típicas das BEFCs, confirmaram a seleção de juntas de tração.
- A forma deslizante tracionada por macacos e cordoalhas de protensão permitiu ótimos resultados de produtividade. Esse processo, em-

FIG. 3.36 *UHE de Itá - vista aérea*

FIG. 3.37 *Vista da face protegida com a mureta extrudada da barragem de Itá*

pregado pela primeira vez em Itá, compara-se com o método de macacos hidráulicos e/ou guinchos sincronizados.

Essas características da mureta extrudada, que Barry Cooke denominou em um de seus clássicos memorandos como "O método Itá", foram difundidas internacionalmente (Resende; Materón, 2000).

O enchimento do reservatório foi iniciado em fevereiro de 2000, atingindo a cota máxima em maio do mesmo ano.

Ocorreram infiltrações nas duas margens, que alcançaram valores de 1.700 ℓ/s. Investigações subaquáticas indicaram trincas da laje à profundidade de 90 m. Da mesma forma, observaram-se fissuras subparalelas ao plinto, que foram tratadas com o lançamento de areia misturada com finos, o que reduziu a infiltração a valores de 380 ℓ/s.

A deformação da barragem na laje foi de 45 cm, porém a crista apresentou movimento a jusante da ordem de 55 cm.

Infiltrações na margem direita provavelmente abrandaram o enrocamento seco de jusante, que, após a saturação, aumentou os recalques e as rupturas na laje, como ocorrido em Xingó.

Os últimos dados (2008) indicaram uma percolação de 80 ℓ/s, e o comportamento da barragem é normal, com tendência à estabilização.

3.3.18 Machadinho (Brasil, 2002)

A Fig. 3.38 ilustra a posição de cada zona na barragem de Machadinho. A Tab. 3.22 relaciona os materiais utilizados na construção da barragem.

Características principais: H - 125 m; L - 700 m; L/H - 5,6; A/H^2 - 4,93; tipo de material - basalto. Com taludes médios de 1,3H:1V a montante e a jusante e 1,2H:1V entre bermas, com berma de acesso incorporado, tem um volume de 6.500.000 m^3 (Mauro et al., 1999).

A barragem de Machadinho (Fig. 3.39) foi construída sobre o rio Pelotas, entre os Estados de Santa Catarina e Rio Grande do Sul, no Sul do Brasil, com uma concepção similar à barragem de Itá. A obra terminou em 2002.

Para dar uma proteção contra uma cheia de 500 anos, no início do período chuvoso, após o desvio, a seção prioritária da barragem foi construída a jusante, cobrindo o talude com um enrocamento fino equivalente ao material da linha de saturação 2B a fim de impedir o avanço.

- Área da face de concreto: 77.000 m^2
- Face de concreto: painéis de 16 m de largura
- Espessura variável conforme a expressão: e = 0,30 + 0,002 H
- Espessura mínima: 0,30 m
- Taxa de armadura: 0,40% a 0,60% em ambas as direções

O enrocamento de transição 2B foi processado e compactado em camadas de 0,40 m, utilizando-se a mureta extrudada desenvolvida em Itá. Compactou-se esse material com 4 passadas de rolo vibratório de 9 t.

O material 3B foi colocado em camadas de 0,80 m, com 6 passadas de rolo vibratório de 9 t, e o material 3C, com a mesma intensidade de compactação, porém em camadas de 1,60 m.

A construção do plinto nas duas ombreiras encontrou problemas de instabilidade da fundação constituída de um derrame de riodacito, de composição ácida, com fraturas verticais e inclinadas, e presença de blocos envoltos por solo. O intemperismo desse derrame desenvolveu-se em razão do fraturamento do derrame na parte superior, o que permitiu a infiltração de água, pelas fraturas verticais ao basalto.

A rocha muito alterada e com presença de solo não era adequada para fundar o plinto, e sua escavação gerou a necessidade de construir muros altos para apoiar o plinto (Mauro et al., 2007). A estabilidade desses muros, com altura até 17 m, foi garantida com chumbadores, tirantes e drenagem interna para reduzir o efeito de subpressão causado pelo reservatório.

O comportamento da barragem é adequado, embora apresente infiltrações relativamente altas (> 600 ℓ/s), provavel-

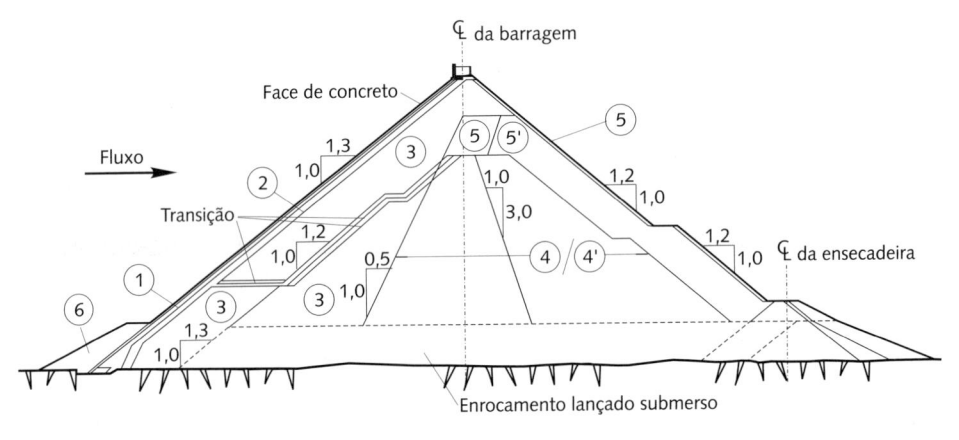

FIG. 3.38 *Barragem de Machadinho*

TAB. 3.22 Materiais da barragem de Machadinho

Material	Designação	Especificação	Zona	Colocação	Compactação	Resistência à Compressão Simples (RCS)
1	Transição fina	Basalto processado $D_{máx.}$ 100 mm	2B	Camadas de 0,40 m	Rolo vibratório liso 9 t, 4 passadas	RCS superior a 50 MPa
2	Transição graúda	Basalto, $D_{máx.}$ 400 mm	3A	Camadas de 0,40 m	Rolo vibratório liso 9 t, 4 passadas	Pelo menos 70% com RCS superior a 50 MPa
3	Enrocamento principal de montante	Basalto, $D_{máx.}$ 800 mm	3B	Camadas de 0,80 m	Rolo vibratório liso 12 t, 6 passadas e molhagem (200 ℓ/m³)	Pelo menos 70% com RCS superior a 50 MPa
4 – 4'	Enrocamento de jusante	Basalto e/ou brechas em qualquer proporção	3C 3C'	Camadas de 1,60 m para (4) e camadas de 1,20 m para (4')	Rolo vibratório liso 9 t, 4 passadas	RCS superior a 25 MPa
5 – 5'		Basalto e/ou brechas em qualquer proporção	3D 3D'	Camadas de 1,60 m para (5) e camadas de 1,20 m para (5')	Rolo vibratório liso 9 t, 4 passadas	Pelo menos 70% com RCS superior a 40 MPa
6	Solo	Solo saprolítico	1	Camadas de 0,20 m e 0,30 m	Equipamento de construção	–

FIG. 3.39 *Barragem de Machadinho em construção, antes do desvio*

mente por causa das drenagens introduzidas nas duas margens, para reduzir a subpressão.

3.3.19 Antamina (Peru, 2002)

A Fig. 3.40 ilustra a posição de cada zona na barragem de Antamina. A Tab. 3.23 relaciona os materiais utilizados na construção da barragem.

Características principais: H variável - 109 m até 210 m (a barragem progride de acordo a exploração da mina); tipo de material - calcário.

A barragem de Antamina (Fig. 3.41) terá uma altura final de 210 m. Ela foi concebida para reter rejeitos da exploração de uma mina de cobre no Peru. Construiu-se inicialmente uma BEFC como barragem de arranque (*starter dam*), para conter a água do processamento da mineração; posteriormente a barragem aumentará de altura até atingir os 210 m projetados (Marulanda; Amaya; Millan, 2000).

A barragem tem taludes de 1,4(H):1(V), mas a jusante têm sido incorporados acessos para caminhões de grande porte que abrandam o talude com as bermas introduzidas.

O material 2B para essa barragem foi especialmente processado com tamanho máximo de 7,5 cm, uma porcentagem de areia entre 40%-55% e fração fina passando na peneira n° 200 inferior a 8%. Para evitar migração de finos dos rejeitos, a largura (8 m) dessa zona de transição tem o dobro da largura geralmente utilizada nas barragens desse tipo.

Utilizou-se uma mureta extrudada de 0,50 m de altura, que confinava o material 2B compactado em camadas de 0,50 m, com 6 passadas de rolo vibratório de 10 t.

Os materiais 3A, 3B e 3C foram compactados em camadas de 0,50 m, 1,0 m e 2,0 m, respectivamente, com 6 passadas de rolo vibratório. Construiu-

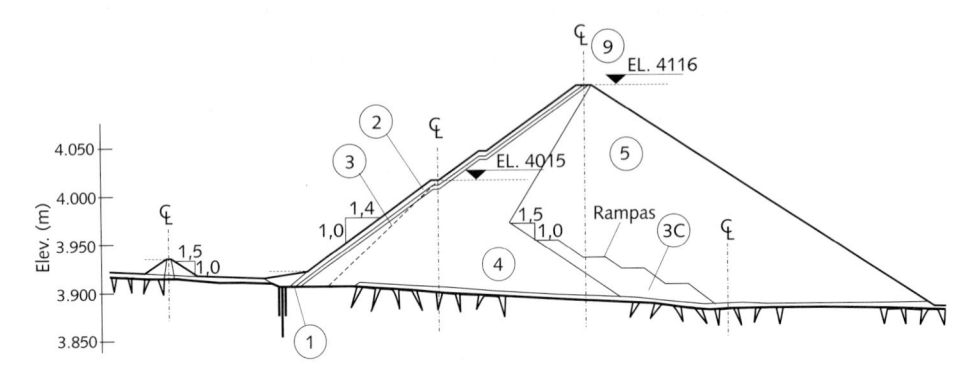

FIG. 3.40 *Barragem de Antamina*

TAB. 3.23 Materiais da barragem de Antamina

Material	Descrição	Zona	Colocação	Compactação
1	Areia e cascalho processados, $D_{máx.}$ 19 mm, sob junta perimetral	2A	Camada com 20 cm	Rolo vibratório 5 t, 2 passadas
2	Areia e cascalho processados, $D_{máx.}$ 75 mm	2B	Camada com 50 cm	Rolo vibratório 10 t, 6 passadas
3	Seixo rolado processado, rochas arredondadas, cascalho e areia, $D_{máx.}$ 300 mm	3A	Camada com 50 cm	Rolo vibratório 10 t, 6 passadas
4	Rocha de jazida de minério, $D_{máx.}$ 1 m	3B	Camada com 1,0 m	Rolo vibratório 10 t, 6 passadas – água 250 ℓ/m^3
5	Rocha de jazida de minério, $D_{máx.}$ 2 m	3C	Camada com 2,0 m	Rolo vibratório 10 t, 6 passadas – água 250 ℓ/m^3

FIG. 3.41 *Barragem de Antamina*

-se a laje da barragem com espessura constante de 0,30 m, aumentando sua espessura para 0,45 m na proximidade do plinto. A armadura foi de 0,35% nas duas direções e assumiu-se que a laje poderia romper-se, já que seu funcionamento foi previsto para os primeiros dois anos. Depois, os depósitos de rejeitos e a zona 2B seriam suficientes para controlar potenciais fluxos de água.

Depois da crista da barragem de arranque, considerou-se que a mureta extrudada mais a zona 2B de 8 m de largura seriam suficientes para controlar a percolação.

Durante o processo de alteamento da barragem e enchimento do reservatório, as deformações foram consideradas adequadas, mas as infiltrações aumentaram até acima de 425 ℓ/s. Fez-se um tratamento com a aplicação de uma membrana. Quando a barragem alcançou 160 m de altura, as percolações reduziram-se a valores de 250 ℓ/s.

O comportamento da estrutura sob o ponto de vista de deformações é bom (Marulanda; Amaya; Millan, 2000).

3.3.20 Itapebi (Brasil, 2003)

A Fig. 3.42 ilustra a posição de cada zona na barragem de Itapebi. A Tab. 3.24 relaciona os materiais utilizados na construção da barragem.

Características principais: H - 120 m; L - 583 m; L/H - 4,86; A/H^2 - 4,65; tipo de material - gnaisse, micaxisto.

Com talude de montante de 1,25H:1V e de jusante de 1,35H:1V, sendo 1,2H:1V na parte superior do talude até a berma de acesso e 1,3H:1V na parte inferior do talude, e um volume de enrocamento de 3.900.000 m³ (Fernandez et al., 2007).

A barragem de Itapebi (Fig. 3.43) foi construída sobre o rio Jequitinhonha, no Estado da Bahia, Nordeste do Brasil.

- Área da face de concreto: 67.000 m²
- Espessura máxima: 0,51 m
- Face de concreto: 35 painéis de 16 m

O material de transição 2B foi processado de gnaisse, com tamanho máximo de 10 cm, fração de areia entre 35% e 55% e material passando na peneira nº 200

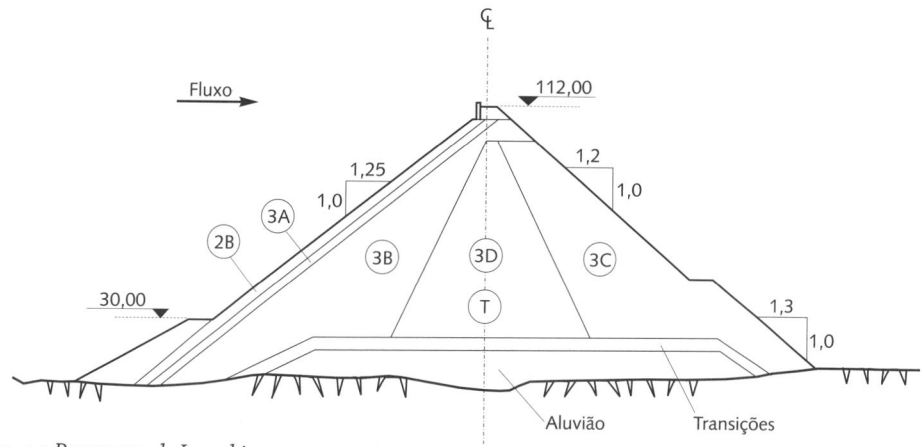

FIG. 3.42 *Barragem de Itapebi*

TAB. 3.24 Materiais da barragem de Itapebi

Material	Classificação	Zona	Colocação	Compactação	Densidade in situ
Transição processada	$D_{máx.}$ 100 mm	2B	Camadas de 0,40 m	Rolo vibratório 9 t, 4 passadas	2,15 t/m³
Transição graúda	$D_{máx.}$ 400 mm	3A	Camadas de 0,40 m	Rolo vibratório 9 t, 4 passadas	2,15 t/m³
Enrocamento a montante	Rocha sã	3B	Camadas de 0,80 m	Rolo vibratório 9 t, 6 passadas/ água	2,10 t/m³
Enrocamento a jusante	Rocha alterada a decomposta com elevada presença de finos (20%)	3C	Camadas de 1,60 m	Rolo vibratório 9 t, 4 passadas	2,00 t/m³
Enrocamento central	Rocha alterada a decomposta com elevada presença de finos (20%)	3D T	Camadas de 1,60 m	Rolo vibratório 9 t, 4 passadas	1,95 t/m³

FIG. 3.43 *Barragem de Itapebi*

inferior a 7%. Compactou-se esse material com 4 passadas de rolo vibratório de 9 t, em camadas de 0,40 m. Utilizou-se, como em Itá, a mureta extrudada com altura de 0,40 m.

Os materiais 3B e 3C foram compactados com o mesmo rolo vibratório, respectivamente com 6 e 4 passadas e camadas de 0,80 m e 1,60 m. No centro da barragem se colocou rocha alterada em camadas de 1,60 m, com 4 passadas de rolo de 9 t.

A laje da face foi dimensionada segundo a fórmula:

$$e = 0,30 + 0,002\,H\ (m)$$

A fundação da barragem nas ombreiras foi diretamente sobre rocha. No leito do rio existem depósitos de areia com profundidade de 15 m, que foram mantidos, devidamente protegidos com filtros. Apenas os primeiros 40 m a jusante do plinto e os 30 m no pé do talude de jusante foram escavados para assegurar a estabilidade.

O maciço rochoso de Itapebi caracteriza-se essencialmente por camadas de granito gnaisse intercaladas por camadas de biotita-xisto e anfibólito de pouca resistência (bx/af).

No início de julho de 2001, ocorreu um deslizamento por uma camada de bx/af, com comprimento de 200 m, que afetou a ombreira esquerda da barragem. Foi necessário projetar muros para dar apoio ao plinto e construir galerias com chavetas de concreto para garantir a estabilidade da margem esquerda e do vertedouro do projeto.

Retroanálises de estabilidade indicaram que essas camadas de bx/af tinham valores de $\phi < 12°$ e sem coesão, como se podia observar em alguns blocos instáveis.

Do ponto de vista da construção, Itapebi apresentou, pela primeira vez, um método de execução da laje de forma simultânea à colocação do enrocamento, como se apresenta esquematicamente nas Figs. 3.44 e 3.45 (Materón; Resende, 2001).

Uma plataforma foi erguida, o que permitiu construir a parte inferior da laje colocando enrocamento simultaneamente, acelerando o programa construtivo (Fig. 3.46).

O enchimento do reservatório iniciou-se em 10 de dezembro de 2002, alcançando a cota máxima 49 dias mais tarde, em 28 de janeiro de 2003.

Quando o reservatório atingiu a El. 105 (95% H), observou-se que as células de recalque aumentaram os recalques. Aparentemente, fissuras na laje aumentaram o nível de saturação da barragem, provocando novas fissuras e trincas na laje.

Observações subaquáticas indicaram a presença de aberturas na laje. As infiltrações alcançaram valores próximos a 1.000 ℓ/s. Após tratamento com material fino,

FIG. 3.44 *Barragem de Itapebi. Plataforma para construção simultânea da face e do enrocamento de montante*

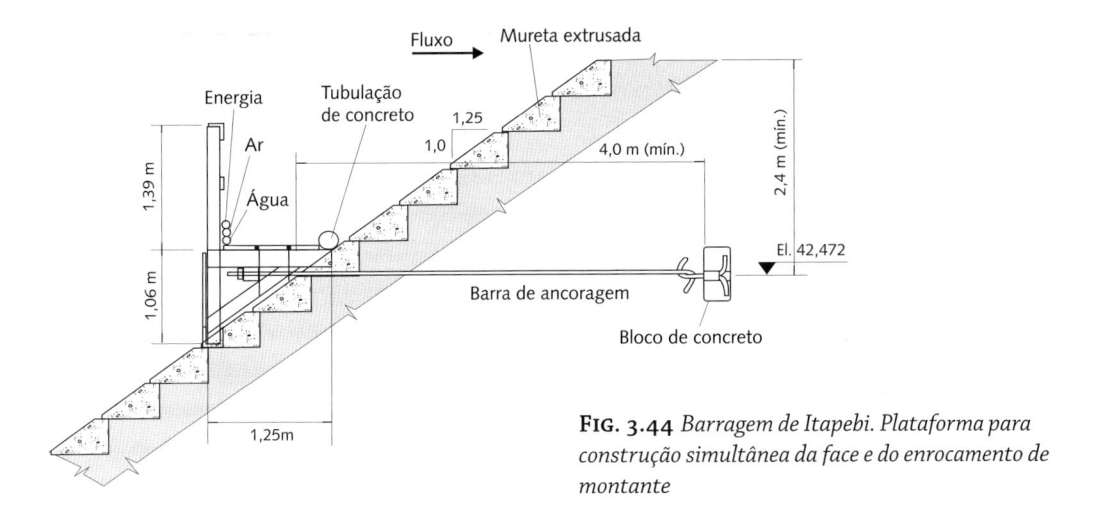

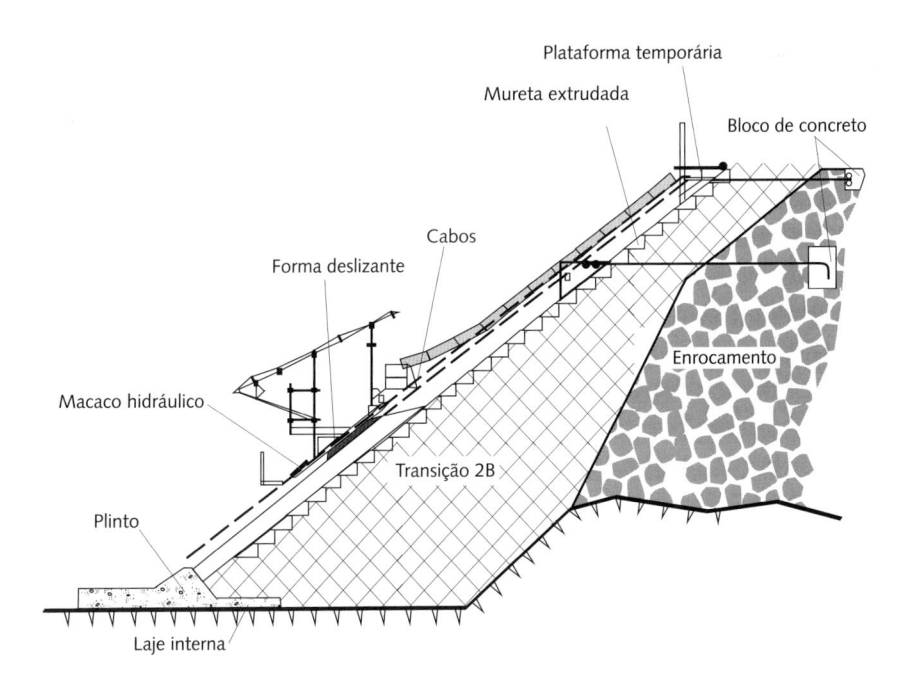

FIG. 3.45 *Barragem de Itapebi. Deslizamento da face simultaneamente com enrocamento de montante*

as infiltrações caíram para 127 ℓ/s. Atualmente a infiltração é de 50 ℓ/s e o comportamento da barragem está estabilizado.

3.3.21 Quebra-Queixo (Brasil, 2003)

A Fig. 3.47 ilustra a posição de cada zona na barragem de Quebra-Queixo. A Tab. 3.25 relaciona os materiais utilizados na construção da barragem.

Características principais: H - 75 m; L - 672 m; L/H - 9; A/H^2; tipo de material - basalto. Os taludes de montante e jusante são 1,25(H):1,0(V) e 1,3(H):1,0(V), respectivamente, e seu volume é de 2.100.000 m^3.

FIG. 3.46 *Barragem de Itapebi. Vista parcial da laje construída com plataforma incorporada no enrocamento*

A barragem de Quebra-Queixo (Fig. 3.48) foi construída no rio Chapecó, tributário do rio Uruguai, no Estado de Santa Catarina, Sul do Brasil.
- Face de concreto: painéis de 16 m de largura
- Espessura variável conforme a expressão: e = 0,30 + 0,002 H (m)
- Espessura máxima: 0,45 m
- Espessura mínima: 0,30 m

O material 2B foi processado a partir de rocha basáltica sã, com diâmetro máximo de 10 cm, compactado em camadas de 0,40 m. Na compactação do material 3A manteve-se a mesma espessura, com 6 passadas de rolo vibratório de 9 t.

No material 3B, compactado em camadas de 0,80 m com 6 passadas de rolo vibratório de 9 t, o índice de vazios era da ordem de 0,30. Já o material 3C foi compactado em camadas de 1,60 m, com o mesmo rolo e o mesmo número de passadas.

A face de montante da barragem foi projetada com a mureta de concreto extrudado (a mesma de Itá) de 0,40 m de altura e consumo cimento de 55 kg/m^3, tendo-se atingido uma produção de 1 m/dia ou 2 camadas/dia.

Nas ombreiras, o riodacito apresentou espessas camadas de solo, com blocos decamétricos, o que dificultou as escavações e o alinhamento do plinto. Isso exigiu a construção de muros de 8 m de altura para o apoio do plinto.

As escavações na fundação até o topo rochoso estenderam-se a montante até 1/3 da base da barragem. Nos restantes 2/3, o saprolito denso foi considerado adequado como fundação, com exceção de uma pequena faixa próxima ao pé de jusante, também escavado até a rocha.

Entre o saprolito e o enrocamento foi deixada uma transição.

O arranjo proposto permitiu que a carga bruta operacional seja de 122 m, quase 50 m a mais da altura da barragem.

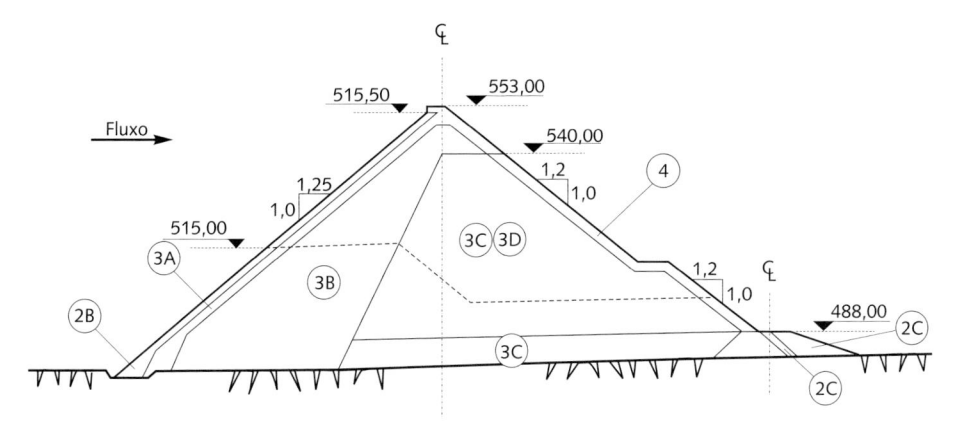

FIG. 3.47 *Barragem de Quebra-Queixo*

TAB. 3.25 Materiais da barragem de Quebra-Queixo

Material	Classificação	Zona	Colocação	Compactação
Transição fina	Basalto denso processado, Dmáx. 100 mm	2B	Camadas de 0,40 m	6 passadas de rolo vibratório 9 t
Enrocamento fino	$D_{máx.}$ 400 mm, basalto denso	3A	Camadas de 0,40 m	6 passadas de rolo vibratório 9 t
Enrocamento a montante	$D_{máx.}$ 0,80 m com pelo menos 70% de basalto ou riodacito denso	3B	Camadas de 0,80 m	6 passadas de rolo vibratório 9 t
Enrocamento a jusante	Blocos com $D_{máx.}$ 1,6 m compostos por brechas, basalto denso ou vesicular	3C 3D	Camadas de 1,60 m	6 passadas de rolo vibratório 9 t
Talude de jusante	$D_{máx.}$ 1,6 m com pelo menos 70% de basalto denso são ou riodacito	4	Camadas de 1,60 m	–

FIG. 3.48 *Vista lateral da UHE de Quebra-Queixo*

A obra foi construída num tempo recorde de 26 meses. Seu comportamento é muito bom e as vazões de infiltração são praticamente zero.

3.3.22 Barra Grande (Brasil, 2005)

A Fig. 3.49 ilustra a posição de cada zona na barragem de Barra Grande. A Tab. 3.26 relaciona os materiais utilizados na construção da barragem.

Características principais: H - 185 m; L - 665 m; L/H - 3,59; A/H^2 - 3,16; tipo de material - basalto. Os taludes da barragem são 1,3(H):1,0(V) a montante e a jusante, e um volume de 12.000.000 m^3.

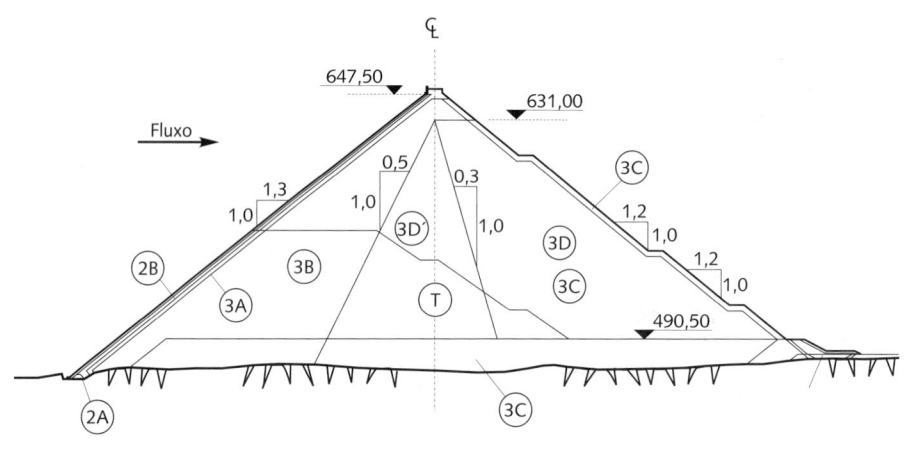

FIG. 3.49 Barragem de Barra Grande

TAB. 3.26 Materiais da barragem de Barra Grande

Material	Classificação	Zona	Colocação	Compactação	Resistência à Compressão Simples (RCS)
Transição fina (sob a junta perimetral)	Basalto são $D_{máx.}$ 25 mm	2A	Camadas de 0,50 m	Rolo vibratório liso 9 t	
Transição fina	Basalto denso, $D_{máx.}$ 100 mm	2B	Camadas de 0,50 m	Rolo vibratório liso 9 t, 4 passadas	
Enrocamento fino	Basalto denso, $D_{máx.}$ 500 mm	3A	Camadas de 0,50 m	Rolo vibratório liso 9 t, 4 passadas	–
Enrocamento a montante	$D_{máx.}$ 1,0 m mín. 70% de basalto ou riodacito denso	3B	Camadas de 1,0 m	Rolo vibratório liso 12 t, 6 passadas e molhagem (200 ℓ/m³)	Pelo menos 70% com RCS superior a 50 MPa
Enrocamento a jusante e leito do rio	Blocos com $D_{máx.}$ 1,60 m	3C	Camadas de 1,60 m	Rolo vibratório liso 12 t, 4 passadas	Pelo menos 70% com RCS superior a 40 MPa
Enrocamento a jusante		3D			Pelo menos 70% com RCS superior a 25 MPa
Enrocamento principal da zona central	$D_{máx}$ 1,0 m mín. 70% de basalto ou riodacito denso	3D' T	Camadas de 1,0 m	Rolo vibratório liso 12 t, 6 passadas e molhagem (200 ℓ/m³)	Pelo menos 70% com RCS superior a 25 MPa

A barragem de Barra Grande (Fig. 3.50) foi construída sobre o rio Pelotas, na divisa dos Estados do Rio Grande do Sul e Santa Catarina, no Sul do Brasil.
- Face de concreto: painéis de 16 m de largura
- Espessura variável conforme a expressão: e = 0,30 + 0,002 H (para H < 100 m) e e = 0,005 H (para H > 100 m)
- Área da face de concreto: 108.000 m²
- Taxa de armadura: 0,4% em ambas as direções

O material de transição 2B foi processado de basalto, com tamanho máximo de 10 cm e baixo teor de areia, típico dos basaltos.

A transição 2B foi compactada em camadas de 0,50 m, com 4 passadas de rolo vibratório de 9 t.

Os materiais 3B, de basalto e com tamanho máximo de 0,80 m, foram compactados em camadas de 1,0 m, com 6 passadas de rolo vibratório de 12 t e adição de água de 200 ℓ/m³.

Os materiais 3C, com tamanho máximo de 1,60 m, foram compactados em camadas de 1,60 m, com 4 passadas de rolo vibratório de 12 t.

A espessura da laje foi determinada pela fórmula:

$$e = 0,30 + 0,002\,H\ (m),$$
$$para\ H\ até\ 100\ m$$
$$e = 0,005\,H\ (m),$$
$$para\ H\ maior\ que\ 100\ m$$

Adotou-se armadura dupla por uma faixa de até 20 m de distância do plinto, com 0,5% da área nas duas direções. No restante da laje foram adotados 0,4% na direção vertical e 0,3% na direção horizontal.

O enchimento do reservatório alcançou 93% da altura em 22 de setembro de 2005, quando houve a ruptura das juntas de compressão centrais e vazões da ordem de 1.000 ℓ/s, aumentaram para 1.300 ℓ/s. Tratamento com material fino reduziu a infiltração a 500 ℓ/s, mas esta aumentou

FIG. 3.50 *Barragem de Barra Grande*

novamente para 900 ℓ/s, aproximadamente.

As juntas centrais 19-20 romperam-se. Investigações subaquáticas indicaram que esse rompimento se estendeu até 90-100 m de profundidade (Borges; Pereira; Antunes, 2007).

Uma reparação foi feita acima da El. 630, introduzindo uma abertura nas lajes centrais para aliviar as tensões de compressão.

O comportamento da barragem do ponto de vista de deformações internas é normal e está estabilizado, porém a perda d'água não foi tratada.

A máxima deformação da laje é de 50 cm e a vazão tem se reduzido a 935 ℓ/s, sem novos tratamentos corretivos.

3.3.23 Hengshan (China, 1992)

A Fig. 3.51 ilustra a posição de cada zona na barragem de Hengshan. A Tab. 3.27 relaciona os materiais utilizados na construção da barragem.

Características principais: H - 70,2 m; BEFC sobre antiga barragem de seixos com núcleo impermeável.

A barragem de Hengshan tem um valor histórico, já que uma barragem com núcleo impermeável foi alteada, colocando-se sobre ela uma extensão de enrocamento compactado com face de concreto (Hong Tao, 1993).

Essa barragem foi construída sobre o rio Xianjiang, em Fenhua, China, para fornecer água ao distrito de Ningbo, com taludes de 1,4(H):1,0(V) a montante e de 1,3(H):1,0(V) a jusante.

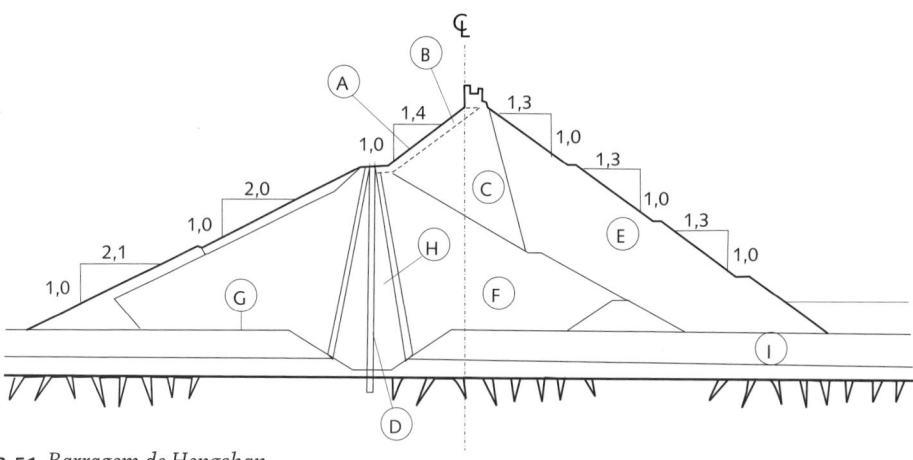

FIG. 3.51 *Barragem de Hengshan*

TAB. 3.27 Materiais da barragem de Hengshan

Material	Descrição	Zona	Colocação	Compactação
B	Transição	2B	Camadas de 0,40 m	8 passadas de rolo vibratório 13,5 t
C	Enrocamento	3B	Camadas de 0,80 m	8 passadas de rolo vibratório 13,5 t
D	Parede-diafragma	–	Concreto de 0,80 m	Concreto de baixa resistência 10 MPa
E	Enrocamento de jusante	3C	Camadas de 0,80m	8 passadas de rolo vibratório 13,5 t
F	Seixos	–	Aterro existente	–
G	Seixos	–	Aterro existente	–
H	Núcleo impermeável	–	Camadas de 0,30 m	Compactado
I	Leito do rio	–	Seixos naturais	–

O reservatório Hengshan foi construído em 1996, com a barragem de 49 m de altura de núcleo e espaldares de enrocamento, gerando um volume de água de 50.000.000 m^3.

Em 1987 a barragem foi alterada com enrocamento compactado e face de concreto, vedando-se o núcleo por uma parede-diafragma de 72 m de profundidade e 0,80 m de espessura, subindo a barragem para criar um reservatório de 112.000.000 m^3.

Em 2007, visitou-se a obra e observaram-se as seguintes características (Materón, 2007):

- o plinto de 4,40 m de largura foi colocado sobre a crista da antiga barragem, após implantação da parede-diafragma de 0,80 m de espessura. Não se utilizou concreto plástico, adotando-se um concreto de baixa resistência (10 MPa);
- o plinto uniu-se à parede-diafragma com a colocação de um veda-juntas de cobre. O material 2B foi processado e colocado em camadas de 0,40 m, compactadas com 8 passadas de rolo vibratório de 13,5 t;
- os materiais 3B e 3C foram compactados em camadas de 0,80 m, com o mesmo número de passadas e rolo vibratório.

O enrocamento foi controlado com ensaios de densidade cujos resultados variaram entre 2,10 e 2,13 t/m^3.

Construiu-se a face de concreto com espessura constante (0,30 m), para uma resistência de 25 MPa aos 28 dias.

A armadura foi calculada considerando-se 0,45% da seção no sentido vertical e 0,35% no sentido horizontal, juntas a cada 12 m, com veda-junta de cobre.

O plinto nas ombreiras teve largura constante de 4 m e injetado com furos primários a 8 m, secundários a 4 m e terciários a cada 2 m.

Duas fileiras, com furos a cada 2 m, foram construídas como consolidação.

A barragem enche a cada ano e o nível do reservatório varia desde a base do plinto até o parapeito da crista. O funcionamento da barragem é excelente.

A Fig. 3.52 mostra a barragem de Hengshan.

FIG. 3.52 *Barragem de Hengshan*

3.3.24 Salvajina (Colômbia, 1983)

A Fig. 3.53 ilustra a posição de cada zona na barragem de Salvajina. A Tab. 3.28 relaciona os materiais utilizados na construção da barragem.

Características principais: H - 148 m; L - 362 m; L/H - 2,44; A/H² - 2,62; tipo de material - seixos rolados e siltitos. Os taludes foram 1,5(H):1,0(V) a montante (seixos) e 1,3-1,4(H):1,0(V) a jusante (enrocamento) e um volume de 3.395.000 m³ (Sierra; Ramirez; Hacelas, 1985).

A barragem de Salvajina (Fig. 3.54) foi construída sobre o rio Cauca e faz parte do projeto de regulação desse rio, da Corporación Autónoma Regional del Cauca (CVC), na parte sul-ocidental da Colômbia.

O material de transição 2B, com tamanho máximo de 10 cm, foi processado dos cascalhos com teor médio de areia de 35%, e de finos na peneira n° 200, inferior a 5%.

Durante a colocação do material houve problemas de ondulação na passagem dos caminhões (borrachudos), por causa do alto teor de umidade, fenômeno já comentado nas barragens de Messochora e Xingó (Materón, 1998).

O material 2B foi compactado em camadas de 45 cm, com 4 passadas de rolo vibratório de 10 t. Também se compactou o talude de montante com 8 passadas de rolo vibratório de 5 t.

Em Salvajina utilizou-se um dreno chaminé, com granulometria uniforme,

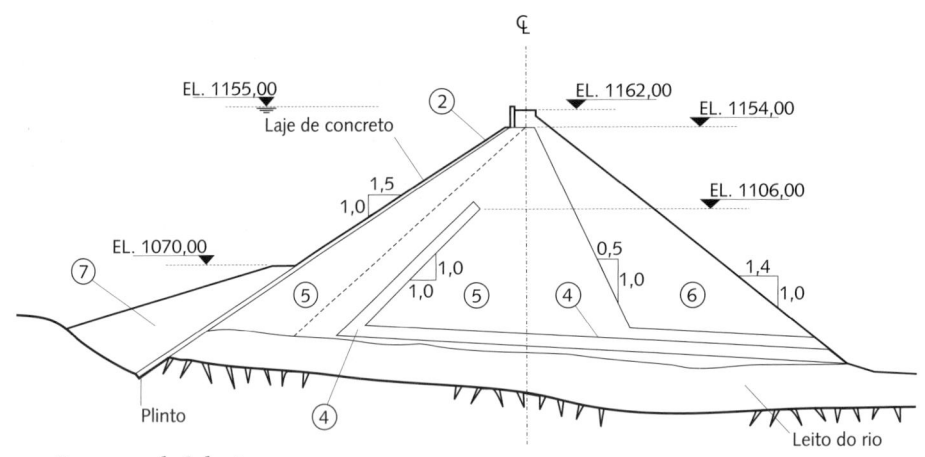

FIG. 3.53 *Barragem de Salvajina*

TAB. 3.28 Materiais da barragem de Salvajina

Material	Classificação	Zona	Colocação	Compactação
2	$D_{máx}$ 10 cm	2B	Camadas de 45 cm	4 passadas de rolo vibratório 10 t e 8 passadas de rolo vibratório 5 t na direção do talude
4	$D_{máx}$ 40 cm	Dreno	Camadas de 60 cm	4 passadas de rolo vibratório 10 t
5	Cascalho compactado $D_{máx}$ 30 cm	3B	Camadas de 60 cm	4 passadas de rolo vibratório 10 t
6	Rocha, $D_{máx}$ 60 cm	3C	Camadas de 90 cm	6 passadas de rolo vibratório 10 t
7	Impermeável, $D_{máx}$ 30 cm	1	Camadas de 30 cm	Equipamento de construção

tamanho máximo de 40 cm, e o mínimo, de 1" (2,5 cm), praticamente sem finos.

As zonas 3B e 3C, com tamanhos máximos de 0,30 m e 0,60 m, foram compactadas em camadas de 0,60 m e 0,90 m, respectivamente, com 4 passadas de rolo vibratório de 10 t.

A zona 3C foi construída com enrocamento da escavação do vertedouro.

A fundação do plinto da barragem se deu após a classificação da fundação, assumindo-se gradientes seguros, conforme os critérios constantes na Tab. 3.29.

Um aspecto interessante encontrado durante a construção do plinto foi a fundação em solos residuais (saprolito) presentes na ombreira direita por efeitos de alteração hidrotermal. Projetou-se o plinto com junta transversal a cada 8 m, para dar efeito de articulação e evitar recalques diferenciais que poderiam causar rupturas em um plinto convencional (Sierra; Ramirez; Hacelas, 1985).

Durante a construção de Salvajina, o material 2B foi protegido com *shotcrete*, ocorrendo fissuramento e esmagamento durante o alteamento da barragem. No entanto, durante um período chuvoso (3-4 de maio de 1983), o material 2B da ombreira direita foi erodido, formando um canal de 8 m de largura e até 10 m de profundidade entre as elevações 1015-1037 (Sierra; Ramirez; Hacelas, 1985), e reconstituído com a barragem alta.

Esse fato ressalta a importância de haver uma proteção constante, como a proporcionada pela mureta extrudada, denominada "O método Itá" por Barry Cooke.

O comportamento de Salvajina foi excelente. O máximo deslocamento da laje (Fig. 3.55) foi de 10 cm; o máximo recalque dos cascalhos foi de 30 cm,

TAB. 3.29 Dimensões do plinto na barragem de Salvajina (Sierra et al., 1985)

Fundação	Designação	Gradiente		Largura (m)
		Máx.	Atual	
Design original	Rocha dura injetável	18	-	4-8
I	Rocha competente	18	17,5	6-8
II	Intensamente fraturada	9	6,2	15-23
III	Intensamente intemperizada sedimentária	6	3,1	15-18
III	Solo residual saprolito	6	1,3	13-14

FIG. 3.54 *Barragem de Salvajina*

FIG. 3.55 *Laje da barragem de Salvajina*

enquanto o enrocamento, com menor módulo, recalcou 60 cm, e a infiltração registrada foi de 60 ℓ/s.

3.3.25 Puclaro (Chile, 2000)

A Fig. 3.56 ilustra a posição de cada zona na barragem de Puclaro. A Tab. 3.30 relaciona os materiais utilizados na construção da barragem.

Características principais: H - 80 m; L - 640 m; L/H - 8; A/H² - 10,62; tipo de material: seixos rolados.

A barragem de Puclaro está localizada sobre o rio Elqui, a 40 km de La Serena e a 500 km ao norte da capital Santiago, no Chile. Puclaro tem taludes 1,5(H):1,0(V) a montante e 1,6(H):1,0(V) a jusante, com um volume de 5.600.000 m³ (Anguita; Alvarez; Vidal, 1993).

Uma característica importante dessa barragem é sua fundação sobre depósitos aluviais com profundidades de até 113 m. O plinto articulado com paredes-diafragma tem sido utilizado sobre

FIG. 3.56 *Barragem de Puclaro*

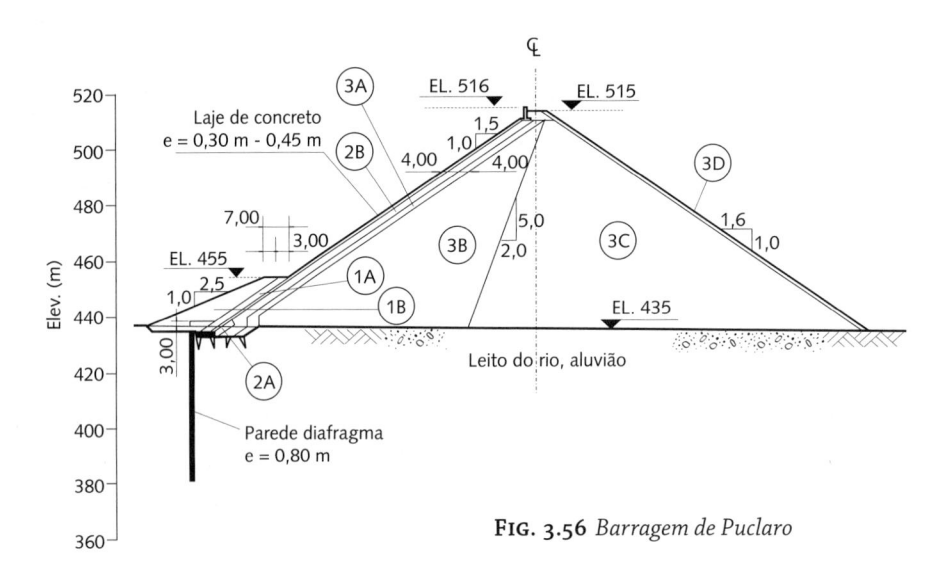

TAB. 3.30 Materiais da barragem de Puclaro

Material	Especificação	Zona	Método de compactação	Dados de compactação
Não coesivo	Solo não coesivo, $D_{máx.}$ n° 8	1A	Camadas de 20 cm	Equipamento de construção
Random	$D_{máx.}$ 12"	1B	Camadas de 40 cm	Equipamento de construção
Filtro fino	Areia, $D_{máx.}$ n° 4"	2A	Camadas de 20 cm	Compactadores manuais vibratórios
Filtro transição	Cascalho, $D_{máx.}$ 1½"	2B	Camadas de 30 cm	4 passadas de rolo vibratório 10 t e compactação no talude
Transição cascalho grosso	Cascalho, $D_{máx.}$ 6"	3A	Camadas de 30 cm	4 passadas de rolo vibratório 10 t
Cascalho de montante	Cascalho, $D_{máx.}$ 24"	3B	Camadas de 60 cm	4 passadas de rolo vibratório 10 t
Cascalho de jusante	Cascalho, $D_{máx.}$ 24"	3C	Camadas de 90 cm	4 passadas de rolo vibratório 10 t
Blocos maiores		3D	—	—

fundações compressíveis há mais de 50 anos.

A literatura técnica informa que a barragem de Campo Moro II, com plinto articulado, foi construída na Itália em 1958. Também na Itália se menciona a barragem de Zoccolo, finalizada em 1964, com face de asfalto.

Em Puclaro, a parede-diafragma foi construída com 60 m de profundidade, após análise em que a limitação da infiltração sob a barragem era mais econômica do que aprofundar a parede-diafragma até a rocha.

A parede-diafragma foi conectada a um plinto horizontal articulado, que permite movimentos diferenciais entre a parede e a face de concreto.

O material de transição 2B foi processado dos cascalhos naturais, com um tamanho máximo de 4 cm, seguindo a granulometria de Sherard.

A compactação se deu com 4 passadas de um rolo compactador de 10 t, com camadas de 0,30, 0,60 e 0,90 m para 2B, 3B e 3C, respectivamente. O material 3A também foi compactado em camadas de 0,30 m.

A barragem de Puclaro está localizada em uma zona sísmica onde as placas Nazca e Sul-Americana convergem, acumulando esforços que geram os eventos sísmicos dessa região.

Para Puclaro foi calculada, como terremoto máximo provável, uma aceleração de 0,25 g, e como terremoto máximo crível, 0,54 g (Noguera; Pinilla; San Martin, 2002).

As análises de estabilidade provaram que os taludes definidos acima eram adequados para essas condições sísmicas. A parede-diafragma foi construída de concreto convencional, com resistência de 20 MPa aos 28 dias e uma largura de 0,80 m. Os seis metros superiores foram reforçados para resistir a esforços diferenciais durante a construção da barragem.

O plinto de Puclaro tem três lajes de aproximadamente 2,0 m, totalizando 6,50 m. Geralmente a barragem se constrói com um miniplinto e depois, quando está completa, une-se à parede-diafragma.

O comportamento da barragem é muito bom e as deformações e infiltrações estão dentro das expectativas do projeto.

3.3.26 Santa Juana (Chile, 1995)

A Fig. 3.57 ilustra a posição de cada zona na barragem de Santa Juana. A Tab. 3.31 relaciona os materiais utilizados na construção da barragem.

Características principais: H - 113 m; L - 360 m; L/H - 3,19; A/H^2 - 3,05; tipo de material - seixos rolados.

A barragem de Santa Juana foi construída no rio Huasco, a 20 km de Vallenar e a 660 km ao norte de Santiago, Chile.

Os taludes são 1,5(H):1,0(V) a montante e 1,6(H):1,0(V) a jusante, com um volume de 2.700.000 m³ (Anguita; Alvarez; Vidal, 1993).

Essa barragem está localizada sobre um leito de seixos rolados com profundidade de 35 m, aproximadamente.

A exemplo da barragem de Puclaro, tem um plinto articulado sobre os cascalhos que se conecta a uma parede-

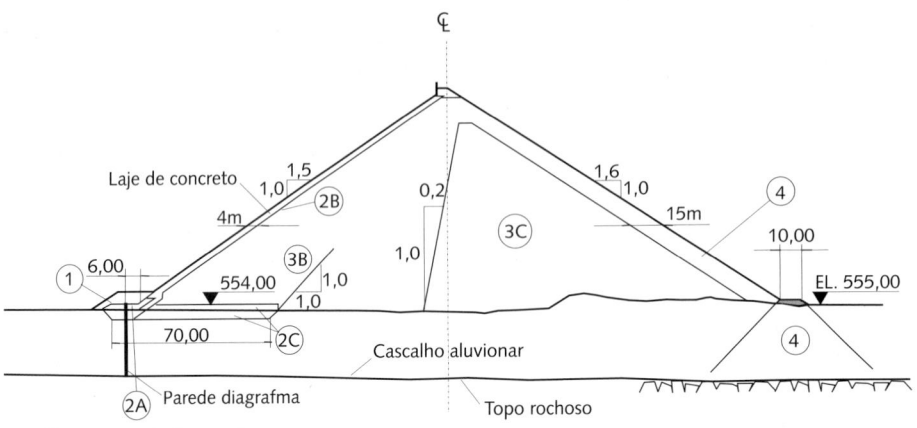

FIG. 3.57 *Barragem de Santa Juana*

TAB. 3.31 Materiais da barragem de Santa Juana

Material	Zona	Colocação	Compactação
Não coesivo	1	Camadas de 0,20 m	Equipamento de construção
Filtro fino	2A	Camadas de 0,20 m	Compactadores manuais vibratórios
Transição fina, tamanho máx. 100 mm	2B	Camadas de 0,30 m	4 passadas de rolo vibratório 10 t e compactação na direção do talude
Filtro processado	2C	Camadas de 0,30 m	4 passadas de rolo vibratório 10 t
Aterro principal: seixos	3B	Camadas de 0,60 m	4 passadas de rolo vibratório 10 t
Enrocamento ou seixos	3C	Camadas de 0,90 m	4 passadas de rolo vibratório 10 t
Blocos grandes	4	–	–

-diafragma de 35 m de profundidade, engastada na rocha da fundação.

A largura da crista é de 6 m, com um parapeito de 6 m de altura. A laje, também como Puclaro, foi dimensionada com a fórmula:

$$e = 0,30 + 0,002 H \ (m)$$

Utilizou-se concreto com pozolana para uma resistência de 21 MPa aos 28 dias.

O material de transição 2B foi construído de seixos processados com tamanho máximo de 4", areia entre 35-55% e tração passando na peneira n° 200 entre 4 e 12%. Esse material foi compactado em camadas de 0,30 m, com 4 passadas de rolo vibratório de 10 t e compactado no talude.

Compactou-se o material 3B em camadas de 0,60 m, com 4 passadas de rolo vibratório, e o material 3C, em camadas de 0,90 m de seixos naturais, alternadas com enrocamento procedente das escavações do vertedouro. O tamanho máximo dos cascalhos, em geral, de 0,60 m.

A zona 4 foi construída com blocos grandes de enrocamento.

A localização da barragem dentro de uma zona sujeita a eventos sísmicos determinou os seguintes parâmetros de projeto para a análise de estabilidade:

- terremoto máximo provável - 0,27 g
- terremoto máximo possível - 0,56 g

Os projetos do plinto articulado e sua conexão com a parede-diafragma foram calculados por análises de elementos finitos, as quais determinaram duas lajes de 3,0 m. Como em Puclaro, Santa Juana foi construída com o miniplinto e, após finalizada, fez-se a laje de união entre o diafragma e o plinto.

Durante a construção encontrou-se uma camada de argila a 5 m de profundidade, aproximadamente, que foi necessário remover a jusante do plinto articulado em uma zona com largura de um terço da base de montante da barragem (Noguera; Pinilla; San Martin, 2000).

O reservatório de Santa Juana permaneceu baixo, por falta de chuvas, durante os primeiros anos. Em 1997, porém, durante uma época severa de precipitações, ele encheu completamente. Os deslocamentos foram pequenos como habitual para esses aterros construídos com seixos de altos módulos de compressibilidade.

Em outubro de 1997, ocorreu um sismo, com epicentro a 250 km do sítio da barragem e a 38 km de profundidade, com magnitude de 6,80 Richter, gerando um recalque de 9,7 cm no muro-parapeito, mas sem maiores consequências (Noguera; Pinilla; San Martin, 2000).

3.3.27 Mazar (Equador, 2008)

A Fig. 3.58 ilustra a posição de cada zona na barragem de Mazar. A Tab. 3.32 relaciona os materiais utilizados na construção da barragem.

Características principais: H - 166 m; L - 340 m; L/H - 2,05; A/H² - 1,7; tipo de material - xistos quartzíticos, cloríticos e seriocíticos.

A barragem de Mazar está localizada na parte sudeste do Equador, a 100 km da cidade de Cuenca, no rio Paute. Com taludes de 1,4(H):1,0(V) a montante e 1,5(H):1,0(V) a jusante, seu volume é de 5.000.000 m³. O vale é assimétrico, com uma ombreira direita íngreme com talude 0,6(H):1,0(V). Muito estreito, o vale tem relação A/H² de 1,7 (Ramirez, 2007).

O material 2B foi processado da rocha proveniente dos rios Paute e Negro, sendo bem graduado, com tamanho máximo de 7,5 cm, teor de areia entre 35 e 60% e finos passando na peneira n° 200 entre 0 e 8%.

A densidade obtida é muito alta, 2,25 t/m³, pois a compactação se faz em camadas de 0,20 m, com 6 passadas de rolo vibratório de 10 t.

O material 3B está sendo compactado em camadas de 0,50 m, com 6 passadas de rolo vibratório de 13,6 t. A rocha vem de pedreira constituída de xistos quartzíticos, cloríticos e/ou seriocíticos.

O material 3C vem das escavações das estruturas e da pedreira e está sendo colocado em camadas de 0,80 m, com 6 passadas de rolo vibratório de 13,6 t.

Os enrocamentos são umedecidos com um volume de água equivalente a 300 ℓ/m³. O projeto tem características não convencionais especialmente na laje:

- na ombreira direita tem sido introduzidas lajes subparalelas ao plinto para minimizar os recalques diferenciais da junta perimetral;
- as lajes subparalelas (*hinge slabs*) têm espessuras maiores determinadas pela fórmula:
    $e = 0,30\ m + 0,006\ H\ (m)$
- as juntas centrais de compressão estão espaçadas a cada 7,5 m com elementos compressíveis de 3,2 cm de espessura;

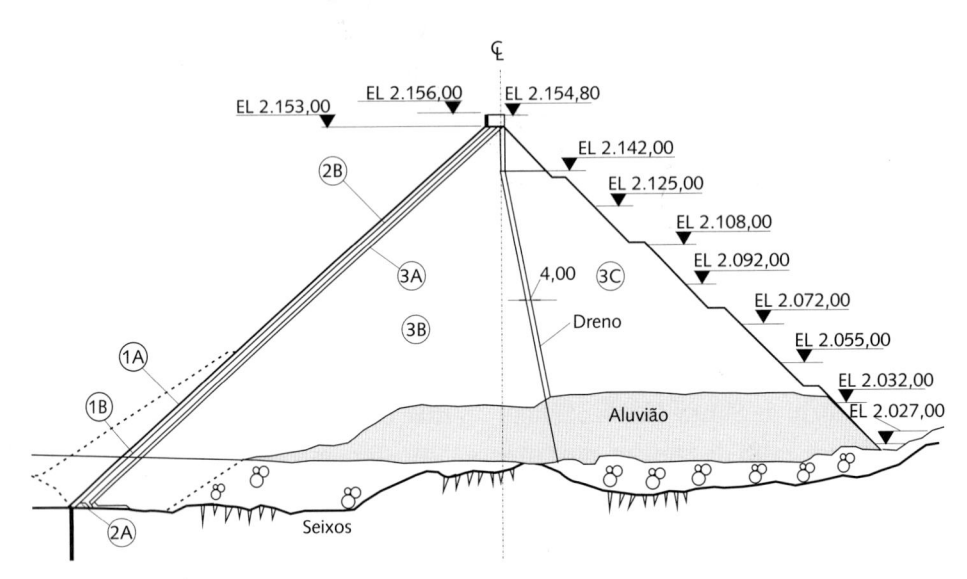

FIG. 3.58 *Barragem de Mazar*

TAB. 3.32 Materiais da barragem de Mazar

Designação	Zona	Colocação	Compactação
Silte	1A	Camadas de 0,30 m	Equipamento de construção
Material selecionado	1B	Camadas de 0,60 m	Equipamento de construção
Transição fina, $D_{máx.}$ 30 mm	2A	Camadas de 0,40 m	Rolo vibratório
Seixos processados, $D_{máx.}$ 75 mm, bem graduado	2B	Camadas de 0,50 m	Rolo vibratório 10 t, 6 passadas
Transição de enrocamento $D_{máx.}$ 0,40 m	3A	Camadas de 0,50 m	Rolo vibratório 10 t, 6 passadas
Enrocamento da pedreira	3B	Camadas de 0,50 m	Rolo vibratório 13,6 t, 6 passadas, água 300 ℓ/m³
Enrocamento das escavações	3C	Camadas de 0,80 m	Rolo vibratório 13,6 t, 6 passadas, água 300 ℓ/m³

- a armadura da laje é 0,5% nas duas direções;
- a junta perimetral da margem direita tem veda-juntas corrugados similares aos utilizados na China.

O rio foi desviado em 1º de dezembro de 2006 e a colocação de materiais avança bem. No momento de redigir esses comentários, tinham sido colocados 4.900.000 m³ e o controle de qualidade indica módulos de compressibilidade variando entre 46 MPa e 85 MPa, medidos com placas de 0,50 m de diâmetro para a zona 3B, índices de vazios variando entre 0,16 e 0,22 e permeabilidades maiores que 1×10^{-1} cm/s. Os módulos de compressibilidade estimados a partir de células de recalque indicaram valores na faixa de 90 a 140 MPa.

3.3.28 Merowe (Sudão, 2008)

A Fig. 3.59 ilustra a posição de cada zona na barragem de Merowe. A Tab. 3.33 relaciona os materiais utilizados na construção da margem direita da barragem.

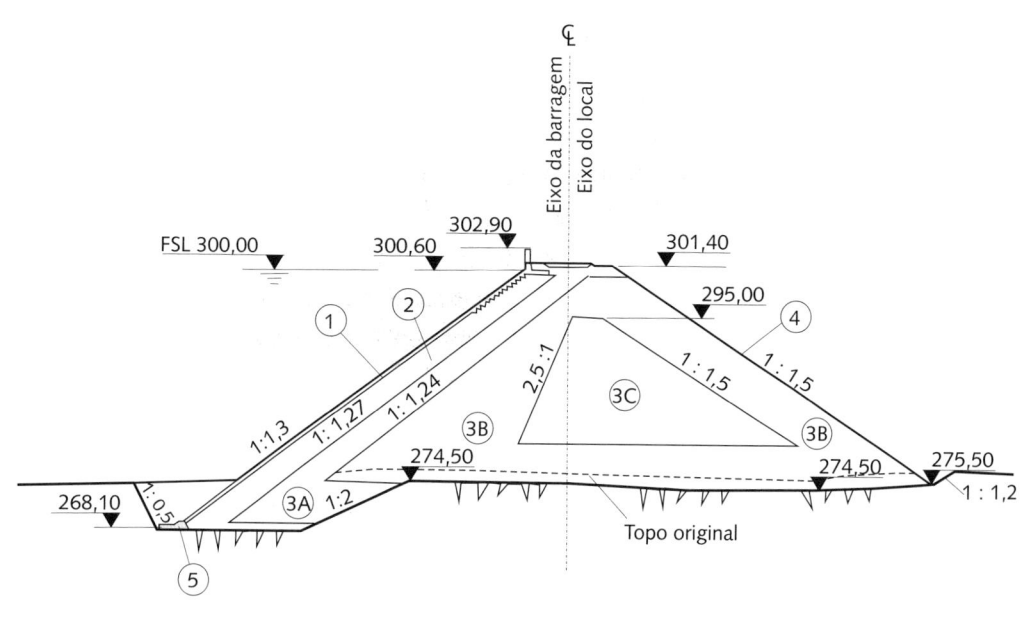

FIG. 3.59 *Barragem de Merowe*

TAB. 3.33 Materiais da ombreira direita da barragem de Merowe

Material	Designação	Zona	Colocação	Compactação
1	Face de concreto	–	–	–
2	Enrocamento processado, 100 mm	2B	Camadas de 0,40 m	Rolo vibratório 12 t, 4 passadas
3A	Transição graúda de enrocamento	3A	Camadas de 0,40 m	Rolo vibratório 12 t, 4 passadas
3B	Enrocamento principal, $D_{máx.} < 1,20$ m; compressão > 70 MPa	3B	Camadas de 1,20 m	Rolo vibratório 12 t, 6 passadas, 150 ℓ/m³ água
3C	Enrocamento com finos; compressão < 70 MPa	3C	Camadas de 1,20 m	Rolo vibratório 12 t, 6 passadas, 150 ℓ/m³ água
4	Blocos maiores para proteção do talude a jusante	4	Com equipamento	–
5	Plinto	–	–	–

Características principais: H - 53 m; L - 4.364 m; L/H - 84; A/H² - 50; tipo de material: gnaisse granítico.

A barragem de Merowe está localizada no Sudão, nas duas margens do rio Nilo, totalizando um comprimento de 5.800 m, sendo, em seu tipo, uma das barragens mais compridas do mundo. Os taludes são 1,3H:1V a montante e 1,5H:1V a jusante. A barragem se liga com uma barragem de núcleo impermeável localizada sobre o leito do rio, com uma altura de 67 m e uma parede-diafragma para impermeabilizar os aluviões existentes no rio (Schewe; El Tayeb, 2005).

O enrocamento nas duas margens está fundado sobre rocha moderadamente intemperizada, com resistência à compressão simples maior que 25 MPa, após remoção do material solto. Sua construção está sendo feita com rocha proveniente de pedreiras de gnaisse granítico com intercalações de biotita. Todo o material tem uma resistência à compressão simples maior que 70 MPa.

O material 2B tem sido processado com tamanho máximo de 0,10 m, um teor de areia entre 35 e 55% e finos passando na peneira nº 200 de 5%. Esse material está sendo compactado em camadas de 0,40 m, por 6 passadas de rolo vibratório de 12 t, como no material de transição 3A.

O material 3B é colocado em camadas de 1,2 m e compactado com 8 passadas de rolo vibratório de 12 t. O material 3C também é compactado em camadas de 1,2 m, com o mesmo número de passadas de rolo vibratório, porém com rocha de qualidade inferior.

Como a adição de água com monitores tornou-se difícil, em razão da distância do rio ao sítio de compactação, fez-se o umedecimento do enrocamento com chuveiros perfurados e caminhões à razão de 150 ℓ/m^3 de água.

Nessa barragem, o plinto foi construído com formas deslizantes e as dimensões foram definidas utilizando-se a classificação da rocha por métodos geomecânicos (Bieniawski), conforme a Tab. 3.34.

O plinto seguiu o conceito de laje externa e interna, conservando sempre uma laje externa de 3,50 m. Seu deslizamento foi com forma metálica acionada por cabos instalados em um guincho dentro da mesma forma, como se indica na Fig. 3.60 (Materón, 2006).

O comportamento da barragem durante o enchimento do reservatório tem sido excelente. A infiltração é muito baixa, da ordem de 30 ℓ/s em cada margem.

3.3.29 Reventazón (Costa Rica)

A barragem de Reventazón, na Costa Rica, do *Instituto Costarricense de Electricidad* (ICE), está atualmente em construção, e a seção apresentada na Fig. 3.61 é conceitual e pode ter modificações de acordo com as características geotécnicas dos materiais encontrados na construção. A Tab. 3.35 relaciona os materiais utilizados na construção da barragem.

Características principais: H - 130 m; L - 527 m; L/H - 4,05; A/H^2 - 4,50 (vale relativamente amplo); tipo de material: cascalhos aluviais, mistura de cascalhos com brechas consolidadas e conglomerados, lavas.

A barragem está localizada sobre o rio de mesmo nome, nas proximidades da cidade de Siquirres. Reventazón tem

TAB. 3.34 Classificação do maciço rochoso segundo Bieniawski

RMR	Gradiente
> 80	20
80-60	18
60-40	16
40-20	10
< 20	escavar para melhor fundação

FIG. 3.60 *Forma deslizante para construção do plinto*

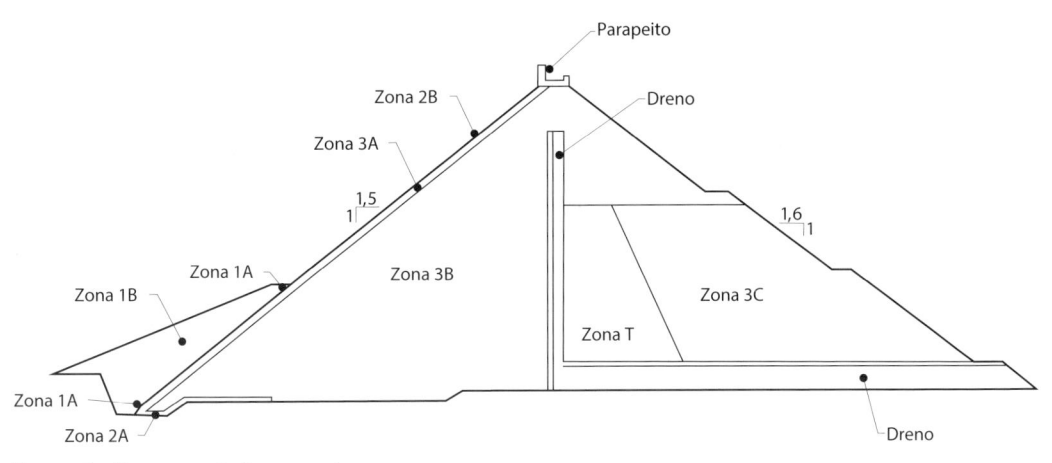

FIG. 3.61 *Barragem de Reventazón*

TAB. 3.35 Materiais da barragem de Reventazón

Material n°	Descrição	Designação	Zona	Colocação	Compactação
1	Não coesivo - silte	Material sobre a laje	1A	Camadas de 40 cm	Equipamento de construção
2	Não classificado - Random	Material sobre a laje	1B	Camadas de 60 cm	Equipamento de construção
3	Material processado	Sob junta perimetral	2A	Camadas de 20 cm	Equipamento manual ou vibratório
4	Material processado	Suporte da laje	2B	Camadas de 40 cm	Rolo vibratório de 12 t
5	Material processado	Transição entre 2B e 3A	3A	Camadas de 40 cm	Rolo vibratório de 12 t
6	Material aluvial - cascalhos	Aterro principal	3B	Camadas de 60 cm	Rolo vibratório de 12 t, 6 passadas
7	Material aluvial, brechas, conglomerados, lavas	Aterro central	T	Camadas de 60 cm	Rolo vibratório de 12 t, 6 passadas
8	Material aluvial misturado com brechas	Aterro de jusante	3C	Camadas de 80 cm	Rolo vibratório de 12 t, 6 passadas
9	Material aluvial uniforme processado	Dreno central	4	Camadas de 30 cm	Rolo vibratório de 12 t, 2 passadas, interligado a um dreno horizontal

FIG. 3.62 *Barragem de Reventazón – Colocação do material 2B com molde metálico*

FIG. 3.63 *Barragem de Reventazón – Construção da mureta extrudada*

taludes de 1,5(H):1(V) a montante e de 1,6(H):1(V) a jusante entre bermas, resultando em um talude médio superior a 1,7(H):1(V). A barragem incorpora um dreno central construído eficientemente com um molde metálico, como se apresenta na Fig. 3.62. A Fig. 3.63, por sua vez, ilustra a construção da mureta extrudada.

3.3.30 Porce III (Colômbia, 2010)

A Fig. 3.64 mostra uma seção típica dessa barragem. O talude de montante tem uma inclinação de 1,4(H):1(V), e o de jusante, uma inclinação média de 1,55(H):1(V) quando se consideram as três bermas de acesso. O projeto foi desenvolvido para *Empresas Públicas de Medellín*

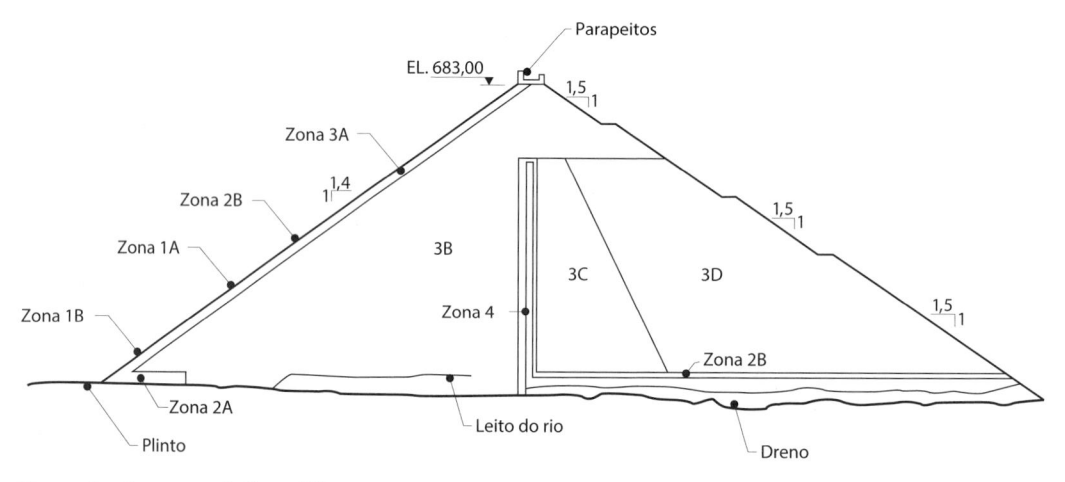

FIG. 3.64 *Barragem de Porce III*

TAB. 3.36 Materiais da barragem de Porce III

Material n°	Descrição	Designação	Zona	Colocação	Compactação
1	Não coesivo - silte	Material sobre a laje até El.600	1A	Camadas de 1 m	Equipamento de construção
2	Não classificado - Random	Material sobre a laje	1B	Camadas de 1 m	Equipamento de construção
3	Material processado filtro	Sob junta perimetral	2A	Camadas de 40 cm	Equipamento manual ou vibratório 0,5 t
4	Material processado filtro semipermeável	Suporte da laje	2B	Camadas de 40 cm	Rolo vibratório de 12 t, 4 passadas
5	Material processado	Transição entre 2B e 3A	3A	Camadas de 40 cm	Rolo vibratório de 12 t, 4 passadas
6	Enrocamento de rocha xistosa	Aterro principal	3B	Camadas de 60 cm	Rolo vibratório de 12 t, 4 passadas
7	Enrocamento de material escavado vertedouro	Aterro central	3C	Camadas de 80 cm	Rolo vibratório de 12 t, 4 passadas
8	Enrocamento de material escavado vertedouro	Aterro de jusante	3D	Camadas de 1 m	Rolo vibratório de 12 t, 4 passadas
9	Material uniforme processado	Dreno central	4	Camadas de 40 cm	Rolo vibratório de 12 t, 2 passadas

(EPM) e está localizado no Departamento de Antioquia, no nordeste da Colômbia. A Tab. 3.36 relaciona os materiais utilizados na construção da barragem.

Um aspecto importante é que a barragem foi construída com material procedente das escavações do vertedouro constituído por rochas xistosas, e tem um dreno central processado em rocha dura (competente) interligado a um dreno horizontal que preserva de saturação os enrocamentos de jusante. A Fig. 3.65 mostra a construção da laje da barragem.

Características principais: H - 151 m; L - 426 m; L/H - 2,82 (vale considerado estreito); A/H^2 - 2,50.

3.3.31 La Yesca (México, 2010)

A barragem de La Yesca, no México, foi construída sobre o rio Santiago, a montante da barragem de El Cajón. A Fig. 3.66 ilustra a zonificação dessa barragem e a Tab. 3.37 relaciona os materiais utilizados em sua construção.

Características principais: H - 208,5 m; L - 572 m; L/H - 2,74; A/H^2 = 3,0; tipo de material - cascalhos aluviais e enrocamento Ignimbrita.

A zona 2 foi executada em camadas de 30 cm, com material processado de tamanho máximo de 7,5 cm por meio de um equipamento de pavimentação com excelente produtividade. Os materiais das zonas 3B, T e 3C foram intensamente compactados com módulos de compressibilidade altos, similares aos obtidos na barragem El Cajón (Alemán-Velásquez et al., 2011).

Durante a construção do portal dos túneis de desvio localizados na margem

FIG. 3.65 *Barragem de Porce III – Construção da laje*

esquerda, ocorreram escorregamentos por uma falha que obrigaram a modificação do eixo da barragem e tratamentos de estabilização da ombreira e da própria barragem. Foi necessário escavar, na parte superior da ombreira, volumes da ordem de 1.500.000 m³ para reduzir os movimentos, que chegaram a velocidades de 9 mm/dia. Construiu-se também um monolito de concreto com volume superior a 100.000 m³ para estabilizar a ombreira e foram feitos tratamentos internos na zona da falha para reduzir os movimentos a velocidades de 1 mm/mês, com a tendência a estabilizar.

A barragem tem tido comportamento excelente e foi classificada como monumento da engenharia no Simpósio de Enrocamento organizado pela Chincold em novembro de 2013.

A Fig. 3.67 apresenta a face de montante da barragem de La Yesca, enquanto a Fig. 3.68 apresenta a vista da face de jusante e ponte sobre o vertedouro.

3.4 Conclusões

Da análise das barragens anteriores e de seu comportamento podem-se resumir as seguintes conclusões:

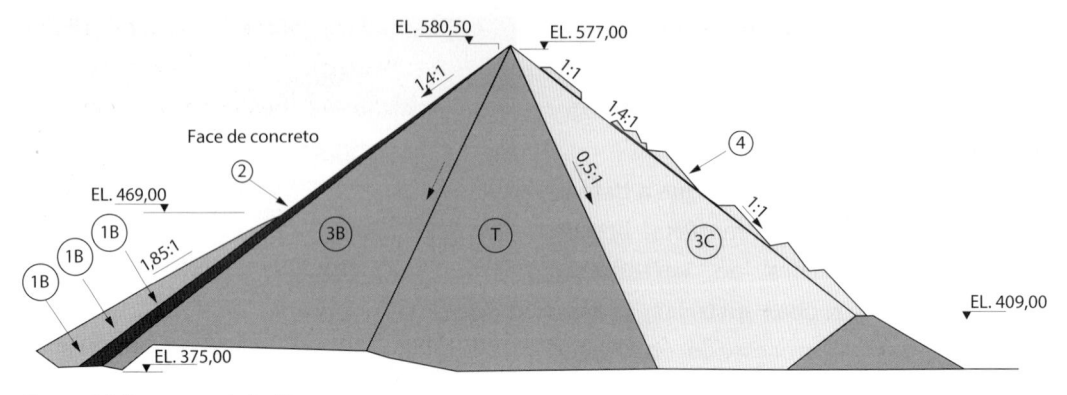

FIG. 3.66 *Barragem de La Yesca*

TAB. 3.37 Materiais da barragem de La Yesca

Material	Descrição	Designação	Zona	Colocação	Compactação
1	Não coesivo - silte	Material sobre a laje	1A	Camadas de 30 cm	Equipamento de construção
2	Não classificado - Random	Material sobre a laje	1B	Camadas de 30 cm	Compactados com trator
3	Material processado	Sob junta perimetral	2F	Camadas de 30 cm	Rolo vibratório de 12 t, 6 passadas
4	Material processado	Suporte da laje	2B	Camadas de 30 cm	Rolo vibratório de 12 t, 8 passadas
5	Material processado	Transição entre 2B e 3A	3A	Camadas de 30 cm	Rolo vibratório de 12 t, 8 passadas
6	Material aluvial - cascalhos	Aterro principal	3B	Camadas de 60 cm	Rolo vibratório de 12 t, 8 passadas
7	Enrocamento	Aterro central	T	Camadas de 1,00 m	Rolo vibratório de 12 t, 6 passadas
8	Material aluvial misturado com brechas	Aterro de jusante	3C	Camadas de 1,20 m	Rolo vibratório de 12 t, 6 passadas

- É desejável obter o material 2B que se construa processado com tamanho máximo de 10 cm e com um teor de areia que varie entre 35% e 55%, como recomendado pelo consultor James L. Sherard, mas limitando sua fração que passa na peneira nº 200 a 8%. No entanto, granulometrias diferentes têm sido executadas com resultados satisfatórios. Existem materiais, como os basaltos brasileiros e africanos, em que a produção de uma granulometria tipo Sherard é onerosa. Nesses materiais, soluções intermediárias, com teores de areia até 20%, têm resultados satisfatórios.

- Os materiais 3A devem ser projetados como uma transição entre o material 2B e o enrocamento principal 3B. O processamento dessa zona (3A) não é necessário. A experiência prática tem demonstrado que é possível, com uma maior fragmentação, produzir na pedreira o material 3A de tal maneira que sua colocação seja com uma espessura similar à do material 2B.

Quando se utilizam seixos rolados, o material 3A pode ser eliminado.

- Os materiais 3B e 3C devem ser colocados e compactados de maneira tal que seus módulos de compressibilidade não difiram significativamente. O comportamento de barragens em que a diferença de espessuras entre o 3B e o 3C é muito alta tem produzido movimentos indesejáveis na parte superior das barragens, que podem afetar a laje. Um exemplo clássico é a barragem de Aguamilpa, construída com cascalhos a montante e espessos enrocamentos a jusante.
- A zona T, localizada na parte central da barragem, tem sido utilizada para dispor materiais de qualidade inferior ou misturas de seixos e enrocamentos como soluções práticas e econômicas.
- As experiências de erosões verificadas nas barragens de Alto Anchicayá, Salvajina, Messochora e outras barragens asiáticas descritas na literatura técnica têm demonstrado a importância de haver um elemento resistente no talude de montante. Daí que a inovação brasileira da mureta extrudada, implementada na barragem de Itá, tem sido uma solução construtiva de excelente resultado.
- A evolução das barragens compactadas tipo BEFC, nos últimos 35 anos (Cethana, 1970 a Shuibuya, 2008), tem demonstrado a importância da compactação com rolos vibratórios e adição de água à medida que as barragens aumentaram de altura. Os rolos vibratórios devem ter uma relação de peso/comprimento do tambor que exceda valores de 5 t/m para obter alta densidade e deformabilidade aceitável.
- Alto Anchicayá, na Colômbia, assinalou a importância de propiciar várias linhas de defesa na junta perimétrica. As barragens construídas após Alto Anchicayá incluíram vários tipos de veda-juntas internos e externos com excelentes resultados.
- O projeto da laje segue concessões empíricas na maior parte das barragens utilizando-se a fórmula

FIG. 3.67 *Barragem de La Yesca – Face de montante*

FIG. 3.68 *Barragem de La Yesca – Vista da face de jusante e ponte sobre o vertedouro*

T = (0,30 + KH) m, onde K varia entre 0,002 e 0,0035 para gradientes até 220. Entretanto, para barragens altas, é importante definir valores que não superem esse gradiente. Exemplo disso são as barragens brasileiras Campos Novos e Barra Grande, onde a fórmula foi modificada para T = 0,005 H (H ≥ 100 m).

- A experiência tem mostrado que em vales estreitos onde a relação A/H^2 é menor que 4 e a compressibilidade do enrocamento é baixa, podem ocorrer esforços de compressão que se originam entre 30-40% H, gerando rupturas nas juntas de compressão centrais, com deformações da armadura que podem estender-se lateralmente, como ocorreu nas barragens de Campos Novos, Barra Grande e Mohale.

- Nas barragens altas, é desejável compactar os enrocamentos com pouca diferença entre as camadas das zonas 3B, T e 3C, para que os módulos de compressibilidade não difiram consideravelmente. É conveniente compactar os materiais bem graduados (CNU > 15) com camadas pouco espessas (0,80 m, 1,00 m e 1,20 m, respectivamente nas zonas 3B, T e 3C), utilizando compactadores vibratórios que tenham uma pressão do rolo supeiror a 5 t/m e com umedecimento generoso de água, como já comentado.

- Nas barragens altas com enrocamentos uniformes (CNU < 15), essas recomendações também se aplicam. No entanto, é importante executar as juntas centrais de compressão obedecendo aos seguintes cuidados: i) colocar o berço de argamassa, para suporte do veda-junta de cobre, fora da linha teórica da espessura da laje, espessura esta que deve sempre ser preservada na junta de compressão, e a asa do veda-junta de cobre deve ser reduzida ou eliminada; ii) colocar elementos verticais de madeira ou materiais compressíveis (neoprene, EPDM) que possam deformar-se e mitigar os esforços de compressão; iii) eliminar ou reduzir o chanfro superior nas juntas de compressão centrais; iv) utilizar sempre armadura antiesmagamento.

- As análises numéricas (FEM) com elementos finitos têm sido utilizadas em algumas barragens, como em Cethana, Alto Anchicayá, Foz do Areia etc., com bons resultados para comparações paramétricas. No entanto, as decisões finais de projeto sempre têm sido ditadas pela experiência e precedência de estruturas anteriores com a utilização de critérios empíricos como os aqui recomendados.

Segundo Cooke (1999), o projeto empírico é baseado em precedentes que podem ser definidos como alguma coisa que pode ser usada como exemplo para casos similares. Outra forma de precedência é o precedente da engenharia: conhecimento do projeto e planejamento (viabilidade). É útil saber e considerar o que outros estão fazendo atualmente.

4 | A Mecânica dos Enrocamentos

O maciço de enrocamento constitui o corpo estrutural da barragem, que garante a estabilidade dos taludes, o controle do fluxo advindo da laje de concreto e da fundação, bem como o suporte da laje de concreto. Trata-se de um material que tem comportamento tão particular que merece, segundo Maranha das Neves (2002), ser tratado por uma mecânica própria, e não como uma extensão da mecânica dos solos granulares, tais como cascalho e areia.

Nas palavras de Maranha das Neves (2002), os enrocamentos distinguem-se das areias e cascalhos (ambos são materiais particulados) pelo fato de exibirem fraturação e esmagamento para estados de tensões muito baixas.

Os fenômenos que ocorrem nos contatos entre os blocos são, em particular, determinantes no comportamento mecânico desses materiais. E, muito embora nas análises das estruturas de enrocamento seja quase exclusivamente usada a mecânica dos meios contínuos, só uma abordagem micromecânica pode ajudar a explicar o respectivo comportamento.

Fenômenos como colapso e fluência são muito importantes. No caso de um enrocamento, a alteração do estado das tensões resulta não só numa alteração do volume específico, mas ocorrem também alterações no material sólido, que se torna outro em resultado da fraturação e do esmagamento.

Prova documental dessas afirmações é mostrada nas Figs. 4.1 e 4.2. A Fig. 4.1 refere-se às variações granulométricas registradas entre o topo e a base de camadas dos enrocamentos compactados de Jaguara (quartzito) e Foz do Areia (basalto) (De Mello, 1977), em razão não só da separação natural que ocorre ao descarregar o material, como também da quebra de partículas resultantes da atuação do rolo compactador. A Fig. 4.2 mostra as deformações unitárias medidas em ensaios de deformabilidade, com a adição de água às amostras de calcário da barragem de Angostura (Marsal, 1971).

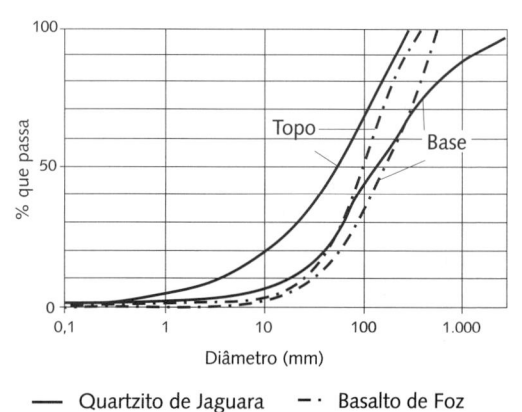

FIG. 4.1 *Curva granulométrica de uma camada compactada (Narvaez, 1980)*

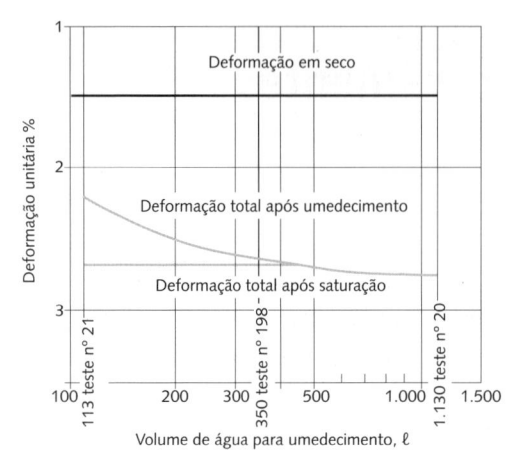

Teste n°	Adição de água (ℓ/m³)	Densidade (kg/m³)	Pressão aplicada (kg/cm²)
21	107	1.636	5,6
198	330	1.634	5,7
20	1.074	1.642	5,7

FIG. 4.2 *Adição de água – Ensaio de deformabilidade em calcário da barragem de Angostura (Marsal, 1971)*

No tocante à fluência, a já muito conhecida Fig. 4.3 (Sowers; Williams; Wallace, 1965), adaptada por Maranha das Neves (2002), mostra que os enrocamentos continuam a deformar-se ao longo dos anos após o final da construção, em velocidades decrescentes.

Valores adicionais foram registrados para enrocamentos bem graduados e compactados com rolos vibratórios, mostrando a redução dos recalques quando os enrocamentos bem graduados eram bem compactados.

Ao final de um ano após o término da construção, os recalques refletidos pelo assentamento da crista das barragens medidos em % da altura, variaram entre 0,1% e 0,4%. Ao final de dez anos,

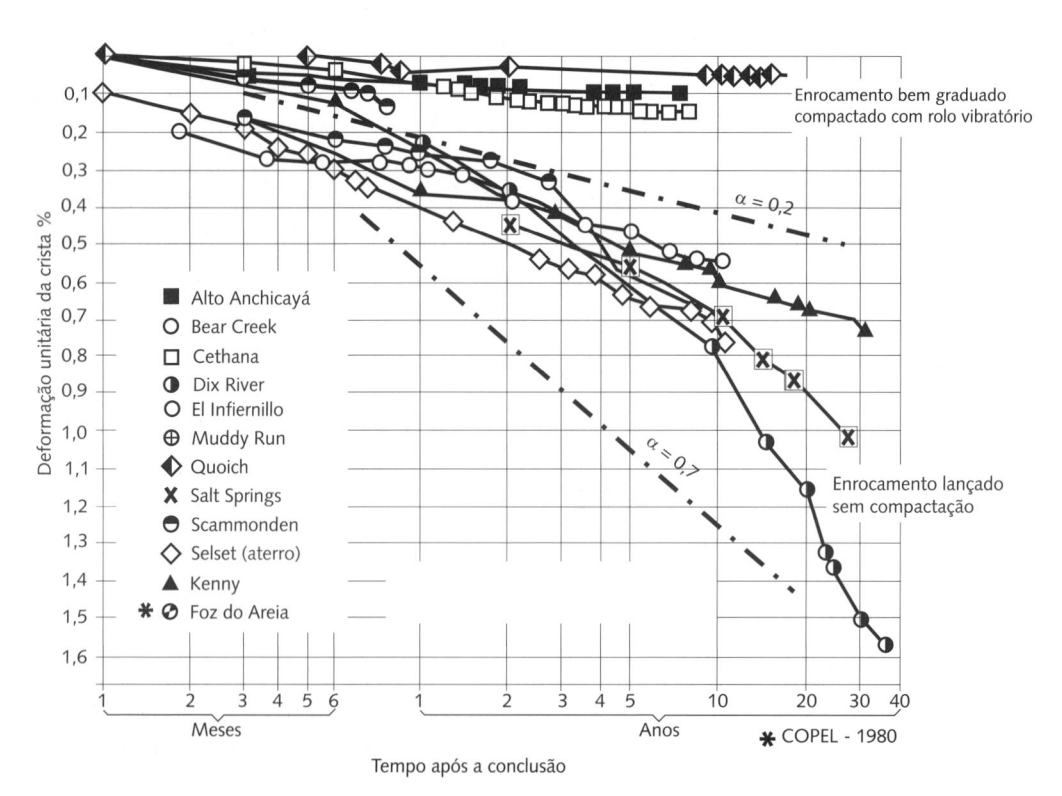

FIG. 4.3 *Assentamento em longo prazo de algumas barragens (Maranha das Neves, 2002, adaptado de Sowers, Williams & Wallace, 1965)*

TAB. 4.1 Velocidades de recalques medidas em BEFCs

Método de construção	Velocidade aproximada dos recalques da crista para barragens de 100 m de altura (mm/ano)		
	Após 5 anos	Após 10 anos	Após 30 anos
Enrocamento compactado	3,5	1,5	0,6
Enrocamento lançado	45,0	30,0	10,0

alcançavam 0,4% a 0,8%, e nos poucos registros disponíveis, chegaram a 1,5% aos 30 anos.

As velocidades médias de deformação ou assentamentos da crista ao longo do tempo, estão na Tab. 4.1.

Penman e Rocha Filho (2000) mostram como os deslocamentos medidos ao longo da face de concreto da barragem de Xingó evoluíram em cerca de seis anos, por causa do rearranjo das partículas, como se observa na Fig. 4.4. Os deslocamentos praticamente dobraram de valor. Esses deslocamentos ocorreram também devido à infiltração de água por haver trincas na laje.

Vale mencionar que a forma do vale tem influência na distribuição das tensões no maciço de enrocamento, podendo conduzir a um arqueamento do maciço em vales fechados, o qual progressivamente passará por um processo de relaxamento. Nesse caso, os recalques resultantes da fluência podem prolongar-se por mais tempo (Alto Anchicayá e Cethana; Cooke e Sherard, 1987).

4.1 A EVOLUÇÃO DOS MACIÇOS DE ENROCAMENTO

Sem conhecer o passado não é possível compreender o presente e sem rupturas no conhecimento não se evolui e não há futuro.

Vários históricos relativos à evolução das BEFCs têm sido apresentados, podendo-se destacar o Boletim 70 da

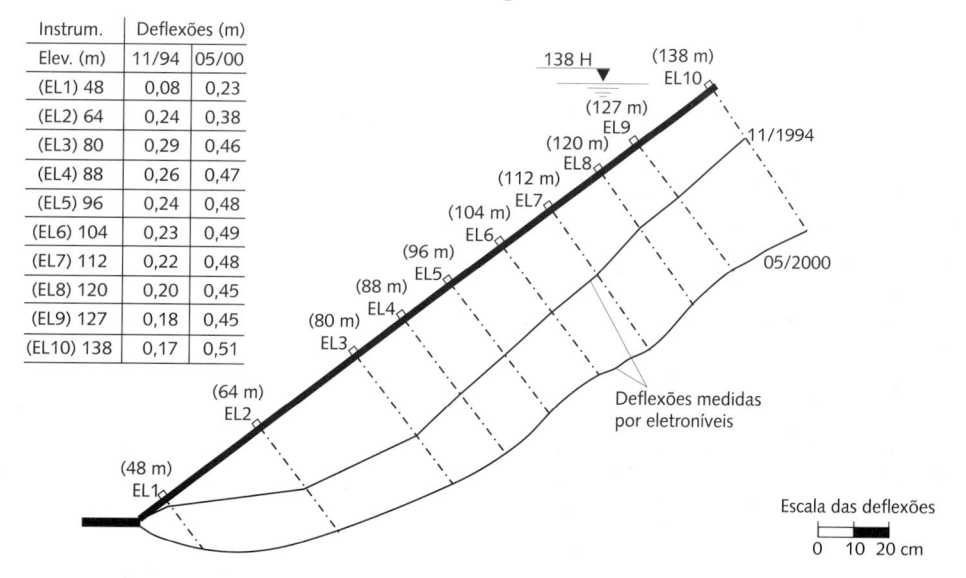

FIG. 4.4 *Deformações observadas na laje da barragem de Xingó (Penman & Rocha Filho, 2000)*

ICOLD (1989) e Penman e Rocha Filho (2000), que, de uma forma ou de outra, confundem-se com a vida e a obra de J. Barry Cooke.

A ênfase que será dada neste tópico refere-se às mudanças verificadas no tratamento dos enrocamentos, sem a preocupação da precisão histórica de listar as barragens no seu tempo cronológico.

Lendo os históricos referidos, parece que dois fatores foram determinantes para as BEFCs:

- a mudança de enrocamentos lançados para enrocamentos compactados, propiciada pela indústria de equipamentos de terraplanagem;
- a necessidade de construir barragens progressivamente mais altas, o que poderia levar a consequências graves caso elas rompessem.

O primeiro fator diz respeito ao controle dos recalques ou deformações; o segundo levou a um abrandamento dos taludes, talvez pelos estudos e pelas investigações de laboratório levadas a cabo para o projeto de barragens de enrocamento com núcleo nas quais cálculos de estabilidade conservadores ou não sugeriam taludes menos íngremes.

Uma retrospectiva mostra que os enrocamentos foram executados com técnicas diferentes com o passar do tempo. Nas primeiras barragens, os enrocamentos constituíam-se de pilhas de blocos rochosos, arrumadas manualmente com apoio de equipamentos na face de montante para receber uma vedação de madeira. Adotavam-se taludes íngremes: 0,75(H):1,0(V) nos primeiros 15 m da barragem Upper Bear River, seguidos de mais 8 m com taludes de 0,5(H):1,0(V). Essa barragem foi concluída em 1900 (Steele; Cooke, 1960).

Após 29 anos de operação, o talude de jusante foi abrandado para 1,3(H):1,0(V) com enrocamento lançado. Aos 53 anos, o madeiramento de montante já deteriorado foi substituído por concreto projetado com tela de aço, com 13 cm na base e 8 cm no topo. Segundo Penman e Rocha Filho (2000), trata-se do desenvolvimento de um conceito que evoluiu para as BEFCs.

Dentro das curiosidades históricas, vale mencionar a barragem Meadow Lake, concluída em 1903 com taludes muito íngremes e com "face de madeira". Em 1930, um incêndio na floresta próxima queimou a "face de madeira", que foi substituída por gunita armada com 10 cm de espessura na base e 5 cm no topo (Penman; Rocha Filho, 2000).

Do enrocamento empilhado, passou-se ao enrocamento lançado, como na barragem Salt Springs, com 100 m de altura, construída entre 1928 e 1931, a maior do mundo até o término da barragem Paradela (Portugal) em 1957, com 108 m. Grandes blocos rochosos de granito de 100 a 130 MN/m^2 de resistência à compressão simples, eram lançados de grande altura (20 a 50 m) em rampas, porque acreditava-se que o impacto dos blocos, com 10 a 25 t de peso, deveria provocar uma compactação razoável ou fazê-los misturar-se à massa do enrocamento.

"Era também prática comum usar jatos de água com intenção de remover os finos localizados entre blocos para garantir um bom contato rocha a rocha e minimizar futuros recalques" (Penman; Rocha Filho, 2000).

Em Salt Springs não se dispunha de instrumentação, a não ser de marcos superficiais. Um marco central na zona de maior altura recalcou 58 cm e deslocou 32 cm na horizontal. Ao recalque foram adicionados 30 cm por estimativa do que teria ocorrido nas primeiras duas semanas do enchimento. Disso resultou um recalque com 91 cm, atribuído à insuficiência de água durante a construção. Mesmo os 91 cm foram considerados recalques baixos tendo em vista o benefício da compactação em grandes camadas.

A fim de se obter uma face lisa do enrocamento para apoio do concreto, foi construida uma faixa de 4,5 m com rocha arrumada. Os deslocamentos de laje foram medidos com marcos superficiais. Registrou-se um deslocamento de 98,4 cm a 2/5 de altura no primeiro enchimento parcial, seguido do rebaixamento do reservatório.

Com o novo enchimento 11,6 m acima do anterior, ocorreram mais 33,5 cm de deslocamento. Após 17 anos, o deslocamento chegou a 163 cm, quando o nível do reservatório subiu para mais 3 m.

Os novos deslocamentos após novo enchimento ocorreram próximos à crista. Esse fato foi interpretado como o resultado da quebra dos blocos rochosos na parte inferior da barragem, devido a ciclos de carga e descarga do reservatório. Como na parte superior as cargas eram menores também sujeita a menor impacto durante a construção, os recalques ocorreram com maior velocidade com o enchimento.

As medidas de deslocamentos da face foram feitas tanto na direção normal como na transversal, mostrando zonas de tração e de compressão. Juntas abertas e juntas esmagadas resultaram em vazamentos. Reparos nas juntas foram possíveis nos períodos de esvaziamento anual, que faziam parte da operação. O recalque da crista ao final de 27 anos era de 110 cm. Na época, considerou-se que os deslocamentos eram causados por rocha fraca e pela presença de finos que impediam o contato rocha-rocha. Os dados apresentados foram obtidos de Penman e Rocha Filho (2000).

Em Salt Springs, os taludes de montante variaram de 1,1(H):1,0(V) a 1,4(H):1,0(V) e eram de 1,3(H):1,0(V) em Paradela tanto a montante como a jusante, ambas construídas com blocos de granito.

O emprego ou não da água na deformabilidade dos enrocamentos lançados é ilustrado em mais dois casos relatados por Penman e Rocha Filho (2000). Na barragem de Cogswell (85 m), construída a partir de março de 1932, faltava água e ela não foi empregada. A barragem já alcançava 80% da altura quando, entre 31 de dezembro de 1932 e 1º de janeiro de 1933, ocorreu uma chuva de 382 mm. A crista da barragem recalcou 1,8 m, e continuou recalcando por fluência até atingir 4,1 m. Depois dessa chuva torrencial, havia água em abundância e procedeu-se a uma molhagem intensa do enrocamento com o objetivo de reduzir os recalques após a construção, por vários meses. Os recalques podem ter chegado a 5,3 m.

A barragem Lower Bear River, com 77 m de altura, foi construída entre 1951 e 1952, a poucas milhas de Salt Springs. Novamente o enrocamento era lançado de grande altura (até 65 m). Três bombas capazes de lançar 320 ℓ/s de água a uma pressão de 820 kN/m^2 foram usadas durante a construção. O volume de água era igual a três vezes o volume do enrocamento. Os recalques superficiais medidos durante a construção foram pequenos e o deslocamento máximo da laje após o primeiro enchimento foi de 62,5 cm a um terço da altura. Os engenheiros se convenceram dos benefícios do jateamento para remoção dos finos e preservação do contato rocha-rocha dos grandes blocos.

As barragens de enrocamento lançado, entre as quais Salt Springs e Paradela, apresentaram sérios problemas de vazamentos e manutenção. A barragem New Exchequer (Califórnia), com 146 m de altura, foi construída a jusante de uma preexistente de concreto gravidade. Com parte do enrocamento compactado em camadas de 1,2 a 3 m e enrocamento lançado em camadas de 18 m a jusante, também apresentou grandes vazamentos, causando perdas d'água importantes do ponto de vista econômico, tendo exigido reparos subsequentes (Cooke, 1969). Esses vazamentos ocorreram por juntas horizontais hoje obsoletas, e por compactação ineficiente.

Cooke chega a mencionar que houve mesmo uma suspensão da construção de barragens de face de concreto com mais de 92 m entre 1960 e 1965. Ele não menciona o motivo dessa interrupção, mas pessoalmente manifestou, em repetidas ocasiões, que a razão dessa suspensão foi o temor de rupturas pela deformação excessiva dos enrocamentos lançados.

A passagem para uma terceira fase, ou seja, dos enrocamentos compactados, ocorreu nas décadas de 1950 e 1960, graças à contribuição de Terzaghi (1960b) sobre a influência da água e dos finos nos enrocamentos, e ao bom desempenho das barragens de Nissaström (Suécia) e Quoich – 320 m de comprimento, 38 m de altura (Inverness, Escócia, 1954) – e ao desenvolvimento de equipamentos de transporte e compactação dos enrocamentos.

A barragem de Nissaström, com 15 m de altura, ficou pronta em janeiro de 1950. O enrocamento foi compactado em camadas de 60 cm, com um rolo a vapor de 98 kN seguido de uma placa vibratória de 19 kN de peso estático. As camadas recalcaram 18% da sua altura (Hellström, 1955). Água foi adicionada com volume cinco vezes o do enrocamento, com o objetivo de facilitar a compactação, e não de remover os finos. Recalques medidos na crista foram topograficamente insignificantes.

A segunda barragem de enrocamento compactado foi a de Quoich, na Escócia. Adotou-se o mesmo procedimento da barragem sueca. Segundo Roberts (1958), a barragem de Quoich foi concluída em 1954. Depois de 15 anos de operação, os recalques da crista eram de apenas 0,05% da altura, ou seja, de 1,9 cm para uma barragem de 38 m. A face de concreto era de placas de 6 m^2, com espessura de 0,30 + 0,002 H (m), com juntas de cobre de 3 mm, e não apresentou trincas.

Em resumo, dos enrocamentos empilhados em taludes muito íngremes, passa-se aos enrocamentos lançados com jateamento de água em grandes volumes, requerendo-se rocha sã e procurando-se remover os finos com o objetivo de manter o contato entre os blocos grandes.

Essas primeiras barragens, já na ordem de 100 m de altura (Salt Springs e Paradela) e de 150 m (New Exchequer), apresentaram grandes recalques e deslocamentos das placas na face de concreto com vazamentos excessivos, perdas de água significativas e custos altos de manutenção. Os maciços dos enrocamentos, no entanto, mantiveram-se estáveis.

As barragens de Nissaström e Quoich, embora de alturas médias, representaram o início das barragens de enrocamento compactado. O uso de água em grandes volumes ainda era requerido para "facilitar a compactação" e não mais para remover os finos.

Vale citar a insistência do engenheiro Galiolli, na década de 1950, em trabalhar com enrocamento "puro", como ele chamava o enrocamento são e sem finos, requerido no projeto de uma barragem na Patagônia.

4.2 Os enrocamentos compactados

Terzaghi (1960a), discutindo o trabalho de Steele e Cooke (1960), que dava grande ênfase ao uso de água para remover finos e garantir bom contato entre os blocos rochosos, apresentou resultados de alguns ensaios de campo feitos em enrocamentos.

Ele observou que no lançamento de uma nova carga sobre o enrocamento existente, ocorria a segregação das partículas de forma crescente ao longo do talude. As partículas finas se acomodavam no topo e os maiores blocos rolavam para a base (Fig. 4.5).

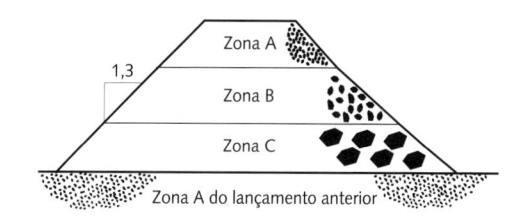

FIG. 4.5 *Enrocamento lançado (Terzaghi, 1960b)*

- Zona A: fragmentos pequenos de rocha lavados com jatos d'água;
- Zona B: fragmentos médios de rocha com pequenos fragmentos nos vazios;
- Zona C: grandes blocos de rocha; mais compressível.

Notou-se também que a ação da água se limitara aos 10 m superiores do talude. Para analisar a penetração dos finos no enrocamento, Terzaghi realizou um ensaio de campo utilizando blocos de rocha de até 0,75 m. Uma mistura de areia e pedregulho foi lançada sobre o enrocamento e jateada. Formou-se uma camada delgada superficial, na qual os finos se acomodaram nos vazios e já não se conseguia fazê-los penetrarem no enrocamento.

Num segundo teste, somente areia foi usada, mas a penetração com a ação da água ficou limitada a uma profundidade igual a duas vezes o tamanho do bloco de rocha. Abaixo dessa camada, a água fluía pelos vazios sem qualquer ação mecânica superior a de uma chuva intensa.

Terzaghi (1960) concluiu que o benefício do uso de água na geração dos recalques era consequência da perda de resistência da rocha quando molhada, e não da remoção dos finos nos vazios entre os blocos de rocha. Ele apresentou dados de resistência à compressão de rochas (Hirschwald, 1912; McHenry, 1945), comprovando o efeito da água na redução da resistência das rochas (Tab. 4.2).

Penman e Rocha Filho (2000) apresentaram resultados de ensaios de cisalhamento direto em quartzo polido umedecido. Para tensões entre 17 kN/m² e 850 kN/m², o ângulo de atrito medido foi de 33°. Quando as superfícies foram secas a 105°C por 28 horas, e os ensaios repetidos, o ângulo de atrito (φ) caiu para 11°.

Mesmo resultado foi obtido por Terzaghi (1960c), que mostrou em ensaios que o umedecimento da superfície de rocha bruta não reduzia o ângulo de atrito rocha-rocha e que a água não tinha efeito lubrificante.

Ensaios de cisalhamento direto em carga controlada, de Tschebotarioff e Welch (1948), entre uma superfície polida de quartzo e grãos de quartzo fixados em gesso, deram os seguintes resultados:

- em ensaios não submersos, $\varphi = 25°$;
- em ensaios não submersos, mas com superfícies úmidas, $\varphi = 25°$;
- em ensaios com superfícies secas no forno e sem finos, $\varphi = 7,0°$.

Para investigar o atrito a pressões elevadas, Penman (1953) utilizou três fragmentos de quartzo (recém-partidos) apoiados em uma superfície polida de quartzo. A carga aplicada inicialmente era de 6,08 N por contato. O φ medido no ensaio foi de 29°. Aumentando a carga normal até 215 N, obteve-se $\varphi = 19°$. A quebra das partículas teve início quando a carga por contato era de 148 N. Após o ensaio, notou-se que os pontos de contato dos três fragmentos estavam muito danificados e que a superfície da base polida estava muito riscada.

Esse conjunto de ensaios serviu para demonstrar que primeiro a água não

TAB. 4.2 Resistência à compressão de rochas secas e úmidas (Terzaghi, 1960c)

Rocha	Seca (MN/m²)	Úmida (MN/m²)
Granitos (Áustria)	145	128
Granitos (Suécia e Alemanha)	240 (médio)	197 a 237
Calcário cristalino	97	87
Xisto (Tennessee)	96	45

atua como lubrificante e tem até efeito antilubrificante se considerarmos os ensaios feitos em rocha seca a mais de 100°C; segundo que a resistência da rocha diminui quando as cargas são suficientes para esmagar o contato entre os blocos de rocha.

Vários pesquisadores estudaram o problema da ruptura de pontos de cantos vivos de rochas, entre eles, Clements (1981), que ensaiou prismas de amostras de arenito da barragem de Scammonden (Inglaterra) com vários acabamentos pontiagudos, como mostrado na Fig. 4.6. Como se vê, as deformações crescem significativamente com a redução do ângulo central (β).

A Fig. 4.7, mostra a evolução dos deslocamentos no tempo, após a molhagem das amostras.

Dos experimentos de Terzaghi (1960c) e dos ensaios feitos em rochas secas, úmidas e saturadas, algumas conclusões podem ser tiradas:

- a água não atua como lubrificante nos contatos rochosos, e enrocamentos úmidos e saturados têm o mesmo ângulo de atrito;
- por outro lado, a presença da água "enfraquece" a rocha, e as deformações aumentam pela quebra e pelo esmagamento das partículas;
- a resistência dos blocos rochosos é afetada pelo nível de tensão e pelo fraturamento progressivo, resultando num valor de φ decrescente, sempre que as tensões aplicadas forem suficientes para iniciar o processo de fraturamento;
- enrocamentos de blocos angulares são muito mais deformáveis do que enrocamentos de blocos arredondados.

Como conclusão, pode-se dizer que o enrocamento compactado em camadas de 0,8 m até 1,20 m tem características próprias, muito diversas dos enrocamentos empilhados e lançados. É menos deformável, mais resistente e tem permitido a construção de barragens de

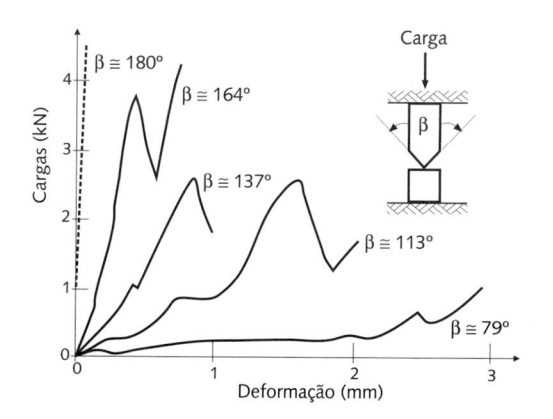

FIG. 4.6 *Curvas carga-deformação nos pontos de contato – arenito (Penman & Rocha Filho, 2000)*

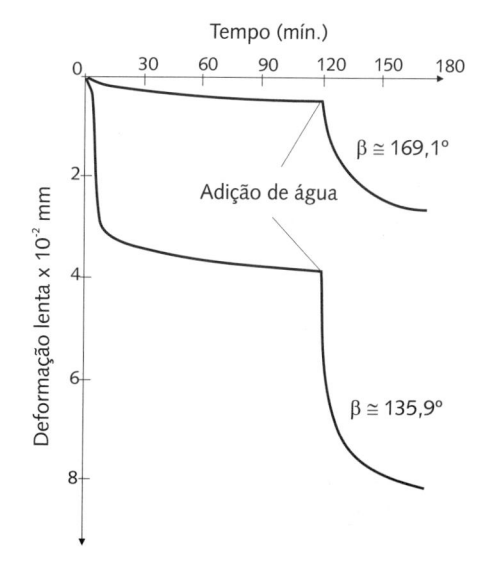

FIG. 4.7 *Evolução dos deslocamentos devido à fluência e adição de água (Penman & Rocha Filho, 2000)*

enrocamento com face de concreto e com núcleo argiloso com alturas de 200 m, e mesmo acima. Mantém, no entanto, a segregação inerente ao processo construtivo ilustrado nas Figs. 4.8 e 4.9.

Cooke e Sherard (1987) sugerem que há benefícios resultantes da segregação no controle do fluxo, porque a água tende a fluir pela base de cada camada, impedindo o desenvolvimento de pressões neutras elevadas na parte inferior da barragem.

A anisotropia inerente aos enrocamentos, no entanto, é desfavorável no caso de eventual fluxo interno, se o enrocamento da barragem ficar sujeito a fluxo durante a construção, no caso de uma cheia atingir a barragem, antes da conclusão da face de concreto (Pinto, 1999; Cruz, 2005). Ver mais detalhes no Cap. 6.

Ainda no tocante aos finos, são da maior relevância as observações de Cooke e Sherard (1987) relativas às condições de trafegabilidade da superfície do enrocamento:

Uma superfície de rolamento estável sob o tráfego de equipamento pesado demonstra que as cargas das rodas estão sendo suportadas por um arcabouço de enrocamento. Uma superfície de construção instável, com os equipamentos deslocando-se com movimentos elásticos ("borrachudos"), formando sulcos e com dificuldades de locomoção, mostra que o volume de finos é suficiente para tornar o enrocamento relativamente impermeável. Quando a superfície é instável, os finos dominam o comportamento do enrocamento, e o maciço resultante pode não ter as propriedades desejadas de uma zona permeável.

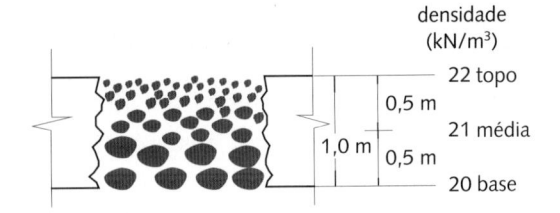

FIG. 4.9 *Variação de densidade em uma camada de enrocamento compactado (Cooke, 1984)*

4.3 PROPRIEDADES GEOMECÂNICAS DOS ENROCAMENTOS

4.3.1 Fatores intervenientes

Materón (1983) apresenta uma lista de fatores que afetam as propriedades geomecânicas dos enrocamentos (Tab. 4.3).

Por outro lado, a inter-relação desses fatores na natureza é complexa e de difícil interpretação. Não existem regras fixas que permitam generalizar recomendações para aumentar a resistência e diminuir a

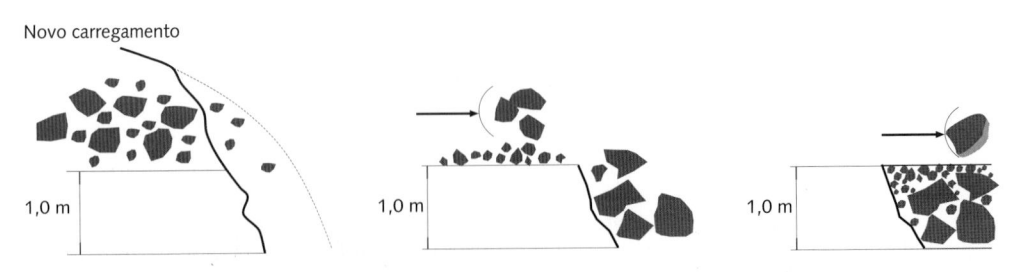

FIG. 4.8 *Espalhamento e estratificação do enrocamento compactado (Cooke, 1984)*

TAB. 4.3 Fatores que afetam a resistência e a compressibilidade dos enrocamentos

Fator	Efeitos
Mineralogia	Afeta o coeficiente de atrito φ
Granulometria	Granulometrias uniformes são mais compressíveis. É útil adicionar material granular fino
Índice de vazios	Quanto maior a densidade, menor a compressibilidade
Formas das partículas	A forma está relacionada à quantidade de fraturamento; partículas angulares quebram mais; quanto maior o fraturamento, maior a compressibilidade; registra-se alguma discrepância entre autores
Condições de umidade	Em geral, adição de água aumenta a compressibilidade
Resistência à compressão dos grãos	Quanto maior a resistência, menor o fraturamento
Tamanho e textura	Blocos maiores conduzem a maior fraturamento, menor resistência e maior compressibilidade
Tempo	Com tempo longo a compressibilidade é acrescida pela fluência
Fatores que afetam os resultados de ensaios	
Velocidade de aplicação de carga	Aparentemente não afetam a resistência e a compressibilidade, quando existe livre drenagem
Forma de aplicação e intensidade das cargas	Depende do tipo de teste: deformação plana ou triaxial

compressibilidade de um enrocamento, já que suas características naturais são afetadas pela presença simultânea de diferentes fatores (mineralogia, umidade, pouca densidade da rocha etc.).

Aparentemente, o estado atual de conhecimento permite as seguintes premissas:

- Enrocamentos bem graduados permitem produzir maciços mais densos, menos deformáveis e, consequentemente, menos suscetíveis a fraturamento interno das partículas do que enrocamentos uniformes do mesmo material.
- A resistência dos enrocamentos obedece a uma relação do tipo exponencial:

$$\tau = A\,(\sigma_n)^b$$

em que A e b são constantes do material e σ_n, o esforço normal.

Alternativamente, o ângulo de atrito pode ser calculado por uma fórmula do tipo:

$$\varphi = \varphi_0 - \Delta\varphi\,\log(\sigma/Pa)$$

sendo:

φ – ângulo de atrito;
φ_0 – ângulo de atrito para Pa;
$\Delta\varphi$ – variação de φ para cada material;
σ – pressão confinante;
Pa – pressão atmosférica tomada como referência.

4.3.2 O problema da modelagem

Enrocamentos são materiais que contêm blocos grandes, de 50 cm até 1,0 e 2,0 m (para barragens muito altas, a experiência tem mostrado que 2,0 m é excessivo), e, por esse motivo, nunca foram ensaiados no campo ou no laboratório em suas granulometrias originais. Dados de compressibilidade podem ser obtidos em campo, se os deslocamentos em vários pontos de uma BEFC forem registrados e comparados com as tensões atuantes obtidas em análises numéricas.

Já no tocante à resistência a questão se complica, porque não se dispõe de dados de ruptura de enrocamentos compactados devidamente documentados e que permitiriam, por retroanálise, obter uma equação de resistência.

As rupturas que ocorreram foram resultantes de fluxo e galgamento, e retroanálises, nesses casos, levariam a valores aproximados de resistência.

Ao se utilizar ensaios de laboratório, há que se simular as condições de campo com a escolha de uma granulometria e de uma densidade relativa. Para a granulometria, duas técnicas têm sido usadas:

1) fazer um corte na granulometria, a partir de um $d_{máx.}$, compensando as partículas maiores, por um peso equivalente de partículas menores;
2) utilizar uma curva paralela à do enrocamento de campo, a partir de um $d_{máx}$ de laboratório.

O $d_{máx.}$ é o tamanho da maior partícula ensaiada, limitada a uma fração do diâmetro da amostra, nos ensaios triaxiais e de compressibilidade, e analogamente da aresta da amostra cúbica ou retangular, nos ensaios de cisalhamento direto. No geral, $d_{máx.}$ varia de ¼ a ⅙ do diâmetro ou da aresta.

No primeiro caso, pode-se ter uma granulometria muito uniforme das partículas maiores, o que interfere no entrosamento entre as partículas; e, no segundo caso, a fração fina pode envolver uma fração arenosa e a ocorrência de partículas soltas nos vazios, criando pressões neutras durante o ensaio.

O segundo aspecto é o da densidade relativa. Granulometrias diferentes geram densidade máxima de campo em geral maior que a do laboratório. Se no laboratório se procura reproduzir a densidade de campo, pode-se chegar a uma densidade relativa em muito superior à de campo.

Esses aspectos de caráter limitante à extrapolação dos parâmetros de laboratório para as condições reais das barragens têm sido discutidos e perseguidos desde os trabalhos de Marsal (1973), Seed e Lee (1967) e outros das décadas de 1950 e 1960, e ainda são objeto de discussão na década atual.

4.4 Resistência ao cisalhamento

Uma revisão detalhada sobre a resistência ao cisalhamento dos enrocamentos foge ao escopo deste livro. Trabalhos sobre o assunto podem ser encontrados em Marsal (1973), Seed e Lee (1967), Marachi et al. (1969), Midea (1973), Cruz e Nieble (1970), Signer (1973), Materón (1983), entre outros.

O que se buscou em tais publicações foram resultados de ensaios bem conduzidos em amostras de "enrocamentos" e que, com as limitações de modelagem já descritas, possam se aproximar da resistência dos enrocamentos das barragens.

A Tab. 4.4 mostra os resultados de ensaios triaxiais feitos por

TAB. 4.4 Resultados de ensaios de resistência em enrocamentos

Material	Ensaio	$D_{máx}$ (mm)	A kg/cm²	b	φ_1	Ref.
Basalto – San Francisco	TR	200	1,68	0,79	59	Marsal, 1971
Diorito – El Infiernillo	TR	200	1,00	0,90	45	Marsal, 1973
Granito-gnaisse mica	TR	200	0,87	0,90	41	Marsal, 1973
Areia/cascalho – Pinzandarán	TR	200	1,57	0,82	57	Marsal, 1967
Conglomerado silicificado – El Infiernillo	TR	200	1,53	0,79	57	Marsal, 1973
Ardósia – El Granero	TR	200	1,44	0,77	55	Marsal, 1973
Granito-gnaisse-xisto – Barragem Mica	TR	200	0,80	0,94	38	Marsal, 1973
Basalto – San Francisco	TR	90	1,69	0,78	59	Marsal, 1973
Ardósia – El Granero	TR	200	1,40	0,82	54	Marsal, 1973
Granito-gnaisse-xisto – Barragem Mica	TR	200	1,15	0,80	49	Marsal, 1973
Basaltos			1,54	0,82	57	De Mello, 1977
Basalto	TR		2,25	0,75	65	M. Neves, 2002
Grauvaca – Bakún	TR		2,13	0,75	64	Intertechne
Grauvaca 30%, Argilita 70% – Bakún			1,41	0,77	55	Intertechne
Oroville – DR = 85%			1,34	0,86	53	Marachi, 1969
Arenito – DR = 85%			0,85	0,96	40	Marachi, 1969
Basalto – Barragem Marimbondo						
1. pedreira	TR		2,18	0,79	64	Maia, 2001
2. barragem (após 25 anos)	TR		1,75	0,85	62	
3. alterado (32h – soxhlet)	TR		1,60	0,88	61	
Basalto – Campos Novos	DS	51	1,38	0,892	54	Basso e Cruz, 2006
Gnaisse-xisto-micaxisto – Itapebi	DS	25,0 75,0	0,83 0,90	1 1		Fleury et al., 2004
Enrocamento com 25% de material cimentado – Tankang Hp	TR	-	3,0	0,60	72°	Peng Yii (apud Zeping, 2006)
Oroville	TR	-	1,12	0,82	48	Marachi et al., 1969

φ_1 – ângulo de atrito para σ = 1 kg/cm²
TR – ensaio triaxial
DS – ensaio de cisalhamento direto

vários pesquisadores, inclusive os parâmetros A e b; a Fig. 4.10, as envoltórias de resistência de vários enrocamentos ensaiados por Marsal (1973). A Fig. 4.11 mostra as curvas granulométricas dos enrocamentos, cujas características são apresentadas na Tab. 4.5.

Observe que as envoltórias são curvas, o que reflete uma redução da resistência para valores crescentes da pressão octaédrica, e/ou da pressão normal nos ensaios de cisalhamento direto. A envoltória de Mohr-Coulomb, sendo curva, pode ser expressa pela equação (De Mello, 1977):

$$\tau = A\,\sigma^b$$

sendo τ, a resistência ao cisalhamento e σ, a tensão normal, ambos no plano de corte. A e b são parâmetros característicos dos materiais e se obtêm por ajuste aos dados dos ensaios. O parâmetro A é

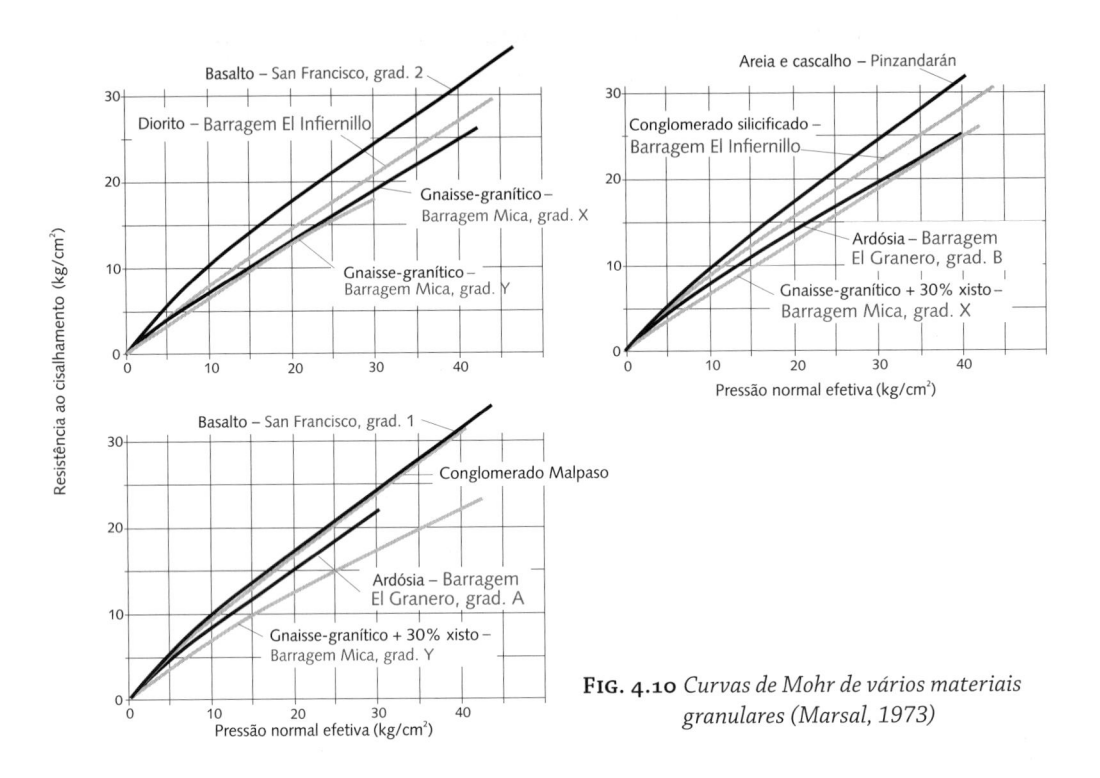

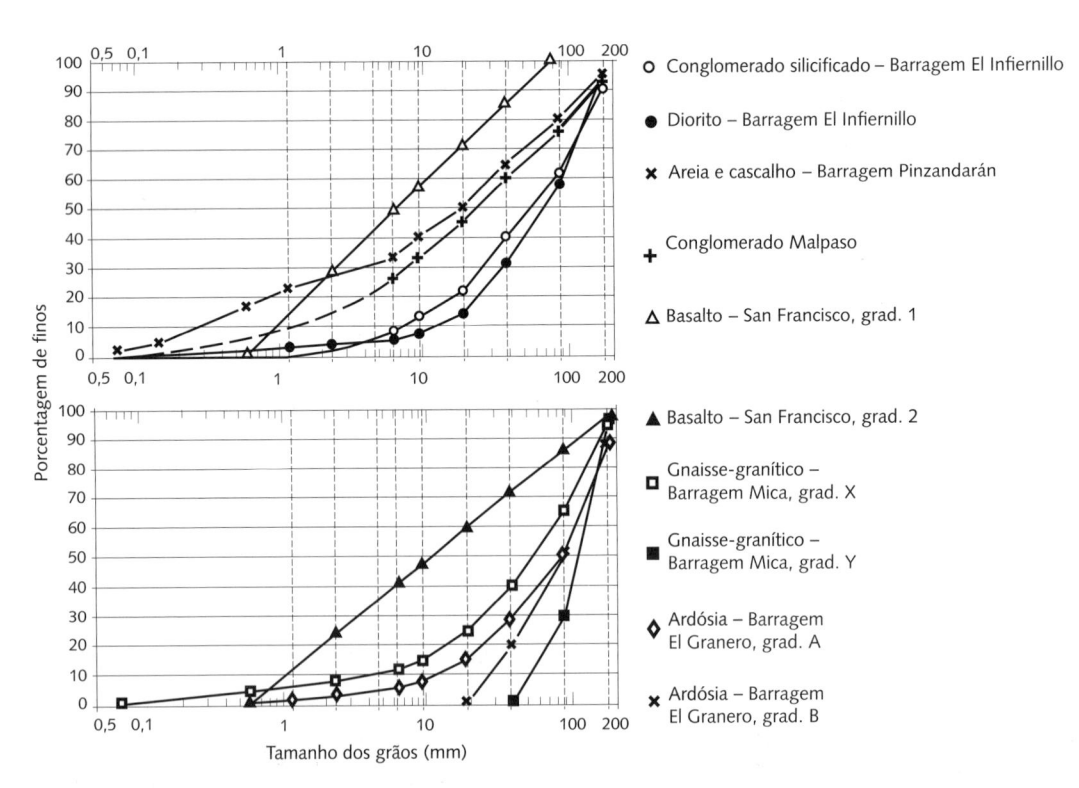

FIG. 4.10 *Curvas de Mohr de vários materiais granulares (Marsal, 1973)*

FIG. 4.11 *Curvas de granulometria dos materiais ensaiados da Tab. 4.4 (Marsal, 1973)*

TAB. 4.5 Características dos materiais ensaiados na Tab. 4.4 (Marsal, 1973)

Material	Origem	Forma das partículas	d^e (mm)	Cu	δ	Índice de vazios Inicial e^1	Índice de vazios Denso e^4	Índice de vazios Fofo $e\ell$	Pa (kg/cm²)
Conglomerado silicificado – Barragem El Infiernillo	Desmonte a fogo	Angular	5	10	2,73	0,45	0,40	0,55	
Diorito – Barragem El Infiernillo	Desmonte a fogo	Angular	20	5	2,69	0,56	0,48	0,63	700
Areia e cascalho – Barragem Pinzandarán	Aluvião	Arredondado	0,2	100	2,77	0,34	0,29	0,43	1.200
Conglomerado Malpaso	Desmonte a fogo	Subangular	0,8	64	2,70	0,38	0,31	0,51	500
Basalto – San Francisco, grad. 1	Desmonte a fogo e triturado	Angular	1	11	2,78	0,35	0,33	0,55	950
Basalto/Basalt – San Francisco, grad. 2			1,1	18	2,78	0,37	0,29	0,46	
Gnaisse-granítico – Barragem Mica, grad. X	Triturado	Subangular	6	14	2,62	0,32	0,31	0,50	600
Gnaisse-granítico – Barragem Mica, grad. Y			53	2,5	2,62	0,62	0,58	0,77	
Gnaisse-granítico + 30% xisto – Barragem Mica, grad. X			4	19	2,64	0,32	0,29	0,51	
Gnaisse-granítico + 30% xisto – Barragem Mica, grad. Y			53	2,5	2,64	0,63	0,60	0,79	
Barragem El Granero grad. A Ardósia densaslate Ardósia fofa	Desmonte a fogo	Angular	11	10	2,68	0,49 0,70	0,45	0,70	590
Barragem El Granero grad. B Ardósia densa Ardósia fofa			27	4,3		0,59 0,69	0,64	0,84	

Cu – Coeficiente de uniformidade
d^e – Diâmetro efetivo
δ – densidade dos grãos
Pa – Resistência ao esmagamento

igual a tgφ para tensão normal unitária, e b reflete as variações de φ com σ.

Sendo A um parâmetro dimensional, Indraratna et al. (apud Maranha das Neves, 1993) propuseram dividir τ e σ pela resistência à compressão simples (σ_c) dos fragmentos, tornando os novos parâmetros A' e b' ambos adimensionais:

$$\frac{\tau}{\sigma_c} = A'\left(\frac{\sigma}{\sigma_c}\right)^{b'}$$

Como nem sempre se dispõe dos valores de σ_c, manteve-se neste texto os parâmetros A e b originais.

Nas décadas de 1960 e 1970, Midea (1973) realizou um grande número de ensaios de cisalhamento direto e triaxial em amostras de basalto e brecha basáltica utilizadas nos enrocamentos das barragens de Ilha Solteira, Salto Osório, Capivara e Itaipu, em caixas de 20 × 20 × 20 cm e 100 × 100 × 40 cm. Nos ensaios triaxiais, o diâmetro das amostras foi de 10 cm.

Nesses ensaios buscou-se analisar a influência da ciclagem (água-estufa e/ou etilenoglicol) na resistência dos enrocamentos de basalto. No caso dos gnaisses dos enrocamentos da barragem de Paraibuna, procurou-se determinar a influência que os finos presentes na superfície das camadas compactadas exerciam na resistência ao cisalhamento (Midea, 1973). A Tab. 4.6 resume os principais resultados.

Ensaios recentes de cisalhamento direto foram realizados nos laboratórios de Furnas (Goiânia) em amostras de enrocamento das barragens de Itapebi e Campos Novos.

Para o gnaisse de Itapebi, os ensaios de cisalhamento direto foram feitos em amostras compactadas com diferentes densidades. A Fig. 4.12 mostra os resultados. O valor de φ é o φ médio.

Analisando-se os dados das Tabs. 4.4 e 4.6, verifica-se que os enrocamentos de basaltos (excluídos os ciclados) apresentam um parâmetro A variável desde 1,13 até 2,25 kg/cm², com média de 1,58, e um parâmetro b desde 0,75 até 0,87, com média de 0,80, muito próximos dos parâmetros propostos por De Mello (1977), com A = 1,54 kg/cm² e b = 0,82.

Um enrocamento muito resistente é o de grauvaca, da barragem de Bakún (A = 2,13 kg/cm² e b = 0,75), mas que é reduzido quando misturado com argilita (A = 1,41 kg/cm² e b = 0,77) (Intertechne).

Os enrocamentos de gnaisse granítico e os com xisto da barragem Mica apresentam menor resistência, e os parâmetros médios A = 0,94 kg/cm² e b = 0,88 se aproximam aos do enrocamento

TAB. 4.6 Resistências de enrocamentos alterados

Material	Ensaio	$d_{máx.}$ (mm)	A kg/cm²	b	φ_1	Ref.
Basalto compacto cristalino (A) *in natura*	DS DS TR	80 50 25	1,34	0,87	53°	Cruz e Nieble, 1970
Basalto vesicular e amigdaloidal	DS TR	80 40 25	1,13	0,85	52°	Cruz e Nieble, 1970
Basalto microvesicular *in natura*	DS TR	80 40 25	1,45	0,78	55°	Cruz e Nieble, 1970
Basalto vesicular e amigdaloidal (B) ciclado	DS TR	80 40 25	0,96	0,94	44°	Cruz e Nieble, 1970
Basalto vesicular e amigdaloidal (c) ciclado	DS TR	80 40 25	0,93	0,90	43°	Cruz e Nieble, 1970
Gnaisse com 3% a 9% de finos	DS	50	1,18	0,86	50°	Midea, 1973
Gnaisse com 26% a 48% de finos	DS	5	1,08	0,85	47°	Midea, 1973
Gnaisse com 100% de finos	DS		0,81	0,95	40°	Midea, 1973

φ_1 – ângulo de atrito para $\sigma = 1 kg/cm^2$
DS – Ensaios de cisalhamento direto em caixas: 20 x 20 x 20 cm e 100 x 100 x 40 cm
TR – Ensaios triaxiais em amostras de 10 cm

FIG. 4.12 *Variação do ângulo de atrito com o peso específico seco (Fleury et al., 2004)*

com até 30% de finos de Paraibuna (A = 1,13 kg/cm^2 e b = 0,85). Os enrocamentos de ardósia El Granero apresentam A = 1,42 kg/cm^2 e b = 0,78, em média, e os cascalhos (Oroville e Pinzandarán) apresentam, respectivamente, valores elevados de A = 1,74 kg/cm^2 e A = 1,53 kg/cm^2 e valores de b = 0,86 e b = 0,82.

A Fig. 4.13 mostra o equipamento construído na China para ensaios triaxiais grandes em enrocamentos.

A Fig. 4.14 mostra curvas granulométricas de cascalhos e transições utilizadas em algumas barragens brasileiras, e a Tab. 4.7 contém dados de resistência ao cisalhamento dos mesmos materiais.

Um dado curioso registrado em ensaios de cisalhamento direto feitos no enrocamento de basalto de Capivara, foi a influência do pré-adensamento ($\sigma_{Nmáx}$) da amostra antes do ensaio com σ_{ensaio}, como se vê na Fig. 4.15. Esse fato pode explicar, em parte, a curvatura das envoltórias de cisalhamento dos enrocamentos, porque a compactação da amostra, ou do enrocamento na barragem, deve gerar uma espécie de "pré-adensamento" do enrocamento.

Milivoje Barbarez (Peru) usa a equação de $\Delta\varphi$ para reproduzir envoltórias de resistência de quatro materiais de areia e

FIG. 4.13 *Equipamento fabricado na China para ensaios triaxiais em enrocamentos (cortesia de Xu Zeping, 2006)*

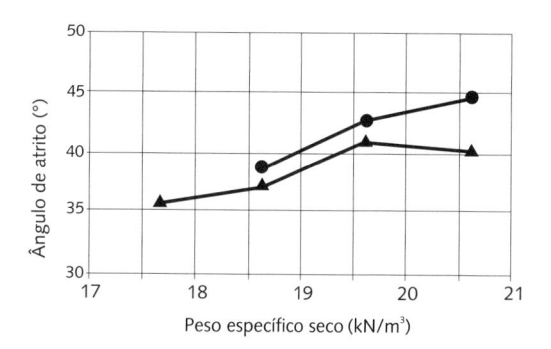

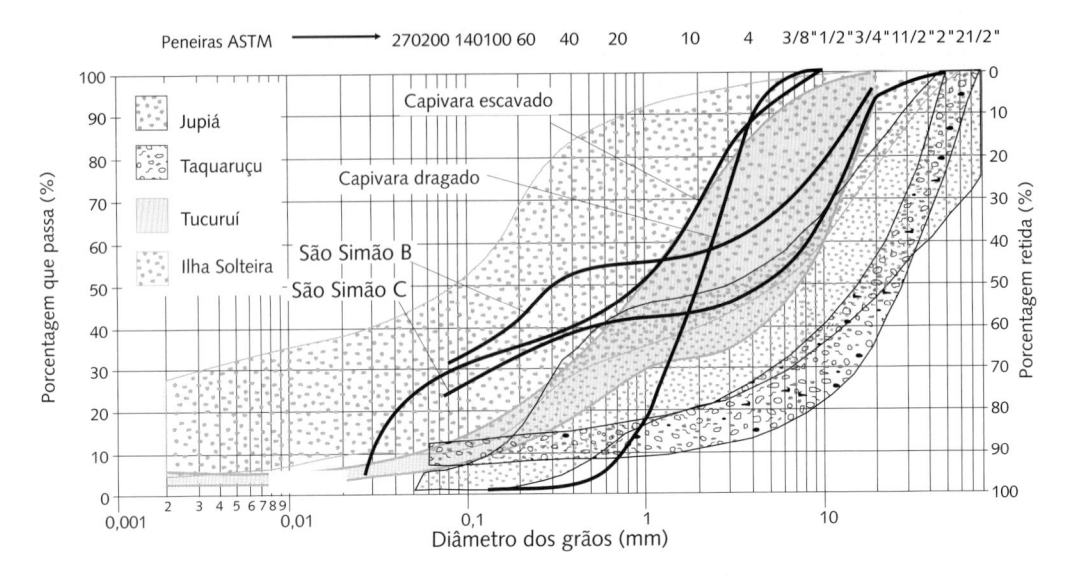

FIG. 4.14 *Curvas granulométricas de cascalhos (Cruz, Quadros & Corrêa, 1983)*

TAB. 4.7 Parâmetros de resistência dos cascalhos (Cruz, Quadros & Corrêa, 1983)

Barragem	Parâmetros de resistência ao cisalhamento				$\overline{B} = \dfrac{u}{\tau_v}$
	c' (kg/cm²)	φ'	c_{sat} (kg/cm²)	φ'_{sat}	
Cascalho de terraço – Ilha Solteira, São Simão	0,34 – 0,67	31° – 33°	0 – 0,39	29° – 39°	0 – 16%
Cascalho de terraço – Tucuruí	0	38° – 43°	0	37° – 43°	2 – 13%
Cascalho limpo – Capivara	0	32° – 35°			

cascalho. Se as envoltórias de resistência são expressas por $\tau = A\sigma^b$, os parâmetros são (Tab. 4.8).

4.5 COMPRESSIBILIDADE

A deformabilidade dos enrocamentos compactados está diretamente ligada a dois fatores: a fraturação e o esmagamento dos blocos rochosos.

O processo de compactação em camadas com altura de aproximadamente um diâmetro do bloco máximo (0,80 a 1,0 m), ou mesmo de 1,6 vezes o diâmetro máximo (1,60 m), com 4 passadas de um rolo vibratório de 10 t e molhagem, provoca a acomodação dos blocos a uma densidade (expressa pelo índice

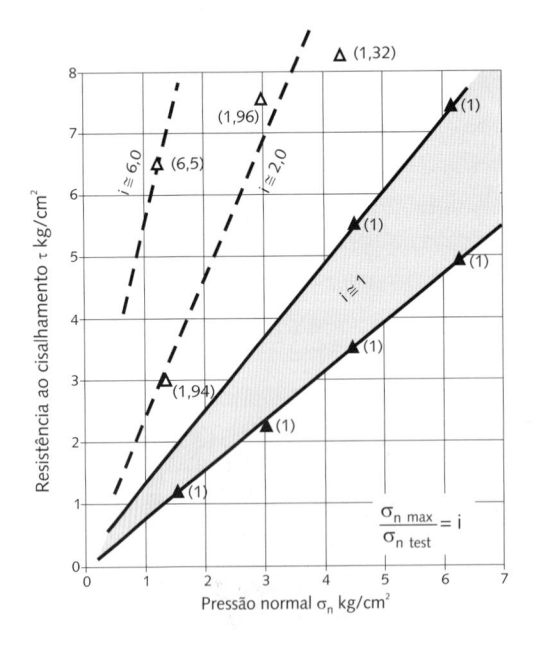

FIG. 4.15 *Ensaio de cisalhamento direto em enrocamento de basalto de Capivara (Cruz, 1996)*

TAB. 4.8 Parâmetros de resistência

Cascalho de Oroville (Marachi et. al., 1969)	A = 1,12 kg/cm² b = 0,82
Areia calcárea (Billan)	A = 0,88 kg/cm² b = 0,90
Areia muito densa (Bolton & Lau)	A = 0,92 kg/cm² b = 0,92
Aluvião compactado (estimado por Barbarez, 2007)	A = 0,82 kg/cm² b = 0,92

de vazios) que torna o enrocamento um material de baixa compressibilidade. Em barragens muito altas, as camadas não devem exceder 1,20 m de altura.

Forma-se, por assim dizer, um arcabouço sólido, no qual os maiores blocos estabelecem pontos de contato, criando espaços vazios onde se acomodam as partículas menores, parte das quais pode ficar mesmo solta, ou seja, não submetidas a nenhuma pressão.

Marsal (1973) chegou a propor um novo índice de vazios, denominado índice de vazios estrutural:

$$e_s = (e + i)/(1 - i)$$

sendo e o índice de vazios convencional = V_v/V_s e $i = \Delta V_s/V_s$, ou seja, o volume das partículas soltas em relação ao volume total das partículas sólidas.

ΔV_s depende da granulometria, do arranjo e da forma das partículas, do índice de vazios e do estado das tensões. É intuitivo que partículas angulares gerem ΔV_s maiores do que partículas arredondadas, quando i tende a zero para densidades relativas próximas a 100%.

Como exemplo, suponhamos que um enrocamento tenha $e_{máx}$ = 0,42 (solto) e $e_{mín}$ = 0,28 (denso), e e = 0,30. Então:

$$D_r = (0,42 - 0,30)(0,42 - 0,28) = 0,857$$
$$\text{ou } 85,7\%$$

Se, no entanto, o volume de partículas soltas for de 3%, $e_s = (0,30+0,03)/(1-0,03) = 0,34$ e a nova D_r seria de apenas 57%.

Essa avaliação pode estar prejudicada porque, quando se determina o $e_{máx}$ e o $e_{mín}$, também poderiam conter partículas soltas, e o ΔV_s não foi considerado.

A própria determinação das densidades máximas e mínimas de um enrocamento é tarefa impossível de realização em laboratório, e o que se faz é executar ensaios em aterros experimentais, como se ilustra na Fig. 4.16.

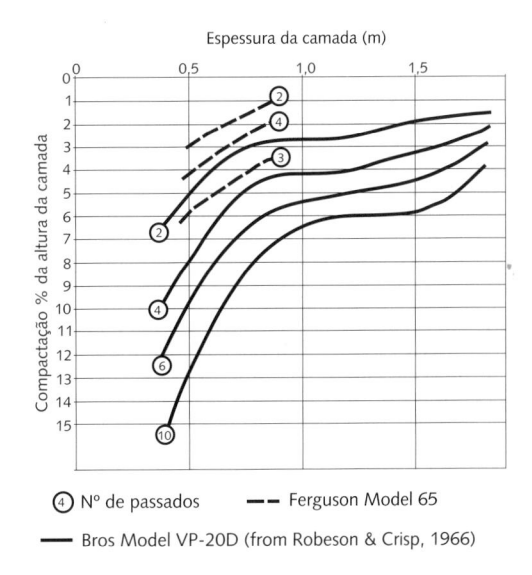

FIG. 4.16 *Ensaios de compactação em aterros experimentais (Penman, 1971)*

A Fig. 4.16 fornece duas informações importantes:

- A compactação da camada diminui com o aumento de sua espessura inicial, mas convém lembrar que as camadas menos espessas só podem acomodar blocos menores, que resultam em um maior número de contatos e, portanto, podem formar um arcabouço estrutural mais compacto;

- Acima de 1,0 m de espessura, a compactação da camada praticamente só aumenta com o número de passadas do rolo, desde que a granulometria do enrocamento seja a mesma.

Dessa discussão inicial, pode-se concluir que, com o uso de rolos vibratórios um enrocamento denso é obtido (índices de vazios entre 0,35 a 0,25), no qual a acomodação das partículas ou dos blocos rochosos atingiram uma estrutura menos deformável.

Por razões de praticidade e economia nas BEFCs, 4 a 6 passadas de rolo vibratório pesando 10 t (5 t/m), em camadas de 0,8 a 1,0 m (zona 3B) e 1,6 a 2,0 m (zona 3C), têm apresentado resultados satisfatórios. Embora camadas de até 2,0 m tenham sido adotadas na zona 3C de certas barragens, a tendência atual é limitar a camada a 1,2 m nas barragens altas.

Criam-se, no processo, estruturas de blocos em contato, sujeitos a forças intergranulares (Fig. 4.17). Marsal sugere que as forças atuantes nos contatos bloco a bloco são normais a esse plano e que, ao longo de um plano θ, que intercepta as forças, podem ter as mais diversas direções. Marsal, por um cálculo aproximado para areias, pedregulhos e enrocamentos, mostra que, para uma pressão distribuída de 1 kg/cm², as forças médias de contato seriam:

- para areias médias, P = 1 g;
- pedregulho, P = 1 kg;
- enrocamentos (D = 0,70 m), P = 1 t.

Segundo Marsal (1973) as forças de contato P entre partículas individuais seguem uma distribuição normal, aproximadamente. Ele propõe que as forças de contato entre as partículas podem ser expressas por uma equação do tipo:

$$P_{ave} = kD^b$$

Segundo Marsal (1969), as forças que causam o esmagamento dos pontos de contato entre as partículas seguem uma lei semelhante:

$$P_a = \eta D^\beta$$

onde k, b, η e β são constantes e β é menor do que b.

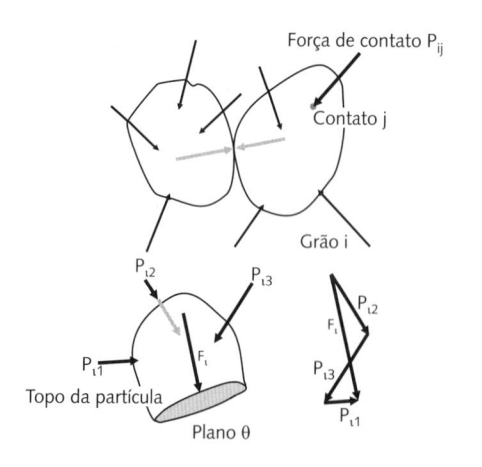

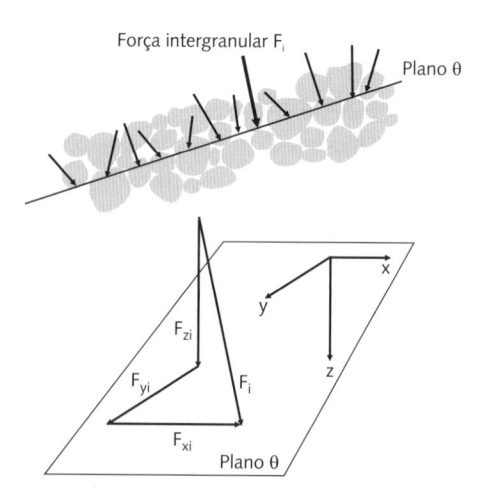

FIG. 4.17 *Forças de contato e forças intergranulares (Marsal, 1973)*

Para dois diâmetros de partícula, D_1 e D_2, pode-se traçar os gráficos de distribuição de P_{ave} e P_a, como mostra a Fig. 4.18 ($D_2 > D_1$).

Como a área de superposição de P_{ave} e P_a é maior para D_2, conclui-se que a fraturação cresce com o diâmetro.

A um aumento da pressão interna corresponde um aumento das forças de contato e um proporcional aumento das áreas de contato, por plastificação. Se as forças concentradas nos contatos excederem a resistência ao esmagamento, as partículas se fracionam, e um novo arranjo estrutural é obtido. A quebra dos grãos ocorre em maior frequência em enrocamentos devido às elevadas forças de contato que se estabelecem mesmo em níveis de pressão média moderada. Acrescenta-se a isso as naturais fissuras presentes nos blocos de rocha e a ocorrência de rochas mais alteradas e de menor resistência. Quando se trata de areias ou pedregulhos, a fragmentação da rocha e a eliminação das frações alteradas já ocorreram, e os grãos remanescentes de pequeno diâmetro acabam por ser os mais resistentes.

Aqui é necessário diferenciar as areias e os cascalhos de leitos de rios, das areias e cascalhos de terraços antigos, muitas vezes já em processo de desagregação e contendo frações preservadas à margem de águas correntes.

Nesse contexto, é importante reproduzir as considerações de Maranha das Neves (2002) que elucidam a parcela da deformabilidade dos enrocamentos resultante da fraturação e da fluência:

Este comportamento foi verificado em ensaios laboratoriais de enrocamentos. Não pode também deixar de ter-se em conta que, só por si, a cominuição dum bloco de rocha dá naturalmente origem a partículas mais resistentes que o bloco de rocha que as originou.

Acontece que os enrocamentos compactados exibem normalmente uma rigidez apreciável. Este comportamento é acentuado pelo efeito de aumento da tensão de cedência devido à compactação (pré-compressão), efeito esse que é não só reflexo de esmagamento nos pontos de contacto (De Mello, 1986), como de fracturação e diminuição de índice de vazios. Estas tensões de cedência têm sido identificadas em laboratório (Veiga Pinto, 1983, entre outros) e in situ (De Mello, 1986; Biarez et al., 1994).

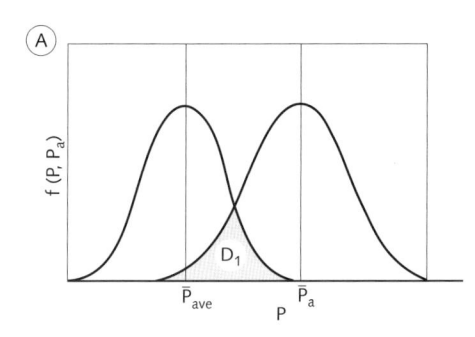

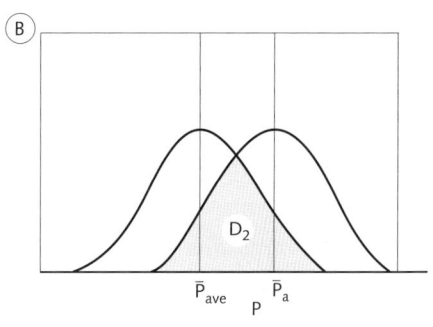

FIG. 4.18 *Frequência de distribuição de P_{ave} e P_a. A) Diâmetro nominal igual a D_1; B) Diâmetro nominal das partículas igual a D_2 (Maranha das Neves, 2002)*

Mas é interessante referir que mesmo no que respeita à linha de compressão normal (LCN), os enrocamentos exibem maior rigidez (isto é, menores valores de λ, parâmetro intrínseco do material que traduz a sua deformabilidade para tensões médias efectivas superiores à tensão média efectiva de cedência). Estabelecendo comparação com outros materiais granulares verifica-se que, numa larga gama desses materiais, o valor de λ cai no intervalo de 0,1 – 0,4 (Novello & Johnston, 1989 – McDowell & Bolton, 1998). Esta situação corresponde à entrada numa fase de comportamento em que a diminuição do índice de vazios só pode fazer-se à custa da fracturação dos grãos.

A possibilidade de diminuição de índice de vazios por rearranjo dos grãos foi totalmente utilizada para tensões inferiores à tensão de cedência elástica. Tal significa que a LCN, nas areias, coincide com o que aqueles autores designam por cedência elástica, em que, portanto, a deformabilidade é unicamente condicionada pela fracturação. Como já atrás foi referido a tensão de cedência elástica nas areias siliciosas assume valores muito elevados, da ordem dos 10 MPa.

Pode pois ver-se que dum ponto de vista micromecânico, os enrocamentos se comportam, quando comparados com as areias e para a mesma gama de tensões a que, em geral, os maciços daqueles materiais estão submetidos, de modo muito diferente.

Assim, nos enrocamentos a fracturação (englobando o esmagamento nos pontos de contacto) e o rearranjo das partículas coexistem mesmo para tensões baixas. Não admira pois que sejam menores as tensões de cedência e os valores de λ. E verifica-se também que, ao contrário do que acontece nas areias, a cedência é mais condicionada pelo esmagamento no contacto entre partículas do que pela fracturação destas.

A compressibilidade dos enrocamentos pode ser medida em laboratório, em grandes células de compressão (diâmetro de 1,0 m), ou em campo, usando células de recalque instaladas em diferentes pontos do maciço.

Resultados de ensaios de laboratório são mostrados na Fig. 4.19 (Maranha das Neves, 2002) e medidas de campo, na Fig. 4.20. Ambas as curvas têm alguma similaridade e mostram um ponto de quebra equivalente à "pressão de pré-consolidação" do solo, sendo o ponto de ruptura a rotação entre a pressão normal (escala log) e a compressão específica, que é linear e definida pelo parâmetro λ. Valores de λ são reproduzidos na Tab. 4.9.

O parâmetro λ para o enrocamento, medido em ensaios de laboratório, encaixa-se na faixa de 0,01 para 0,10, bem abaixo de outros materiais (0,1 a 0,4), de acordo com Novello e Johnston (1989

Linha λ, LCN
v = −0,0119 Ln(p) + 1,2913
R² = 0,976

Linha K
v = −0,0045Ln(p) + 1.2507
R² = 0,9158

p'$_c$ = 62 kPa

Pressão vertical – p'

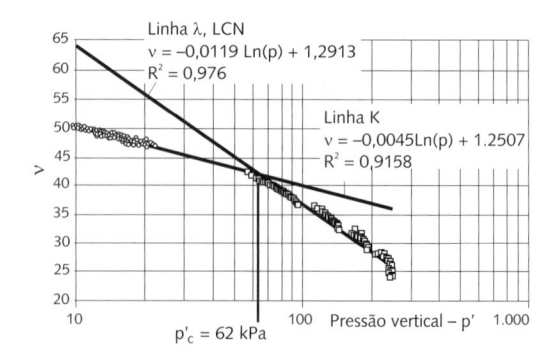

FIG. 4.19 *Determinação dos parâmetros N, λ e k para enrocamento seco (Mateus da Silva, 1996, citado em Maranha das Neves, 2002)*

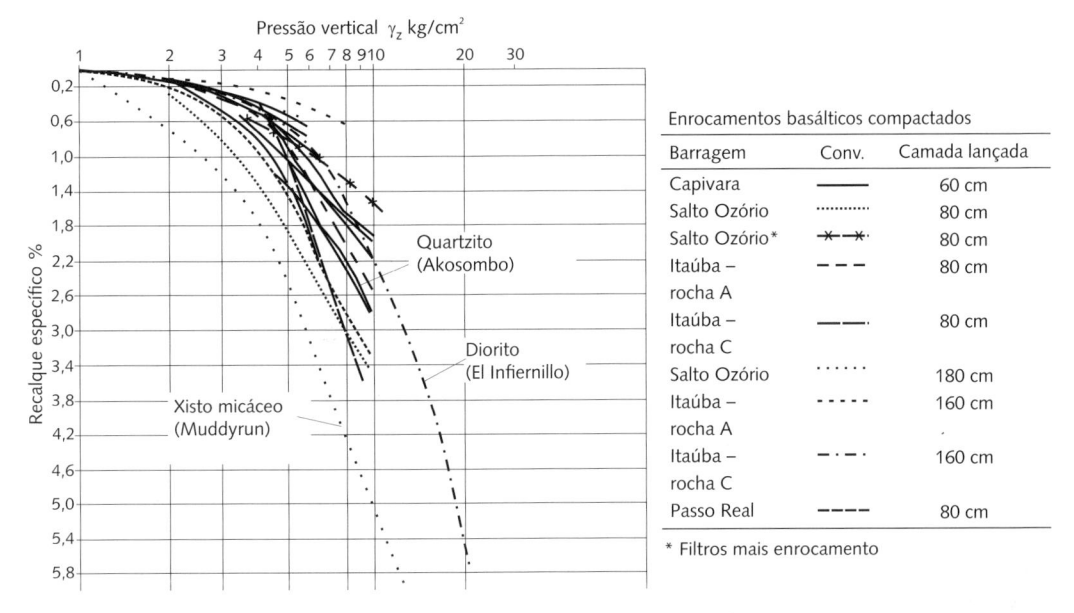

FIG. 4.20 *Compressibilidade de enrocamentos compactados (Signer, 1973)*

TAB. 4.9 Valores de λ de vários tipos de enrocamento

Enrocamento	Ensaio	λ (MPa)	Referência
Grauvaca sã seca (barr. Beliche)	Oedométrico	0,020	Veiga Pinto (1983)
Grauvaca sã saturada (barr. Beliche)	Oedométrico	0,080	Veiga Pinto (1983)
Xisto e grauvaca alterada seca (barr. Beliche)	Oedométrico	0,055	Veiga Pinto (1983)
Xisto e grauvaca alterada saturada (barr. Beliche)	Oedométrico	0,085	Veiga Pinto (1983)
Xisto seco (Pancrudo)	Oedométrico	0,035	Oldcop (2000)
Xisto saturado (Pancrudo)	Oedométrico	0,092	Oldcop (2000)
Bentinck Colliery estéril ($C_r = 75\%$; w = 8%)	Oedométrico	0,045	Charles & Skinner (2001)
Bentinck Colliery estéril ($C_r = 83\%$; w = 10%)	Oedométrico	0,095	Charles & Skinner (2001)
Xisto seco (barr. Odeleite)	Triaxial (comp. hidrostática)	0,013	Mateus da Silva (1996)
Xisto saturado (barr. Odeleite)	Triaxial (comp. hidrostática)	0,038	Mateus da Silva (1996)
Xisto seco (barr. Odeleite)	Oedométrico	0,010	Mateus da Silva (1996)
Xisto saturado (barr. Odeleite)	Oedométrico	0,027	Mateus da Silva (1996)
Riolito ligeiramente alterado (barr. Talbingo)	Oedométrico	0,008	Parkin e Adikari (1981)

apud Maranha das Neves, 2002).

A Fig. 4.21 mostra o equipamento para testes de compressão em laboratório de grande diâmetro.

A Tab. 4.10 reproduz dados de campo das barragens de enrocamento. A terceira linha de cada material é o Modulo de Compressibilidade E. O valor de E varia de ~5.000 kg/cm² (500 MPa), para baixas pressões, a 200 kg/cm² (20 MPa), para altas pressões verticais.

Valores de E medidos recentemente em novas barragens mostram alguma variação. Em barragens altas, a variação da pressão é da ordem de 6 a 10 kg/cm², ou maior; a variação do módulo E muito raramente excede 1.000 kg/cm² (100 MPa). Usualmente, o valor de E é da ordem de 40 a 60 MPa, dependendo do espalhamento, da espessura da camada e do esforço da compactação.

É importante enfatizar a não linearidade dos módulos compressivos com

FIG. 4.21 *Equipamento para testes de compressão em laboratório, diâmetro 0,5 m – Furnas Centrais Elétricas S.A. (Fleury et al., 2004)*

TAB. 4.10 Dados de compressibilidade de enrocamentos

Barragem	Material	Grandeza*	Pressão vertical (kg/cm²)					
			1	2	4	6	10	15
Capivara H = 60 m	Enrocamento de basalto, 0,60 m, rolo vibr.	1 2 3	0 0	0,12 0,06 1.667	0,50 0,125 800	1,20 0,20 500		
Salto Osório H = 65 m	Enrocamento de basalto compactado, 0,80 m, rolo vibr.	1 2 3		0,10 0,05 2.000	0,70 0,175 571	1,4 – 1,8 0,233 – 0,300 428 – 333		
Salto Osório H = 65 m	Enrocamento de basalto compactado 1,60 m rolo vibr.	1 2 3	0	0,10 0,05 2.000	0,50 0,125 800	1,20 0,08 500		
Itaúba H = 92 m	Enrocamento de basalto compactado	1 2 3		0,04 0,02 5.000	0,28 0,07 1.428	0,60 0,10 1.000	1,50 0,15 666	285 0,19 526
Itaúba H = 92 m	Enrocamento transição compactada (BR + BC + enr. fino)	1 2 3		0,04 0,02 5.000	0,20 0,05 2.000	0,35 0,06 1.714	0,68 0,068 1.470	1,20 0,08 1.250
Emborcação H = 158 m	Gnaisse camada, 0,60 m	1 2 3	0,20 0,20 500	0,38 0,19 666	0,60 0,15 666			
Pedra do Cavalo H = 140 m	Enrocamento	1 2 3	0,15 0,15 666	0,22 0,11 909	0,50 0,125 800	1,00 0,166 600	1,85 0,185 540	3,90 0,260 384
Infiernillo H = 148 m México	Enrocamento de diorito compactado, camada 1,0 m D-8	1 2 3		0,15 0,075 1.333	0,40 0,20 1.000	0,75 0,125 800	2,00 0,20 500	3,20 0,246 405
Muddy Run H = 75 m (EUA)	Enrocamento de xisto micáceo, camada 0,3 – 0,9 m, rolo vibratório	1 2 3		0,80 0,40 1.000	1,60 0,40 250	2,80 0,466 214	5,00 0,50 200	6,40 0,426 234
Akosombo H = 111 m Gana	Enrocamento quartzito compactado, 0,90 m – 4,0 t	1 2 3		0,20 0,10 1.000	1,00 0,250 400	1,60 0,266 375	2,80 0,28 357	

*1 – $\Delta h/h$ %; 2 – (cm/m)/(kg/cm²); 3 – E_v (kg/cm²)

a pressão. Também é interessante registrar a queda que o ponto de quebra no andamento da deformação como log da pressão fica em torno de 4 a 6 kg/cm².

A Fig. 4.22 mostra a quebra dos blocos de enrocamentos com a compactação na barragem de Shiroro.

4.6 COLAPSO

As Figs. 4.23 e 4.24 mostram o colapso ocorrido quando foi adicionado água ao enrocamento no ensaio oedométrico para uma pressão vertical constante.

O colapso é, na maioria das vezes, o resultado do esmagamento das pontas

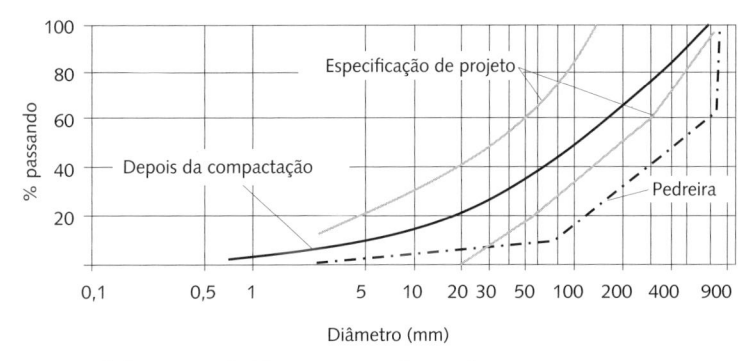

FIG. 4.22 *Enrocamento da barragem de Shiroro antes e depois da compactação*

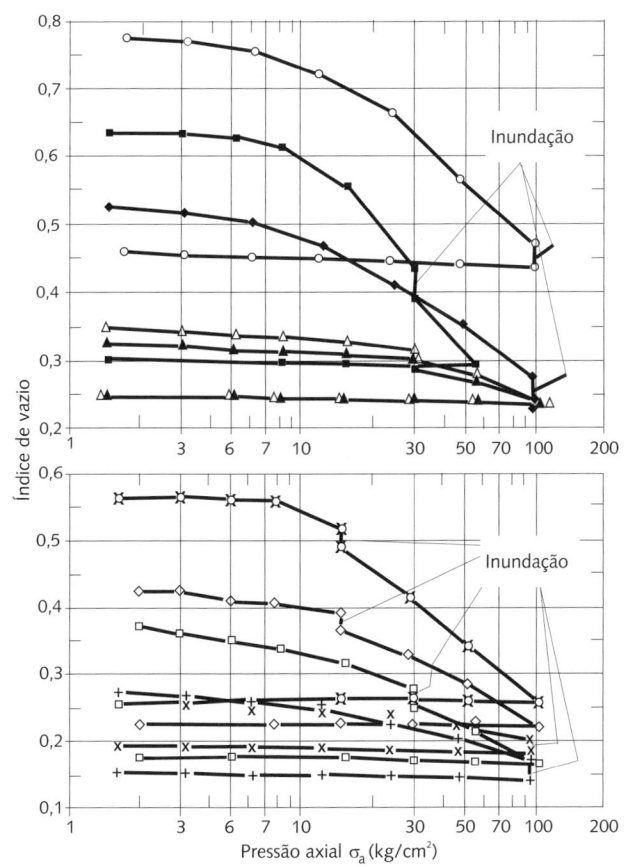

Material	Amostra/símbolo
Areia e cascalho/Pinzandarán	1 x
Pedreira nº 1 Barragem El Infiernillo	2 ○
Pedreira nº 2 Barragem El Infiernillo	3 ●
Barragem Malpaso	4 +
San Francisco grad. 1	5 △
San Francisco grad. 2	6 ▲
Barragem Mica, grad. X	7 □
Barragem Mica, grad. Y	8 ■
Barragem El Granero, grad. A	9 ◇
Barragem El Granero, grad. B	10 ⋈

FIG. 4.23 *Colapso em enrocamentos (Marsal, 1973)*

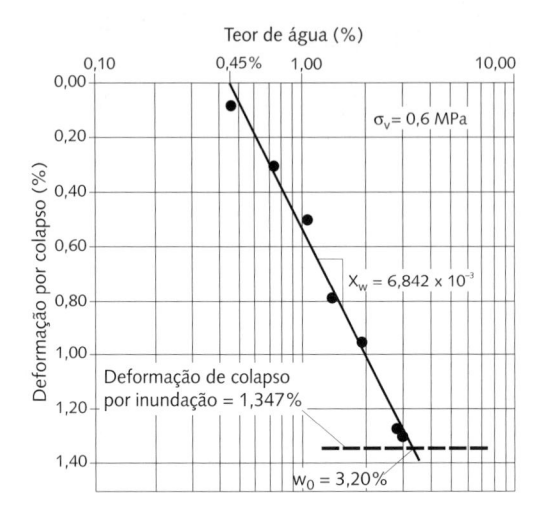

FIG. 4.24 *Colapso por aumento do teor de umidade (Oldcop, 2000)*

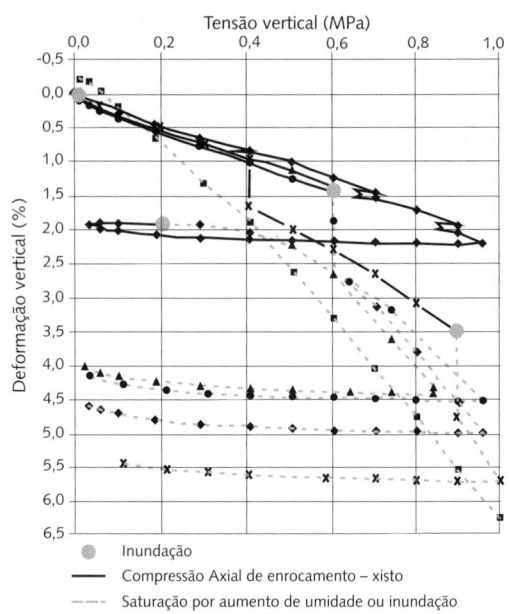

FIG. 4.25 *Ensaios de colapso com a inundação (Oldcop, 2000)*

rochosas que perdem resistência na submersão. O fenômeno é análogo ao colapso em solos. Trata-se, basicamente, da ruptura de uma estrutura estável devido à presença de água.

Na mecânica dos solos, concebe-se que o colapso se dá em razão da destruição das pressões negativas da água. Em enrocamentos, acontece por quebra ou esmagamento dos blocos de rocha.

Um dado interessante é mostrado na Fig. 4.25. Partículas de um xisto (σ_c = 20,5 MPa) usado no enrocamento de uma barragem foram submetidas a um aumento do teor de umidade, de 0,45% para 3,20%. Mediu-se um colapso de 1,34%.

Parece que o colapso ocorre independentemente da submersão do enrocamento. É suficiente que a água alcance os pontos de contato entre os blocos de rocha, afetando a resistência nesses contatos e levando ao colapso. Isso significa que a água de chuva é suficiente para causar colapso, mesmo que o enrocamento não chegue a saturar.

4.7 Fluência

O fenômeno da fluência no enrocamento da barragem de Xingó já foi mostrado na Fig. 4.4. Em menos de seis anos, os deslocamentos da face de concreto dobraram. Esses deslocamentos podem também ter ocorrido devido à entrada de água por fissuras na laje.

A fluência em enrocamentos é um processo de acomodação progressiva dos blocos e das partículas rochosas, pela mudança no arranjo estrutural, devido ao esmagamento no contato entre os blocos, e pela progressiva mudança na granulometria, ocasionada pela fraturação.

Em geral, a fluência envolve dois aspectos: a fluência volumétrica, associada a fenômenos de endurecimento, e a fluência distorcional, associada a processos de enfraquecimento.

De acordo com Maranha das Neves (2002):

Pode-se definir três fases características no comportamento deformação-tempo. A fase primária corresponde a um comportamento, do ponto de vista da deformação, não linear no tempo e no qual a velocidade da deformação sob a tensão efetiva constante vai diminuindo progressivamente. Predomina a deformação volumétrica, com consequente aumento da rigidez. Quando a velocidade de deformação se torna constante entra-se na fase secundária.Ocorrem nessa fase deformações volumétricas e distorcionais com predomínio destas últimas.Para que ocorresse uma terceira fase, as tensões desviatórias teriam de ocorrer em níveis muito superiores aos que se estabelecem nos maciços de enrocamento, e gerariam deformações a velocidades crescentes, predominando a ruptura.

A fase que interessa às BEFCs é a segunda, porque é, por assim dizer, inevitável, independentemente de todas as ações que sejam feitas durante a construção, como adição de água, redução das camadas, espessuras e aumento do número de passadas do rolo compactador.

Ver o Cap. 10 para mais dados sobre recalques, deslocamentos horizontais e deslocamentos da face de concreto em BEFCs.

4.8 ENROCAMENTOS COMO MATERIAIS DE CONSTRUÇÃO

Uma análise dos perfis das barragens e das tabelas incluídas no Cap. 3, que descreve os materiais de construção para cada zona da barragem, mostra que essas barragens foram construídas com os mais diversos tipos de enrocamentos e cascalhos.

Como se verá nos Caps. 5 e 6 a seguir, as BEFCs não têm histórico de ruptura, mesmo em áreas sísmicas, desde que não sofram galgamento nem fluxo interno excessivo.

Por isso, os requisitos básicos do projeto são o controle das deformações das várias zonas da barragem e o controle do fluxo, principalmente na fase construtiva.

Os aspectos teóricos da mecânica dos enrocamentos já foram apresentados nos itens anteriores. Os dados de observação e desempenho dessas barragens estão no Cap. 10.

4.8.1 Alguns enrocamentos usados em BENAs e BEFCs

Cooke e Sherard (1987) já afirmaram que "qualquer rocha dura, com menos de 20% das partículas passando na peneira 4 (4,8 mm) e 10% ou menos de finos passando na peneira 200 (0,074 mm) tem a alta resistência e a baixa compressibilidade necessárias aos enrocamentos das BEFCs". Para eles, esses limites são uma maneira melhor de definir o enrocamento do que a especificação que limita a porcentagem inferior a 2,5 cm.

Watzko (2007), em sua recente dissertação de mestrado, revendo o emprego de enrocamentos em BEFCs, em particular na barragem de Machadinho, afirma que: "Durante a década de 70, a palavra enrocamento *rockfill* podia ser definida como um conjunto de fragmentos de rocha, cuja granulometria é constituída em 70% por partículas maiores que ½" (12,5 mm), com uma fração de no máximo 30% (o ideal seria 10%) de partículas que passam na peneira nº 4 (4,8 mm). Atualmente estes percentuais são bem mais relaxados. Tem-se granulometrias onde o diâmetro máximo atinge até 1,5 m e o percentual de material fino chega aos 35% ou 40%, (passante na peneira nº 4) ou até mesmo um percentual da ordem de 10% (passante na peneira nº 200, 0,075 mm). Um dos requisitos a que se dá importância é a permeabilidade do material, que deve ser superior a $k = 10^{-3}$ cm/s".

No enrocamento da barragem Salvajina, a porcentagem inferior a 1" chegou a 50%.

Há que se registrar que Penman e Rocha Filho (2000) afirmavam que enrocamentos são materiais que não desenvolvem pressões neutras construtivas; por isso a permeabilidade $k > 10^{-3}$ cm/s.

Para ilustrar, os enrocamentos usados na barragem de Machadinho são mostrados no Anexo 4.1

Para mais informações sobre o desempenho da barragem de Machadinho, ver o Cap. 10.

Resumo dos pontos principais:
1) Enrocamentos são materiais compressíveis que se encaixam na parte inferior do intervalo de deformabilidade dos materiais de construção;
2) A mecânica das deformações, no entanto, segue regras particulares ou processos que incluem quebra ou esmagamento de partículas a baixas tensões, devido às altas pressões que ocorrem nos poucos contatos rocha-rocha. Esse fenômeno pode ocorrer em outros materiais, como areia, por exemplo, mas somente em níveis muito maiores de tensões (~10 MPa);
3) Colapsos ocorrem pela perda de resistência dos contatos rocha-rocha. Se essa perda de resistência se deve à perda de sucção nas fissuras da rocha, como ocorre nos solos, é um campo aberto para pesquisas e discussões;
4) Enrocamentos são sujeitos a fluência ou deformações com o tempo, sob um constante estado de tensões.

ANEXO 4.1
Barragem de Machadinho

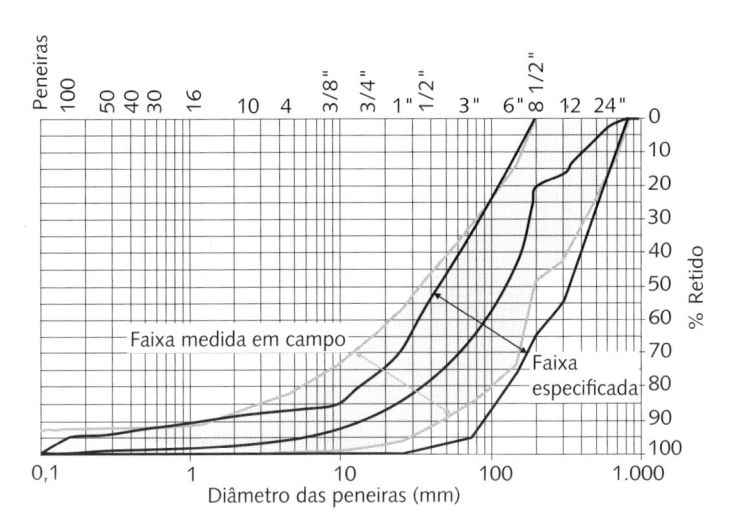

FIG. 4.26 *Barragem de Machadinho: curva granulométrica do enrocamento fino (Watzko, 2007)*

TAB. 4.11 Características do enrocamento fino (BEFC de Machadinho – 3A)

Características do enrocamento fino		Material de origem basáltica
Litologia	Uniforme	Basalto denso
Sanidade dos grãos	Rocha sã	Rocha basáltica sã
Coeficiente de não uniformidade C_u	$5 < C_u < 30$	
Diâmetro máximo	$d_{máx.} < 400$ mm	
D_{50}	10 mm $< \varnothing_{50} <$ 80 mm	
Coeficiente de permeabilidade k	$k < 10^{-3}$ cm/s (normalmente $10^{-3} < k < 10$ cm/s)	
Módulo de deformabilidade	$E > 80$ MPa	

FIG. 4.27 *Barragem de Machadinho: A) Enrocamento fino; B) Enrocamento de proteção (Watzko, 2007)*

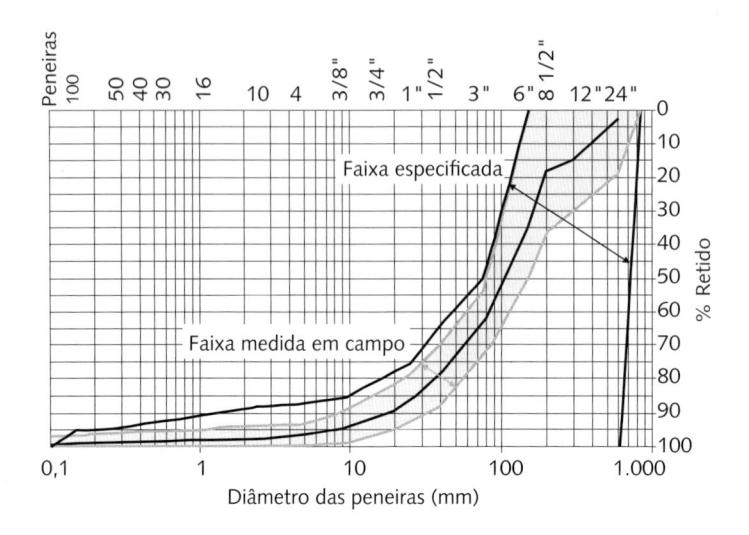

FIG. 4.28 *Barragem de Machadinho: curva granulométrica do enrocamento médio – 3B (Watzko, 2007)*

TAB. 4.12 Características do enrocamento médio – 3B (BEFC de Machadinho)

Características do enrocamento médio		Material de origem basáltica
Litologia	Variada na proporção 70% e 30%	Basalto denso 70%; Brecha 30%
Sanidade dos grãos	Rocha sã	Rocha basáltica sã
Coeficiente de não uniformidade C_u	$5 < C_u < 20$	
Diâmetro máximo	$d_{máx.} < 800$ mm	
D_{50}	30 mm $< Ø50 <$ 100 mm	
Coeficiente de permeabilidade k	$k < 10^{-3}$ cm/s (normalmente $10^{-3} < k < 10$ cm/s)	
Módulo de deformabilidade	$50 < E < 90$ MPa	

FIG. 4.29 *Barragem de Machadinho: enrocamento médio (Watzko, 2007)*

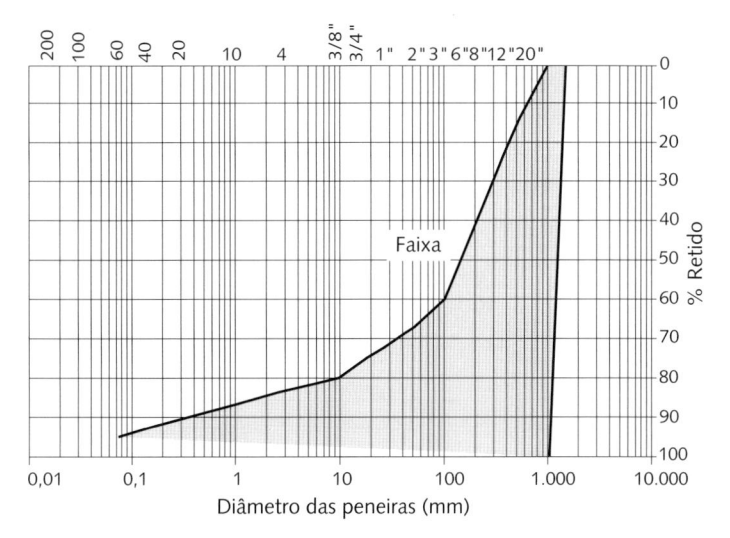

FIG. 4.30 *Barragem de Machadinho: Curva granulométrica do enrocamento graúdo duro – 3C (Watzko, 2007)*

TAB. 4.13 Dados característicos do enrocamento graúdo duro – 3C (BEFC de Machadinho)

Características do enrocamento graúdo duro	Material de origem basáltica
Litologia	Variada na proporção 70% e 30% — Basalto denso 70%; Brecha 30%
Sanidade dos grãos	Rocha sã — Rocha basáltica sã
Coeficiente de não uniformidade C_u	$C_u < 10$
Diâmetro máximo	$d_{máx.} < 1.600$ mm
D_{50}	100 mm $< \emptyset_{50} <$ 600 mm
Coeficiente de permeabilidade k	$k > 10$ cm/s
Módulo de deformabilidade	$50 < E < 90$ MPa

FIG. 4.31 *Barragem de Machadinho: enrocamento graúdo duro (Watzko, 2007)*

TAB. 4.14 Dados característicos do enrocamento graúdo brando – 3C (BEFC de Machadinho)

Características do enrocamento graúdo brando		Material de origem basáltica
Litologia	Proporção variada	Basalto denso/alterado e Brecha
Sanidade dos grãos	Rocha sã a muito alterada	Rocha basáltica sã alterada
Coeficiente de não uniformidade C_u	$C_u < 10$	
Diâmetro máximo	$d_{máx.} < 1.600$ mm	
D_{50}	100 mm $< \emptyset_{50} <$ 600 mm	
Coeficiente de permeabilidade k	$k > 10^{-3}$ cm/s	
Módulo de deformabilidade	$15 < E < 50$ MPa	

FIG. 4.32 *Barragem de Machadinho: enrocamento graúdo brando (Watzko, 2007)*

5 | Estabilidade

5.1 Estabilidade estática

Pode parecer surpreendente para projetistas de barragens de terra, e mesmo de terra-enrocamento, deparar-se com um projeto de uma BEFC de 200 m de altura, no qual não existe nenhuma menção a análises de estabilidade estática dos taludes, item que recebe, em outros projetos de barragens, uma atenção especial por parte dos projetistas.

Cooke e Sherard (1987) discutem o assunto e dizem taxativamente que:

...enrocamentos não podem romper por deslizamento paralelo ao talude e nem por superfícies circulares, se lançados ou compactados em taludes de 1,3(H):1,0(V) ou 1,4(H):1,0(V), que são os taludes usuais em BEFCs. O simples fato de o ângulo de atrito de um enrocamento ser, no mínimo, de 45°, garante a estabilidade.

Enrocamentos são materiais de elevada resistência, estão "secos", ou seja, não contêm água nos vazios de forma a gerar pressão neutra, como no caso de solos. Se a fundação for em rocha, não há o risco de uma ruptura pela fundação.

E, nesse caso, a ruptura teria de ocorrer ao longo de superfícies paralelas ao talude, ou em superfícies circulares mais profundas, o que não se verificou em nenhuma das mais de 300 BEFCs já construídas.

Um caso de início de ruptura em um talude de enrocamento sujo lançado foi observado num depósito de estéril de uma mina em Poços de Caldas (Cruz, 1996). O material estava sendo lançado num vale, como se vê na Fig. 5.1, e, como o vale se aprofundava, a altura do aterro era crescente. Num determinado momento, começaram a aparecer trincas na superfície, e os operadores dos caminhões se negaram a prosseguir com o lançamento, temendo uma ruptura. Nesse caso, a inclinação do talude era bem superior a 1,3(H):1,0(V). A solução foi suspender o lançamento e dividir a altura do aterro.

Nas BEFCs, após o enchimento, o talude de montante, em geral de mesma inclinação que o de jusante, fica sujeito à pressão estabilizante da água na face da laje de concreto, e é sempre mais estável

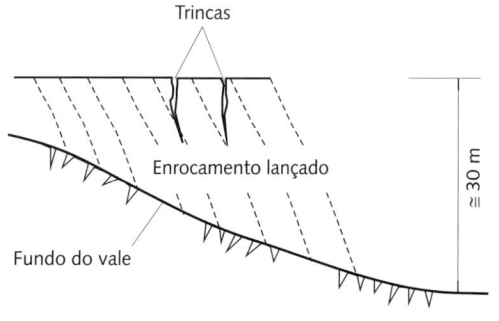

Fig. 5.1 *Desenho esquemático do início da ruptura de um enrocamento sujo*

do que o de jusante, totalmente desconfinado.

Para ilustrar essa questão, procedeu-se a uma análise sobre a estabilidade de taludes de enrocamentos não sujeitos ao fluxo da água, baseada nos ábacos desenvolvidos por Charles e Soares (1984).

Análises de estabilidade considerando fluxo através e fluxo galgando os enrocamentos são discutidas no Cap. 6.

Com base nas equações de resistência ao cisalhamento, já apresentadas no Cap. 4, pode-se calcular o fator de segurança (FS) para um plano paralelo ao talude utilizando-se a expressão:

$$FS = tg\varphi/tg\beta$$

sendo φ o ângulo de atrito do enrocamento para baixas tensões e β o ângulo médio de inclinação do talude. Nesse caso, o FS independe da altura da barragem.

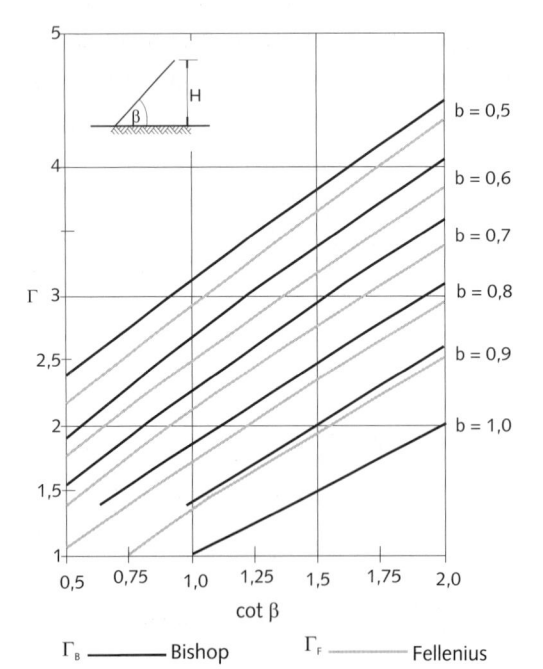

Já no caso de barragens acima de 50 m, e mais ainda nas que atingem de 150 m a 200 m ou mais, a situação muda, e a superfície crítica de ruptura deixa de ser superficial e tende a se desenvolver dentro do maciço de enrocamento, uma vez que a resistência do enrocamento tende a diminuir quando os níveis de tensão aumentam.

Uma forma expedita de calcular o valor de FS para barragens de grande altura é recorrer aos ábacos propostos por Charles e Soares (1984), reproduzidos nas Figs. 5.2 e 5.3. Os cálculos foram feitos por lamelas à semelhança dos procedimentos adotados por Fellenius e por Bishop.

Conhecidos o valor de b da equação de resistência e a inclinação média do talude β, obtém-se da Fig. 5.2 o valor de Γ, que é um coeficiente de estabilidade com o qual se calcula FS pela fórmula:

$$FS = (\Gamma A) / (\gamma H)(1-b)$$

sendo A o coeficiente da equação de resistência $\tau = A\sigma^b$, γ a densidade e H a altura da barragem.

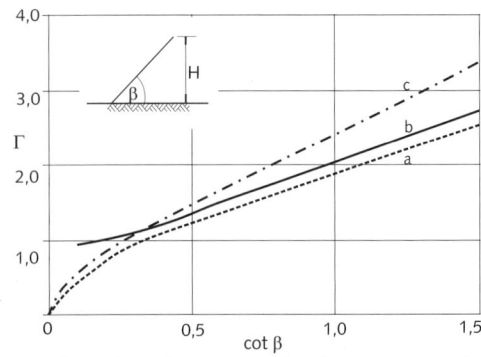

FIG. 5.2 Números de estabilidade para análises circulares (Charles & Soares, 1984)

FIG. 5.3 Análise de estabilidade de um talude de enrocamento (b=0,75) (Charles & Soares, 1984)

a – Fellenius; b – Bishop; c – Superfície de ruptura passando pelo pé do talude

Nessa equação, os valores de A, γ e H devem ser expressos nas mesmas unidades: (t, m) ou (kg, cm) ou (kN, m).

A Fig. 5.3 é um caso particular da Fig. 5.2, onde o expoente b = 0,75.

A Fig. 5.4 permite localizar o centro do círculo crítico, dado pelas coordenadas x e y em função de b e β, e que não depende do valor de A.

A Fig. 5.5A mostra que para um mesmo valor de b, os círculos críticos são mais profundos para taludes mais abatidos. Mantido o talude e fazendo variar b, os círculos tornam-se progressivamente mais rasos para valores maiores de b. Há uma lógica nesse comportamento, porque se b fosse igual a 1, a envoltória seria re-

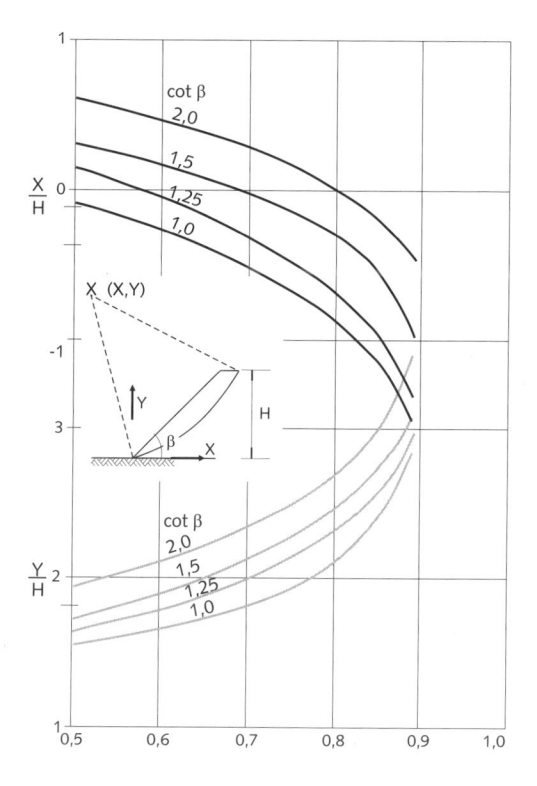

FIG. 5.4 *Local dos centros das superfícies circulares críticas na análise de Bishop*

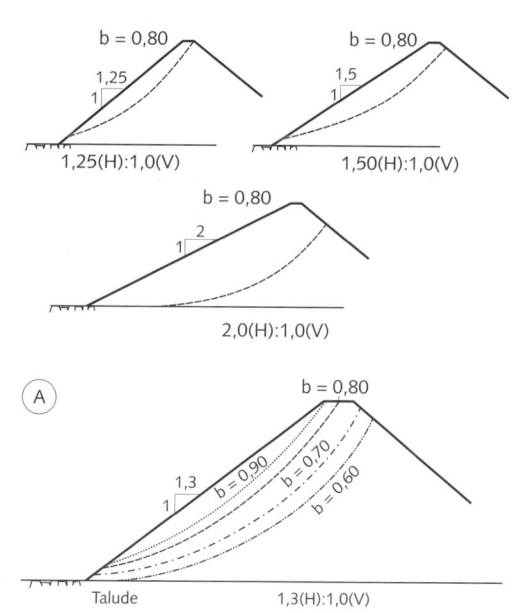

FIG. 5.5 *A) Superfícies críticas de ruptura*

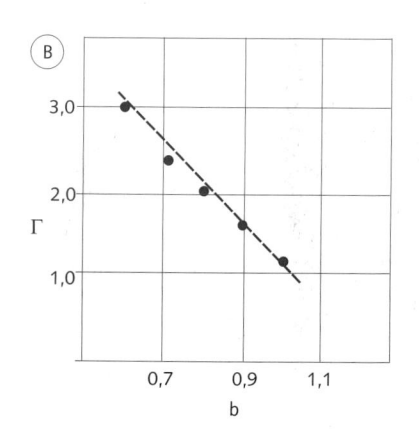

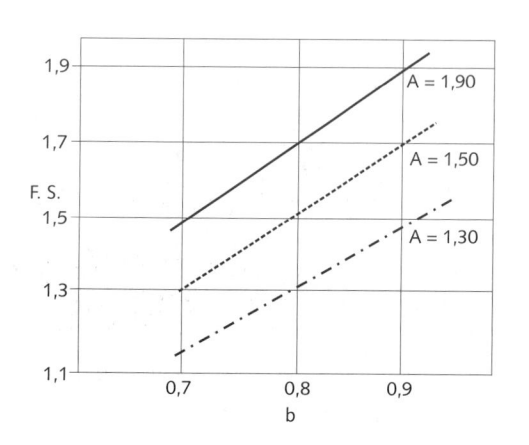

FIG. 5.5 *B) FS versus b como função de A*

tilínea, e a superfície crítica seria paralela ao talude e coincidente com o próprio talude que representa a condição limite.

Analisando-se a fórmula para o cálculo do FS:

$$FS = (\Gamma A) / (\gamma H)^{(1-b)}$$

verifica-se que o FS diminui com H e γ, e cresce com b, que é um parâmetro que reflete a queda da resistência com o aumento da pressão. Quanto menor b, maior a queda da resistência com o aumento da pressão.

Seja $A = 1,30$ (kg/cm^2); $\gamma = 2,2$ t /m^3 e $H = 150$ m; e $b = 0,7$; 0,8 e 0,9.

Para um talude de 1,30(H):1,0(V), Γ = 2,55; 2,05 e 1,60, e FS = 1,16; 1,32 e 1,47, respectivamente.

A variação de FS com b é linear (Fig. 5.5B), o mesmo ocorrendo com A.

5.2 Cálculos de FS para envoltórias típicas de resistência de enrocamentos

Considerando quatro envoltórias médias de resistência para enrocamento de basalto, grauvaca com argilito, granito-gnaisse e cascalhos (Tab. 5.1) e taludes de 1,1(H) a 1,6(H):1,0(V), pode-se construir as Tabs. 5.2 e 5.3, que fornecem, respectivamente, os valores de FS para ruptura circular calculada com os ábacos de Charles e Soares (1984) e para ruptura paralela ao talude.

As equações de resistência já foram discutidas no Cap. 4. A densidade foi considerada igual a 2,0 t/m^3 (20 kN/m^3).

A Tab. 5.2 mostra que taludes de 1,1(H): 1,0(V) até 1,6(H):1,0(V) são estáveis para alturas de barragens desde 80 m até 200 m. Para a inclinação usual de 1,3(H):1,0(V), os FS variaram de 1,18 (H = 200 m, cascalho) a 1,99 (H = 80 m, basalto).

Como exemplo de cálculo, consideremos a estabilidade de duas BEFCs brasileiras: Itapebi (120 m) e Campos Novos (202 m).

Itapebi:
- Talude de montante 1,25(H):1,0(V)
- Talude de jusante 1,35(H):1,0(V)
- Enrocamento $\gamma = 2,10$ t/m^3
- Micaxisto-xisto-gnaisse $\tau = 0,90$ σ' (kg/cm^2) (envoltória retilínea)
- Parâmetro de estabilidade: montante $\Gamma = 1,20$; jusante $\Gamma = 1,40$
- Fatores de segurança:
- Talude de montante FS = $(1,20 \times 0,90)/(2,10 \times 10^{-3} \times 120 \times 10^2)^0 = 1,08$
- Talude de jusante FS = $(1,40 \times 0,90)/(2,10 \times 10^{-3} \times 120 \times 10^2)^0 = 1,26$

Campos Novos:
- Talude de montante 1,3(H):1,0(V)
- Talude de jusante 1,4(H):1,0(V)
- Enrocamento $\gamma = 2,25$ t/m^3
- Basalto $\tau = 1,38$ $\sigma^{0,89}$ (kg/cm^2) (envoltória curva)

TAB. 5.1 Envoltórias de resistência

Enrocamentos	Parâmetros médios de resistência			
	A kg/cm^2	b	φ_1	φ_2
Basaltos	1,58	0,80	57,6	54,0
Grauvaca e argilito	1,41	0,87	54,6	52,2
Granito-gnaisse	1,15	0,80	47,7	45,1
Cascalhos	1,05	0,85	46,3	43,4

φ'_1 – Ângulo de atrito para $\sigma = 1$ kg/cm^2
φ'_2 – Ângulo de atrito para $\sigma = 2$ kg/cm^2

TAB. 5.2 Valores de FS para ruptura circular

Enrocamento	H = 80 m					H = 150 m					H = 200 m				
Talude H:V	1,1	1,2	1,3	1,4	1,6	1,1	1,2	1,3	1,4	1,6	1,1	1,2	1,3	1,4	1,6
Basalto	1,77	1,85	1,99	2,15	2,30	1,56	1,67	1,75	1,89	2,03	1,48	1,54	1,64	1,79	1,91
Grauvaca e argilito	1,56	1,68	1,85	1,95	2,16	1,43	1,55	1,70	1,80	1,99	1,38	1,49	1,64	1,72	1,91
Granito-gnaisse	1,21	1,31	1,44	1,52	1,69	1,12	1,20	1,33	1,40	1,55	1,07	1,16	1,27	1,34	1,49
Cascalho	1,18	1,30	1,35	1,42	1,64	1,07	1,18	1,23	1,30	1,59	1,03	1,13	1,18	1,24	1,43

TAB. 5.3 Valores de FS para ruptura paralela ao talude

Enrocamento	H = 80 m					H = 150 m					H = 200 m				
Talude H:V	1,1	1,2	1,3	1,4	1,6	1,1	1,2	1,3	1,4	1,6	1,1	1,2	1,3	1,4	1,6
Basalto	1,63	1,78	1,93	2,07	2,37	1,63	1,78	1,93	2,07	2,37	1,63	1,78	1,93	2,07	2,37
Grauvaca e argilito	1,46	1,59	1,72	1,85	2,12	1,46	1,59	1,72	1,85	2,12	1,46	1,59	1,72	1,85	2,12
Granito-gnaisse	1,13	1,24	1,34	1,45	1,65	1,13	1,24	1,34	1,45	1,65	1,13	1,24	1,34	1,45	1,65
Cascalho	1,08	1,18	1,27	1,37	1,57	1,08	1,18	1,27	1,37	1,57	1,08	1,18	1,27	1,37	1,57

- Parâmetro de estabilidade: montante $\Gamma = 1,80$; jusante $\Gamma = 1,95$
- Fatores de segurança:
- Talude de montante FS = $(1,80 \times 1,38)/(2,25 \times 10^{-3} \times 202 \times 10^2)^{0,11}$ = 2,48/1,52 = 1,63
- Talude de jusante FS = $(1,95 \times 1,38)/(2,25 \times 10^{-3} \times 202 \times 10^2)^{0,11}$ = 2,69/1,52 = 1,77

Para o talude de montante de Itapebi, a equação de resistência $\tau = 0,90\ \sigma$ é uma condição limite porque o material testado provém do pior enrocamento parcialmente usado no espaldar de jusante. Se considerarmos os ensaios de Marsal (1973) para o gnaisse-granito-xisto da barragem de Mica, $\tau = 1,15\ \sigma^{0,80}$, ou os ensaios de Midea (1973) para o gnaisse da barragem de Paraibuna, $\tau = 1,18\ \sigma^{0,86}$, o FS do talude de montante de Itapebi seria de 1,27 e 1,42, respectivamente. Após o enchimento do reservatório, a estabilidade de montante aumenta significativamente.

Para barragens muito altas, com mais de 250 m, as análises de estabilidade se tornam obrigatórias principalmente em regiões de alta sismicidade. Esse problema já foi mencionado anteriormente e merece atenção especial quando são introduzidos, na zona T, materiais de menor resistência ao cisalhamento.

A questão básica é definir se o círculo crítico envolve o material T, ou seja, se passa por ele.

De forma simplificada, pode-se, numa primeira análise, calcular a estabilidade dos taludes considerando somente as zonas 3B e 3C e os materiais que os constituem.

Equações de resistência ao cisalhamento para diferentes materiais constam das Tabs. 4.4, 4.6 e 4.8 do Cap. 4.

Com base nas equações de resistência dessas tabelas e considerando uma barragem de 300 m de altura, pode-se calcular o FS para barragens de enrocamento com taludes de 1,4(H):1,0(V), 1,5(H):1,0(V) e 1,6(H):1,0(V).

Pelos dados da Tab. 5.4 fica evidente que, para obter um FS ≥ 1,30 para a condição de estabilidade estática, é necessário dispor de enrocamento de rocha de boa qualidade e taludes mais próximos de 1,6(H):1,0(V).

A questão seguinte é procurar definir a posição do círculo crítico. A Fig. 5.5 mostra a posição do círculo crítico para uma barragem de 150 m com diferentes taludes e valores de b variando de 0,60 a 0,90. Por sua vez, a Fig. 5.6 mostra a posição de dois círculos críticos para uma barragem de 300 m.

No primeiro caso, o círculo é raso e b = 0,89. Já no segundo caso, b = 0,75 e o círculo é bem mais penetrante na barragem e poderia interceptar o material T.

Para a obtenção da superfície crítica, pode-se recorrer aos métodos convencionais de cálculo (Newmark, 1965).

No caso de análise em regiões sísmicas, adota-se N/A = 0,20, sendo N o coeficiente de máxima resistência e A a máxima aceleração, como já referido no Cap. 2.

5.3 Estabilidade em regiões sísmicas

As barragens tipo BEFC têm sido relatadas na literatura técnica como resistentes a efeitos dinâmicos causados

TAB. 5.4 Resistência ao cisalhamento de enrocamentos e fatores de segurança para uma barragem de 300 m de altura

Material	Resistência ao cisalhamento		Densidade	Fatores de segurança			
	A kg/cm²	b	γ t/m³	1,4:1,0 39,5°	1,5:1,0 33,5°	1,6:1,0 32,0°	φ₁ 0
Basalto são	1,34	0,87	2,15	1,59	1,67	1,75	53,2
Basalto vesículo-amigdaloidal	1,13	0,85	2,15	1,26	1,36	1,45	48,5
Basalto microvesicular	1,45	0,78	2,10	1,42	1,51	1,51	55,4
Gnaisse com 3% a 9% de finos	1,18	0,86	2,15	1,36	1,38	1,45	49,7
Gnaisse com 26% a 48% de finos	1,08	0,85	2,10	1,19	1,24	1,33	47,2
Gnaisse com 100% de finos	0,81	0,95	2,00	1,05	1,15	1,25	39,0
Cascalho de Oroville	1,12	0,82	2,15	1,16	1,27	1,32	48,2
Areia calcária	0,88	0,90	2,00	1,09	1,15	1,21	41,3
Areia muito densa	0,92	0,92	2,00	1,15	1,21	1,28	42,6
Cascalho arenoso	1,57	0,82	2,10	1,57	1,77	1,85	57,0
Areia grauvaca	2,13	0,75	2,15	1,92	2,06	2,17	64,0
Ardósia	1,40	0,82	2,10	1,40	1,56	1,66	54,0
Basalto	1,38	0,89	2,15	1,66	1,74	1,82	54,0
Diorito	1,00	0,90	2,15	1,25	1,32	1,38	41,0

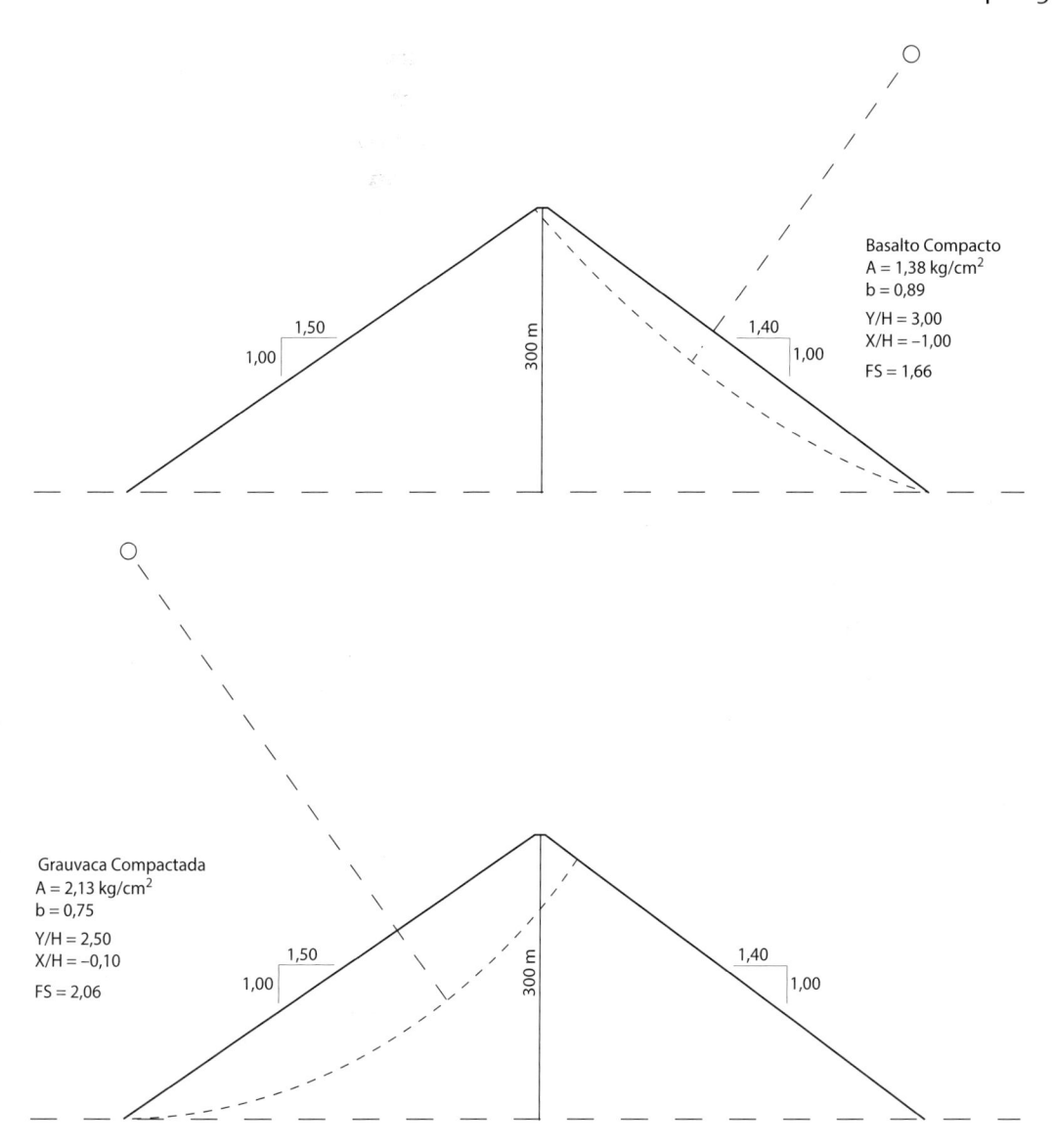

FIG. 5.6 *Posição dos círculos críticos*

por eventos sísmicos. Como o corpo da barragem está geralmente seco, as vibrações causadas por um sismo não produzem pressões neutras que possam afetar a estabilidade da estrutura de forma catastrófica. Podem, todavia, causar a densificação do enrocamento, com a ocorrência de recalques, deslocamentos nos taludes e, no caso de sismos muito fortes, provocar o rompimento da laje principal, causando aumento de infiltrações (Cooke; Sherard, 1987) e também surgências no talude de jusante.

Durante a preparação desses comentários, ocorreu na China, na província de Sichuan, um dos maiores eventos sísmicos já verificados naquele país, com muitas vítimas.

Um terremoto de magnitude 8, com o epicentro muito superficial localizado a 10 km de profundidade e com duração de 1 minuto. Segundo informações de Chengdu, afetou várias barragens na região.

A barragem de Zipingpu (160 m), do tipo BEFC, resistiu ao sismo, embora tenham sido relatadas algumas fraturas na laje principal.

Novos critérios têm sido definidos e aplicados em regiões de reconhecida sismicidade, utilizando parâmetros de acordo com as seguintes definições da terminologia internacional:

- **Sismo Máximo Possível (SMP)** – É o terremoto de maior magnitude que pode ocorrer dentro de uma zona tectônica conhecida.
- **Sismo Máximo de Projeto (SMP)** – É o maior terremoto a que a estrutura deve resistir, embora possam se produzir severos danos, mas que podem ser reparados.
- **Sismo Básico Operacional (SBO)** – É o terremoto básico que corresponde a uma aceleração básica para a qual os danos à estrutura são reparáveis, mantendo a contínua operação da barragem. Naturalmente, é um terremoto de menor aceleração que o SMP.

Uma vez definidos esses parâmetros para uma região e determinado o risco aceitável, os parâmetros mecânicos dos materiais da barragem são determinados por meio de ensaios triaxiais e modelos hiperbólicos.

Um excelente exemplo de como calcular esses parâmetros mecânicos dos materiais é apresentado por Romo (1991) para a barragem de Aguamilpa (187 m – México).

As envoltórias de Mohr são curvas que variam com a pressão de confinamento, refletindo as alterações do ângulo de atrito à medida que a pressão confinante aumenta. Uma equação que simula essa variação é a seguinte:

$$\varphi = \varphi_0 - \Delta\varphi \, \log(\sigma/Pa)$$

sendo: φ – ângulo de atrito; φ_0 – ângulo de atrito para Pa; $\Delta\varphi$ – característico de cada material; σ – pressão de confinamento; Pa – pressão atmosférica tomada como referência.

Expressões similares foram correlacionadas por Leps (1970). Os outros parâmetros mecânicos, tais como peso específico, densidade, índice de vazios e módulos de Poisson, são determinados no laboratório ou por correlação com materiais similares já ensaiados.

5.3.1 Fator de segurança sísmico

O fator de segurança sísmico é determinado pela expressão:

$$FS = tg\,\varphi / tg\,(\beta + \delta)$$

sendo: φ – ângulo de atrito médio; β – ângulo do talude da barragem; δ – arctg α; α – coeficiente de aceleração sísmica.

O coeficiente de aceleração sísmica é determinado pelos critérios descritos anteriormente (SMP, SMP, SBO).

A expressão apresentada é similar ao cálculo de estabilidade pelo método de Bishop e explica que, para valores tradicionais de taludes de enrocamento de 1,4(H):1,0(V), em regiões de sismicidade com valores de $\alpha \leq 0,3g$, os taludes são estáveis, quando os enrocamentos apresentam ângulos de atrito médio superiores a 48°. A soma $(\beta + \delta)$ deve ser menor que φ.

As barragens construídas no Brasil, em regiões sem sismicidade, são estáveis com taludes de 1,3(H):1,0(V), como as recentemente construídas barragens de Campos Novos (202 m) e Barra Grande (185 m), como demonstrado em 5.2.

Em países com sismicidade maior, como México, Argentina, Chile, Colômbia, Equador etc, é normal aplicar um método de análise mais refinado. Primeiro deve-se determinar o estado de tensões na barragem antes da ocorrência do sismo. Esse estado de tensões é o resultado da história da construção da barragem consideradas as sucessivas etapas:
- sobreposição das camadas de enrocamento durante processo construtivo;
- construção da laje de concreto;
- aplicação do efeito do enchimento do reservatório.

Para essa simulação se aplicam diferentes programas de elementos finitos que consideram o comportamento não linear tensão × deformação dos materiais, utilizando uma relação hiperbólica. Os módulos são calculados de acordo com a evolução das tensões, obtendo-se as deformações da barragem ao final da construção, como também os deslocamentos produzidos pelo enchimento do reservatório.

Com esses parâmetros é possível determinar a distribuição dos recalques e dos deslocamentos horizontais da barragem para a fase construtiva e durante o enchimento do reservatório.

A Fig. 5.7 apresenta esquematicamente os recalques e deslocamentos calculados para a barragem de Santa Juana, Chile (Troncoso, 1993), no talude de montante, antes de introduzir os efeitos de um sismo.

Nas Figs. 5.8 e 5.9 apresentam-se resultados típicos de ensaios realizados com os materiais utilizados em Aguamilpa (Romo, 1991). Pode-se apreciar a redução do ângulo de atrito ao aumentar a pressão de confinamento tanto para seixos com finos como para enrocamentos.

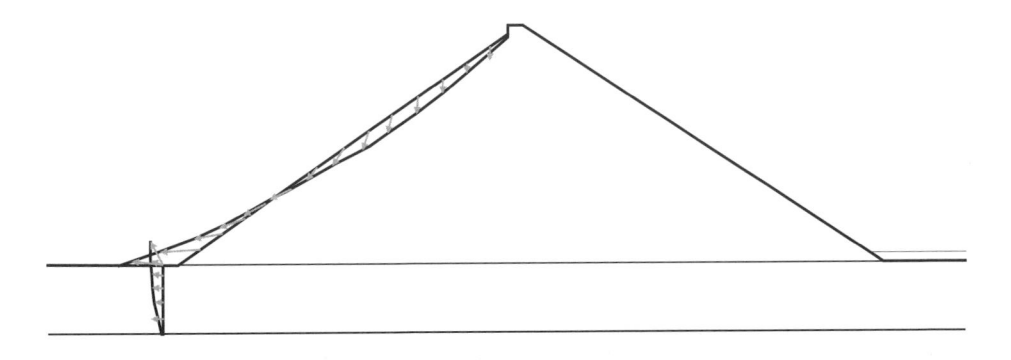

FIG. 5.7 *Esquema dos recalques e deslocamentos em Santa Juana (Troncoso, 1993)*

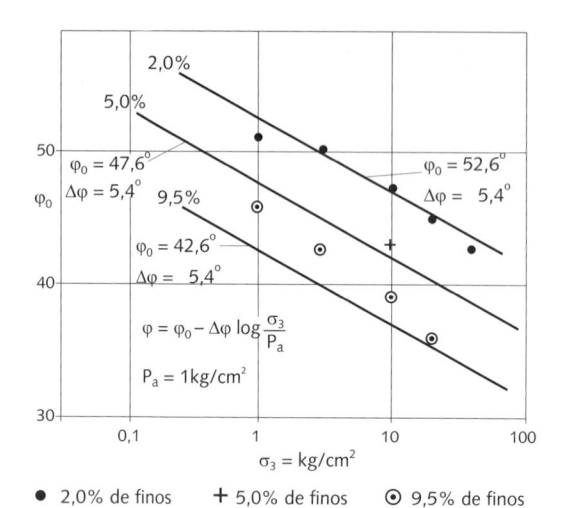

FIG. 5.8 *Redução do ângulo de atrito com o aumento da tensão de confinamento em seixos (Romo, 1991)*

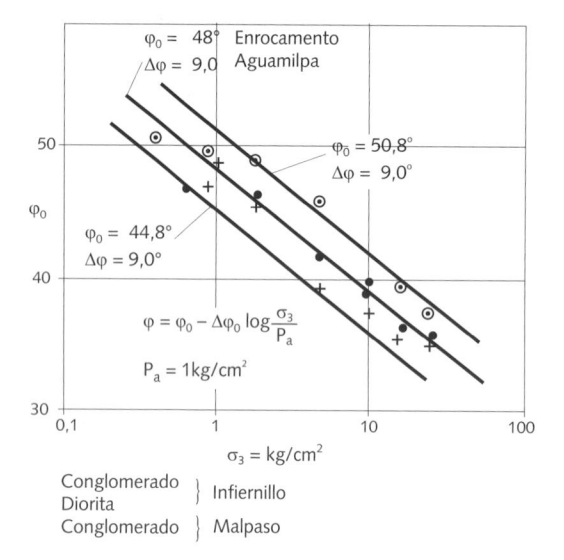

FIG. 5.9 *Redução similar observada em enrocamentos (Romo, 1991)*

5.4 ANÁLISES DINÂMICAS

Quando as acelerações regionais são altas, é preciso efetuar uma análise dinâmica para predizer o comportamento sísmico da barragem. Nessa situação geram-se condições instantâneas instáveis que acompanham os intervalos em que as pulsações produzidas pelo sismo excedem as acelerações seguras. Ou seja, quando o coeficiente de aceleração α é maior que 0,3g usado no cálculo simplificado estático apresentado anteriormente.

Essas acelerações produzem deslocamentos cuja magnitude depende do intervalo de tempo que dura o sismo.

É importante considerar a propagação das ondas geradas, até a fundação da estrutura, pois serão modificados pelas propriedades dinâmicas dos materiais que serão percorridos durante a transmissão até o sítio de localização da barragem.

Para calcular os efeitos dentro da estrutura usam-se programas de elementos finitos, utilizando o módulo de cisalhamento G da barragem, a razão de amortecimento D e a densidade γ para cada elemento definido pela malha de elementos finitos da barragem. Cada elemento do modelo tem propriedades dinâmicas independentes e variáveis, segundo sua posição dentro da barragem.

Com programas especiais, determinam-se os módulos de cisalhamento e as porcentagens de amortecimento para cada material, relacionando-os à deformação unitária mediante um processo de interação que permite obter as relações de cisalhamento módulo-deformação e porcentagem de amortecimento-deformação.

A Fig. 5.10 apresenta valores típicos calculados para a barragem de Santa Juana, Chile.

Na barragem de Aguamilpa, as propriedades dinâmicas dos materiais

foram determinadas por meio de um programa de elementos finitos que considera os efeitos não lineares do aterro submetido a cargas sísmicas e calcula o módulo de cisalhamento e o amortecimento para a deformação causada dentro da barragem.

5.5 Seleção de sismos para o projeto

Determina-se o risco sísmico do sítio de uma barragem por meio de análises probabilísticas e determinísticas.

Em primeiro lugar, calcula-se a probabilidade de que certa aceleração seja ultrapassada em um certo período de anos. Após estudar a sismicidade histórica da região onde será construída a barragem, define-se o sismo de projeto, com sua magnitude Richter, distância do epicentro e a aceleração máxima provável. Para isso utilizam-se relações empíricas propostas por vários investigadores, por meio das quais são calculadas as acelerações em porcentagem de g para períodos de 50 ou 100 anos.

Também são analisados os sismos registrados em projetos regionais e, por meio de um método determinístico, os sismos históricos são definidos indicando, assim, sua magnitude, distância do epicentro, aceleração máxima, aceleração característica, duração do sismo e seu período predominante.

A Fig. 5.11 apresenta um acelerograma típico analisado para determinar as características do sismo a ser simulado em análise de estabilidade dinâmica.

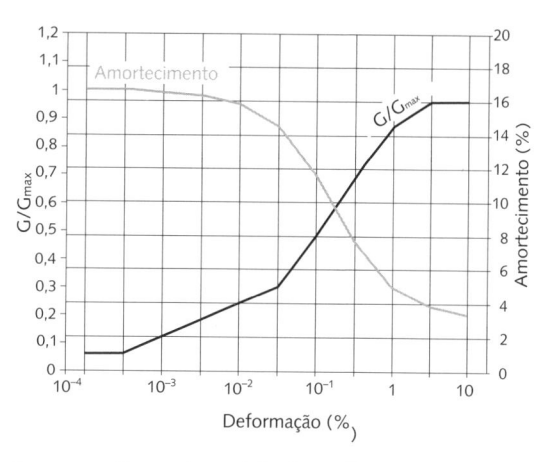

Fig. 5.10 *Razão do módulo de cisalhamento e taxa de amortecimento versus deformação (Troncoso, 1993)*

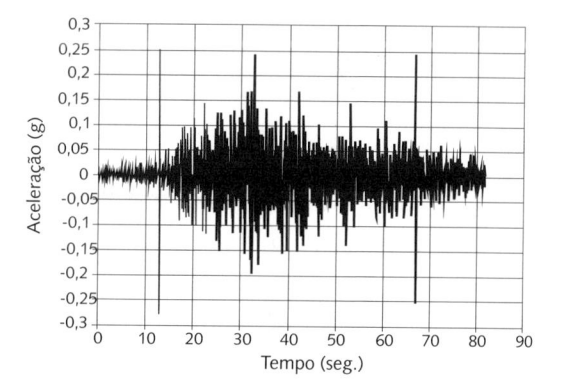

Fig. 5.11 *Acelerograma*

Uma vez definido o sismo máximo de projeto (SMP) e o sismo máximo possível (SMP), procede-se à análise dos efeitos desses sismos que se amplificam com a altura, pela falta de confinamento da parte próxima à crista da barragem.

A Fig. 5.12 apresenta a distribuição das acelerações na parte central, bem como nos taludes de montante e jusante da barragem de Aguamilpa.

5.6 Estabilidade dos taludes

Os fatores de segurança são calculados para os dois taludes, de montante e

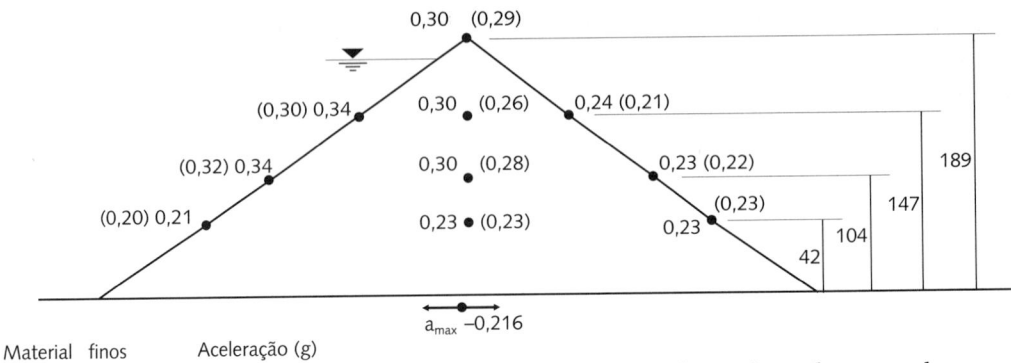

FIG. 5.12 *Distribuição das acelerações na barragem de Aguamilpa*

Material	finos	Aceleração (g)
G-A	2,0%	0,30
G-A	9,5%	(0,29)

de jusante, conhecendo-se a distribuição das acelerações como as indicadas na Fig. 5.12. Utilizando-se o método de Bishop para diferentes círculos de ruptura, obtêm-se os dados representados na Fig. 5.13.

As superfícies de ruptura no talude de jusante são mais críticas, já que a laje comprime a região de montante contra a fundação, proporcionando maior estabilidade após o enchimento do reservatório.

5.7 Deformações permanentes

Na literatura técnica, existem diferentes métodos para estimar as deformações permanentes, nos taludes e na crista da barragem, induzidas por sismos (Makdisi e Seed; Newark etc.).

Romo e Reséndiz (1980) propuseram um procedimento que permite calcular a perda da borda livre L por meio da fórmula:

$$L/H^2 = \frac{1}{(B+b)\times\left[\dfrac{\delta_{max}^{(u)}}{H}+\dfrac{\delta_{max}^{(d)}}{H}\right]}$$

sendo: H – altura do aterro medida a partir da parte mais profunda da superfície da ruptura; B – largura do aterro na elevação onde a superfície de ruptura

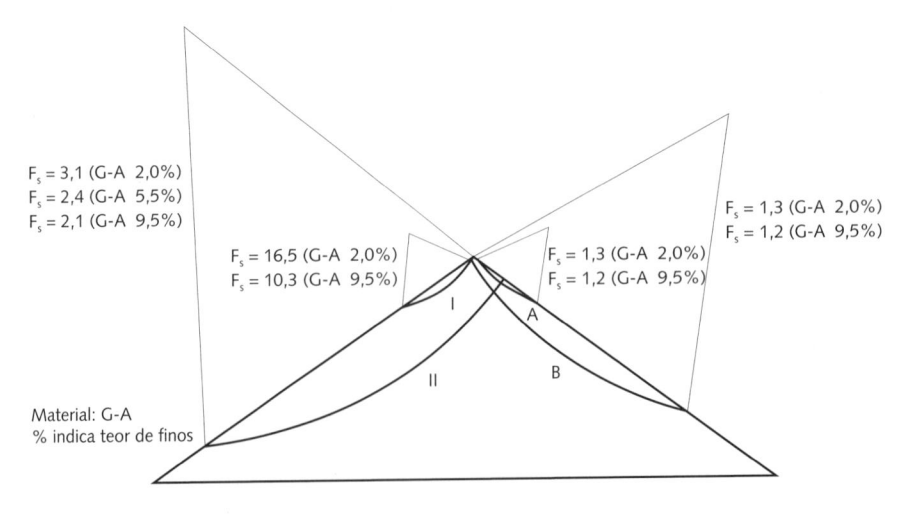

FIG. 5.13 *Superfícies de ruptura na barragem de Aguamilpa*

intercepta o talude; b – largura da crista; u – montante; d – jusante.

Os valores do deslocamento máximo $\delta_{(max)}/H$ são calculados com a expressão:

$$\frac{\delta_{max}}{H} = \frac{1}{4{,}65\left[\frac{(F-1)Ei}{\sigma_f}\right]} - \frac{1}{1{,}34\left[\frac{(F-1)Ei}{\sigma_f}\right]^2} + \frac{1}{1{,}16\left[\frac{(F-1)Ei}{\sigma_f}\right]^3}$$

sendo: Ei – Módulo de Young inicial; σ_f – tensão desviadora da falha; F – fator de segurança para condição dinâmica.

O fator F é obtido por análises pseudoestáticas. Esse valor é corrigido com gráficos como o apresentado na Fig. 5.14.

A Fig. 5.15 mostra a definição dos parâmetros anteriores. É normal, em regiões de alta sismicidade, adotar uma borda livre segura, tendo em vista a perda potencial que o sismo de projeto da região pode causar.

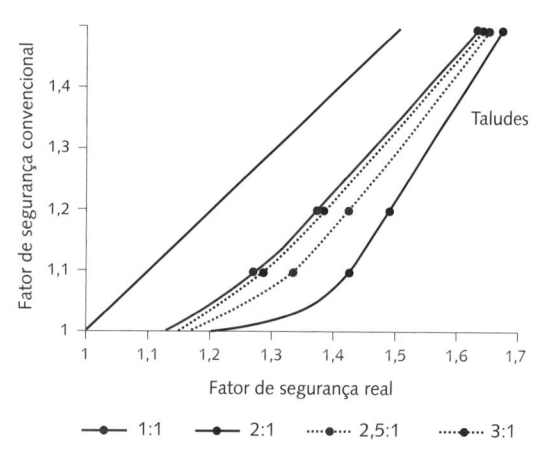

FIG. 5.14 *Comparação entre os fatores de segurança real e convencional*

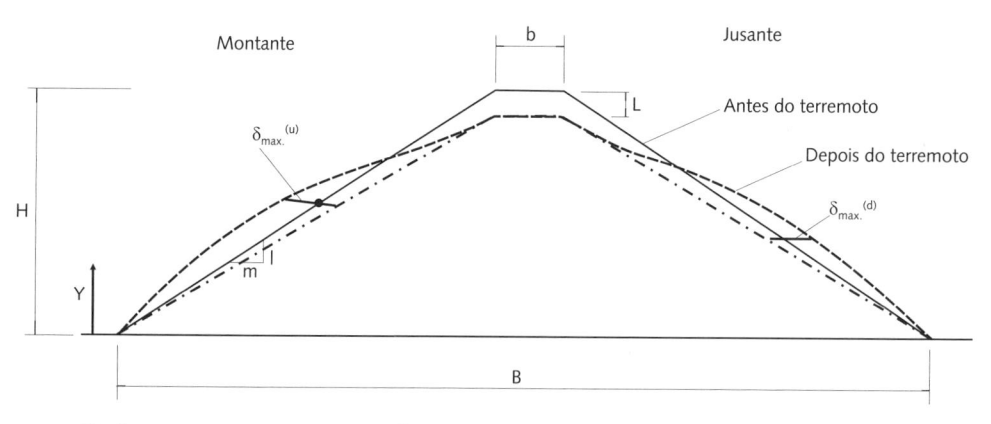

FIG. 5.15 *Deslocamentos previstos com análises pseudoestáticas*

6 | Percolação nos Enrocamentos

O fluxo de água em enrocamentos tem merecido a atenção de um grande número de pesquisadores, mas, se comparado a outros temas relacionados a enrocamentos e barragens, suas referências bibliográficas são mais limitadas e, de alguma forma, repetitivas.

Pode-se, por exemplo, mencionar o excelente trabalho de Leps (1973), *Flow Through Rockfill*, publicado no *Casagrande Volume*, que relaciona 20 referências.

No capítulo 15 de Thomas (1976), *Flow Through and Over Rockfills*, aparecem 21 referências bibliográficas e mais 21 citações, algumas de teses de mestrado e doutorado desenvolvidas na Universidade de Melbourne, Austrália.

O assunto é retomado por Pinto (1999), em *Percolação nas Barragens de Enrocamento com Face de Concreto em Construção*, no qual são apresentados dados de um experimento de laboratório. A bibliografia contém três referências apenas, com destaque para Cooke e Sherard (1987) e o clássico trabalho de Leps (1973), já mencionado.

Marulanda e Pinto (2000) – no *J. Barry Cooke Volume CFRD*, Pequim, China – retomam o tema no trabalho *Recent Experience on Design, Construction and Performance of CFRD*, com oito referências.

Cruz publicou dois trabalhos – *Leakage on Concrete Face Rockfill Dams* (2005, *Proceedings International Conference on Hydropower*, Yichang, China) e *Stability and Instability of Rockfills During Throughflow* (2005, revista *Dam Engineering*) – com as referências bibliográficas em número de 20 e 10, respectivamente.

O interesse em analisar o fluxo de água em BEFCs pode ser resumido na frase de Cooke e Sherard (1987): "Outra vantagem do enrocamento compactado em relação ao lançado é a sua capacidade de resistir ao fluxo interno e mesmo ao galgamento, antes do término da construção de uma BEFC", mas também menciona que "face a um possível galgamento do enrocamento por uma cheia é necessário armá-lo".

A recente ruptura de parte do enrocamento de jusante da barragem Arneiroz II, no Ceará, em 2003 – repetindo o desastre que ocorreu na barragem de Orós em 1961, localizada a jusante de Arneiroz II e no mesmo rio Jaguaribe –, confirma o conhecido fato de que enrocamentos lançados, e mesmo compactados, são estruturas sujeitas a rupturas quando galgadas. Por outro lado, alguns enrocamentos resistiram ao fluxo interno e ao galgamento, como será visto nos itens 6.3 e 6.4.

Já em 1967, Olivier, baseado em suas experiências de laboratório, propôs uma fórmula para o cálculo da vazão máxima admitida em enrocamentos. Todavia, ainda não se dispõe de uma maneira clara e prática de resolver o problema.

Nos itens que se seguem, serão discutidas as questões básicas de caráter teórico e prático relacionadas ao fluxo através dos enrocamentos.

6.1 Teorias sobre o fluxo em enrocamentos

Embora a maioria dos autores mencione que a natureza do fluxo nos enrocamentos é turbulenta, Penman (1971) assinala que, quando a permeabilidade do enrocamento é de 10^{-3} cm/s ou menor, este deve ser analisado pelas teorias da mecânica dos solos e, portanto, o fluxo seria controlado pela Lei de Darcy, $v = ki$, e seria de natureza laminar.

Para que a permeabilidade seja de 10^{-3} cm/s, a fração fina, composta de pó de pedra, fragmentos alterados da rocha com dimensão de areia, e mesmo solo, teriam de preencher os vazios entre os blocos rochosos controlando, portanto, o fluxo.

Na barragem de Itaúba, de enrocamento com núcleo de argila, era comum encontrar água acumulada sobre o enrocamento, e um teste para aprovação ou não do enrocamento consistia em abrir um sulco com a lâmina de um trator, encher de água e sair para almoçar. Ao final do almoço, voltava-se à praça de compactação para verificar se a água havia desaparecido. Se a água ainda estivesse lá, o enrocamento deveria ser removido; caso contrário, estava aceito.

Uma conta simples permite avaliar a permeabilidade do enrocamento ($v = ki$), e como o fluxo é vertical, $i = 1$, $v = k$. Em uma hora, a distância percorrida seria de $d = 3.600\ v$ (= $3.600\ k$), e para uma lâmina de 50 cm, a permeabilidade requerida seria $k = 0,0138$ cm/s.

Se k fosse de 10^{-3} cm/s, ao fim de uma hora a água continuaria empoçada. Para que um enrocamento dê escoamento a uma chuva intensa – digamos de 200 mm em uma hora –, a velocidade de infiltração (ou a permeabilidade) teria de ser de $5,55 \times 10^{-3}$ cm/s.

Uma estimativa de k pode ser feita durante a adição de água, normalmente usada para acelerar os recalques. Se o volume lançado for de 300 litros por metro cúbico do enrocamento e se a molhagem for feita no tempo de uma hora, a velocidade de infiltração seria de $8,33 \times 10^{-3}$ cm/s para que a água fluísse livremente.

Essa análise mostra que enrocamentos com finos devem ter um k mínimo na casa de 10^{-2} cm/s, para que não se formem poças d'água na sua superfície.

Quando enrocamentos com finos são utilizados na construção de BEFCs, é recomendável utilizá-los no trecho central porque, se a fração fina for excessiva, a resistência ao cisalhamento diminui e a estabilidade dos espaldares pode ficar prejudicada.

Marulanda e Pinto (2000) também chamam a atenção para a necessidade de ser introduzida transição adequada para evitar que os finos sejam carregados para os espaldares. Considerando as curvas granulométricas mostradas na Fig. 6.1, vê-se que as duas curvas à esquerda, que pertencem às transições de montante, são materiais de permeabilidade na casa de 10^{-1} cm/s a 10^{-2} cm/s, estimadas por uma expressão do tipo:

$$k = c\, d_{10}^2$$

Para a areia,

$$d_{10} = 0,02\ cm\ e\ k \cong 100 \times 0,02^2 = 4 \times 10^{-2}\ cm/s$$

e para a transição,

$$d_{10} = 0,2\ cm\ e\ k \approx 40 \times 0,2^2 = 1,6\ cm/s$$

Já para as curvas da direita, a estimativa da permeabilidade com d_{10} de 1 cm e 2 cm, requer o emprego de teorias de fluxo turbulento.

Os trabalhos de investigação feitos em enrocamentos foram dirigidos a duas questões:

- a tentativa de se estabelecer uma equação para a velocidade do fluxo e mesmo de definir um "coeficiente de permeabilidade" ou de "descarga" para os enrocamentos;
- a tentativa de determinar a vazão máxima permissível através de um enrocamento, que não pusesse em risco a estabilidade do talude de jusante. A questão da estabilidade do fluxo será tratada no item 6.3.

Já em 1933, Lindquist (apud Cruz, 1979) constatou, em ensaios de percolação sobre esferas de vidro de 2,7 cm de diâmetro colocadas num tubo transparente, que o fluxo deixava de ser laminar quando o gradiente se aproximava de 0,70 (Fig. 6.2).

Um segundo trabalho interessante, realizado com areias por Fancher et al. (1933 apud Cruz, 1979), relaciona o coeficiente de resistência ao fluxo de Darcy com o número de Reynolds.

Fancher calculou o coeficiente λ com a expressão:

$$\lambda = \frac{d\, \dfrac{\Delta P}{\Delta L}}{2\rho v^2}$$

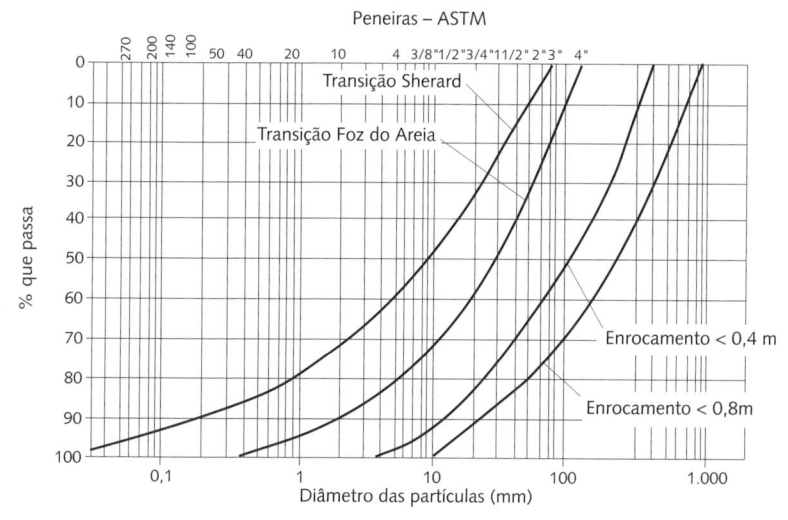

FIG. 6.1 *Curvas típicas de enrocamento e transições (Marulanda & Pinto, 2000)*

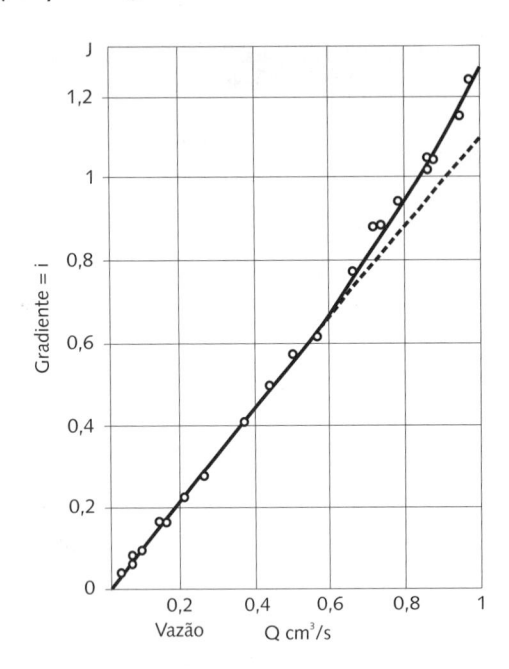

FIG. 6.2 *Relação vazão versus gradiente*

e o número de Reynolds com a expressão:

$$R_e = \frac{pvd}{n}$$

As grandezas estão definidas na Fig. 6.3. Para a estimativa de d, Fancher usou a expressão:

$$d = \sqrt{\frac{\sum n_s d_s^3}{\sum n_s}}$$

sendo n_s o número de partículas com diâmetro d_s (média aritmética das aberturas de 2 peneiras consecutivas).

Normalmente, calcula-se λ pela fórmula:

$$\lambda = \frac{JD_h}{\frac{V^2}{2g}}$$

e R_e é calculado pela fórmula:

$$R_e = \frac{VD_h}{\mu}$$

sendo: J – gradiente hidráulico; D_h – diâmetro hidráulico; V – velocidade; μ – viscosidade cinemática.

O que é interessante registrar é que nos ensaios de Fancher a linearidade entre log λ e log R_e é alterada quando o número de Reynolds ultrapassa cerca de 1,0. Se, ao contrário do valor d, os cálculos de R_e e λ fossem feitos para o diâmetro do vazio correspondente d_v, o R_e de mudança de regime seria tão baixo quanto 0,1.

Silveira (1964) demonstrou que a curva de vazios de uma areia é semelhante à curva granulométrica, mas os valores de d_v são cerca de 1/8 a 1/10 do valor do grão correspondente. Sabe-se que, enquanto o regime de fluxo é laminar, existe uma linearidade entre log λ e log R_e. Segue-se um regime de transição para o regime turbulento.

Vinte anos após Fancher e Lindquist, Escande (1953) conduziu ensaios de laboratório em enrocamentos e concluiu que o fluxo era turbulento. Wilkins (1956) propõe a primeira fórmula para a estimativa de velocidade efetiva V_v, ou seja, a que ocorre nos vazios do enrocamento:

$$V_v = C\eta^a m^b i^n$$

sendo: η – viscosidade; m – raio hidráulico médio; i – gradiente.

Leps (1973) revê estudos anteriores e mostra que:

$$V_v = Wm^{0,50} i^{0,54}$$

sendo W uma constante empírica para cada enrocamento, que depende primariamente da forma e da rugosidade das partículas das rochas e da viscosidade da água.

A velocidade efetiva é igual à velocidade V dividida pela porosidade n, resultando igual à obtida por Leps:

$$V_v = \frac{Ci^{0,54}}{n} = 0,286 \text{ m/s}$$

Em resumo, Leps (1973), revendo os trabalhos de Wilkins, chegou à seguinte expressão para a velocidade nos vazios:

$V_v = WR_h^{0,5} i^{0,54} = 53 R_h^{0,5} i^{0,54}$ cm/s

Já Marulanda e Pinto (2000) apresentaram a expressão

$$V = C i^{0,54}$$

sendo $C = 5,24$

$nR_h^{0,5} = 1,79 \, d^{0.5} n(\frac{n}{1-n})^{0.50}$ m/s para a velocidade média.

Como a velocidade nos vazios é igual a V dividido por n,

$$Vv = \frac{C}{n} i^{0,54} = 5,24 R_h^{0,5} i^{0,54} =$$

$$= 1,79 \, d^{0,5} e_{0,50} i^{0,54} \text{ m/s}.$$

6.2 Aspectos críticos para a estabilidade

6.2.1 Vazões

Enrocamentos são estruturas sujeitas a rupturas se submetidas a fluxo interno acima de um valor crítico, denominado de vazão crítica. Segundo Marulanda e Pinto (2000):

A instabilidade do enrocamento começa pela movimentação dos blocos resultando em escorregamentos rasos na zona de emergência da água que percola. O fenômeno tende a se intensificar com o tempo, porque o fluxo se concentra na área afetada. Formam-se taludes mais íngremes e a seguir rupturas mais profundas podem ocorrer. O processo instabilizante progride para montante atingindo a crista da barragem e eventualmente evoluindo para uma brecha na barragem.

Um trabalho pioneiro foi o de Olivier (1967), que se concentrou em determinar os taludes estáveis para blocos rochosos lançados em água corrente. A Fig. 6.4 (Thomas, 1976) resume o trabalho de Olivier (1967).

Leps (1973), revendo o trabalho de Olivier, resume as características e os condicionamentos que governam a estabilidade dos taludes de saída da água:

• Propriedades da rocha: peso específico, diâmetro dominante, gradação e forma dos blocos rochosos;
• Densidade relativa do enrocamento;
• Máximo gradiente hidráulico;
• Ângulo de inclinação do talude.

Olivier introduz também um fator de arranjo dos blocos (*packing factor*) que varia de 0,65 para 100% de densidade relativa até 1,60 para densidades relativas de 20% a 30%.

Como se observa na Fig. 6.4, os taludes testados compreendem uma variação muito grande para vazões também grandes, que não são de interesse das BEFCs. Na Tab. 6.2 reproduzimos apenas os resultados dos testes para os taludes de 1(V):1,5(H), que foram os mais íngremes analisados.

Um segundo trabalho no mesmo tema é mencionado por Thomas (1976). Trata-se dos testes realizados por Hartung e Scheuerlein (1970) na Universidade de Munique, os quais propuseram curvas

nar foram estimadas em 4×10^{-4} m/s e $1,6 \times 10^{-2}$ m/s. O primeiro valor é muito diferente do tabelado, mas o segundo é semelhante. É necessário, no entanto, corrigir a permeabilidade laminar k, dividindo k por n (porosidade) para fins de comparação, porque no cálculo de C leva-se em conta a porosidade.

Os novos valores de k seriam $2,35 \times 10^{-3}$ m/s e $9,41 \times 10^{-2}$ m/s. Em termos de velocidade ($V = ki$), $V_v = ki/n$ no regime laminar e $V_v = Ci^{0,54}$ no regime turbulento.

Sabe-se que o regime de fluxo depende do gradiente e que, na mudança de regime, as velocidades seriam próximas. Pode-se então definir tal gradiente igualando-se as velocidades.

Para a areia:
$V_v = 2,35 \times 10^{-3} i = 1,38 \times 10^{-2} i^{0,54}$

E $i = 46,9$. Deduz-se que o fluxo na areia é basicamente laminar.

Para a transição:
$V_v = 9,41 \times 10^{-2} i = 1,95 \times 10^{-2} i^{0,54}$
e
$i = 0,03$

Conclui-se que, para a transição, o regime é basicamente turbulento.

Outros autores, como Yang e Løvoll (2006), adotam para a velocidade a expressão:
$$V = \sqrt{k_t} \, i$$

sendo k_t a permeabilidade turbulenta, expressa em cm²/s², e adotam o expoente 0,50 para o gradiente, em vez de 0,54.

Em um enrocamento experimental de 6 m de altura, construído com um material com $d_{10} = 3,0$ cm, $d_{50} = 12$ cm e $d_{máx} = 30$ cm, o N.A. de montante foi elevado gradualmente, medindo-se a vazão para cada altura do N.A., que variou de 91 ℓ/s.m até 190 ℓ/s.m, para alturas de água de 4,07 m até 6,11 m.

As permeabilidades k_t estimadas em função das medidas efetuadas ficaram na faixa de 50 até 53 cm²/s². Esses valores são comparados com a fórmula de Bear (1972, apud Cruz, 1979):

$$k_t = \frac{1,7 d_{10} g n^3}{\beta_0 (1-n)}$$

Para $d_{10} = 3,0$ cm, $\beta_0 = 3,6$ (fator de forma) e $n = 0,30$ (assumido), $k_t = 53,6$ cm²/s², comparável ao valor medido.

Calculando-se o valor de C pela expressão de Marulanda e Pinto (2000), obtém-se:

$$C = 1,79 \, d_{50}^{0,5} n \left(\frac{n}{1-n}\right)^{0,5} m/s$$

$C = 0,12 \, m/s$

Para comparar os valores de k_t e C, é necessário extrair a raiz de

$$k_t \sqrt{\frac{51,5}{0,30}} = 7,17 \, cm/s \text{ ou } 0,0717 \, m/s$$

Corrigindo para o expoente de i e fazendo $i = 0,25$, o C do teste seria 0,075 m/s, muito próximo do medido no ensaio de campo.

Leps (1973) fez uma estimativa da velocidade efetiva que teria ocorrido no enrocamento da barragem de Hell Hole por ocasião da sua ruptura. Para um d_{50} de 20 cm e um gradiente de 0,15, chegou a uma velocidade de 29,2 cm/s = 0,292 m/s.

Calculando o valor de C para $e = 1,0$, $n = 0,50$ e $d_{50} = 0,20$, obtém-se $C = 0,400$ m/s.

Novos ensaios com rochas de 18 cm (7") e 20 cm (8") de diâmetro foram conduzidos em cilindros de 90 cm (36") de diâmetro, 213 cm (84") de comprimento e gradientes de 0,1 a 0,9, os quais confirmaram a expressão da velocidade efetiva:

$$V_v = 52,5 \, m^{0,5} \, i^{0,54} \, (cm/s)$$

O raio hidráulico médio, segundo Taylor (1948), é a razão entre o volume dos vazios e a área superficial das partículas, ou o índice de vazios (e) dividido pela área superficial por unidade de volume:

$$m = [e/(d/c)] \text{ para esfera}$$

Uma nova versão da fórmula de Wilkins é proposta por Marulanda e Pinto (2000):

$$V = C \, i^{0,54}$$

sendo:

$$C = 5,24 \, n \, R_h 0,5 \, (m/s)$$

n – porosidade (volume de vazios/volume total)

$$R_h = C \, V_s / A$$

V_s – volume dos sólidos;
A – área da superfície;
C – denominado o coeficiente de descarga, equivalente a uma "permeabilidade" no regime turbulento.

A relação $\dfrac{V_s}{A}$ depende do diâmetro e do formato das partículas:

$$\frac{V_s}{A} = \frac{d}{6} \phi$$

sendo: ϕ – fator de forma; d – diâmetro equivalente da esfera com o mesmo volume.

Leps (1973) calculou valores de m (R_h) para partículas de rocha desde 3/4" até 48" e encontrou a relação:

$$m(R_h) = \frac{d}{8}$$

Comparando esse valor com a proposta de Marulanda e Pinto, chegou-se a um valor de ϕ de 0,75. Segundo estes autores, ϕ varia de 0,60 a 0,80.

Partindo de um valor de 0,70 para ϕ, chegou-se à expressão:

$$C = 1,79 \, n \, d^{0,5} \, e^{0,5}$$

ou

$$C = 1,79 \, d^{0,5} \, [n/(1-n)]^{0,50} \, m/s$$

$$a = 1/C^{1,85}$$

Marulanda e Pinto (2000), baseados em curvas granulométricas de areias, transições e enrocamentos (ver Fig. 6.1), e adotando para d o d_{50} já sugerido por Leps como um diâmetro representativo, apresentam valores de C para as várias granulometrias (Tab. 6.1).

A partir da fórmula de C ou dos valores da Tab. 6.1 pode-se estimar o coeficiente de descarga (uma espécie de permeabilidade turbulenta) dos enrocamentos.

Para os dois primeiros materiais (zona 2) da Tab. 6.1 (areia e transição), as permeabilidades no regime lami-

TAB. 6.1 "Permeabilidades" de enrocamentos (Marulanda & Pinto, 2000)

Zona	d_{50} (m)	e*	n	C (m/s)	a
2	0,01	0,2	0,17	0,0138	2.800
	0,02	0,2	0,17	0,0195	1.500
3 A	0,05	0,23	0,20	0,040	390
	0,10	0,23	0,20	0,056	200
3 B	0,20	0,23	0,19	0,074	120
		0,28	0,22	0,094	80
3 C	0,30	0,25	0,20	0,098	70
		0,30	0,23	0,123	50

*e – índice de vazios; $a = 1/C^{1,85}$

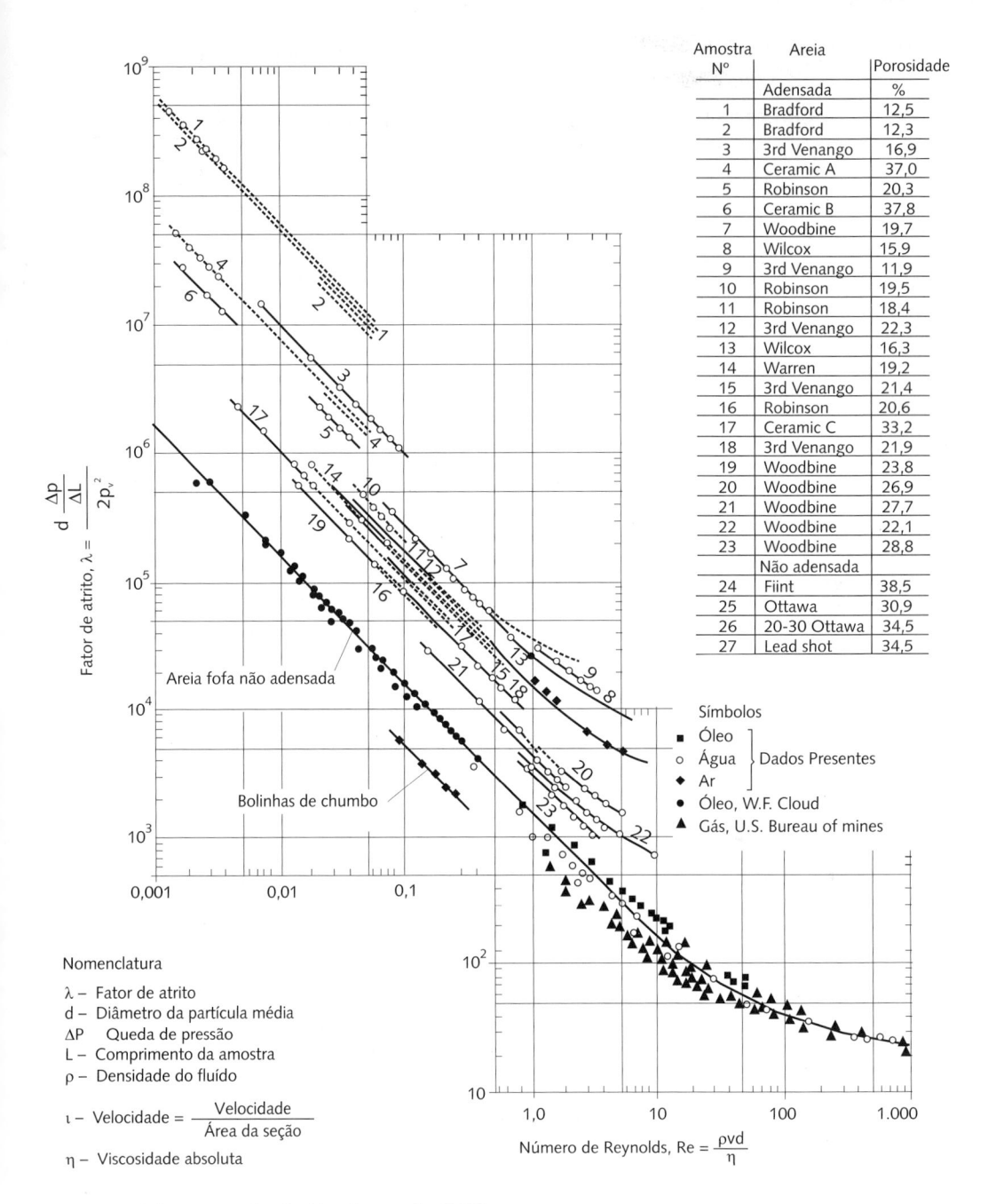

Amostra Nº	Areia Adensada	Porosidade %
1	Bradford	12,5
2	Bradford	12,3
3	3rd Venango	16,9
4	Ceramic A	37,0
5	Robinson	20,3
6	Ceramic B	37,8
7	Woodbine	19,7
8	Wilcox	15,9
9	3rd Venango	11,9
10	Robinson	19,5
11	Robinson	18,4
12	3rd Venango	22,3
13	Wilcox	16,3
14	Warren	19,2
15	3rd Venango	21,4
16	Robinson	20,6
17	Ceramic C	33,2
18	3rd Venango	21,9
19	Woodbine	23,8
20	Woodbine	26,9
21	Woodbine	27,7
22	Woodbine	22,1
23	Woodbine	28,8
	Não adensada	
24	Fiint	38,5
25	Ottawa	30,9
26	20-30 Ottawa	34,5
27	Lead shot	34,5

Nomenclatura

λ – Fator de atrito
d – Diâmetro da partícula média
ΔP – Queda de pressão
L – Comprimento da amostra
ρ – Densidade do fluido
ι – Velocidade = $\dfrac{\text{Velocidade}}{\text{Área da seção}}$
η – Viscosidade absoluta

FIG. 6.3 *Relação entre λ e R_e (Fancher et al., 1933)*

Wilkins e outros autores mencionados por Leps (1973) chegaram a um valor de W = 33 para cascalhos de granito e de W = 46 para esferas polidas (bolinhas de vidro) em unidades de polegadas e segundos. Os ensaios de Wilkins (1956, 1963) foram realizados em amostras de 20 cm a 62 cm de diâmetro, com granulometrias de 2,0 cm a 7,5 cm, ensaiadas em permeâmetros com fluxo ascendente.

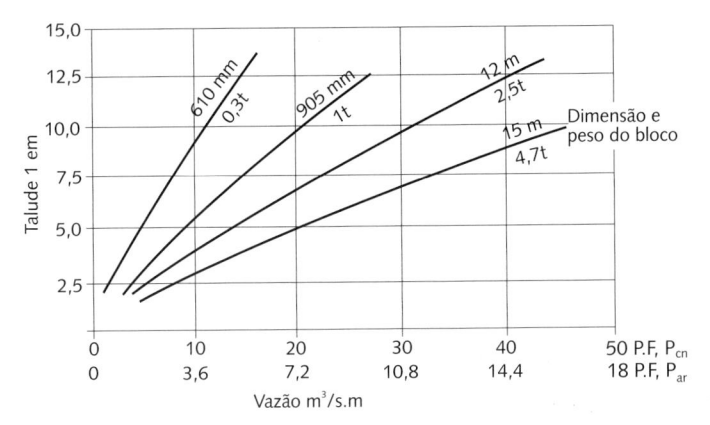

FIG. 6.4 *Curvas de projeto para enrocamentos (Olivier, 1967 apud Thomas, 1976)*

TAB. 6.2 Vazões admissíveis

Talude de jusante	Bloco dominante (m)	Vazão admissível m³/s.m	
		Solto	Denso
1.5(H):1.0(V)	0,60 m	0,4	1,0
	1,20 m	1,4	3,7
	1,50 m	1,9	5,1

TAB. 6.3 Vazões máximas admissíveis

Diâmetro equivalente (m)	Máxima vazão m³/s.m
0,30	0,40
0,60	1,10
0,90	1,80

para a estimativa da vazão admissível em enrocamentos a partir das variáveis: gradiente, altura da água, tamanho da partícula e um fator de aeração.

Baseado nos trabalhos de Hartung e Scheuerlein, Thomas (1976) calculou as vazões máximas admissíveis para um enrocamento compactado, para três diâmetros equivalentes (ou dominantes), e chegou aos valores indicados na Tab. 6.3.

Verifica-se uma certa correspondência com as vazões de Olivier para os enrocamentos compactos (densos).

Uma primeira fórmula para o cálculo da vazão crítica foi proposta por Olivier. A versão em unidades métricas é de Collet (apud Thomas, 1976):

$$q = 0{,}2335\,(d)^{1,5}\left(\frac{\delta-\gamma_0}{\delta}\right)^{1,667} cotg\beta - 1{,}167$$

sendo: δ – peso específico da rocha; γ_0 – peso específico da água; β – ângulo do talude.

A constante 0,2335 aplica-se ao granito britado.

Uma segunda fórmula, também de Olivier (1967) e reproduzida por Stephenson (1979 apud Cruz, 1979), é a seguinte:

$$q = \frac{Cg^{0,5}d^{1,5}}{n^{1/6}}\left(\frac{\delta-1}{1+c}\right)^{5/3}\frac{\left[cos\beta(tg\varphi-tg\beta)\right]^{5/3}}{(tg\beta)^{7/6}}$$

sendo: n – porosidade; β – ângulo do talude; φ – ângulo de atrito do enrocamento; c – 0,25 para enrocamento lançado e de compacidade média.

6.2.2 Estabilidade do talude de jusante

Outra alternativa para a análise da vazão crítica e da estabilidade do talude de jusante foi proposta por Cruz (2005b) e é reproduzida a seguir.

BEFCs podem ficar submetidas a fluxo interno durante uma cheia sempre que a face de concreto não esteja implantada e a ensecadeira seja galgada. Casos bem ou malsucedidos têm sido repetidamente relatados na bibliografia (Leps, 1973; Cooke, 1984; Pinto, 1999; Marulanda e Pinto, 2000; entre outros).

As considerações a seguir tratam de enrocamentos não armados ou não reforçados.

Os fatores que podem interferir na estabilidade e na instabilidade dos enrocamentos são:
- As condições de construção, ou seja, se o enrocamento foi lançado ou compactado;
- O gradiente médio no enrocamento;
- A altura de saída da linha freática e o gradiente de saída;
- A vazão.

Leps (1973) ainda inclui:
- O peso específico dos blocos de rocha;
- O "diâmetro" dominante do enrocamento;
- A gradação e a forma dos blocos de rocha;
- A inclinação do talude de jusante.

Outra forma de analisar o problema é considerar a resistência do enrocamento, que em si mesma já inclui muitos dos itens anteriormente referidos, e o gradiente crítico de saída, que, se excedido, pode levar o enrocamento à ruptura.

De fato, as descrições das rupturas que ocorreram durante um fluxo interno sempre mencionam que as barragens romperam por deslocamentos progressivos, causados pela remoção de blocos de rocha desde a base para cima.

O problema é, portanto, claramente associado às forças de percolação que ocorrem durante o fluxo e que são suficientes para remover os blocos de rocha do talude, progredindo para a ruptura.

Uma análise simplificada considerando diferentes alturas do nível d'água a montante e um ângulo de atrito constante para o enrocamento é mostrada na Tab. 6.4, para uma barragem de 140 m.

Os fatores de segurança (FS) foram calculados usando os ábacos de estabilidade de Hoek e Bray (1974) para um talude de 1,3H:1V. Os dados da Tab. 6.4. mostram que, para um enrocamento não muito compacto ($\varphi = 50°$), o $\Delta H/H$ que leva à instabilidade é da ordem de 0,10. Já um enrocamento compactado ($\varphi = 60°$) poderia suportar $\Delta H/H$ de 0,25 ou mais. Essa análise, no entanto, é apenas ilustrativa, porque as envoltórias de resistência dos enrocamentos são claramente curvas, como se mostra na Fig. 6.5, e a hipótese de um φ constante é por demais simplificada.

Marulanda e Pinto (2000) sugerem que enrocamentos compactados podem resistir a gradientes médios de até 0,30, "se precauções forem tomadas, como a colocação de grandes blocos na área de surgência da água no talude de jusante". Em seguida, mencionam que "o zoneamento das BEFCs é claramente favorável

TAB. 6.4 Coeficiente de segurança para um talude de 1,3H:1V com fluxo

ΔH/H	H (m)	γ (t/m³)	FS φ = 50°	FS φ = 60°
0	140	2,10	1,58	2,31
0,125	140	2,10	0,92	1,23
0,250	140	2,10	0,79	1,08
0,500	140	2,10	0,74	1,01
1,00	140	2,10	0,66	0,91

a estabilidade no caso de fluxo interno. A parte mais impermeável do enrocamento na meia camada superior ajuda a controlar o gradiente médio na zona 3C abaixo do limite crítico de 0,25 a 0,30".

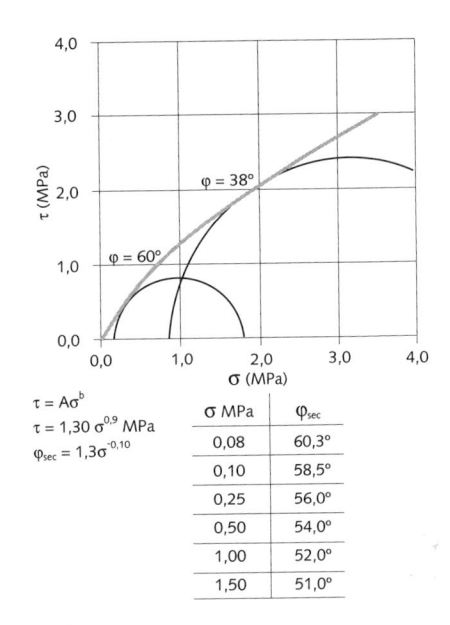

Gradiente de saída na zona de jusante

A Fig. 6.6 mostra quatro redes de percolação traçadas para permeabilidade isotrópica e fluxo laminar. O gradiente médio (ΔH/L) varia de 0,16 a 0,61. As alturas de saída, resultantes das redes de fluxo, variam de 8 m a 58 m. A barragem tem 140 m de altura e os taludes externos são de 1,3H:1V. A largura da crista é de 10 m e o nível máximo de água é de 130 m. O gradiente de saída é aproximadamente igual nos quatro casos, porque é uma função do talude de jusante e é igual a:

$$i = \text{sen}\psi/\cos(\psi/2) = 0,643$$

sendo ψ o ângulo do talude = 37,5°.

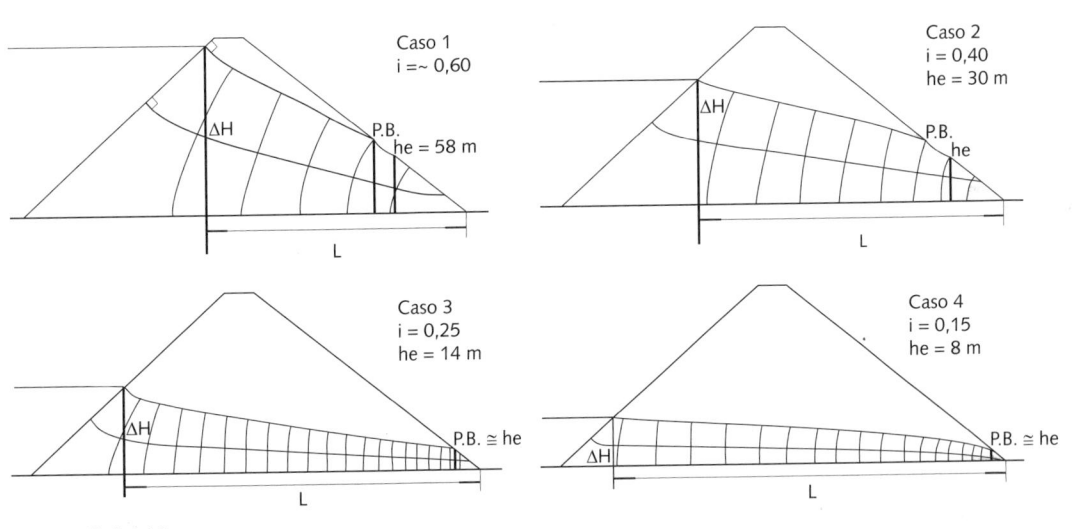

$\tau = A\sigma^b$
$\tau = 1,30\ \sigma^{0,9}$ MPa
$\varphi_{sec} = 1,3\sigma^{-0,10}$

σ MPa	φ_{sec}
0,08	60,3°
0,10	58,5°
0,25	56,0°
0,50	54,0°
1,00	52,0°
1,50	51,0°

FIG. 6.5 Envoltórias de resistência ao cisalhamento de um enrocamento de basalto (Maranha das Neves, 2002)

Caso 1
i = ~ 0,60
he = 58 m

Caso 2
i = 0,40
he = 30 m

Caso 3
i = 0,25
he = 14 m

Caso 4
i = 0,15
he = 8 m

P.B. – Parábola básica

FIG. 6.6 Redes de fluxo para diferentes níveis de entrada (Cruz, 2005b)

Outra forma de calcular h_e, evitando o trabalho de desenhar as redes de fluxo, é considerar a fórmula de Darcy para a vazão:

$Q = k \times i \times A = k\Delta H/L \times \Delta H/2 = k\, \Delta H^2/2L$

E como o fluxo na saída de altura h_e é o mesmo:

$k\Delta H^2/2L = k\, sen\gamma/cos(\gamma/2) \cdot h_e$

e

$h_e = \Delta H^2/2L \times [cos(\gamma/2)/sen\gamma]$

ou

$1{,}55\, h_e = \Delta H^2/2L$ (para $\gamma = 37{,}5°$)

A Tab. 6.5 resume esses dados.

Os dados da tabela mostram que os gradientes de saída e as vazões obtidos pelos dois processos são bem próximos e que, para fins práticos, podem ser adotados os valores calculados pela Lei de Darcy.

No caso de enrocamento, no entanto, o fluxo turbulento deve prevalecer sobre o fluxo laminar, e para se estimar a vazão, outras considerações são necessárias (ver, por exemplo, Leps, 1973; Marulanda e Pinto, 2000).

A Fig. 6.7 mostra duas redes de fluxo, traçadas para fluxo laminar e fluxo turbulento. Como se pode verificar, as linhas freáticas não são muito diferentes, bem como as alturas de saída h_e. Como conclusão, pode-se dizer que a análise anterior leva a valores muito ra-

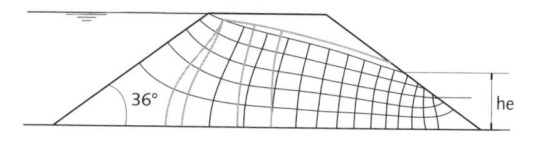

FIG. 6.7 *Fluxo laminar com equipotenciais de fluxo turbulento superpostas (Thomas, 1976)*

zoáveis de h_e, mesmo que o fluxo seja considerado turbulento.

6.2.3 Gradiente crítico

A Fig. 6.8 mostra a área de jusante das redes de fluxo, começando pela altura *he*. Esse último "triângulo" é sempre saturado, e os gradientes de saída são: $sen\psi$ no talude, $tg\psi$ na base e $sen\psi/cos(\psi/2)$ na média. A força de percolação F_p é igual a $i\,\gamma_0 V$, sendo $i - i$ médio, V – volume do triângulo e γ_0 o peso específico da água. A força resistente é uma função do peso específico submerso e da resistência do enrocamento.

Silveira (1983) discutiu o problema do gradiente crítico para materiais granulares e demonstra que, se houver equilíbrio, no triângulo de vetores da Fig. 6.9 os ângulos serão:

$\delta = (\varphi - \psi)$, $\alpha = (90 + \psi)$ e o 3º ângulo $= (90 - \varphi)$

O peso submerso W_{sub} é igual a $\gamma_{sub}\, V$, sendo γ_{sub} o peso específico submerso do enrocamento. Se W_p e F_p forem divididos

TAB. 6.5 Altura de saída h_e

Caso	ΔH (m)	L (m)	ΔH/L	Gradiente de saída	h_e (m) rede de fluxo	h_e (m) calculada	Q – Rede de fluxo	Fluxo calculado
1	130	212	0,61	0,64	58	62	40k	39k
2	100	254	0,39	0,64	30	30	22k	20k
3	70	290	0,24	0,64	14	13	6.7k	8k
4	50	320	0,6	0,64	8	6	5.2k	4k

por V, W_p é substituído por γ_{sub} e F_p por $\gamma_0 i_c$. O gradiente crítico i_c pode ser calculado pela expressão:

$$i_c = \frac{\gamma_{sub}}{\gamma_0} \times (\cos\alpha - sen\alpha\, tg\beta)$$

sendo:

$$\beta = 90 - \alpha - \varphi + \psi$$

ψ é o angulo do talude de jusante.

Uma vez que o triângulo de vetores é definido, a força de percolação e o gradiente crítico em qualquer outra direção pode ser obtido graficamente, ou pela expressão acima, substituindo α pela nova direção de fluxo α_1:

$$i_c = \frac{\gamma_{sub}}{\gamma_0}(\cos\alpha_1 - sen\alpha_1\, tg\beta)$$

sendo:

$$\beta = 90 - \alpha_1 - \varphi + \psi$$

Estabilidade e instabilidade

O gradiente crítico i_c representa a condição limite de estabilidade. Sempre que excedido pelo gradiente atuante, os blocos de rocha começam a ser removidos do talude. Da Fig. 6.8, sabe-se que o gradiente médio atuante no "triângulo" ABC é $i = sen\psi/cos(\psi/2)$. O gradiente crítico pode ser calculado, se φ for conhecido. O ângulo φ é uma função da pressão normal efetiva média σ' atuante na base BC do triângulo:

$$\sigma' = \gamma_{sub}\, h_e/2$$

A envoltória de resistência do enrocamento é:

$$\tau = A\sigma^b$$

e

$$\varphi = arctg(\tau/\sigma'),\ variável\ com\ \sigma'$$

Se o triângulo ABC for relativamente pequeno e φ for calculado para $\varphi'_{médio}$, o

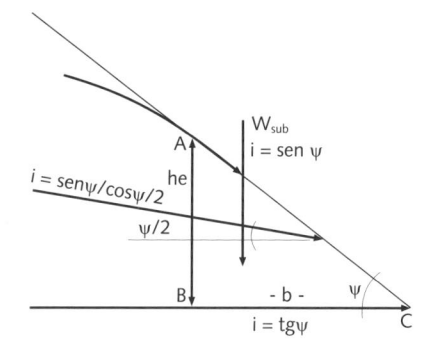

FIG. 6.8 Gradientes de saída na zona de saída do fluxo

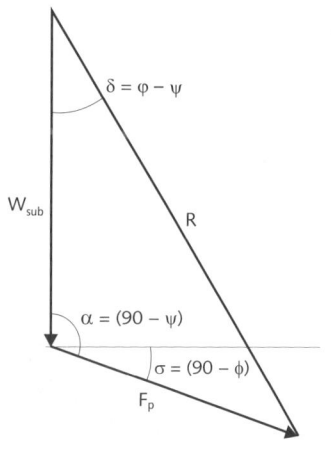

FIG. 6.9 Peso submerso e força de percolação no equilíbrio

i_c pode ser calculado e comparado com i atuante. Uma espécie de fator de segurança ao fluxo pode ser expresso por:

$$FS = i_c/i$$

Aplicação prática

Voltando à Fig. 6.5, a equação de resistência é dada pela expressão:

$$\tau = A\sigma^b$$
$$\tau \cong 1.30\ \sigma^{0,80}\ MPa$$

É necessário lembrar que os valores de A dependem das unidades. Se as unidades forem kg/cm^2 ou t/m^2, os valores de A seriam diferentes. b não é afetado pelas unidades. Das redes da Fig. 6.6, os valores médios de σ', no último "triângulo", são iguais a:

$$\sigma'_{méd} = (h e \, \gamma_{sub})/2$$

Com os valores de $\sigma'_{méd}$ é possível calcular o $\varphi_{méd}$:

$$\tau = A\sigma^b_{méd}$$
$$\tau/\sigma = arctg\varphi_{méd} = A\,\sigma_{méd}^{(b-1)}$$

A Tab. 6.6 apresenta os valores de $\sigma'_{méd}$, $\varphi_{méd}$ e i_c.

O gradiente crítico i_c pode ser considerado na direção média do fluxo, como

$$\psi/2 = 18,7°$$
$$\alpha_1 = 90 + 18,7 = 108,7°$$

e

$$i_c = \frac{\gamma_{sub}}{\gamma_0}(cos\alpha - sen\alpha\,tg\beta)$$

$$\beta = 90 - \alpha - \varphi + \psi$$
$$i_c = 1,15\,[-0,322 - 0,946\,tg(18,7 - \varphi)]$$

Como já visto, o gradiente atuante é 0,64. Então, o fator de segurança para o gradiente é:

$$FS = i_c/i$$

Pelos dados da Tab. 6.6, o caso 1 representa condições instáveis; o caso 2, uma situação de equilíbrio e os casos 3 e 4, de enrocamento estável. Os gradientes médios são 0,61; 0,39; 0,24 e 0,16.

Outro exemplo

Seja uma barragem de 180 m, com talude de jusante de 1,40H:1V ($\cong$ 35.5°), a resistência ao cisalhamento para o espaldar de jusante é:

$$\tau = 1,20\,\sigma^{0,90}\,MPa$$

O gradiente de saída será:

$$i = sen\psi/cos(\psi/2) = 0,61$$

Para a estabilidade, o gradiente crítico deve ser igual ou maior que o gradiente de saída:

$$i_c \leq 0,61 \leq \frac{\gamma_{sub}}{\gamma_0}(cos\alpha - sen\alpha\,tg\beta)$$

$$\alpha = 90 + (35,5/2) = 107,8°$$
$$\beta = (\psi/2) - \varphi = 17,8° - \varphi°$$

Para:

$$\gamma_{sub} = 12,0\,kN/m^3 \quad \varphi_{nec} = 58,30°$$
$$\varphi_{nec} = arctg\tau/\sigma_{méd} = arctg1,20\sigma_{méd}^{-0,10}$$
$$\sigma_{méd} = 0,055\,MPa$$

e

$$h_e = (2\,\sigma_{méd})/\sigma_{sub} = 9,16\,m$$

Calcular ΔH, o maior nível de água a montante, é um problema geométrico. Pela fórmula de Darcy, a vazão é:

$$q = \Delta H^2/2L\,k = h_e\,i\,k$$

Daí que:

$$\Delta H^2/2L = 9,16 \times 0,61 = 5,58\,m$$

Mas:

$$L = 2 \times 1,4 \times H_B + 10 - \Delta H \times 1,40$$
$$H_B = 180\,m$$
$$L = 264,8 - 1,40\,\Delta H$$

Resolvendo as equações, temos:

$$\Delta H = 47,0\,m$$
$$L = 198,8\,m$$

Conclui-se que, se o nível d'água atingir até 47 m, a barragem irá suportar o fluxo interno. O gradiente médio será ΔH/L = 0,231.

Mais exemplos

Pinto (1999) apresenta dados de um modelo hidráulico composto de camadas alternadas de material granular com diâmetro de 0,80 mm e 8 mm. O talude de jusante é de aproximadamente 1,40H:1V.

Quando o nível d'água atingiu a El. 23 (0,55H), sinais de instabilidade eram evidentes. O gradiente médio era de

0,25; ΔH = 23 cm e L = 92 m. O gradiente de saída era $sen\psi/cos(\psi/2)$ = 0,61.

Para γ_{sub} de 1,10 t/m³, o φ_{nec} será de 59°, um valor elevado para cascalho compactado. A altura de saída era de aproximadamente 12 cm, e a $\sigma'_{méd}$ seria só 0,00054 MPa. Para um valor tão baixo, a resistência ao cisalhamento do cascalho, considerando o embricamento das partículas e a expansão durante a ruptura, poderia levar a um valor de φ de 59°.

Um ensaio de campo é apresentado por Yang e Løvoll (2006), no qual uma barragem de enrocamento de 6,0 m de altura e cerca de 36 m de comprimento foi submetida a um fluxo interno, em níveis progressivamente maiores, até que ocorresse a ruptura (Figs. 6.10 e 6.11).

Os taludes de montante e jusante eram de 1,45H:1V e a granulometria do enrocamento tinha d_{10} = 3 cm; d_{50} = 12 cm e $d_{máx}$ = 30 cm. Na ruptura, a vazão era de 30 m³/s ou 0,83 m³/s.m. Na Fig. 6.11, observa-se que o fluxo galgava a barragem.

Em condições ainda estáveis, com N.A. de montante próximo à crista, as vazões pelo enrocamento eram de 0,19 m³/s.m.

O trabalho apresenta uma análise do fluxo considerando uma linha freática semelhante à parábola básica discutida por Leo Casagrande para o caso de fluxo laminar (Fig. 6.12).

Medidas realizadas nos ensaios de campo de Yang e Løvoll (2007) são reproduzidas na Tab. 6.7.

O $i_{crítico}$ foi calculado para γ_{sub} = 1,20 t/m³, φ = 60° e taludes de 1,45H:1V.

TAB. 6.6 Valores do gradiente crítico e do FS

Caso	h_e	σ_{ave} MPa	φ_{ave}	i_c	SF = i_c/i	$\Delta H/L$
1	60	0,35	58°	0,52	0,81	0,81
2	30	0,17	62°	0,65	1,01	0,39
3	13,5	0,08	65°	0,76	1,18	0,24
4	7,0	0,04	68°	0,89	1,39	0,16

FIG. 6.10 *Ensaio de campo*

FIG. 6.11 *Ensaio de campo durante o transbordamento*

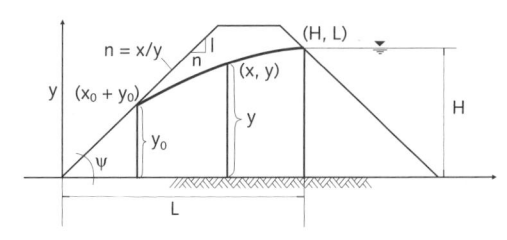

FIG. 6.12 *Modelo de cálculo*

TAB. 6.7 Dados dos ensaios de campo

Ensaio	H (m)	L (m)	$i_{médio}$ (H/L)	$i_{saída}$ (m)	$i_{crítico}$	h_e (m) saída	Vazão m³/s.m
T 1	4,07	15,5	0,26	0,60	0,69	1,18	0,091
T 2	5,35	14,3	0,37	0,60	0,69	1,89	0,115
T 3	6,11	13,2	0,46	0,60	0,69	2,42	0,190

Surpreende o fato de o dique não ter rompido para um $i_{médio}$ da ordem de 0,37 a 0,46. Como a altura de saída é elevada, é mais correto calcular o $i_{médio}$ como $\Delta H/\Delta L$. Os valores seriam ~0,21, 0,30 e 0,38. Por outro lado, o $i_{médio}$ de saída de ~0,60 é inferior ao $i_{crítico}$ de 0,69.

O conhecido caso da barragem de Hell Hole (Leps, 1973; Cooke, 1984; Pinto, 1999), que rompeu em 1964, devido a uma cheia durante sua construção, era de enrocamento lançado. O maior gradiente no início da ruptura era 0,28 ($\Delta H/L$). A altura de saída h_e foi estimada em 18 m. O talude de jusante era de 1,40H:1V ou 35,5°. A pressão vertical efetiva no "triângulo" final era (18 × 1,1)/2 = 9.9 t/m² $\cong$ 0.10 MPa.

Para um enrocamento lançado, o ângulo de atrito φ mobilizado para pressões normais baixas deve ser da ordem de 55° até um máximo de 60°. O gradiente crítico será:

$$i_c = \frac{\gamma_{sub}}{\gamma_0}(\cos\alpha - \sen\alpha \, tg\beta)$$

Para α = 108°; β = 37,2° ou 42,2°; γ_{sub} = 11 kN/m³, i_c variava de 0,44 a 0,60, e como o gradiente de saída era i = senψ/cos(ψ/2) = 0,60, a condição de instabilidade era iminente (Fig. 6.13).

6.2.4 Efeito da anisotropia

Enrocamentos compactados são muito anisotrópicos em relação à permeabilidade, e essa condição afeta o padrão do fluxo na barragem. Consideremos que o espaldar de jusante tenha sido compactado em camadas de 1,80 m e que os 0,45 m superiores sejam 50 vezes menos permeáveis que o restante 1,35 m. A permeabilidade horizontal equivalente será:

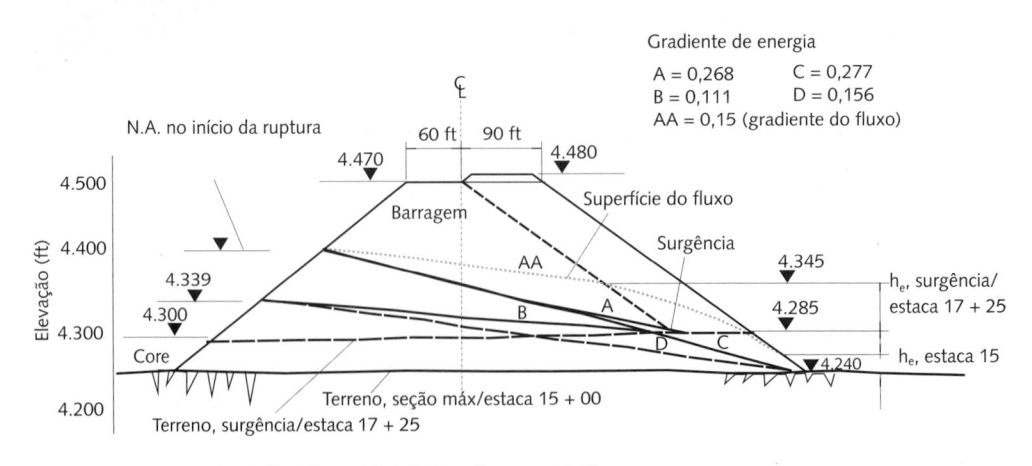

FIG. 6.13 *Barragem de Hell Hole - 23/12/1964 (Pinto, 1999)*

$k_{eh} = (0.02k_h \times 0.45 + k_h \times 1.35)/1.80$
$= 0.755\, k_h$

e a permeabilidade vertical equivalente será:

$k_{ev} = 1.80/[(0.45/0.02k_h) + (1.35/k_h)]$
$= 0.075\, k_h$

Então a relação:

$k_{eh}/k_{ev} = 10$

e a permeabilidade média será:

$k = (0.755 \times 0.075)^{1/2} = k = 0 \times 24 k_h$

A Fig. 6.14 mostra uma rede de fluxo traçada para $k_h/k_v = 22$, condição mais drástica do que a anterior. A altura de saída aumentou de 40 m para 60 m.

Se a resistência ao cisalhamento do enrocamento for $\tau = 1,30\, \sigma^{0,80}$ MPa, o gradiente crítico cairá de 0,59 para 0,52, em razão do aumento da altura de saída. Por essa análise, parece que a permeabilidade anisotrópica pode levar a uma situação mais instável do enrocamento durante fluxo interno. Conclusão similar é apresentada por Pinto (1999): "O enrocamento compactado, devido a uma segregação do material em consequência dos procedimentos construtivos, tem uma permeabilidade horizontal maior do que a vertical. Esta característica não aumenta a estabilidade do enrocamento sob fluxo de água, tal influência é negativa".

6.2.5 Vazão (descarga)

No caso de fluxo laminar, a vazão pode ser calculada por redes de fluxo ou pela fórmula aproximada de Darcy, já discutida. No caso de fluxo turbulento, a velocidade pode ser calculada pela fórmula de Wilkin:

$V = C_i^{0,54}$

sendo C o coeficiente de descarga, ou a permeabilidade ou condutividade do enrocamento.

Para condições médias do enrocamento, C varia com o d_{50} e a porosidade.

$C \cong 1,79\, d^{0,5}\, n\, [n/(1-n)]^{0,5}$

Para valores de d de 0,30 m a 1,00 m e n de 0,20 a 0,23, os valores de C são da ordem de 0,10 a 0,20 m/s. Para gradientes de saída de 0,60 a 0,64, as velocidades variam de 0,07 m/s a 0,16 m/s.

A vazão será:

$q \cong V h_e$

Para os quatro casos da Fig. 6.6 os valores de vazão q são (Tab. 6.8):

Olivier (1967) menciona valores de fluxo aceitáveis em enrocamentos da ordem de 0,40 a 1,50 m³/s.m para enrocamentos soltos (fofos) e de 1,0 a 4,0 m³/s.m para enrocamentos compactados com d_{50} de 0,60 m e 1,50 m, respectivamente.

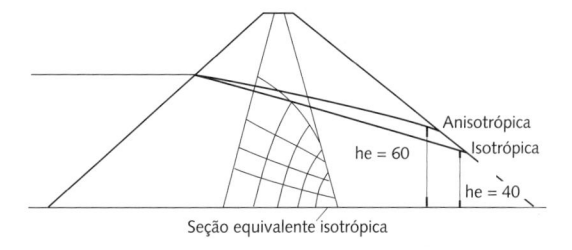

FIG. 6.14 *Rede de fluxo para anisotropia de permeabilidade = 22*

TAB. 6.8 Vazões

Caso	h_e (m)	q – Vazões m³/s.m Mín.	q – Vazões m³/s.m Máx.	Obs.
1	60	4.2	9.6	Não estável
2	30	2.1	4.8	Equilíbrio
3	13	0.9	2.1	Estável se compactado
4	6	0.4	1.0	Estável

As vazões medidas nos ensaios de Young eram inferiores a 0,20 m³/s.m. Somente para a vazão de galgamento de 0,80 m³/s.m é que ocorreu a ruptura.

Vazões medidas em BEFCs (Cruz, 2005a), devido a trincas ou defeitos na face do concreto, no plinto e na fundação, são da ordem de 2,0 a 5,0 ℓ/s.m, no máximo, valores muito inferiores aos estimados para condições estáveis.

Assim, conclui-se que a estabilidade dos enrocamentos não "armados" ao fluxo interno depende do gradiente hidráulico crítico de saída i_c, que pode ser estimado se a resistência do enrocamento é conhecida ou ao menos adequadamente estimada.

Sempre que o gradiente de percolação na saída exceder o gradiente crítico, os blocos externos do enrocamento começarão a ser removidos do talude de jusante, levando a barragem a uma condição instável. Os gradientes médios máximos no enrocamento não devem exceder 0,25, mas, para fins de projeto, deve ser considerado gradientes na faixa de 0,10 a 0,15.

6.3 Alguns precedentes históricos

Casos bem-sucedidos são relatados por Leps (1973) no seu excelente artigo referente a fluxo interno e por galgamento de BEFCs e BENAs.

Recomenda-se reforço do enrocamento na zona de jusante se houver previsão de que ele será submetido a um fluxo no período construtivo, ou se poderá sofrer o galgamento.

No caso de enrocamento sem qualquer reforço, vale relembrar alguns casos interessantes, mesmo que já tenham sido publicados e republicados por vários autores e em vários artigos.

Barragem Hell Hole (Califórnia 1964) – Uma barragem de enrocamento lançado com núcleo inclinado, 123 m de altura, 471 m de crista, e um volume de 6.500.000 m³. Durante uma grande cheia, a vazão pelo enrocamento foi de 540 m³/s, com um gradiente médio de 0,28. A barragem rompeu por escorregamentos sucessivos e remoção dos blocos desde o pé de jusante até a crista. A brecha inicial tinha cerca de 30 m, que progressivamente evoluiu, com uma perda total de 5.100.000 m³ de material.

A vazão específica por metro de crista era de 1,14 m³/s/m'. Considerando, no entanto, que o fluxo se concentrou numa área estreita, a vazão específica nessa zona foi muito maior.

Cooke (1984), revendo o acidente em Hell Hole, menciona:

Um acidente similar num enrocamento compactado, e não lançado, resultaria numa vazão menor e provavelmente a barragem não teria rompido.

A barragem Dix River (Kentucky 1924) é uma BEFC de enrocamento lançado com 82,5 m de altura. Durante a construção (a barragem tinha 30 m de altura e um comprimento de 225 m), uma vazão de 86 m³/s passou pela barragem. A vazão específica foi de 0,38 m³/s/m' e o gradiente médio de 0,057. Nenhum indício de instabilidade foi relatado.

A barragem de Brownlee (Idaho 1956) é uma barragem de enrocamento de basalto com núcleo inclinado. Uma vazão de 400 m³/s passou através de um canal de 75 m e galgou a barragem. A área de jusante foi inundada, de forma que o gradiente médio foi de apenas 0,023. O prejuízo ficou praticamente restrito à erosão de uma remota ensecadeira bem a jusante.

Outro caso foi relatado por Pinto (1999). O enrocamento de uma ensecadeira (de 50 m de altura) do projeto de Itá, que estava parcialmente construída (a vedação com solo estava pela metade da altura), foi atingido por uma vazão de 17.000 m³/s. Um fluxo razoável passou pelo enrocamento, com um gradiente máximo de 0,45 (Fig. 6.15).

Tentativas de reduzir o fluxo foram feitas, lançando solo e solo saprolítico no talude de montante, e lençóis de plástico foram colocados na porção superior do talude. Lançou-se enrocamento nas zonas de jusante onde a erosão teve início. A ensecadeira resistiu bem à cheia e foi finalizada com sucesso, quando as águas de montante baixaram.

O fluxo pode ser estimado aproximadamente pela fórmula:

$$q = k.i.As$$

sendo As a área da barragem sob a linha freática onde ela alcança o talude de jusante.

$$q = k \times 0.45 \times 16 = 0.72 \ m^3/s/m' \text{ para } k = 10 \ cm/s$$

Um cálculo mais elaborado, no caso de fluxo turbulento, será:

$$q = C \times i^{0,85} \times As$$
$$q = 0,098 \times 0,45^{0,85} \times 16 = 0,79 \ m^3/s/m'$$
(Marulanda e Pinto, 2000).

C foi calculado para $d_{50} = 0,30$ m e $e = 0,25$ (índice de vazios).

Cooke, já em 1984, referindo-se ao "período moderno" (1965-1982) de construção de BEFCs, afirma: "Uma outra vantagem dos enrocamentos compactados em relação aos lançados é a sua habilidade para resistir à passagem da água em fluxo interno e por galgamento". Mas Cooke também menciona que "para um provável fluxo sobre o enrocamento, é necessário armá-lo".

FIG. 6.15 *Ensecadeira da barragem de Itá durante uma cheia, detalhe da saída d'água no talude*

As Figs. 6.16 e 6.17 são da BEFC Tokwe Mukorki, no Zimbábue, datadas de fevereiro de 2014.

A barragem estava em construção quando uma cheia excepcional atingiu a face de montante, protegida apenas parcialmente pela laje de concreto. O fluxo interno que se estabeleceu rapidamente pelo enrocamento atingiu o talude de jusante numa altura superior à crítica, dando início à remoção dos blocos de base, seguida de uma ruptura progressiva que se estendeu talude acima, como se pode ver nas figuras.

Uma série de medidas emergenciais, entre as quais o lançamento de solo a montante, permitiram controlar o fluxo, evitando a abertura de uma brecha na barragem.

A história desse acidente se soma aos precedentes históricos anteriormente descritos.

6.4 Vazões medidas em BEFCs

Medidores de vazão a jusante de BEFCs podem não registrar a vazão total da barragem e da fundação, porque a água pode passar pelas fraturas rochosas e encontrar seus caminhos pela fundação, fora dos medidores de vazão.

Independentemente das perdas, porém, eles podem dar uma boa indicação de quanta água está passando pela face de concreto, pela junta perimetral e por eventuais trincas ou defeitos da face (ver Figs. 6.18 e 6.19, adiante).

Dados de vazão são normalmente expressos em ℓ/s, indicando-se o valor total para a barragem e a fundação.

As vazões em BEFC podem ser avaliadas de diferentes pontos de vista. Uma vazão pequena (menor do que 100 ℓ/s) pode ser interpretada como de uma barragem bem construída, com pequenos recalques e deflexões e com veda-juntas adequados tanto ao longo do plinto como nas juntas da laje de concreto. Uma vazão pequena significa que apenas alguns ℓ/s são perdidos em relação à geração e/ou ao volume do reservatório.

Não há muitas publicações na literatura sobre vazões medidas em BEFCs. A Tab. 6.9 mostra que as vazões medidas variaram de 10 a 20 ℓ/s até mais de 1.000 ℓ/s. New Exchequer (EUA, 1966) teve vazão inicial de 14.000 ℓ/s, e Turi-

Fig. 6.16 *Barragem Tokwe Mukorki – Fase inicial do rompimento do talude*

Fig. 6.17 *Barragem Tokwe Mukorki – Avanço do rompimento do talude de jusante, mas também a redução da vazão*

TAB. 6.9 Medidas de vazão em 43 BEFCs

Barragem	País	Ano	Material do enrocamento	Fundação	Altura (m)	Comprimento (m)	Área da face (m² x 100)	L/H	A/H²	Ev MPa	Máx. recal. (m)	Vazão (ℓ/s) Inicial	Vazão (ℓ/s) Depois do tratamento	Vazão (ℓ/s) Atualmente
Paradela[6]	Portugal	1956	Granito	Granito	112	540	55	4,82	4,38	72	-	1.760	50	720
New Exchequer	EUA	1966	Meta-andesito	Andesito	148	427	21	2,88	0,96	-	4,90	14.000	230	-
Cethana[1]	Austrália	1971	Quartzo	Riolito	110	213	24	1,93	1,96	-	-	49	35	35
Alto Anchicaya[5]	Colômbia	1974	Diorito	Xisto	140	240	22,3	1,71	1,13	145	0,77	1.800	>400	180
Bailey[1]	EUA	1979	Arenito	Arenito	95	550	65	5,78	7,20	-	-	300	60	-
Foz do Areia[1]	Brasil	1980	Basalto	Basalto	160	828	138	5,17	5,39	32	3,78	260	60	370
Salvagina[1]	Colômbia	1984	Cascalho	Arenito	148	350	57,3	2,36	2,61	-	-	60	60	-
Khao Laem	Tailândia	1984	Calcário	Calcário	130	1.019	140	7,04	8,30	45	-	2.000	-	50
Golillas[3]	Colômbia	1984	Cascalho	Arenito	130	120	15,2	1,04	0,90	200	0,39	1.080	650	200
Santa Juana	Chile	1985	Seixo/cascalho	Seixo/cascalho	113	390	39	3,19	3,05	-	-	-	250	-
Guanmenshan	China	1988	Andesito	Andesito	59	184	822	3,12	2,36	-	-	16	-	-
Chengping[1]	China	1989	-	Tufo vulcânico	75	232	29,5	3,09	5,24	-	-	70	10	100
Zhushoqiao	China	1990	Ardósia-calcário	Ardósia-calcário	78	245	23	3,14	3,78	-	-	2.500	-	50
Xibeikou[7]	China	1990	Cr-calcário	Cárstico-calcário	95	22,2	29,5	2+33	3,26	-	-	1.700	-	-
Longxi	China	1991	-	Tufo de lava	59	141	7	2,38	2,01	-	-	2,6	-	-
Aguamilpa[4]	México	1993	Cascalho	Riodacito	187	660	137	3,52	3,91	250 50	1,70	260	150	100
Segredo	Brasil	1993	Basalto	Basalto	145	720	92	4,96	4,37	45	2,20	390	45	50
Xingó[1]	Brasil	1994	Gnaisse	Gnaisse	140	850	112	6,07	6,22	37	2,30	200	135	-
Shiroro[2]	Nigéria	1994	Granito	Granito	130	1.400	50	10,76	2,96	76	0,94	1.700	100	-
Santa Juana	Chile	1995	Seixo/cascalho	Seixo/cascalho	113	390	-	3,19	3,05	-	-	-	250	-
Itá[2]	Brasil	1999	Basalto	Basalto	125	881	110	7,05	7,04	60	2,10	1.700	380	200
Puclaro	Chile	2000	Seixo/cascalho	Seixo/cascalho	80	640	68	8,00	-	-	-	-	-	-
Tianshengqiao	China	2000	Calcário	Calcário	178	1.137	156	6,38	4,92	45	3,39	180	-	-
Pichi Picún Leufú	Argentina	2000	Seixo/cascalho	Seixo/cascalho	48	1.050	-	22	36	-	-	-	13	-
Machadinho[1]	Brasil	2002	Basalto	Basalto	127	700	77	5,60	4,93	40	1,60	900	700	600
Itapebi[2]	Brasil	2003	Gnaisse	Granito-gnaisse	120	583	67	4,85	4,65	-	1,55	902	127	37
Xiliushui	China	2004	-	-	146,5	190,6	-	1,30	-	-	-	113	-	-
Hongjiadu	China	2004	Calcário	Calcário	179,5	465	76	2,59	2,35	124,7-172,4	1,14	59	28	-
Barra Grande[9]	Brasil	2005	Basalto	Basalto	185	666	108	3,60	3,15	-	3,40	1.300	760	-
Campos Novos	Brasil	2005	Basalto	Basalto	202	592	106	2,93	2,59	-	2,60	1.500	1.000	650
ZipingPu	China	2006	-	-	156	635	-	-	-	-	-	51,2	Sem aumento após terremoto	-

TAB. 6.9 Medidas de vazão em 43 BEFCs

Barragem	País	Ano	Material do enrocamento	Fundação	Altura (m)	Comprimento (m)	Área da face (m² x 100)	L/H	A/H²	Ev MPa	Máx. recal. (m)	Vazão (ℓ/s) Inicial	Vazão (ℓ/s) Depois do tratamento	Atualmente
Mohale	Lesoto	2006	Basalto	Basalto	145	600	87	4,13	3,85	30-40	2,90	600	-	Nenhum tratamento de laje posteriormente
Messochora	Grécia	2006	Calcário	Calcário	150	337	51	2,25	2,27	44	-	-	-	-
El Cajón	México	2006	Ignimbrita	Ignimbrita	188	550	113,3	2,93	3,21	110	-	150	-	-
Shuibuya	China	2007	Calcário	Calcário	233	675	120	2,38	2,21	120	-	40	-	-
Kárahnjúkar	Islândia	2007	Basalto	Basalto	196	730	93	3,57	2,42	90	-	< 100	-	-
Bakún	Malásia	2008-2010	Grauvaca argilito	Grauvaca	205	730	127	3,60	3,02	80-120	2,27 (jun. 2009)	117,7	-	-
Mazar	Equador	2009	Quartzito/xistos	Quartzito	166	340	45	2,05	1,7	90-130	1,54	480	-	400
Porce III	Colômbia	2010	Xistos	-	151	426	57	2,8	2,5	110	-	< 100	-	-
Turimiquire	Venezuela	1988 (primeiro enchimento) 2011 (reabilitação)	Calcário	-	113	-	52	-	-	-	-	300 a 2.500 e 9.800 (2007)	2.500 (2011), após tratamento com membrana de PVC	-
Nam Ngum 2	Laos	2011	Arenito	Arenito/siltito	182	470	44,8	2,1	2,7	30-70	-	250	-	-
Los Caracoles	Argentina	2010	Seixo/cascalho (3B) Enrocamento (3C/3D)	Seixo/cascalho e areia	136	620	110	4,5	5,9	-	-	-	-	-
La Yesca	México	2012	Seixo/cascalho e ignimbrita	Ignimbrita	208,5	628	129	3,0	3,0	- 175 (3B) - 163 (T) - 66 (3C)	0,92	< 160	-	-

1. Nenhum reparo foi executado. A vazão reduziu naturalmente, provavelmente devido à siltagem.
2. As investigações detectaram trincas na face. O tratamento consistiu em lançar solo e areia na face.
3. A vazão ocorria pelas juntas da face e pela fundação. O reservatório foi rebaixado, os tratamentos foram executados, mas as causas que provocaram as vazões são ainda desconhecidas.
4. Fissuras e trincas foram detectadas na face. Algumas foram tratadas. A vazão diminuiu com o tempo por siltagem.
5. A vazão ocorria ao longo da junta perimetral e, com o passar do tempo, caiu a valores aceitáveis.
6. Uma membrana selante foi instalada, recobrindo toda a face de montante e providenciando uma vedação permanente para qualquer fissura ou trinca que viesse a ocorrer na face.
7. Ver Caps. 3, 8, 9 e 10.

miquire (Venezuela, 1982), vazão inicial de 6.000 ℓ/s.

Vazões acima de 1.000 ℓ/s foram medidas em algumas barragens brasileiras, mas também na Argentina, Colômbia, China e outros países asiáticos. Reparos foram feitos, mas em alguns casos as vazões continuam elevadas, como se pode ver na tabela.

As vazões nessas barragens provêm de fissuras, aberturas, fraturas ao longo da junta perimetral, juntas entre placas e mesmo fraturas nas lajes de concreto.

Em geral, essas vazões estão associadas a recalques e deslocamentos elevados nas várias zonas da barragem, que se refletem na face de concreto, a qual também se movimenta bastante. Baixa compactação da zona 3C e diferenças nos módulos de compressibilidade dos materiais das várias zonas têm sido consideradas a causa principal das elevadas vazões medidas a jusante, mas outras barragens construídas com as mesmas especificações mostraram pequenas vazões.

Foram feitas tentativas de correlacionar o comportamento da barragem com o chamado coeficiente de forma do vale $X = A/H^2$ (sendo A a área da face e H a altura da barragem), mas não com as vazões.

Modelos matemáticos e análises mostraram que as BEFCs se comportam como um todo, tanto durante a construção como durante o enchimento do reservatório, e a longo prazo, e que elevados módulos de compressibilidade são necessários para minimizar deslocamentos e recalques.

O resultado das análises e das medidas sobre as vazões levaram a um maior rigor na compactação e na seleção dos materiais, como mencionado no prefácio desta segunda edição e no Cap. 2. Um novo zoneamento foi proposto, com um filtro vertical no centro, para barragens já construídas e outras em construção, especialmente aquelas que se localizam em zonas sísmicas ou que utilizam materiais de inferior qualidade na zona T.

Um aspecto importante a ser mencionado é que os tratamentos de barragens com vazões altas foram executados lançando materiais finos sobre a laje, promovendo sua migração e reduzindo substancialmente a vazão.

Exemplos desses tratamentos são mencionados na literatura técnica por Barry Cooke e recentemente observados nas barragens de Itá, Itapebi e Xingó, onde a colocação desses materiais finos reduziu a vazão pelo enrocamento.

Recentemente, o uso de mástiques (GB, na China) tem sido reportado como um tratamento eficiente, com vazões relativamente baixas. Exemplos de barragens que as utilizam são as de Bakún (205 m, 81 ℓ/s), na Malásia, e Shibuya (233 m, 40 ℓ/s), Hongjiadu (180 m, 59 ℓ/s), Baixi (125 m, 4 ℓ/s) e Zipingpu (156 m, 51 ℓ/s), na China.

6.4.1 Vazões pela fundação

Uma tentativa de separar a vazão que passa através da fundação em relação à vazão total pode ser feita, uma vez que a vazão que ocorre sob o plinto é semelhante à que ocorre sob uma barragem de

TAB. 6.10 Vazões medidas em barragens de concreto gravidade (Cruz & Silva, 1978)

Barragem	Estrutura	Altura (m)	Rocha da fundação	Gradiente	Vazão ℓ/s.m	Permeabilidade $\times 10^{-4}$ cm/s
Ilha Solteira	Tomada Vertedor	76 80	Basalto	5 10	0,08 0,08	0,7 - 1,9
Jupiá	Tomada Vertedor	33 33	Basalto	10 10	0,04	0,5 - 1,4
Capivara	Vertedor	29	Basalto	10	0,03	0,6 - 1,6
Promissão	Muro Vertedor	38 40	Basalto	10 8	0,12 0,18	2 - 5
Porto Primavera	Vertedor	29	Basalto	8	0,10	2 - 5

concreto, porque os gradientes, os requisitos de permeabilidade e os tratamentos são similares, mesmo considerando as diferenças quanto à drenagem.

A Tab. 6.10 resume medidas de vazão em estruturas de barragens de concreto gravidade.

No caso, as fundações eram sempre em basaltos com permeabilidade média de 0,5 a 5 × 10^{-4} cm/s. Os gradientes entre o pé de montante e a galeria de drenagem eram da ordem de 8 a 10, e a vazão média variou entre 0,03 e 0,20 ℓ/s.m.

Se o vertedor de Porto Primavera for considerado de 320 m de comprimento, a vazão será de 32 ℓ/s. Em outros tipos de rocha de fundação, adequadamente tratados, as vazões não devem ser muito diferentes.

Gradientes sob o plinto podem ser maiores (15 a 20) no caso de rochas sãs, mas caem para 7 a 10 se a rocha é menos sã, porque uma extensão interna do plinto é usualmente construída.

Então, a partir das vazões medidas nas fundações de barragens de concreto e admitindo-se o comprimento do plinto em 1,5 vez a largura da crista das barragens, pode-se estimar que as vazões através das fundações das BEFCs da Tab. 6.9 não devem ter excedido 100 ℓ/s, com exceção da barragem de Golillas, na qual são registradas vazões elevadas através da fundação.

Deduzindo a vazão através da fundação da vazão total, pode-se calcular a vazão através da laje, da junta perimetral, de trincas ou de defeitos da laje. As vazões variam de 800 a 1600 ℓ/s antes dos tratamentos. As vazões residuais foram muito menores, mostrando a eficiência do tratamento.

Não tem sentido considerar vazões específicas (ℓ/s.m ou ℓ/s.m²) para as vazões iniciais, porque, na maioria dos casos, as vazões ocorrem de forma concentrada nas trincas ou nos defeitos das juntas e da laje. No caso da vazão residual, porém, tais vazões são de interesse. Admitindo-se que toda a vazão ocorresse ao longo da junta perimetral, as vazões seriam de 0,02 a 1,80 ℓ/s.m. E se a vazão residual for dividida pela área da face, as vazões variariam entre 0,20 a 2,80 ℓ/s.m².

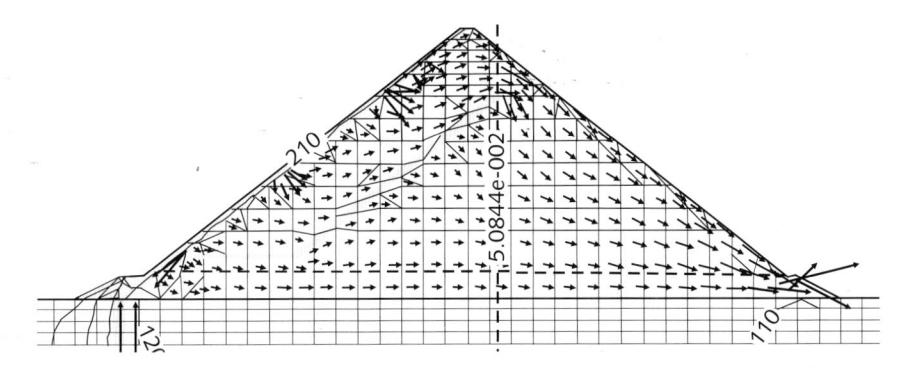

FIG. 6.18 *BEFC hipotética de 120 m de altura*

Mais dados são necessários antes que conclusões mais definitivas e confiáveis possam ser tiradas.

6.4.2 Análise por elementos finitos

Para analisar melhor o fluxo em BEFCs, um modelo bidimensional foi desenvolvido. Diferentes permeabilidades foram admitidas para o enrocamento, as transições e a rocha de fundação.

A Fig. 6.18 mostra a BEFC. A altura é de 120 m e os taludes são de 1,3H:1,0V. Numa primeira análise, considerou-se a barragem sem a face de concreto. A vazão total depende da permeabilidade do enrocamento e das transições. Os valores variaram de 0,3 m³/s.m a 1,0 m³/s.m, compatíveis com a vazão em enrocamentos compactados.

A inclusão da camada de transição de montante (zona 2B) resulta numa depressão significativa da linha freática realizando um controle efetivo da vazão através do enrocamento, que cairia a valores de 0,01 a 0,10 m³/s.m, cerca de 1/3 a 1/10 da vazão. Mesmo assim, em 100 m de barragem a vazão variaria de 1.000 a 10.000 ℓ/s.

O próximo passo foi calcular as vazões considerando a laje com $k = 10^{-8}$ cm/s. A Tab. 6.11 resume os resultados obtidos.

As vazões através da fundação são próximas entre si, se a permeabilidade da fundação for de 10^{-4} cm/s. Para $k = 10^{-3}$, as vazões crescem significativamente.

As vazões através da laje são muito baixas, e bem menores do que as medidas em BEFCs.

TAB. 6.11 Permeabilidade e vazões

Caso	Rocha de fundação cm/s	Injeção de cimento cm/s	Laje cm/s	Enrocamento cm/s	Vazão fundação ℓ/s.m	Vazão laje ℓ/s.m	Vazão laje ℓ/s.m²
6c	10^{-4}	10^{-5}	10^{-8}	1	0,031	0,013	0,0012
6	10^{-4}	10^{-5}	10^{-8}	10	0,023	0,032	0,0028
6f	10^{-4}	10^{-4}	10^{-8}	1	0,083	0,016	0,0013
6g	10^{-3}	10^{-3}	10^{-8}	1	0,47	0,011	0,0010

TAB. 6.12 Permeabilidade equivalente

Altura e (mm)	Espaçamento b (cm)	Fluxo laminar (cm/s)	Fluxo turbulento (cm/s)
0,5	50	8×10^{-3}	
0,5	100	4×10^{-3}	
5,0	50		2×10^{-2}
5,0	100		4×10^{-2}

TAB. 6.13 Modelo analítico de fluxo

Caso n°	Enrocamento cm/s	Transição cm/s	Laje cm/s	Área c/ defeito cm/s	N° de áreas c/ defeito	Rocha de fundação cm/s	Injeção cm/s	Fluxo fundação ℓ/s.m	Fluxo laje ℓ/s.m
10	1	10^{-8}	10^{-8}	10^{-2}	2	10^{-4}	10^{-5}	0,012	126
9b	1	10^{-1}	10^{-8}	10^{-2}	3	10^{-4}	10^{-5}	0,009	147
9c	10	10^{-1}	10^{-8}	10^{-2}	3	10^{-4}	10^{-5}	0,018	400
8d	1	10^{-1}	10^{-8}	10^{-2}	1	10^{-4}	10^{-4}	0,033	73
8c	1	10^{-1}	10^{-8}	10^{-2}	1	10^{-4}	10^{-5}	0,015	73
10a	10	10^{-1}	10^{-8}	10^{-2}	2	10^{-4}	10^{-5}	0,019	316
9e	10	10^{-1}	10^{-8}	10^{-2}	3	10^{-4}	10^{-5}	0,018	404

Por essa razão, introduziu-se um "defeito" na laje, com permeabilidade de 10^{-2} cm/s em uma e até três áreas da face. A Fig. 6.18 mostra uma laje com três "defeitos", onde ocorre um fluxo concentrado.

Uma permeabilidade equivalente de 10^{-2} cm/s representa uma área de fissura generalizada, ou trincas de 0,5 a 5 mm, espaçadas de 0,5 m a 1,0 m (Tab. 6.12).

A Tab. 6.13 resume as várias simulações para a barragem com fissuras ou trincas na face. A vazão através da fundação permanece a mesma das análises anteriores. Por outro lado, a vazão através da laje aumenta drasticamente de valores de 70 ℓ/s.m para 400 ℓ/s.m. É claro que fissuras e trincas não ocorrem em toda a área de concreto, mas se houver trincas em alguns metros da face, as medidas de vazões totais registradas em BEFCs estarão de acordo com a presente análise.

6.4.3 Efeito da anisotropia nas BEFCs

Quando um enrocamento de granulometria variada é lançado e espalhado em camadas de 0,80 m, 1,0 m, 1,60 m e mesmo de 2,0 m, ocorre uma segregação inevitável de sua granulometria. Os blocos maiores tendem a se acomodar na base da camada e os finos nem sempre são suficientes para preencher os vazios.

Durante a compactação ocorre uma fragmentação dos blocos rochosos, que é mais acentuada na parte superior da camada. O pré-lançamento da água, ou mesmo durante a compactação, contribui para o fraturamento dos blocos e para movimentar os finos, mas não é suficiente para homogeneizar a granulometria. Soma-se a esse processo a movimentação das máquinas em superfície contribuindo para formar uma camada "lisa" e fina, que é benéfica para o tráfego e para a durabilidade dos pneus.

O resultado desse processo é a formação de camadas horizontais alternadas, mais e menos permeáveis, cujo contraste das permeabilidades é tanto maior quanto maior for a espessura da camada lançada, maior a amplitude da granulometria e maior o gradiente da compactação do topo para a base.

Enrocamentos compactados são, portanto, materiais anisotrópicos quanto à permeabilidade. Se dividirmos a espessura da camada ao meio e chamarmos de k_T a permeabilidade da metade superior e de k_B a permeabilidade da metade inferior, as permeabilidades médias equivalentes na direção vertical e horizontal são dadas pelas expressões:

$$k_h = \frac{k_T \frac{d}{2} + k_B \frac{d}{2}}{d} = \frac{k_T + k_B}{2}$$

$$k_V = \frac{d}{\frac{d}{2k_T} + \frac{d}{2k_B}} = \frac{1}{\frac{1}{k_T} + \frac{1}{k_B}} = \frac{k_T k_B}{k_T + k_B}$$

Se $k_B = 10\ k_T$, que é uma hipótese plausível:

$$k_h = \frac{k_T + 10 k_T}{2} = 5{,}5\ k_T\ ou\ 0{,}55\ k_B$$

$$k_T\ ou\ 0{,}1\ k_B$$

Para um contraste de 50 x a 100 x, tem-se, respectivamente:

$k_h = 25\ k_T = 0{,}50\ k_B$

$k_V \cong k_T = 0{,}02\ k_B$

e

$k_h \cong 50\ k_T = 0{,}50\ kB$

$k_V \cong k_T = 0{,}01\ kB$

Desta análise concluir-se que o fluxo horizontal é condicionado pela permeabilidade da camada inferior dividida por dois, e o fluxo vertical, pela permeabilidade da camada superior, quase que independentemente do contraste das permeabilidades.

6.4.4 Algumas conclusões relativas ao fluxo

A informação sobre vazões em BEFCs é muito difusa e limitada a alguns casos históricos, e muito mais informação é necessária para se poder tirar conclusões claras sobre vazões permitidas ou máximas em BEFCs.

Um número limitado de casos históricos foi resumido neste capítulo. Algumas conclusões preliminares são:

- Enrocamentos não protegidos (sem a laje) de BEFCs, em condições extremas, podem suportar vazões de 0,5 até 1,0 m³/s.m. Sempre que vazões através ou sobre o enrocamento forem previstas, reforços no talude de jusante são fortemente recomendados.
- Os máximos gradientes médios devem ser da ordem de 0,15 a 0,18.
- As vazões totais em fundações rochosas de BEFCs, se tratadas (por injeção) adequadamente, devem variar entre 30 e 100 ℓ/s.
- Sempre que a vazão total excedeu 800 a 2.000 ℓ/s, investigações e tratamentos foram realizados. A vazão residual ou estabilizada varia de 30 a 400 ℓ/s na maioria das BEFCs.
- O modelo analítico confirma que a vazão através das fundações de BEFCs são aceitáveis e que as vazões por trincas ou defeitos da face podem ser muito elevadas.

6.5 O PROJETO DE BEFCs PARA O CONTROLE DO FLUXO INTERNO

6.5.1 O zoneamento

O zoneamento clássico das BEFCs (ver Cap. 2) e o processo construtivo em camada compactada geram, em princípio, uma barragem anisotrópica em relação à permeabilidade e com permeabilidades crescentes de montante para jusante, como resultado da menor compactação das zonas 3B e 3C, ou pelo menos da zona 3C. Esses aspectos, no entanto, não são suficientes para o controle do fluxo e para evitar o risco de uma ruptura, no caso de ocorrer fluxo interno, como já discutido no item 6.3.

Duas zonas colocadas a montante da zona 3 são incluídas não só para fazer a transição entre o enrocamento e a laje de concreto, mas também para o controle do fluxo: a zona de transição de enrocamento fino e a zona de apoio da laje. A zona de transição (3A), por ter uma granulometria mais fina, deveria ser menos permeável do que o enrocamento adjacente e contribuiria para reduzir o fluxo e deprimir a linha freática.

A principal zona de proteção ao fluxo, porém, é a zona de apoio da laje (2B), que, em muitos casos, contém uma fração significativa de areia (ver Caps. 2 e 3), com permeabilidade na casa de 10^{-2} cm/s (zona 2B).

O concreto extrudado, recentemente incluído para apoio da laje e fôrma para a zona 2B, tem uma permeabilidade baixa, exceto se sofrer trincas resultantes dos movimentos de acomodação no enrocamento. Estes são frequentes, seja pelo carregamento durante a construção, seja por molhagem se, antes da colocação da laje, houver represamento pela chegada de uma enchente cujas águas galgassem as ensecadeiras.

6.5.2 O enrocamento ideal

Outro benefício da compactação é relembrado por Cooke e Sherard (1987):

No zoneamento usual das BEFCs, há um aumento da permeabilidade, principalmente nas bases das camadas mais espessas das quatro zonas, e para a largura completa da barragem, bem como um desejável nível freático suspenso resultante das camadas superficiais mais finas e semipermeáveis. O nível d'água suspenso funciona como uma drenagem de água, evitando a formação de uma linha freática elevada, com suas altas pressões neutras.

No projeto ideal, a menos que ocorra o galgamento da barragem, o fluxo através do enrocamento estaria controlado com as zonas de montante (concreto extrudado, zona 2B e transição 3A).

A Fig. 6.19 mostra uma BEFC com 2B (*cushion zone*) e 4 m da zona de transição (3A), seguida de enrocamento com permeabilidade crescente de montante para jusante (caso 1).

A barragem tem 100 m e é submetida a uma cheia antes da construção da laje de concreto. Fluxo interno ocorre. No caso 1, a permeabilidade cresce em direção a jusante. A linha freática é deprimida porque a zona 2B tem baixa permeabilidade. Não se anteveem problemas de estabilidade porque a altura de saída é inferior a 1 m. Caso se a

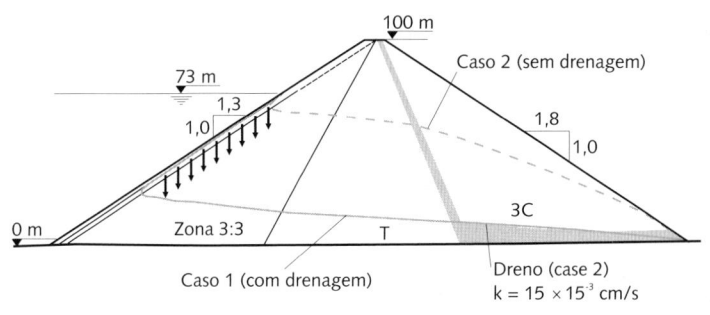

FIG. 6.19 *Fluxo interno em BEFC*

TAB. 6.14 Fluxo interno no enrocamento de uma barragem

Zona	Largura (m)	Permeabilidade (m/s)		Caso 1			Caso 2		
		Caso 1	Caso 2	h (m)	Δh (m)	$i_{méd}$	h (m)	Δh (m)	$i_{méd}$
2B (cushion)	2	5×10^{-5}	5×10^{-5}	73	4	1,33	73	4	1,33
3A	4	5×10^{-4}	5×10^{-4}	24,9	1,50	0,25	67,1	1,10	0,65
3B	Variável	5×10^{-3}	5×10^{-3}	23,4	7,80	0,13	66,0	3,5	0,04
T	Variável	10×10^{-3}	5×10^{-3}	15,6	4,70	0,06	62,5	3,4	0,04
3C	Variável	15×10^{-3}	5×10^{-4}	10,9	10,0	0,10	59,1	53,0	0,53

Vazão – $7,78 \times 10^{-3}$ m³/s.m
$i_{médio}$ – gradiente médio
Caso 1 – $h_e = 0.90$ m
Caso 2 – $h_e \cong 6.0$ m

zona 3C tenha uma grande porcentagem de finos, a permeabilidade diminui (caso 2). O fluxo passa a ser controlado pela zona 3C e uma grande parte dela fica saturada. A estabilidade diminui. A solução é incluir um dreno inclinado, seguido de um dreno horizontal (Fig. 6.19 e Tab. 6.14).

A depressão da linha freática é o resultado da presença da "cushion zone" seguida da transição. Os gradientes nas zonas dos enrocamentos são significativamente reduzidos. Sem as duas zonas de montante, o gradiente médio do enrocamento seria 0,20.

6.5.3 Desvios do "enrocamento ideal"

O principal objetivo do zoneamento de uma BEFC, como discutido no Cap. 2, é controlar os deslocamentos da barragem como um todo e, em particular, na zona da barragem afetada pelo enchimento do reservatório. Quanto menores forem os deslocamentos resultantes, primeiramente, das cargas hidráulicas atuantes na face de montante e, secundariamente, dos deslocamentos relativos à deformação lenta (fluência), menores os riscos de ocorrerem fissuras, trincas e mesmo rupturas das lajes.

Como as permeabilidades dos enrocamentos dependem de inúmeros fatores, como granulometria, índice de vazios e forma dos blocos rochosos, a barragem ideal só existiria se nas zonas de enrocamento da barragem o material fosse o mesmo e, devido à redução da compacidade nas zonas de jusante, a permeabilidade fosse crescente.

Porém, mesmo nas barragens cujo enrocamento provém de um mesmo tipo de rocha, as especificações construtivas podem requerer que nas zonas de montante sejam utilizadas rocha de maior resistência a compressão do que nas demais zonas. Veja, por exemplo, o caso das barragens de Machadinho, Segredo, Campos Novos e Barra Grande (Cap. 3). A rocha é sempre o basalto, mas os requisitos são diferentes, tendo em vista a compressibilidade dos enrocamentos, e não a sua permeabilidade. E há os casos em que materiais tão diferentes como cascalho e enrocamento foram utilizados na construção do aterro, como na barragem Aguamilpa (ver Cap. 3). Há, inclusive, situações nas quais, em razão do excesso de finos presentes, tem-se proposto a inclusão de um sistema interno de drenagem para o controle do fluxo interno, como é prática comum em barragens de terra e mesmo de terra-enrocamento.

Basta uma análise das seções transversais das barragens mostradas no Cap. 3 para concluir que qualquer tentativa de generalizar o problema do fluxo interno em BEFCs pode levar a surpresas.

6.5.4 Recomendações práticas

1) Como demonstrado no item 6.3.2 a zona mais vulnerável em termos de estabilidade de uma barragem de enrocamento é a faixa externa dos taludes de jusante, numa largura da ordem de 2/3 H a 1/3 H, sendo H a altura da água. Sempre que possível, nessa zona devem ser colocados os maiores blocos, que, em princípio, seriam mais estáveis.

2) Foi demonstrado também que o gradiente crítico de saída é uma função do ângulo de atrito do enrocamento e, quanto maior a altura da saída d'água a jusante, menor o coeficiente de segurança ao fluxo, levando-se em conta que a resistência do enrocamento decresce com o aumento das tensões atuantes. Por essa razão, quanto mais deprimida for a linha freática, mais segura será a barragem à ação das forças de percolação.

3) E, finalmente, sempre que houver a possibilidade de uma BEFC estar submetida a fluxo interno ou galgamento na fase construtiva, a única proteção garantida é armar o enrocamento a jusante, como se discutirá no próximo item.

6.6 O ENROCAMENTO ARMADO

Como já abordado em itens anteriores, enrocamentos, compactados ou não, são estruturas que têm limites com relação a um fluxo interno, sendo sujeitos a ruptura se ocorrer um galgamento. A experiência australiana relatada por Thomas (1976) é rica em exemplos de galgamento em enrocamentos reforçados (armados).

Historicamente, pode-se citar o caso da barragem de Orós, de enrocamento com núcleo (Fig. 6.20), que rompeu em 1961 devido ao galgamento durante uma cheia. Mais de 1 milhão de m³ de aterros foram lavados em poucas horas,

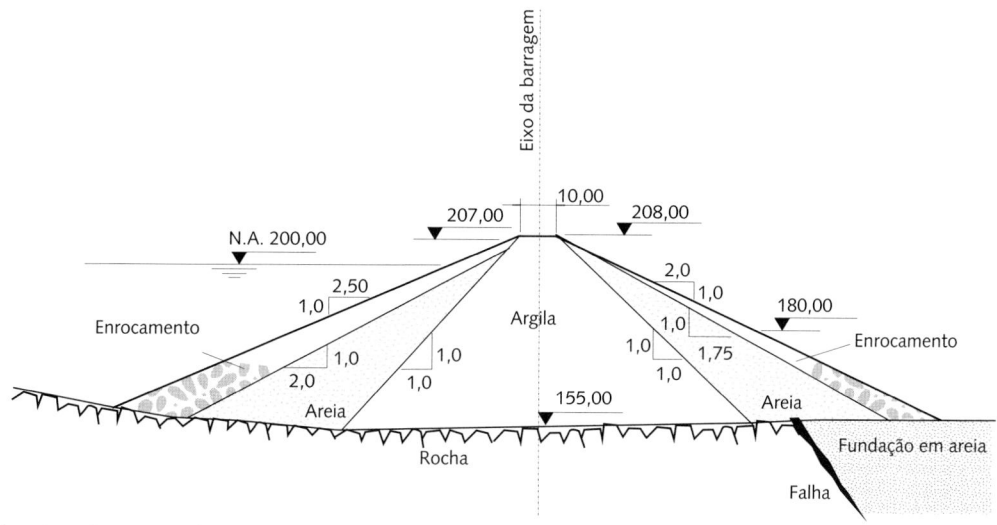

FIG. 6.20 *Barragem de Orós*

FIG. 6.21 *Barragem de Arneiroz II*

deixando um vão de 200 m de largura. No pico, a vazão que passou pela abertura atingiu 10.000m³/s. O mesmo ocorreu em 2003 com a barragem de Arneiroz II, também de enrocamento com núcleo argiloso, como se observa nas Figs. 6.21A, B e C. As duas barragens estão localizadas no mesmo rio Jaguaribe, a aproximadamente 50 km de distância uma da outra.

É interessante notar como o núcleo de solo compactado foi, em grande parte, preservado, apesar do galgamento.

De conhecimento dos autores, em nenhuma das nove BEFCs já construídas no Brasil, o enrocamento de jusante foi armado para resistir a um possível galgamento. Um dos únicos casos conhecidos é o do enrocamento da ensecadeira auxiliar de 3ª fase a montante da barragem de Tucuruí, executado com tela metálica "Telcon" ϕ 3,75 mm e malha de 8 × 8 cm,

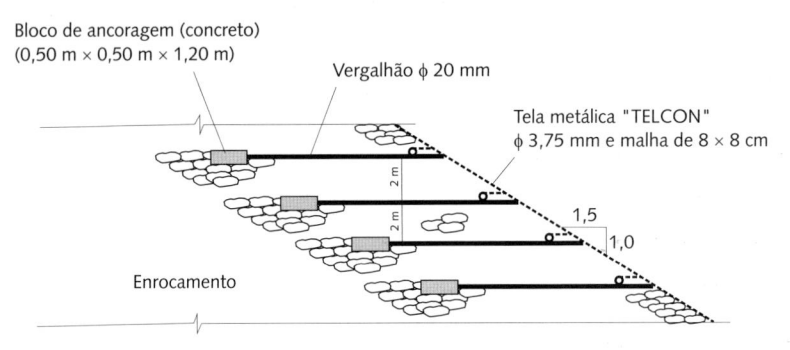

FIG. 6.22 *Enrocamento armado da barragem de Tucuruí*

presas a vergalhões de ϕ 20 mm, espaçados de 2,0 m × 2,0 m e ancorados no interior do enrocamento com blocos de concreto de 0,50 × 0,50 × 1,20 m. Os vergalhões tinham comprimento da ordem de 8 a 10 m (Fig. 6.22).

Tal proteção visava proteger a ensecadeira das altas velocidades tangenciais de aproximação das adufas, bem como dos vórtices e turbulências constatados em modelo hidráulico (Eletronorte – UHE Tucuruí – Projeto de Engenharia das Obras Civis – Consolidação da Experiência – Engevix – Themag 1987).

Referências detalhadas sobre esse item podem ser encontradas em Thomas (1976, Cap. 15, v. 2).

Um exemplo de reforço do tipo "gaiola" é mostrado na Fig. 6.23. Como se observa, a proteção é bastante superficial e só se aplica à crista da barragem.

A gaiola tem apenas 2,3 m de comprimento na base e 0,81 m no topo. *A malha vertical no fundo (montante) da gaiola é uma retenção do enrocamento adjacente, prevenindo-o de ser removido caso o enrocamento da gaiola fosse lavado através de um furo* (Thomas, 1976).

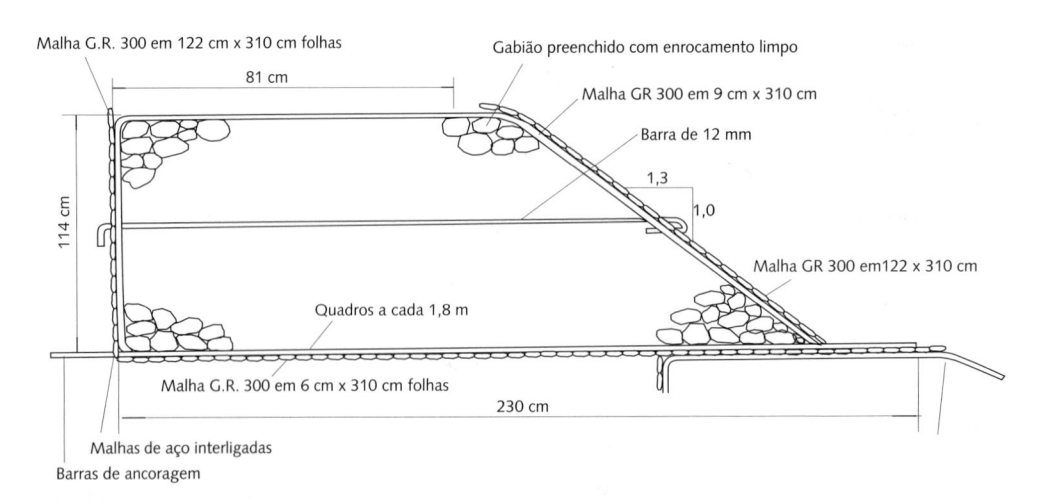

FIG. 6.23 *Gaiola armada (Thomas, 1976)*

Um caso histórico a ser relatado é o do canal mantido no enrocamento da barragem de Tianshengqiao 1 para escoar cheias acima de 34.800 m³/s (período de retorno de 300 anos), dada a limitação dos dois túneis de desvio (D = 13,5 m). O canal tinha taludes de 1,4H:1V, 120 m de largura na base e 300 m de comprimento.

Os taludes na entrada e ao longo do canal foram protegidos com gabiões com pedras de 20 a 30 cm, conectadas a barras de aço embutidas no enrocamento (8 m de comprimento e diâmetro de 20 a 28 mm – ver Fig. 2.12). A proteção dos canais sofreu pequenas variações entre montante e jusante. A vazão máxima que passou pelo canal foi de 3.600 m³/s, com lâmina de 9 m e velocidade média de 3,20 m/s.

Após a passagem das cheias, uma inspeção local verificou a ausência de danos de erosão significativos, tanto no fundo como nos taludes, indicando que a proteção do enrocamento atendeu plenamente às expectativas do projeto (Freitas, 2006).

7 | Tratamento das Fundações

Os critérios de projeto para as fundações das barragens de enrocamento compactado com face de concreto têm evoluído diante da experiência acumulada na construção das barragens durante os últimos 35 anos.

A discussão desses critérios que se faz a seguir representa as últimas aplicações práticas de projetos após a análise das barragens descritas no Cap. 3 e outras barragens construídas em vários continentes.

7.1 Fundação do plinto

Tradicionalmente o plinto é apoiado em rocha dura, sã, não erodível, o que permite sua consolidação e seu tratamento à base de injeções. Todavia, a experiência tem mostrado que é possível fundar o plinto em rochas de qualidade inferior, quando se adotam medidas preventivas que protejam a fundação de erosões, reduzindo os gradientes hidráulicos e revestindo as zonas potencialmente erodíveis com filtros, gunita ou concreto projetado.

Durante a construção da barragem de Alto Anchicayá (140 m - Colômbia), a localização do plinto foi otimizada, tratando-se de colocar as zonas de maior pressão hidrostática dentro da rocha mais competente. A fundação da barragem consistia de um conjunto de xistos formando sinclinais e anticlinais, como se apresenta esquematicamente na Fig. 7.1.

O plinto inferior foi posicionado no chert (*lidita*), e a parte mais alta, onde a pressão do reservatório era menor, foi colocada sobre xistos cloríticos e calcários de qualidade inferior, com a utilização de filtros a jusante.

Na barragem de Salvajina (148 m, Colômbia), o plinto foi colocado em diferentes formações rochosas (Sierra; Ramirez; Hacelas, 1985), projetando-se dimensões e gradientes variáveis conforme indicado na Fig. 7.2.

O conceito de plinto externo e interno foi proposto por Barry Cooke para otimizar as escavações a montante do plinto, tornando-as mais econômicas, e cumprir com os gradientes requeridos, colocando parte do plinto dentro da barragem.

Inicialmente a definição da cota de fundação era determinada por um geólogo experiente que, baseado na observação de vários furos de sondagem definia um alinhamento tentativo. Com a introdução da classificação geomecânica das fundações, os critérios de posicionamento do plinto têm sido aprimorados seguindo regras bem definidas,

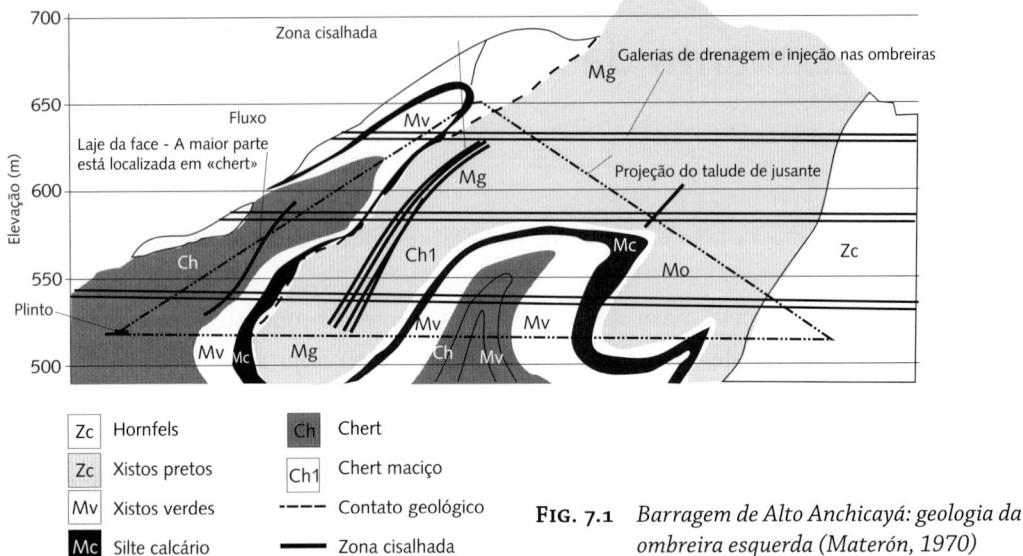

Barragens de Enrocamento com Face de Concreto

FIG. 7.1 *Barragem de Alto Anchicayá: geologia da ombreira esquerda (Materón, 1970)*

Legenda:
- Zc: Hornfels
- Zc: Xistos pretos
- Mv: Xistos verdes
- Mc: Silte calcário
- Ch: Chert
- Ch1: Chert maciço
- ---- Contato geológico
- —— Zona cisalhada

de acordo com o tipo de rocha e as pressões do reservatório.

Uma adequada correlação tem sido aplicada em diferentes barragens modernas, utilizando-se a classificação denominada RMR (Rock Mass Rating), geralmente aplicada em túneis, e o gradiente requerido pela altura do reservatório e a qualidade da rocha. Na barragem de Berg River (60 m, África do Sul), onde as fundações são de qualidade inferior, utilizou-se o RMR de Bieniawski, com os gradientes requeridos para dimensionar o plinto dentro de uma fundação com escavações razoáveis do ponto de vista do projeto. Critérios similares têm sido adotados nas barragens de Bakún (205 m, Malásia), Merowe (53 m, Sudão) e nas barragens de Sia Bishe (Irã). O critério aplicado é o seguinte:

- Define-se o nível da rocha de fundação, e esta, depois de limpa, passa por um levantamento geológico em trechos de 25 a 30 m de comprimento.
- Em cada trecho descrevem-se a litologia, a estrutura da rocha, a posição ou o afloramento de água, o sistema de estratificação, cisalhamento, RQD etc., e registra-se fotograficamente o trecho.
- Calcula-se depois o RMR em base dos dados anteriores. Alternativamente, podem ser utilizados outros métodos de classificação, como os propostos por Hoek, Lagos e outros.
- Utiliza-se a correlação entre RMR e o gradiente requerido expressa na Tab. 7.1.

Para fundações em rochas alteradas pode-se utilizar o gráfico da Fig. 7.3.

Exemplo:

A análise estatística da classificação da rocha do trecho mapeado indica um RMR = 55 e a pressão do reservatório é de 80 m.

Para RMR = 55, do gráfico da Fig. 7.3, o gradiente é 11. O comprimento do

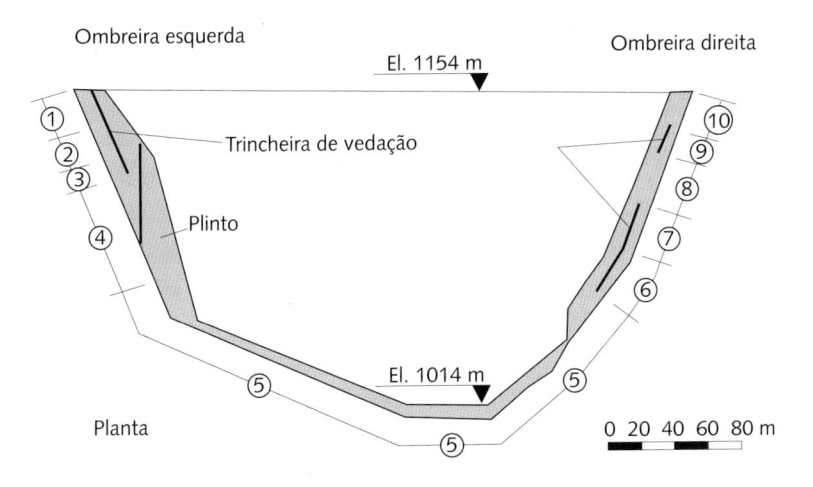

Setor	Elevação (m)	Tipo de fundação	Descrição da rocha
1	1.154 - 1.136	II - III	Arenito friável ou fraturado
2	1.136 - 1.121	II	Arenito fraturado
3	1.121 - 1.113	II - III	Arenito friável ou fraturado
4	1.113 - 1.067	II	Arenito fraturado com siltitos intercalados
5	1.067 - 1.014	I	Arenito e siltito são pouco fraturados
5	1.014 - 1.062	I	Arenito e siltito são pouco fraturados
6	1.062 - 1.082	II - III	Arenito fraturado com siltitos alterados intercalados
7	1.082 - 1.104	III	Arenito friável
8	1.104 - 1.126	II	Siltito fraturado
9	1.126 - 1.138	III	Solo residual de alteração de dionito
10	1.138 - 1.154	II	Arenito fraturado

FIG. 7.2 *Setorização do plinto conforme o tipo de rocha na barragem de Salvajina (Sierra, Ramirez & Hacelas, 1985)*

plinto será 80/11 = 7,30. Para uma largura requerida externa de 4 m, o plinto interno terá 7,30 m – 4 m = 3,30 m.

Na construção da barragem de Salvajina (148 m, Colômbia), a fundação do plinto foi definida de acordo com o tipo de rocha encontrada no leito do rio e nas ombreiras.

No leito do rio foram encontrados arenitos ou siltitos são pouco fraturados, que permitiam dimensionar o plinto com gradientes convencionais de 18. Na margem esquerda, os arenitos e siltitos apresentaram-se com diferentes graus de intemperização. Na margem direita, além dos arenitos friáveis e dos siltitos fraturados, encontrou-se um dique de diorito intensamente decomposto por intemperização hidrotermal.

TAB. 7.1 Correlação entre RMR e gradiente

RMR	Gradiente
80 – 100	18 – 20
60 – 80	14 – 18
40 – 60	10 – 14
20 – 40	4 – 10
<20	Fundação mais profunda ou uso de parede-diafragma

Os critérios utilizados para definir o plinto estão relacionados na Tab. 7.2 (ver Fig. 7.2 para os diferentes trechos geológicos).

Na barragem de Pichi Picún Leufú (50 m, Argentina) foram estabelecidos critérios de gradiente segundo o grau de erodibilidade em que foi classificada a fundação. A Tab. 7.3 resume estes critérios.

7.2 Estabilidade do plinto

A escavação para a localização do plinto deve ser executada cuidadosamente para evitar sobre-escavações. Geralmente, quando a fundação não é

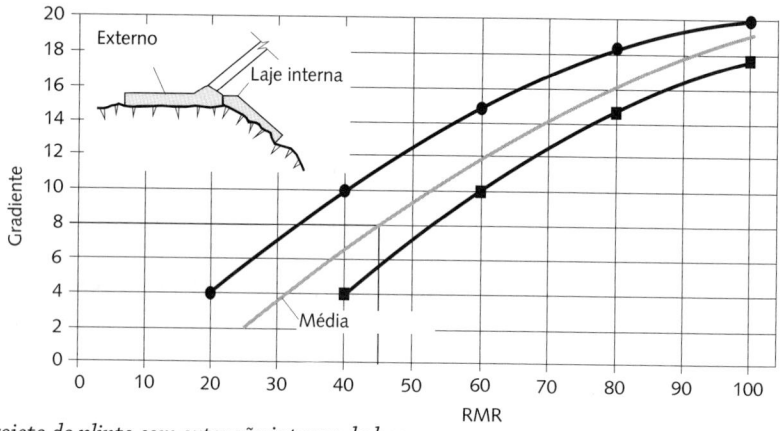

FIG. 7.3 *Projeto do plinto com extensão interna da base*

TAB. 7.2 Critérios do projeto do plinto (Sierra, Ramirez & Hacelas, 1985)

Tipo de fundação	Descrição	Máximo gradiente hidráulico		Largura da base (m)
		Aceitável	Atual	
Projeto original	Rocha dura injetável	18	–	4 – 8
I	Rocha sã	18	17,5	6 – 8
II	Rocha muito fraturada	9	6,2	15 – 23
III	Rocha sedimentar muito alterada	6	3,1	15 – 18
IV	Solo residual de rocha muito alterada	6	1,3	13 – 14

TAB. 7.3 Critérios de gradiente segundo a erodibilidade da fundação

A	B	C	D	E	F	G	H
I	Não erodível	1/18	>70	I – II	1 – 2	<1	1
II	Pouco erodível	1/12	50 – 70	II – III	2 – 3	1 – 2	2
III	Medianamente erodível	1/6	30 – 50	III – IV	3 – 5	2 – 4	3
IV	Muito erodível	1/3	0 – 30	IV – VI	5 – 6	>4	4

A – Tipo de fundação
B – Classe de fundação
C – Gradiente: largura do plinto/carga da água
D – RQD em %
E – Grau de alteração: I – rocha sã; VI – solo residual
F – Grau de consistência: 2 – rocha dura; 6 – rocha friável
G – Macrodescontinuidades por 10 m
H – Classes de escavação:
    1 – requer desmonte a fogo
    2 – requer *rippers* pesados e algum fogo
    3 – escavada com *rippers* leves
    4 – escavada com lâmina de trator

adequada, é melhor modificar os alinhamentos para uma localização mais profunda, com melhor qualidade de rocha e alinhamentos longos.

No entanto, existem casos nos quais em determinados trechos do alinhamento do plinto é necessário substituir a rocha por muros de concreto. Nesses casos, é importante analisar se as forças atuantes sobre o bloco de concreto, considerado como uma estrutura de gravidade, causam instabilidade em termos de deslizamento ou tombamento do bloco.

No Cap. 2, a Fig. 2.14 ilustra esquematicamente as forças atuantes sobre o bloco quando o reservatório está cheio.

Quando o bloco não é muito alto (inferior a 2,0 m), sua estabilidade pode ser obtida com chumbadores adicionais diretamente aplicados sobre o plinto.

Durante as análises de estabilidade, deve-se assumir que a laje não oferece nenhum suporte e que o empuxo do aterro não deve ser totalmente considerado. Qualquer movimento do bloco para mobilizar a totalidade da pressão passiva produz ruptura da laje, como se ilustra esquematicamente na Fig. 7.4. Recomenda-se dimensionar com empuxo de 0,20 a 0,25 da pressão hidrostática.

A literatura técnica oferece vários exemplos de ruptura da laje por posicionamento do plinto em muros altos.

Durante a construção da barragem de Mohale (145 m – Lesoto, África), houve trechos do plinto onde os cálculos de estabilidade indicaram que era necessário instalar chumbadores adicionais ou tirantes, para garantir a estabilidade contra

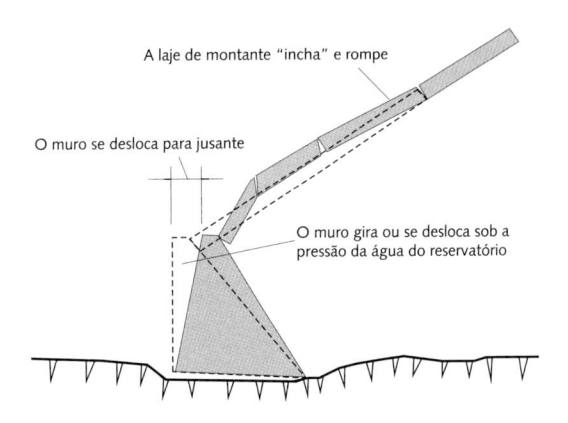

FIG. 7.4 *Plinto sobre muro (Sherard, 1985)*

deslizamento ou tombamento. Os critérios aplicados para essas análises foram:

- O ângulo de atrito entre o concreto e a fundação φ foi estimado em 45°.
- A coesão c do contato concreto/fundação em rocha foi estimada em 300 kN m².
- Não se considerou o empuxo passivo do enrocamento. Considerou-se, sim, que uma pressão estabilizadora atuava com um valor de 0,25 H da pressão hidrostática, utilizando-se um critério australiano.
- A estabilidade foi calculada tomando-se como fatores de segurança de 1,5 para φ e 3 para a coesão c, ou seja:

$$FSD = \left(\frac{N tg\varphi}{1,5} + \frac{cL}{3}\right)/T \geq 1$$

onde:

N – resultante da força normal sobre o plano de ruptura;

φ – 45°;

c – coesão de 300 kN/m²;

L – comprimento do plano de ruptura;

T – resultante das forças tangenciais sobre o plano de ruptura.

Adicionalmente, a subpressão foi reduzida em 20%, atuando sobre o plano de ruptura, devidamente injetado. Tirantes foram instalados para estabilizar o muro.

Outro caso similar ocorreu durante a construção da barragem de Machadinho (125 m – Brasil). Nas ombreiras onde o plinto deveria ser localizado, ocorreu um derrame de riodacito ácido, com frequentes fraturas preenchidas com solo e instáveis para a localização do plinto.

Em alguns setores, o solo foi lavado e permaneceram blocos com cavidades. Após escavar esses materiais e visando conservar o alinhamento do plinto, foi necessária a construção de muros altos de concreto. Colocou-se o plinto sobre os muros que tiveram a configuração das estruturas de gravidade com taludes de 1(H):5(V) a montante e de 1,2(H):1,0(V) a jusante, e alturas que chegaram a 17 m.

A Fig. 7.5 apresenta uma seção típica dos muros projetados.

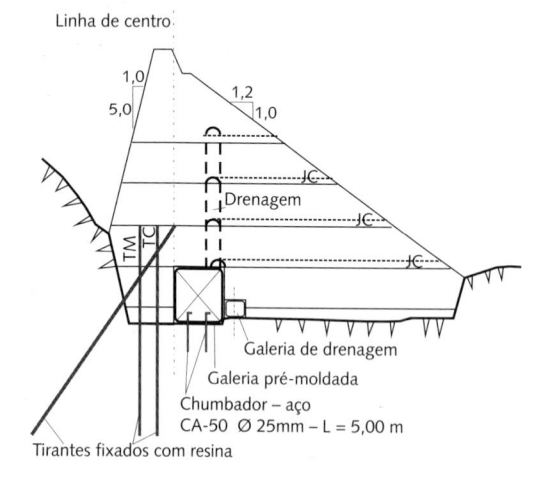

FIG. 7.5 *Estruturas de gravidade da barragem de Machadinho (Mauro et al., 2007)*

Como a premissa do projeto era evitar a mobilização do muro para não induzir esforços que comprometessem o comportamento da laje, foi necessário projetar um sistema de drenagem interno para reduzir a subpressão, bem como a aplicação de três linhas de tirantes de 850 kN ancorados em rocha sã.

Outros critérios e parâmetros assumidos foram:
- Ângulo de atrito concreto/rocha $\phi = 40°$;
- Coesão concreto/rocha $c = 400$ kPa;
- Cargas externas:
  - pressão do reservatório;
- Subpressão com sistema de drenagem;
- Cargas estabilizantes:
  - peso do muro com $\gamma = 22$ kN/m³
  - peso do enrocamento com $\gamma_r = 19$ kN/m³
  - peso da água com $\gamma_0 = 10$ kN

Assumiu-se como força estabilizante uma pressão passiva equivalente a 0,15 da pressão hidrostática, utilizando-se um critério similar ao da barragem Mohale.

O comportamento de ambas as barragens, Mohale e Machadinho, tem sido satisfatório.

7.3 Fundação das transições

As transições 2B e 3A, de acordo com a nomenclatura internacional descrita no Cap. 2, são colocadas sobre a rocha após a remoção de materiais brandos, como solos coluviais ou residuais. Se a fundação apresenta cavidades ou taludes negativos que impedem a adequada compactação dos materiais de transição, a fundação será escavada de modo a proporcionar uma geometria que facilite a execução dos trabalhos.

A presença de bandas de rocha com materiais erodíveis requer tratamentos especiais. Geralmente, na zona da posição das transições (2B e 3A), escava-se o material erodível até uma profundidade equivalente a duas vezes a largura, preenchendo-se com argamassa ou concreto projetado. Se a banda erodível se estende a jusante, o tratamento pode continuar com a cobertura de concreto projetado até 10 m a jusante do plinto, protegido por filtros que evitem a migração de finos. Caso necessário, esses filtros se prolongam até 40% da altura do reservatório H.

7.4 Fundação dos aterros

7.4.1 No leito do rio

Quando existem depósitos aluviais no leito do rio, estes são investigados para detectar a presença de bolsões de materiais finos (siltes, areias finas, argilas), que requerem escavação por serem potencialmente sujeitos à liquefação, no caso de um sismo. Geralmente esses depósitos são escavados para a fundação do plinto e das zonas de transição 2B e 3A até uma distância de 30 m a jusante do plinto. Quando existem concavidades no leito rochoso preenchidas com materiais aluviais, estes podem permanecer, já que estão confinados pela mesma rocha.

Quando os depósitos aluviais são muito profundos ou as configurações do vale são muito amplas, os plintos podem ser fundados diretamente sobre os seixos do leito do rio, articulando-se o plinto para acomodar os potenciais movimentos diferenciais, e utilizando-se uma parede-diafragma para impermeabilizar os estratos aluviais.

As barragens com plintos articulados e com paredes diafragmas têm sido construídas sobre fundações compressíveis há mais de 50 anos. A literatura técnica informa que a barragem de Campo Moro II (Itália) tinha um plinto desse tipo e foi construída no ano de 1958. Na China, existem mais de 8 barragens com plintos articulados sobre paredes diafragmas em materiais compressíveis. A barragem de Kekeya encontra-se em funcionamento desde 1982, com excelente comportamento. A barragem de Hengshan (120 m) tem um plinto sobre uma barragem de seixos com núcleo impermeável, com excelente funcionamento.

No Chile foram construídas as barragens de Santa Juana (110 m) e Puclaro (85 m), sobre materiais aluviais, com excelente comportamento. Essa experiência abriu as portas para a construção de novas barragens sobre materiais aluviais nas proximidades dos Andes, já tendo sido construídas as barragens de Los Molles e Potrerillos, na Argentina, onde também se finaliza a barragem de Caracoles e se iniciou a construção da barragem de Punta Negra, na província de San Juan. No Peru, foi construída a barragem de Limón, do projeto Olmos.

A Fig. 7.6 apresenta o sistema de plinto articulado da barragem de Santa Juana (Chile).

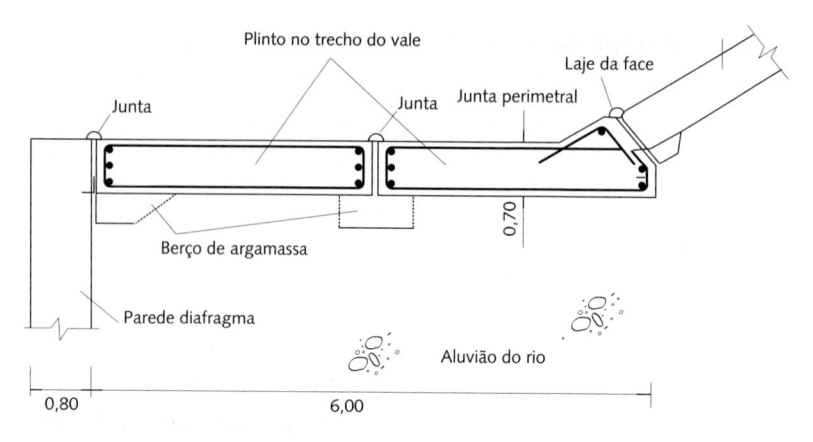

FIG. 7.6 *Plinto articulado da barragem de Santa Juana, no Chile (San Martin)*

7.4.2 Nas ombreiras

A colocação dos aterros nas ombreiras tem sido regida pelos seguintes critérios:

a] A montante do eixo da barragem geralmente se escavam os solos coluviais ou residuais até encontrar a rocha ou um material denso saprolítico.

Na barragem de Salvajina (Colômbia), onde existiam espessos depósitos de materiais coluvionares e residuais, decidiu-se remover praticamente todos os solos, deixando na fundação as camadas que apresentaram uma densidade similar ao aterro que seria construído.

Na barragem de Itá (Brasil), onde havia espessos depósitos de material residual do basalto, a fundação foi escavada até ser encontrado um solo saprolítico cuja penetração SPT fosse maior que 15 golpes.

b] Em termos gerais, os materiais brandos colocados a montante do eixo da barragem são escavados até que um material que ofereça uma densidade similar ao aterro a ser construído seja encontrado.

c] A jusante do eixo da barragem, os materiais densos existentes (coluvionares ou residuais) podem permanecer em contato direto com o aterro a ser construído.

7.5 Injeções

Os critérios geralmente aplicados para a execução das injeções são os seguintes:

a] Duas linhas laterais de consolidação com profundidades que variam entre 8 e 15 m, dependendo da característica da rocha. A separação dessas perfurações é geralmente de 3 m entre os furos.

b] Uma linha central de injeções com profundidade que varia entre 1/3 H e 2/3 H, sendo H a altura do reservatório, e uma profundidade mínima de 20 a 30 m.

c] As injeções primárias localizam-se com 12 m de espaçamento, as secundárias, a 6 m e as terciárias, a

3 m de distância. Em zonas muito fraturadas e permeáveis, deve-se programar injeções quaternárias, a 1,50 m, centro a centro.

d] Em lugares onde existem bandas de material erodível, o tratamento da fundação estende-se além do plinto por uma distância de 10 m a jusante, escavando-se o material e preenchendo a escavação com argamassa ou concreto projetado, antes de efetuar a injeção.

e] As pressões aplicadas variam de 1,0 kgf/cm² a 2,0 kgf/cm², na boca do furo, aumentando 0,25 kgf/cm² a cada metro de profundidade. Em ombreiras muito fragmentadas e permeáveis, o número de linhas da cortina pode ser aumentado.

Em Alto Anchicayá (Colômbia), onde o plinto foi colocado sobre rocha sedimentar, estabeleceram-se 5 linhas de injeção, em lugar das 3 tradicionais.

Em Foz do Areia, no tratamento do leito do rio, foi detectado horizontes fraturados a profundidades de 50 m, com fluxos artesianos. Foi necessário fazer furos mais profundos de consolidação, de até 20 m, e as injeções centrais até 60 m, com linhas adicionais, a montante e a jusante do plinto, aumentando as pressões na boca do furo a 5 kgf/cm².

Outras barragens, como Aguamilpa, Mohale, Pichi Picún Leufú e outras em construção, têm adotado o Método GIN. Esse método utiliza uma mistura única após aperfeiçoar os traços assegurando uma retração mínima, e considerando que a penetração é limitada pelo tamanho dos grãos do cimento. Consequentemente, cimentos mais finos são mais eficientes. Melhora-se a penetração do cimento com a utilização de superfluidificantes, já que estes reduzem a viscosidade e a coesão da mistura.

Geralmente se define no laboratório a relação A/C mais eficiente, buscando-se:
- mínima decantação;
- alta densidade;
- viscosidade baixa;
- tempo de pega adequado;
- boa resistência;
- resistência a lavagem.

A injeção é controlada com três parâmetros:

a] Nº GIN = P. V, onde P = pressão (em atmosferas) e V = absorção da calda de cimento (em ℓ/m); essa relação é uma hipérbole, como se apresenta na Fig. 7.7;

b] Pressão máxima;

c] Vazão máxima.

A seleção do valor GIN depende das condições geológicas do projeto. Deve-se iniciar com valores que não causem hidrofraturação, embora em vários projetos tenha ocorrido levantamento do plinto por terem adotado pressão máxima com valores 2 a 3 vezes maiores que a pressão do reservatório.

A escolha do método de injeção depende da experiência dos projetistas. Os dois métodos apresentados funcionam adequadamente. No entanto, o método GIN resulta em maiores consumos de cimento.

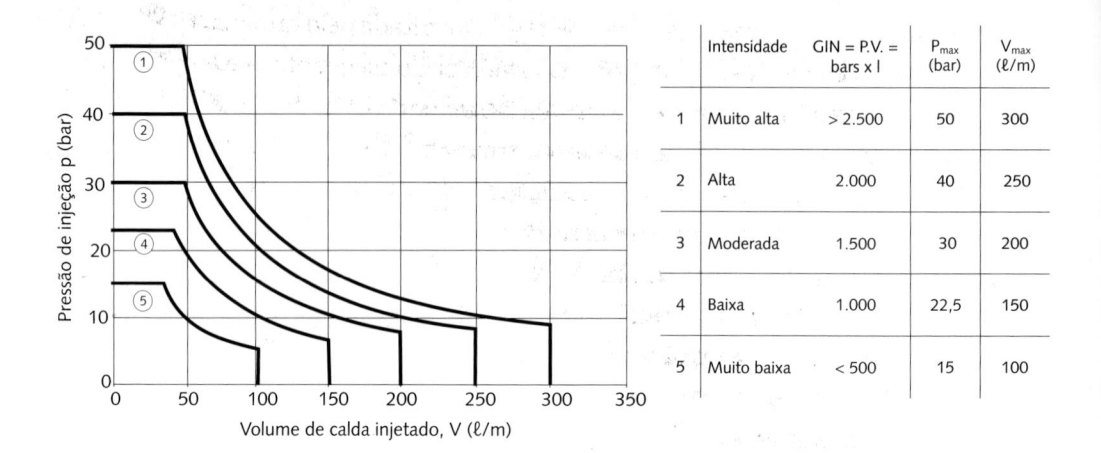

	Intensidade	GIN = P.V. = bars x l	P_{max} (bar)	V_{max} (ℓ/m)
1	Muito alta	> 2.500	50	300
2	Alta	2.000	40	250
3	Moderada	1.500	30	200
4	Baixa	1.000	22,5	150
5	Muito baixa	< 500	15	100

FIG. 7.7 *Controle de injeção utilizando o método GIN*

8 | O Plinto, a Laje e as Juntas

8.1 Plinto

8.1.1 Conceito do projeto

A principal função do plinto é o controle da percolação e dos gradientes hidráulicos na fundação. De acordo com Cooke (2000b), "o plinto, juntamente com a junta perimetral, é a conexão impermeável entre a fundação e a face de concreto". A estrutura do plinto é normalmente assente em rocha sã, competente e injetável, sendo o tratamento efetuado por meio de uma cortina de injeção. Entretanto, há casos de plintos executados em rocha alterada ou saprolito, tratados com concreto projetado e filtro invertido no trecho de jusante; ou fundação em aluvião, vedada pela execução de parede-diafragma.

Recentemente as estruturas de plinto possuem uma laje de montante que é utilizada como base para a montagem dos equipamentos para os serviços de injeção. Há também o recurso de montagem de plataformas para a execução da cortina de injeção, nos casos de região de ombreiras com taludes abatidos. Uma laje interna também pode ser requerida para garantir o controle dos gradientes hidráulicos.

8.1.2 Largura

No projeto de dimensionamento do plinto, devem ser considerados os seguintes fatores:

- gradientes hidráulicos;
- características geológicas da fundação;
- geometria da fundação (topobatimetria).

Sob o ponto de vista construtivo, uma largura mínima de 3,0 m (a partir do ponto "x"; Fig. 8.1), deve ser especificada para permitir os serviços de execução

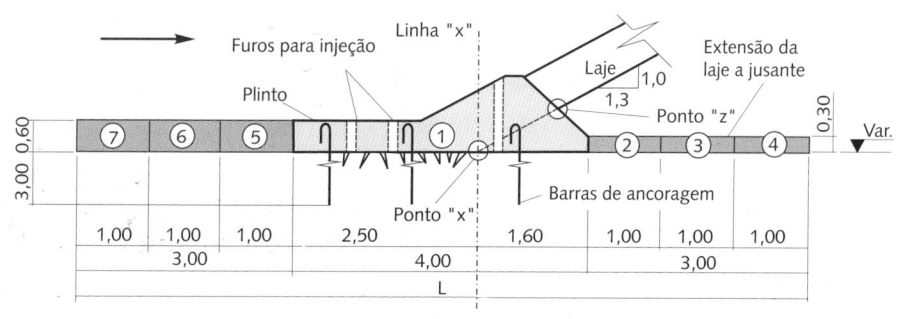

Fig. 8.1 *Dimensões das lajes do plinto das barragens de Barra Grande (185 m, 2005) e Campos Novos (205 m, 2005) (Engevix)*

da cortina de injeção (em três linhas). Um conceito adotado em muitas barragens atuais é estabelecer uma distância mínima otimizada no trecho de montante e uma extensão complementar a jusante, a fim de permitir uma redução significativa da escavação de montante.

Na Fig. 8.1 são apresentados os critérios utilizados para as BEFCs de Barra Grande e Campos Novos. A Tab. 8.1 apresenta as dimensões da laje do plinto da barragem de Barra Grande.

O conceito de combinar uma laje otimizada a montante com uma extensão para jusante foi aplicado nas barragens de Itá e Itapebi (Brasil), onde o projeto inicial especificava uma largura de 6,5 m e 4,0 m respectivamente para um gradiente igual a 20.

Na BEFC de Itá (125 m, 1999), além da sensível redução da escavação, obteve-se uma redução do concreto de até 0,75 m³/m (Antunes Sobrinho et al., 2000), devido à redução da espessura do trecho interno.

Na Fig. 8.2 é apresentado um detalhe da redução das escavações a montante, adotando-se o conceito de uma extensão da laje para jusante; na Fig. 8.3, um detalhe da aplicação do conceito de laje otimizada para montante e com extensão para jusante, para a construção do plinto na parte da ombreira da barragem de Shuibuya.

TAB. 8.1 Barra Grande: dimensões da laje do plinto (Engevix)

Situação	Carga hidráulica	Gradiente hidráulico (H/L)		Largura – L (m)		Elevação EL N.A. máx. ≅ 650
		Mín.	Máx.	Plinto	Laje interna	
1	H < 60	—	15	4,00	—	Crista na EL. 590
2	60 < H < 80	12	16	4,00	1,00	EL. 590 – EL. 570
3	80 < H < 100	13,3	16,7	4,00	2,00	EL. 570 – EL. 550
4	100 < H < 130	14,3	18,6	4,00	3,00	EL. 550 – EL. 520
5	130 < H < 150	16,3	18,7	5,00	3,00	EL. 520 – EL. 500
6	150 < H < 170	16,7	18,8	6,00	3,00	EL. 500 – EL. 470
7	170 < H < 185	17	18,6	7,00	3,00	EL. 470 – EL. 465

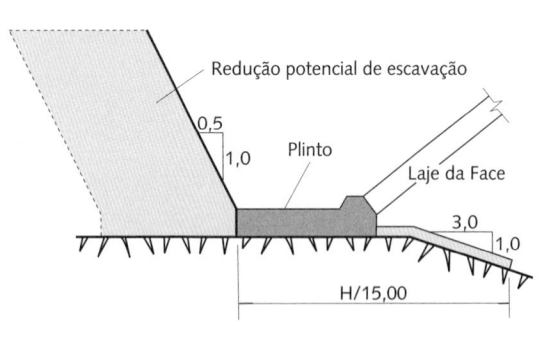

FIG. 8.2 *Seção da laje do plinto: tramos de montante e jusante (interno) (Marulanda & Pinto, 2000)*

FIG. 8.3 *Barragem de Shuibuya: vista da laje do plinto na ombreira esquerda (trechos de montante e jusante)*

Um moderno método para dimensionar o plinto tem sido utilizado relacionando-se as características da rocha de fundação pela classificação RMR de Bieniawski e os gradientes hidráulicos, conforme discutido no Cap. 7, onde são apresentados os critérios e as experiências sobre o tratamento e a fundação de estruturas do plinto.

No Brasil, esse método foi adotado nas BEFCs de Itá (1999), Machadinho (2001), Monjolinho (2006), Barra Grande (2006) e Campos Novos (2006), além de barragens como Caracoles (Argentina), Bakún (Malásia), Merowe (Sudão) e Berg River (África do Sul), o que permitiu otimizar as escavações e os cronogramas de construção.

8.1.3 Espessura

A espessura da laje do plinto varia, para barragens de grande porte (>120 m), de ~0,90 a 1,00 m na região da calha do rio, reduzindo-se para espessuras de 0,60 a 0,40 m no trecho das ombreiras.

Na extensão de jusante da laje tem sido adotada uma espessura constante de 30 cm. Em primeira aproximação, a espessura do plinto é igual à espessura da laje da face.

8.1.4 Ligação laje-plinto

Uma recomendação de projeto empírica, visando à delicada ligação da laje com o plinto, consiste em estabelecer a face de jusante do plinto perpendicular com a superfície de contato da laje (ângulo de 90°), de modo a atenuar o aparecimento de trincas na laje nessa área de contato (Ramirez; Peña, 1999). Uma altura mínima de 80 cm é usualmente especificada abaixo do veda-junta de cobre (fundo). Essa dimensão pode ser reduzida para 50 cm para barragens abaixo de 40 m de altura (Fig. 8.4).

8.1.5 Características e práticas

Detalhes da sequência e principais práticas construtivas do plinto são apresentadas no Cap. 12, e algumas práticas

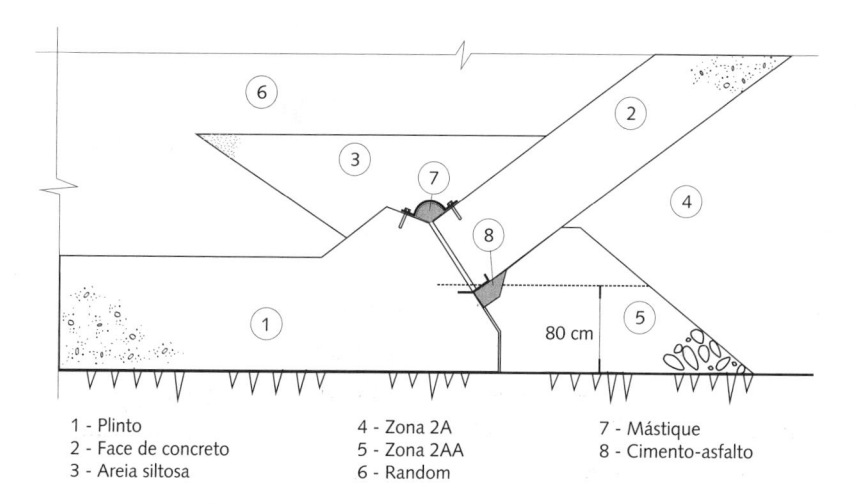

1 - Plinto
2 - Face de concreto
3 - Areia siltosa
4 - Zona 2A
5 - Zona 2AA
6 - Random
7 - Mástique
8 - Cimento-asfalto

FIG. 8.4 *Detalhes do plinto e da junta perimetral*

relacionadas à experiência brasileira e internacional são apresentadas a seguir.

No trecho da calha do rio e ao longo das ombreiras, a especificação deve estabelecer a remoção dos solos aluvionares, coluvionares e residuais, bem como da rocha alterada ao longo do plinto, em uma largura de 0,3H a 0,5H (H = carga hidráulica do reservatório).

Como critério básico, a estrutura do plinto e das zonas 2A, 2B e 3A devem ser assentadas em rocha sã, competente e injetável. O tratamento de fundação para controle dos gradientes consiste na execução de cortina de injeção. Suas características permitem o controle e a redução da permeabilidade, da vazão, de subpressões e o controle de erosões (*piping*).

O projeto da geometria e o alinhamento do plinto na região das ombreiras devem ser dirigidos para reduzir as escavações e o volume de concreto de regularização. Entretanto, no caso de fundações rochosas extremamente decompostas, isso pode exigir escavações adicionais (>10 m) e a construção de blocos de concreto sob o plinto ou muros de contenção, elevando significativamente o consumo de concreto.

Em situações como essas, as condições de estabilidade dessas estruturas deverão ser cuidadosamente analisadas. Embora na maioria dos casos o plinto seja assentado em fundações competentes, esse critério não exclui a possibilidade de assentá-lo em rocha alterada, porém não suscetível à erosão, ou em camadas de cascalho e areia.

8.1.6 Fundação em estrutura deformável – o caso de Hengshan

O primeiro estágio da barragem de Hengshan (China) foi constituído de um maciço de enrocamento com núcleo central impermeável. Em uma segunda etapa, com a necessidade de alterar a barragem em cerca de 70 m, entre 1987 e 1993, decidiu-se pela alternativa de uma BEFC. A estrutura do plinto foi construída sobre a crista da 1ª etapa da barragem que foi vedada por uma cortina de concreto de 72,26 m de altura, construída no núcleo da barragem da 1ª etapa (Beijing, China, 1993) (Fig. 3.51 do Cap. 3).

A construção do plinto na região da calha do rio pode ser executada com o uso de formas metálicas deslizantes acionadas hidraulicamente, ou, mais comumente, utilizando-se formas convencionais de madeira ou metal, como em Foz do Areia, Itá, Quebra-Queixo, Aguamilpa, Tianshengqiao 1 (TSQ1), Campos Novos e Shuibuya. Como prática geral, utilizam-se formas deslizantes (forma metálica posicionada sobre trilhos e acionada por um sistema hidráulico ou até por sistema de polias manual) nos trechos de ombreiras. Em vales amplos, para estruturas de plintos convencionais e trechos de concretagem superiores a 100 m de extensão, o rendimento de uma forma deslizante pode atingir valores acima de 0,80 m/hora. No caso de dificuldades de acesso de caminhões betoneiras às frentes de lançamento (trechos de ombreiras), adota-se a utilização de concreto bombeado.

A escavação e a concretagem do plinto geralmente antecedem o início da construção do maciço de enrocamento, podendo ser iniciadas no leito do rio (após o desvio) ou até nas regiões de ombreiras. A concretagem do plinto pode ocorrer simultaneamente em ambas as ombreiras, de acordo com o progresso das operações de escavação, limpeza e tratamento superficial da fundação (Caps. 7 e 12), e, respeitando a sequência de execução de juntas de construção em cada estágio da estrutura.

O caminho crítico no cronograma de construção do plinto é a execução da cortina de injeção ao longo de toda a sua extensão. A execução da cortina é inicialmente concluída nas cotas mais baixas, na calha do rio, antes do início do enchimento do reservatório.

8.1.7 Juntas transversais

Em modernas BEFCs, não são projetadas juntas de contração transversais ao longo do plinto. Somente são previstas juntas de construção durante as várias etapas construtivas (Fig. 8.5).

8.1.8 Tratamento e regularização da fundação

No tratamento e na regularização da fundação, após os serviços de escavação dos solos superficiais, dos solos de alteração e da rocha alterada e/ou decomposta, faz-se a limpeza da superfície da rocha de fundação com jatos de ar e água. Limpa a fundação, iniciam-se

FIG. 8.5 *Plinto: detalhes das lajes de montante e jusante e da junta de construção no trecho da ombreira (barragem de Shuibuya, China, 2006)*

os trabalhos de perfuração e fixação das barras de ancoragem. Após a colocação das armaduras e dos veda-juntas de cobre de acordo com o projeto, faz-se o lançamento do concreto dental (inferior a 1,0 m de espessura) e, em alguns casos, do concreto de regularização (superior a 1,0 m). A seguir, dá-se continuidade ao lançamento das camadas de concreto da estrutura do plinto propriamente dita.

Em alguns trechos da fundação, o concreto de regularização pode atingir espessuras acima de 2,0 m. Embora a boa prática recomende a escavação cuidadosa, de modo a evitar sobre-escavações, em locais onde são necessárias escavações maiores, a fim de atingir-se uma fundação rochosa de melhor qualidade, é necessária a construção de muros de concreto para apoio do plinto (ver Cap. 7).

Regularização dos taludes ou superfície da rocha

Esse procedimento convencional consiste na remoção de taludes negativos, abruptos ou promontórios na área a jusante e próxima (≤ 30 m) do plinto. Uma das finalidades dessa escavação ou remoção é permitir uma melhor compactação das camadas da zona de transição fina (zonas 2A e 2B) junto ao plinto.

Outra finalidade importante dessa remoção e regularização é evitar a permanência de áreas irregulares e promontórios de rocha que, após o lançamento dos materiais do maciço, possam ocasionar forte variação nas espessuras de camadas de suporte da laje junto à estrutura do plinto. Esse efeito pode ser significativo em uma faixa de 0,3 H ou 0,5 H a partir do plinto, particularmente se a carga hidráulica nessa área for superior a 50 m. Mudanças abruptas na topografia do topo rochoso podem influenciar as deformações do enrocamento nessa região de ligação plinto-laje. Em Xingó (Brasil), trincas na laje após o enchimento do reservatório foram registradas na ombreira superior esquerda e associadas essencialmente às protuberâncias existentes na rocha de fundação das zonas 3A e 3B junto ao plinto (Souza et al., 1999).

8.2 Laje

8.2.1 Conceito da laje

As premissas básicas de um projeto de BEFC são:

- Todo o maciço de enrocamento compactado está a jusante do reservatório, protegido por uma superfície (face de concreto) impermeabilizante.
- O carregamento hidrostático total atua na fundação ao longo do plinto, bem a montante do eixo do barramento.
- O fluxo pela fundação, seja rochosa ou aluvionar, é controlado a montante pela execução de cortinas de injeção ou paredes diafragmas, respectivamente.
- A laje de concreto, o plinto, a junta perimetral, e o projeto das juntas verticais (entre lajes) suas integridades e durabilidades são importantes fatores para o bom desempenho da barragem a longo prazo. Dentro das premissas básicas para o projeto da laje da face da barragem de enrocamento podemos listar, não necessariamente na ordem de importância:
  - Estanqueidade;
  - Durabilidade;
  - Resistência associada a capacidade de deformação (comportamento elástico).

O dimensionamento e as especificações construtivas da laje têm sido estabelecidos empiricamente nas últimas três décadas com base nos trabalhos e nas experiências apresentadas na obra *Concrete Face Rockfill Dams – Design, Construction and Performance*, de J. Barry Cooke e James L. Sherard, publicada pela American Society of Civil Engineers (ASCE, 1985).

No Cap. 2, "Critérios de Projeto para as BEFCs", apresentamos e reavaliamos o principal conceito de Cooke e Sherard. Nos últimos anos, a premissa básica da estanqueidade da laje, como "barreira impermeável", tem enfrentado o desafio da ocorrência de trincas e rupturas das lajes durante o enchimento, como ocorreu em Barra Grande, Campos

Novos e Mohale, e o aumento acentuado das vazões de percolação (acima de 1.000 ℓ/s), em consequência desse comportamento imprevisto.

Embora, em todos os casos recentes registrados, a segurança da barragem não tenha sido comprometida, o assunto continua sendo motivo de análise por parte de projetistas, construtores, proprietários e consultores. Entretanto, as fissuras e trincas registradas – com aberturas, em muitos casos, superando os limites de aceitação de abertura de fissuras (<0,3 mm) – criam um ambiente propício para a corrosão da armadura, principalmente na região de oscilação do nível d'água do reservatório. O aspecto da durabilidade deve ser considerado, pois muitas vezes leva à necessidade de reparos.

O projeto e as técnicas de execução da laje devem garantir seu bom comportamento diante de deformações e sua estanqueidade. Para isso, nos critérios de projeto é necessário estipular uma vazão máxima admissível de percolação, investigando-se as causas de eventuais valores excedentes e tratando-se as trincas de modo a reduzir as vazões aos valores admissíveis.

O conceito de estanqueidade deve sempre estar associado às outras propriedades do concreto, como resistência e elasticidade, em vista das deformações diferenciadas das várias zonas do maciço durante a construção, bem como ao longo e após o enchimento do reservatório e sua operação.

8.2.2 Novas concepções de impermeabilização

Embora a utilização de concreto na impermeabilização seja a solução mais comumente adotada, algumas alternativas de impermeabilização podem ser aplicadas, tais como:

a] Geomembranas: as características da geomembrana para manter a estanqueidade das estruturas de barramentos seriam:
- elevada resistência à tração;
- elevada capacidade de alongamento;
- impermeabilidade;
- durabilidade.

A manta sintética (geomembrana) já vem sendo utilizada em obras de barragens (de concreto e de enrocamento) como elemento de vedação. Inicialmente foi utilizada para reparos e melhoria da estanqueidade de estruturas de concreto, como no caso da barragem de Lost Creek (USA) em 1997 (CARPI). Nas BEFCs de Strawberry (USA, 2002) e Salt Springs (USA, 2004/2005) foi empregada manta sintética para melhoria das condições de estanqueidade da laje após anos de operação.

Durante a construção da BEFC de Kárahnjúkar (Islândia, 2007), adotou-se a colocação de geomembrana (CARPI) nas cotas inferiores da laje (Figs. 8.6 e 8.7) (Scuero; Vaschetti; Wilkes, 2007).

Casos recentes de reabilitação da capacidade selante em BEFCs têm sido registrados. Na barragem de Angostura (de face de concreto com material granular aluvionar, Chile, 2013), devido aos

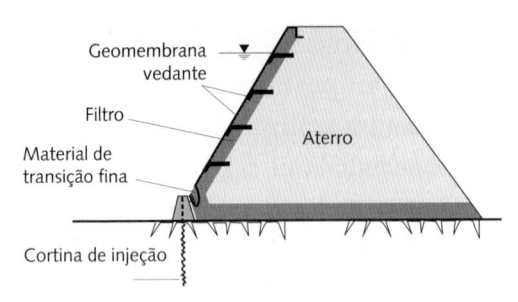

FIG. 8.6 Conceito da impermeabilização pela geomembrana (CARPI)

FIG. 8.7 BEFC de Kárahnjúkar: colocação da geomembrana (CARPI) na 1ª etapa da laje

recalques diferenciais acentuados previstos entre a parte central da laje e as juntas verticais, três tipos de juntas foram projetados para a junta perimetral na parte central e as zonas laterais (tipos B e C) e para as juntas verticais (tipo A). Uma geomembrana de PVC (CARPI) colocada na parte superior de um geossintético *high-tech* garante a impermeabilização do conjunto, e o mesmo geossintético controla as deformações da geomembrana de PVC. O veda-junta externo da junta vertical consiste da mesma membrana de PVC colocada no topo do geotêxtil. O conjunto é selado contra infiltrações na parte periférica com uma manta metálica patenteada (Fig. 8.8).

Apesar de sua extrema eficiência em manter a estanqueidade da laje e das facilidades de instalação, a aplicação dessa solução tem sido atualmente restrita pelas limitações de custo. Atualmente há um subcomitê do ICOLD cuidando especificamente desse assunto.

b] Impermeabilização com concreto asfáltico: a alternativa de construção de uma laje de concreto asfáltico (agregado, areia e asfalto) tem sido utilizada em barragens de pequeno a médio porte, em países da Comunidade Europeia, porém nunca foi aplicada no Brasil ou na América Latina. A alternativa

FIG. 8.8 CARPI em geossintético high-tech, *na junta perimetral e nas juntas verticais de Angostura*

de impermeabilização por asfalto tem sido utilizada em canais, reservatórios (usinas reversíveis) e aterros para deposição de rejeitos.

O concreto asfáltico possui importantes características, tais como: impermeabilidade, flexibilidade na absorção de deformações do enrocamento ou da fundação, resistência mecânica e longevidade.

8.2.3 Espessura da laje

A espessura da face de concreto para BEFCs com alturas acima de 80 m tem sido determinada empiricamente pela seguinte fórmula:

$$e = e_0 + kH$$

onde:

e – espessura na profundidade H (m);
e_0 – espessura mínima da laje no topo (m), variando, na literatura internacional, entre 0,30 e 0,35;
H – profundidade a partir do N.A. do reservatório;
k – constante, variando de 0,0020 a 0,0065, segundo experiência de cada país.

Ressalte-se que o valor 0,0065 era aplicado para as barragens mais antigas (enrocamento lançado e não compactado), sendo que, a partir de 1999 até recentemente (2008), os valores de k têm variado de 0,002 (BEFCs brasileiras) a 0,0035 (BEFCs chinesas).

Com base na experiência internacional (Cooke, 2000a), a espessura recomendada da face de concreto é determinada pela fórmula:

$$e = 0,30 + 0,002H$$

Por razões construtivas, tem-se adotado espessura mínima de 300 mm. Baseado em análises de percolação e gradientes (por meio de família de trincas), o ANCOLD (Comitê Australiano de Grandes Barragens) recomendou que o gradiente hidráulico através da face fosse limitado a 200 (Casinader; Rome, 1988). Entretanto, em algumas barragens foram estimados gradientes hidráulicos acima desse valor – por exemplo, em Aguamilpa, onde foram aceitos valores próximos a 215.

A fórmula linear $e = 0,30 + kH$ tem sido aplicada para dimensionamento de espessura de laje para barragens até 100 m e gradiente hidráulico até 220.

A Fig. 8.9 apresenta o gráfico que mostra os gradientes variando em forma não linear. Assim, a partir de gradientes acima de 220, utiliza-se a relação $e = 0,0045 H$, para altura superior a 120 m.

Na elaboração do projeto executivo das BEFCs de Barra Grande e Campos Novos, para profundidades superiores a 100 m, adotou-se empiricamente o critério de um gradiente hidráulico constante e igual a 200, e não com espessura constante, conforme comumente conceituado, tendo sido utilizadas para determinação da espessura das lajes as seguintes relações:

- e (m) = 0,30 + 0,0020 H (m) H < 100 m
- e (m) = 0,0050 H (m) H > 100 m

A experiência chinesa

Atualmente, mais de 100 projetos

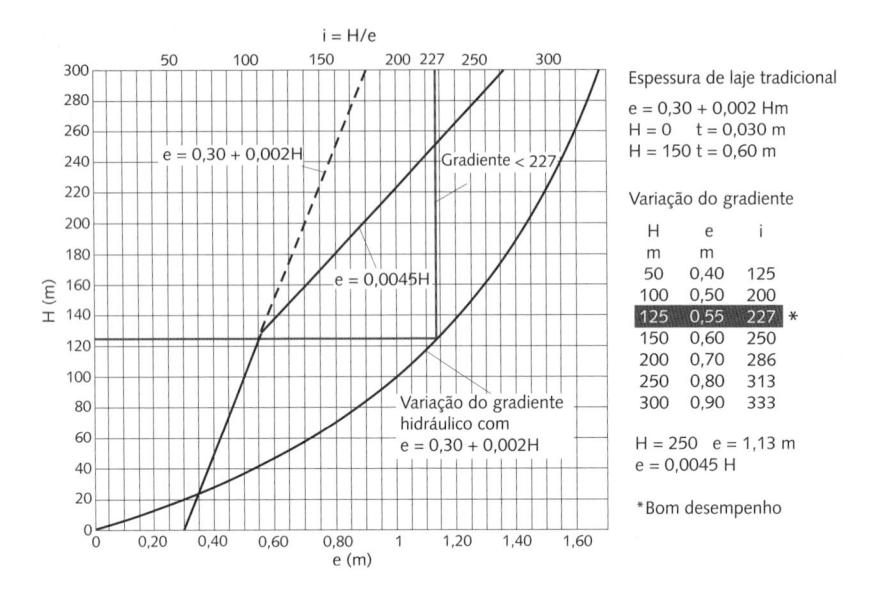

FIG. 8.9 *Valores de gradientes x variação não linear (Materón, 2002)*

estão em desenvolvimento ou execução na China. As estruturas de faces de concreto têm sido construídas com larguras de lajes entre 12 e 18 m, em função das características da obra (altura, geometria do vale). As espessuras das lajes variam entre 30 e 40 cm e são constantes em BEFCs inferiores a 60 m. Para alturas superiores a 80 m, a equação é:

$$e = 0,30 + (0,002 - 0,004)H$$

A resistência especificada do concreto tem sido ≥ 25 MPa. Para regiões de temperaturas muito baixas, a resistência ao congelamento (*frost resistance grade*) requerida varia entre F200 e F300, mas em áreas consideradas temperadas, essa variação não deveria ser menor que F50 a F100.

A trabalhabilidade do concreto, tendo-se em vista os trabalhos das formas deslizantes, deve ficar entre 3~8 cm quando colocado na calha metálica (*chute*) de alimentação. A adição de ar (*air-entraining agent*) variando entre 4%~6% pode melhorar sensivelmente as características de impermeabilidade, resistência ao congelamento e durabilidade.

A seguir, transcrevem-se os comentários de Guocheng e Keming (2000):

O principal problema relacionado à laje é o fissuramento pela ação da temperatura e a contração imediatamente após o endurecimento do concreto. As medidas para prevenir esses tipos de trincas podem ser concentradas em aumentar as propriedades intrínsecas do concreto para a prevenção de trincas e reduzir a ação ativa induzida por agentes externos. Otimizar os materiais utilizados e suas proporções nos traços; utilizar aditivos e agentes apropriados, tais como redutor de água, incorporador de ar, cinza volante etc.; selecionar a estação do ano adequada para lançamento do concreto e cuidados na cura; minimizar a relação água-cimento e o teor de água. Todas essas medidas são eficazes para prevenir o processo de formação de trincas. Alguns projetos usaram um agente expansor para compensar as retrações, beneficiando a prevenção contra trincas. Um procedimento comum, porém, não foi estabelecido até o presente.

8.2.4 Veda-juntas

Nas obras de concreto, o emprego de veda-juntas metálicos (cobre ou outra liga) caiu em desuso ao redor dos anos 1950, sendo substituídos por PVC com elevada resistência a tração (superior a 10 MPa) e a rupturas, e elevada durabilidade.

Nas últimas décadas, a indústria petroquímica colocou à disposição da construção civil compostos alternativos mais adequados técnica e economicamente. A opção pelo uso de veda-juntas de PVC para substituir, com vantagens técnico-operacionais (instalação) e de custos, os veda-juntas de cobre, já foi anteriormente apresentada e discutida entre profissionais e especialistas, mas ainda necessita de uma comprovação factual.

Tipos de juntas

A seguir, é apresentada a descrição de juntas utilizadas em várias barragens.

i) **Junta perimetral** (externa, entre a cabeça do plinto e a laje)

O desenvolvimento da junta perimetral foi historicamente um dos fatores mais importantes no projeto e na segurança das BEFCs. O conceito de veda-juntas múltiplos foi inicialmente desenvolvido nas barragens australianas e foi um dos fatores mais importantes no projeto da junta perimetral. O conceito de "múltipla proteção", com a utilização de vários tipos de materiais combinados, tais como mástique (IGAS), neoprene, PVC, juntas de cobre e a colocação de material fino, tem sido aplicado desde a década de 1970. Alto Anchicayá (1974) e Foz do Areia (1980) foram dois expressivos exemplos de aplicação desse conceito.

Um material compressível (madeira ou outro), com espessura entre 12,5 e 20 mm, é usualmente colocado na interface do plinto com a laje da face. O objetivo é evitar concentrações de tensões de compressão nas bordas da junta durante a construção e o enchimento do reservatório, períodos nos quais a laje da face se movimenta contra a estrutura do plinto, por causa das deformações do enrocamento.

A seguir, exemplos de barragens e detalhes das juntas.

- **Alto Anchicayá** (145 m, 1974) – conceito de múltipla proteção, com utilização de material siltoso sobre a junta e mástique (IGAS).
- **Foz do Areia** (160 m, 1980) – conceito de múltipla proteção (Fig. 8.10A).
  - Aterro de montante sobre a junta perimetral (sem colocação de areia siltosa – zona 1A);
  - Aplicação de mástique e proteção de neoprene ou PVC;
  - Colocação de veda-junta duplo: central (cobre ou PVC) e de fundo

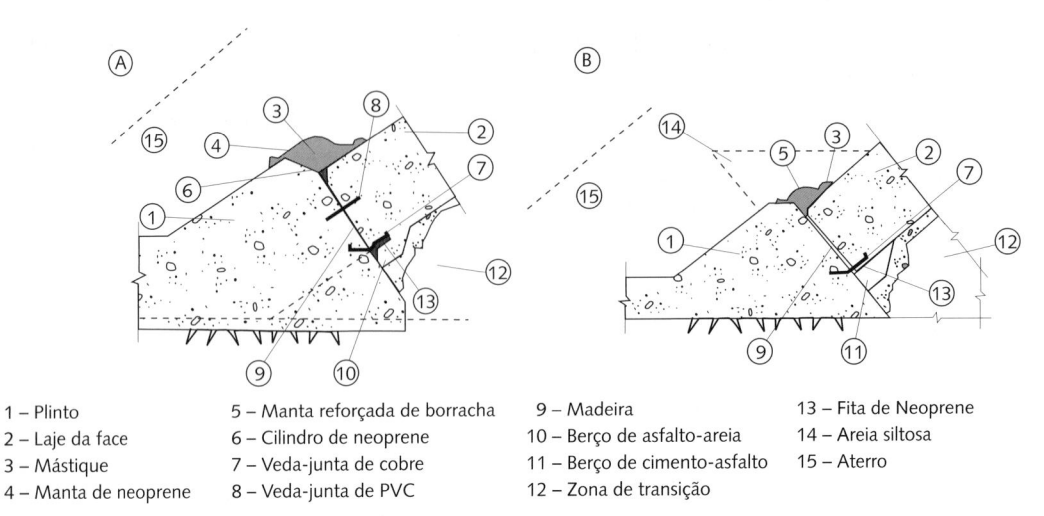

1 – Plinto	9 – Madeira
2 – Laje da face	10 – Berço de asfalto-areia
3 – Mástique	11 – Berço de cimento-asfalto
4 – Manta de neoprene	12 – Zona de transição
5 – Manta reforçada de borracha	13 – Fita de Neoprene
6 – Cilindro de neoprene	14 – Areia siltosa
7 – Veda-junta de cobre	15 – Aterro
8 – Veda-junta de PVC	

FIG. 8.10 A) *Junta perimetral de Foz do Areia e B) Segredo (Pinto, Blinder & Toniatti, 1993)*

(cobre) sobre manta de PVC e berço de concreto-asfalto;

- Construção da camada de filtro a jusante (Ø máx. 38 mm, zona 2A);

• **Segredo** (145 m, 1992) – conceito de tripla proteção (Fig. 8.10B).

- Aterro de montante sobre a junta perimetral;
- Aplicação de mástique e proteção de neoprene ou PVC;
- Colocação de areia siltosa (Ø máx. 0,5 mm) sobre a junta perimetral - zona 1A;
- Colocação de veda-junta (simples) de fundo (cobre) sobre manta de PVC e berço de concreto asfalto;
- Construção da camada de filtro a jusante (Ø máx. 38 mm - zona 2A).

• **Aguamilpa** (187 m, 1994) – conceito de múltipla proteção (Fig. 8.11).

- Aterro de montante sobre a junta perimetral;
- Colocação de cinza volante protegida por manta geotêxtil e uma placa metálica (perfurada);

- Colocação de veda-juntas duplo: central (cobre ou PVC) e de fundo (cobre) sobre manta de PVC e berço de concreto asfalto;
- Construção da camada de filtro a jusante, processado a partir de aluvião (Ø máx. 40 mm - zona 2A).

• **El Cajón** (190 m, 2006) – conceito de múltipla proteção (ver Fig. 2.16).

- Aterro de montante sobre a junta perimetral;
- Colocação de cinza volante protegida por manta geotêxtil e uma placa metálica (perfurada);
- Colocação de duplo veda-juntas de cobre: i) de fundo sobre manta de PVC e berço de concreto asfalto; ii) na parte superior, na junta perimetral.

• **Xingó** (145 m, 1993/94) – conceito de tripla proteção (Fig. 8.12).

- Aterro de montante sobre a junta perimetral;
- Aplicação de mástique e proteção de neoprene ou PVC;

- Colocação de areia siltosa (Ø máx. 1,0 mm) sobre a junta perimetral;
- Colocação de veda-juntas (simples) de fundo (cobre) sobre manta de PVC e berço de concreto asfalto;
- Construção da camada de filtro a jusante (Ø máx. 38 mm - zona 2A).
- **TSQ1** (178 m, 2000) – conceito de múltipla proteção (Fig. 8.13).
  - Aterro de montante sobre a junta perimetral;
  - Colocação de cinza volante protegida por manta geotêxtil e uma placa metálica (perfurada) – solução aplicada nas juntas verticais nas zonas de tração (ombreiras);
  - Colocação de duplo veda-juntas de cobre: i) de fundo sobre manta de PVC e berço de concreto asfalto; ii) no trecho central da junta perimetral;
- **Barragem de Shuibuya** – novo conceito de junta perimetral (Fig. 8.14).

Na barragem de Shuibuya (233 m, China, 2007), foi adotado um novo conceito de múltipla proteção, constituída de uma junta

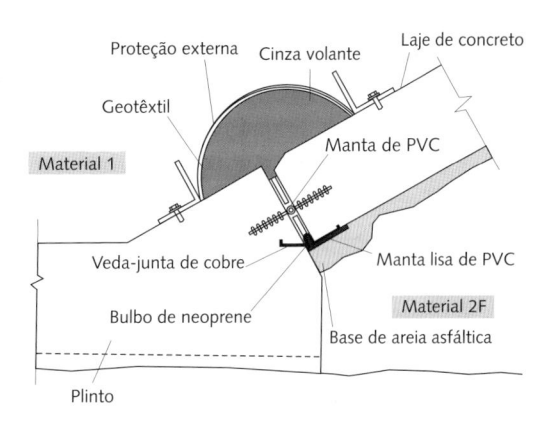

FIG. 8.11 *Junta perimetral: conceito de múltipla proteção – Uso de fly ash como alternativa ao mástique (Aguamilpa, México) (Gómez, 1999)*

interna corrugada protegida por material elástico (GB), e um cilindro de borracha sintética, todos protegidos externamente por uma manta de PVC (Fig. 8.14A). Um conceito semelhante foi recentemente aplicado nas BEFCs de Bakún (205 m, Malásia) e de Mazar (170 m, Equador), na ombreira direita (Fig. 8.14B). Na ombreira esquerda e região da calha do rio adotou-se a junta de cinza volante (El Cajón).

FIG. 8.12 *Barragem de Xingó: A) junta perimetral; B) aplicação de mástique*

FIG. 8.13 *TSQ1: A) junta perimetral de cinza volante (coberta nas ombreiras por geotextil e lâmina metálica); B) detalhes da junta perimetral*

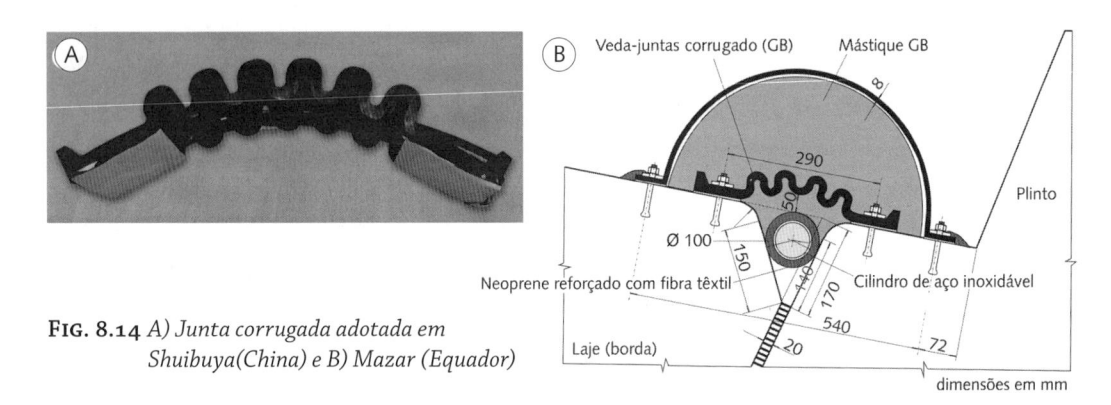

FIG. 8.14 *A) Junta corrugada adotada em Shuibuya(China) e B) Mazar (Equador)*

ii) **Juntas horizontais de construção**

São definidas pelo projetista/construtor de acordo com os vários estágios de construção das lajes (2 ou 3 estágios para barragens acima de 140 m). São tratadas pela remoção de alguns centímetros da concretagem anterior, limpeza (ar, água) e a realização das conexões entre as armaduras. A armadura serve como transpasse para a concretagem da etapa seguinte. Não se deve conceituar essa junta de construção como de contração (*contraction joint*), com a colocação de veda-juntas, alternativa desnecessária e custosa.

Na BEFC de Nam Ngum 2 (182 m), construída em 2010, no Laos, foi implementado um veda-juntas com 20 mm de material de preenchimento (*filler*) flexível e junta de cobre no fundo da laje, com a colocação de um veda-junta GB ao longo da junta horizontal de construção entre o primeiro e o segundo estágio da laje. De acordo com os autores, essa junta reduzirá as tensões de compressão ao longo da laje no sentido do talude.

De acordo com a prática construtiva de BEFCs, a junta de construção horizontal não deve ser considerada uma "junta de contração", evitando-se a colocação de veda-junta ao longo de sua extensão, pois é desnecessária e acarreta incrementos de custos, de acordo com a boa prática de engenharia. Não foi registrada, em casos de altas BEFCs (H > 100 m e H ≤ 250 m) construídas recentemente, a ocorrência de trincas ou rupturas na laje devido a esforços de compressão ao longo das juntas de construção na direção do talude, durante a construção e após o enchimento do reservatório.

Entretanto, em futuras BEFCs com alturas superiores a 300 m (≥ 300 m), em que a construção da face de concreto seria executada em três ou quatro etapas, a ocorrência de deslocamentos da laje para montante (*bulking effect*) pode acarretar esforços ao longo das juntas horizontais de construção nas partes centrais da laje. Esses efeitos potenciais devem, na opinião dos autores, ser analisados pelos projetistas nos estudos de FEM.

iii) **Juntas de conexão laje-plinto**

A uma distância L (10 a 20 m) do plinto, um veda-juntas adicional (além do veda-juntas de cobre, na base da laje) tem sido colocado em alguns projetos, de modo a aumentar a proteção e melhorar a estanqueidade (no caso de trincas) em toda essa área junto ao plinto. No caso da barragem TSQ1, um veda-juntas adicional de PVC foi projetado na parte central entre as lajes, em toda a junta, a uma distância L = 20 m do plinto (Fig. 8.15). A colocação desse segundo veda-juntas dificulta sobremaneira a construção, além das dificuldades de manter o alinhamento da junta de PVC durante o deslocamento da forma deslizante. Um cuidado adicional no lançamento do concreto é garantir uma homogeneização e a qualidade do concreto entre os dois veda-juntas (cobre no fundo e PVC na parte central).

No caso das BEFCs de Barra Grande e Campos Novos, um veda-juntas de mástique protegido por uma manta de PVC foi projetado no topo das juntas verticais, a uma distância L = 5 m do plinto (Fig. 8.16).

iv) **Juntas verticais** (*contraction joints*) entre lajes

Não há transpasse de armaduras entre duas lajes vizinhas. Regiões onde juntas de contração são colocadas:

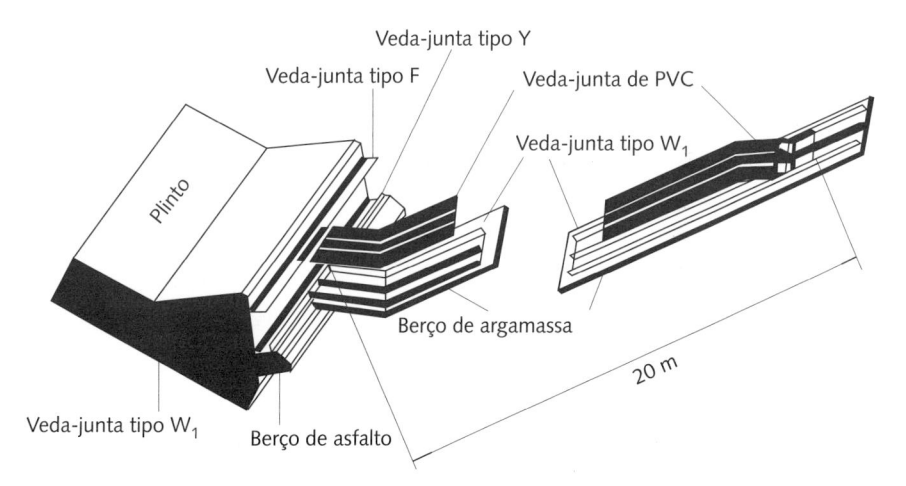

FIG. 8.15 *TSQ1: conexão das juntas verticais (fundo e central) com o plinto (faixa L = 20 m) (Wu et al., 2000a)*

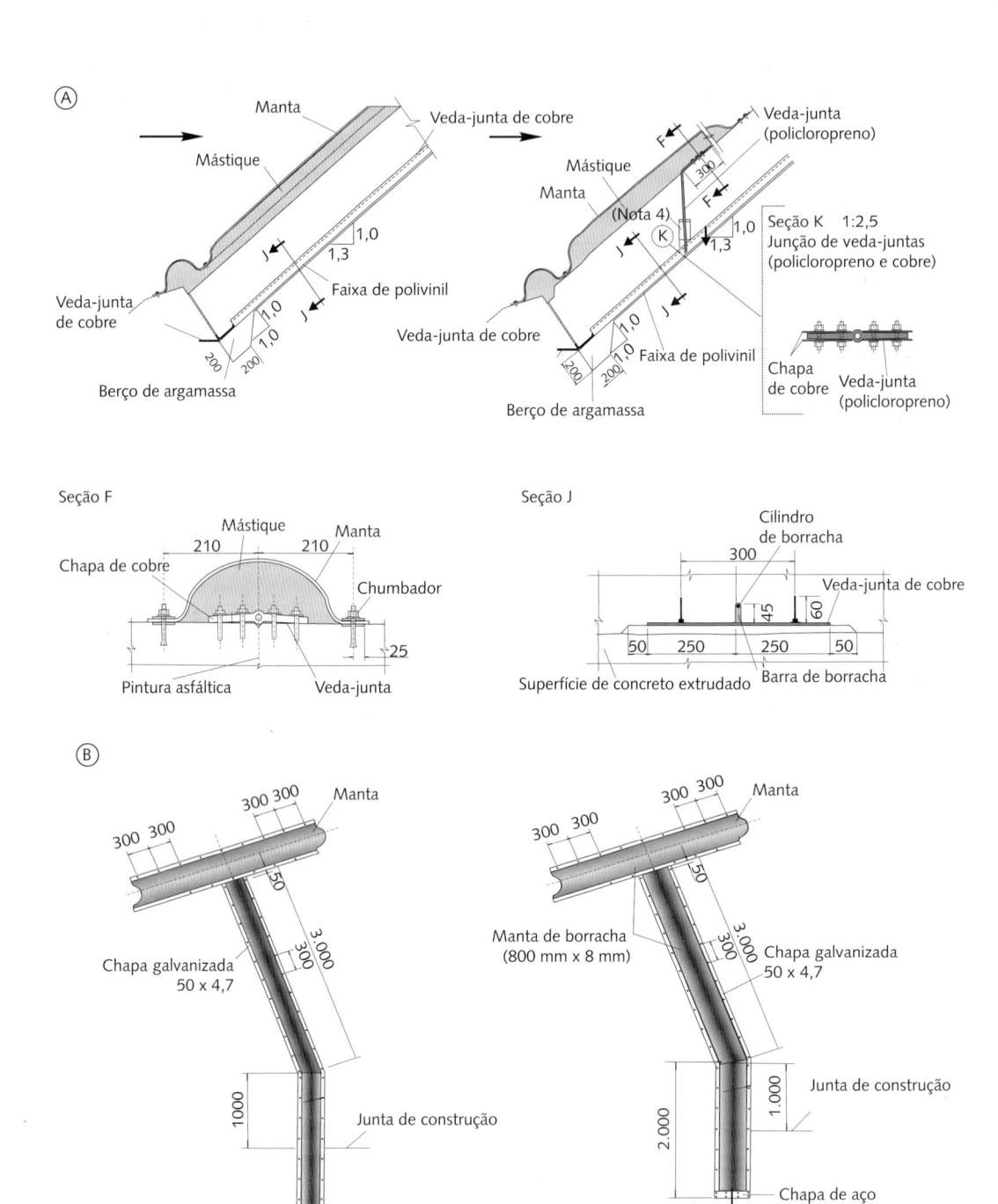

FIG. 8.16 Detalhe do veda-juntas de contato da junta vertical (A) e o plinto (B) adotados para as barragens de Barra Grande e Campos Novos (Engevix)

- Região das ombreiras, zonas de tração – Uma das práticas consiste em colocar um veda-juntas de cobre no fundo da laje e um veda-juntas (tipo Jeene, PVC) no topo, entre as duas lajes. Essa experiência foi adotada em fins da década de 1990 e início da década de 2000 nas BEFCs de Itá, Itapebi e Machadinho, no Brasil.
- Região central – No trecho central, onde ocorrem as zonas de compressão, não são colocadas juntas na parte superior, somente o veda-juntas de cobre (fundo). Entre as duas lajes é aplicada uma pintura asfáltica em uma das faces antes da concretagem da laje adjacente, prática adotada no Brasil desde a década de 1980.

A partir da ocorrência de trincas e rupturas nas lajes centrais de Barra Grande e Campos Novos (2005), e de Mohale (2006), durante o enchimento dos respectivos reservatórios, e da ocorrência de rupturas semelhantes na barragem TSQ1 em 2003/2004, após três anos de operação, o conceito de junta vertical nas regiões centrais da laje determina a inclusão de material compressível, madeira ou material equivalente, que absorva os esforços de compressão (Materón, 2008). Esse conceito de inclusão de material compressível na junta vertical foi adotado ainda durante os trabalhos de recuperação das lajes afetadas nas barragens de TSQ1, Barra Grande, Campos Novos e Mohale, e tem sido aplicado em várias BEFCs recentemente concluídas, tais como El Cajón, Kárahnjúkar, Bakún e Mazar.

Na Fig. 8.17 são apresentados exemplos de juntas verticais utilizadas em BEFCs no Brasil. O caso de Kárahnjúkar, onde foi adotado o conceito de inclusão de material compressível (*filler*), é ilustrado na Fig. 2.19.

Os seguintes critérios devem ser observados no projeto e na construção da junta vertical:

- manter a espessura de projeto da laje acima da superfície do concreto extrudado;
- embutir o berço de argamassa no concreto extrudado;
- colocar um enchimento compressível (*filler*) entre as duas lajes (madeira ou neoprene), de modo a

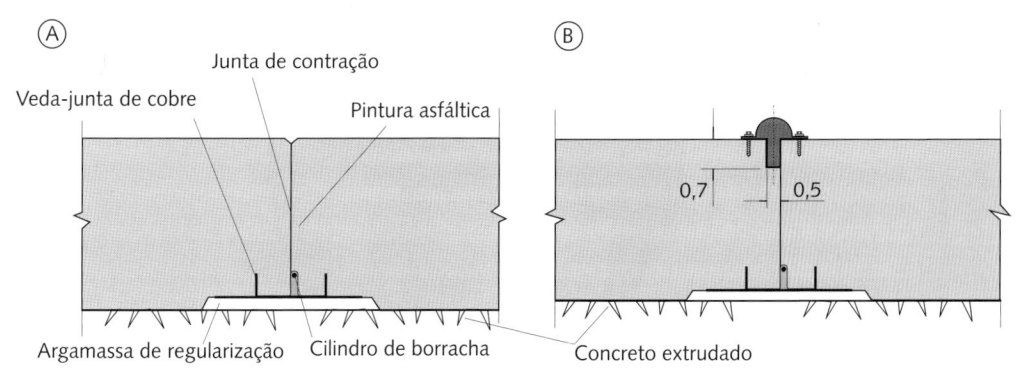

FIG. 8.17 *Juntas verticais: A) Campos Novos, área central (zona de compressão); B) Barra Grande, ombreiras (zona de tensão) (Engevix)*

absorver os esforços de compressão sobre o concreto;
- reduzir (máx. 2 mm) ou eliminar o chanfro superior (*V notch*);
- colocar armadura antilasqueamento.

Em vales fechados, nos trechos de ombreiras, juntas verticais adicionais (largura de lajes de 7,5 m) têm sido projetadas para atenuar os efeitos de compressão (Shuibuya, El Cajón, Bakún e Mazar).

Juntas verticais: outras experiências

TSQ1 (China, 178 m, 2000): colocação de material de granulometria fina areia siltosa, não coesivo cinza volante, no topo e ao longo de toda a junta, revestida por uma manta geotêxtil e protegida com um perfil metálico perfurado. Essa solução é semelhante à da junta perimetral (Fig. 8.13).

El Cajón (México, 190 m, 2006): colocação de material de granulometria fina areia siltosa, não coesivo cinza volante, no topo e ao longo de toda a junta vertical, revestida por uma manta geotêxtil e protegida com um perfil metálico perfurado. Junta de cobre superior e inferior, solução semelhante à da junta perimetral, complementa o sistema de múltipla proteção (Fig. 8.18).

v) **Juntas de expansão** – conexão entre a extremidade superior da laje e o muro da crista

Embora localizada a alguns metros acima do nível d'água máximo normal de operação, a junta de expansão fica entre a superfície superior da laje e a base do muro-parapeito. O cobre tem sido utilizado nessas juntas de expansão (Figs. 8.19 e 8.20).

Recentemente, a construção e o projeto de enrocamentos compactados obedecem ao critério de serem alcançados altos módulos de deformabilidade no enrocamento (> 100 MPa), nas zonas 3B, central e 3C, de modo a evitar altas deformações durante a construção e o enchimento do reservatório. Pressões hidrostáticas na laje induzem altas deformações no enrocamento, na parte central, no sentido do topo do maciço, e nas zonas de jusante, e, consequentemente, induzem altas deflexões na

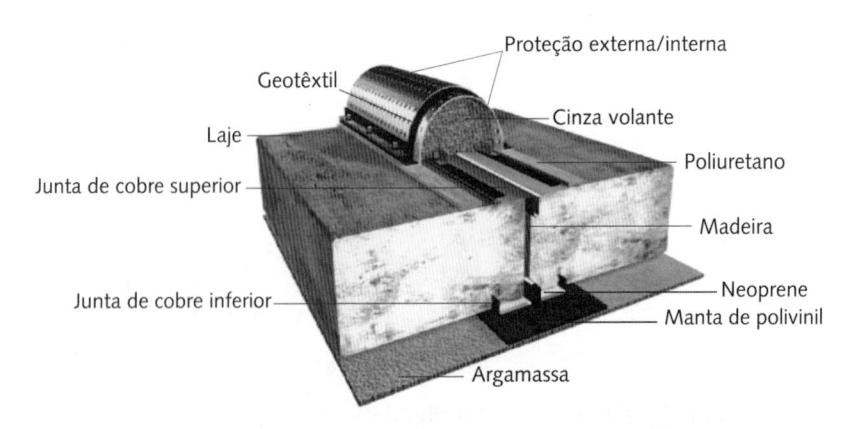

FIG. 8.18 *Detalhe de junta perimetral e junta vertical (zona de fração - ombreiras) (Mena Sandoval et al., 2007a)*

laje de montante. Desde a ocorrência de rupturas por escamamento (*spalling*) em BEFCs, entre 2003 e 2006, juntas verticais na parte central têm sido projetadas com a inserção de uma camada de material deformável entre as lajes, constituído de madeira, neoprene, EPDM ou material similar, de modo a mitigar os

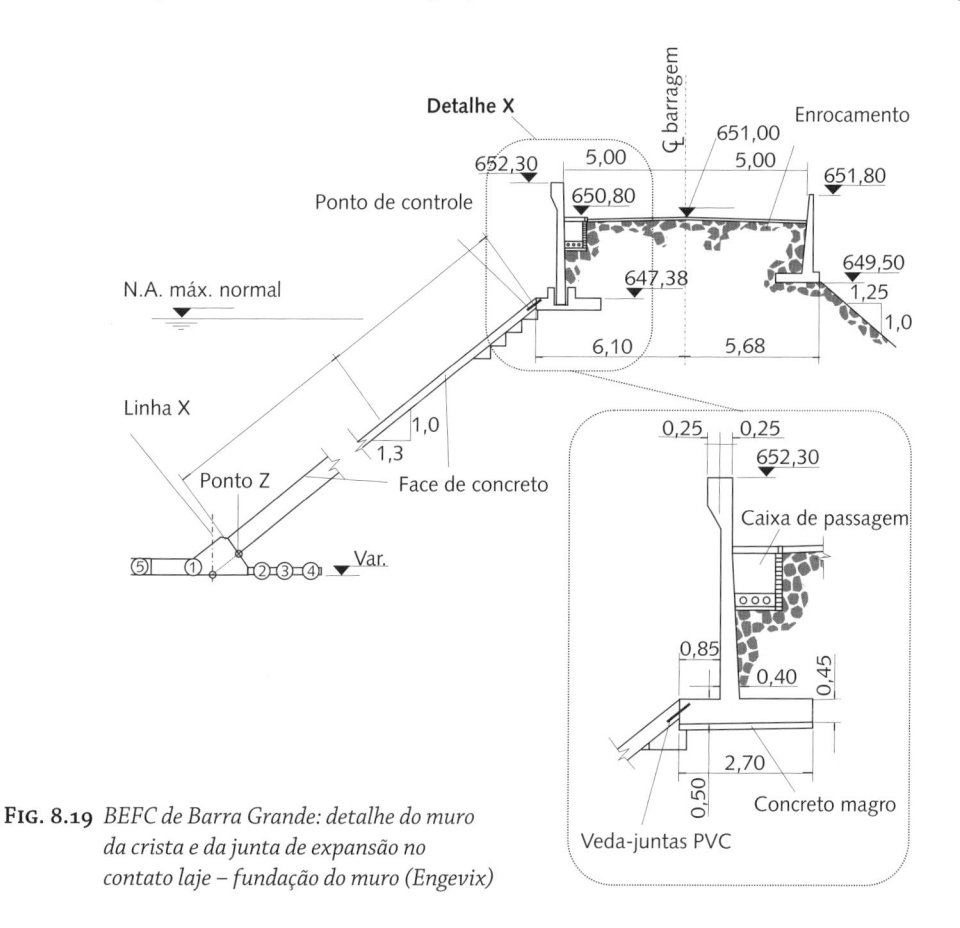

FIG. 8.19 *BEFC de Barra Grande: detalhe do muro da crista e da junta de expansão no contato laje – fundação do muro (Engevix)*

FIG. 8.20 *BEFC de Xingó: construção do muro-parapeito*

esforços de compressão. O conceito de colocação de material compressível ao longo da junta vertical foi inicialmente aplicado durante os trabalhos de recuperação das lajes das BEFCs de Barra Grande e Campos Novos. Atualmente, esse conceito vem sendo adotado no projeto de altas BEFCs, tais como Shuibuya, El Cajón, Kárahnjúkar, Bakún, Mazar, Nam Ngum 2, Reventazón e Chaglla (as duas últimas em construção).

Os seguintes critérios de projeto têm sido adotados no conceito da junta vertical de compressão (Materón, 2008):
- veda-juntas de cobre e berço de argamassa colocados fora da linha teórica do projeto de espessura da laje da face; localizado no concreto extrudado para conservar a espessura de projeto da laje;
- a altura da curvatura central do veda-junta é reduzida para preservar a espessura teórica de projeto da laje;
- uso de um enchimento deformável ao longo do espaço da junta vertical (madeira, neoprene, EPDM etc.);
- redução para 2 mm ou eliminação do chanfro "V" superior;
- colocação de armadura de reforço (*anti-spalling*).

Complementarmente, em BEFCs em vales estreitos (fator de forma $A/H^2 \leq 4,0$), juntas verticais com largura de 7,5 m na região das ombreiras têm sido projetadas, com o objetivo de atenuar os esforços de tração (Shuibuya, Mazar, Nam Ngum 2).

Deformações ao longo da junta perimetral têm alcançado valores de 50 mm para altas BEFCs. Nesse caso, em complementação à colocação de juntas de cobre, PVC, EPDM ou veda-juntas de borracha, materiais "autocicatrizantes" são aplicados sobre as juntas como enchimento deformável de bitumen (mastic) e material fino de baixa coesão, *fly ash* ou areia siltosa.

Nas lajes centrais, o conceito de projeto de inserção de um material flexível, deformável (EPDM ou madeira), ao longo da junta vertical, de modo a mitigar as tensões de compressão (das ombreiras, no sentido do centro), foi adotado pela primeira vez na reparação das lajes de Barra Grande e Campos Novos, em 2006. Desde então, a colocação de material deformável nas juntas centrais tem sido adotada em várias altas BEFCs (Pinto, 2007; Materón, 2008), como as de Shuibuya (233 m), Bakún (205 m), Kárahnjúkar (196 m), El Cajón (188 m), Paute Mazar (166 m), Porce III (150 m), Nam Ngum 2 (182 m) e Chaglla (203 m) e Reventazón (130 m), ambas em construção.

Em recentes BERCs com alturas acima de 190 m, deformações de juntas podem alcançar mais de 50 mm no trecho superior de ombreiras, enquanto o deslocamento lateral vetorial de projeto pode alcançar 130 mm. O conceito da junta corrugada GB (Fig. 8.14) para grandes deformações de juntas tem sido aplicado recentemente, como em Nam Ngum 2 (182 m) e Mazar (166 m). Complementarmente, em Nam Ngum 2, um sistema de junta vertical na região das ombreiras GB - EPDM foi aplicado na superfície da junta (Fig. 8.21), projetada com um preenchimento de 20 mm de material compressível de modo a permitir a movimentação das juntas submetidas a esforços de compressão no sentido do vale.

8.3 Projeto da armadura

A porcentagem de ferragem tem sido fixada empiricamente nos projetos das BEFCs. A principal preocupação dos projetistas é garantir a estanqueidade pela minimização de trincas e manter a integridade da laje quando submetida a esforços de compressão e flexão, em consequência das deformações do enrocamento.

A seguir, são apresentados alguns critérios empiricamente adotados:
- Aplicação de 0,4% a 0,5 % (vertical) e de 0,3% a 0,35% (horizontal) de aço em cada direção, em forma de malhas, com exceção da região próxima ao plinto e ombreiras, onde geralmente se especifica 0,4%;
- Eliminação do transpasse de uma laje para a outra por meio das juntas verticais;
- Colocação de armadura dupla antilasqueamento;
- Colocação de armadura dupla (0,4% em ambas direções) em uma faixa de 10 a 15 m ao longo do plinto (TSQ1, Barra Grande, Campos Novos).

Na Tab. 8.2 é apresentada uma lista cronológica das principais BEFCs com os critérios de projeto adotados.

Na BEFC de Chaglla, dois conceitos de veda-juntas foram propostos pela projetista para mitigar tensões verticais: um material corrugado colocado no topo

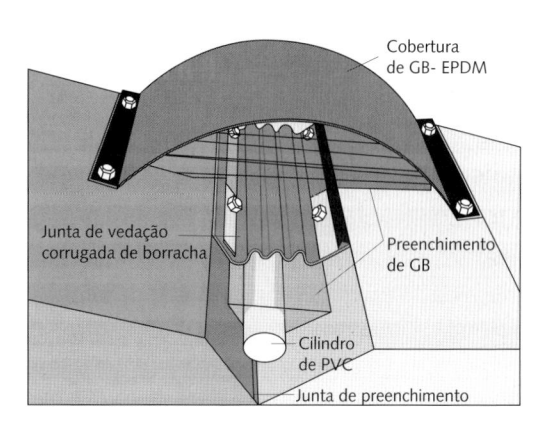

FIG. 8.21 *Veda-junta GB em Nam Ngum 2*

da junta, com 30 cm de extensão, e uma junta de cobre em forma "D" no fundo, de modo a permitir deslocamentos de 25,2 cm entre juntas e a mitigar os esforços de tensão (Fig. 8.22).

Nas juntas de compressão, EPDM foi projetado entre elas, permitindo deformações de 50% (em sua espessura) quando submetido a esforços de 17 MPa (Fig. 8.23).

Na BEFC de Reventazón (130 m), atualmente em construção, foram colocados, nas zonas de tensões e nas ombreiras, com o objetivo de atenuar esforços e evitar rupturas do concreto durante terremotos, 10 mm de um material deformável ao longo das juntas (Fig. 8.24). Na parte superior da junta, uma manta flexível de EPDM e a colocação *fly ash* (pozolana) completam o projeto da junta.

8.4 Conceitos atuais de juntas

8.4.1 Materiais de juntas

Os vários materiais utilizados em veda-juntas incluem policloreto de vinilo (PVC), borracha sintética, cobre, aço inoxidável e selos de plásticos.

TAB. 8.2 Principais BEFCs e critérios de projeto adotados

Nome	País	Ano	Altura (m)	Talude H – V Montante	Talude H – V Jusante	Espessura da laje $e = e_0 + kH$	Armadura em cada direção (%)
Cethana	Australia	1971	110	1,3	1,3	0,30 + 0,002H	0,6
Alto Anchicayá	Colombia	1974	140	1,4	1,4	0,30 + 0,003H	0,5
Golillas	Colombia	1978	130	1,6	1,6	0,30 + 0,0037H	0,4
Foz do Areia	Brasil	1980	160	1,4	1,25-1,4	0,30 + 0,0034H	0,4
Murchison	Australia	1982	89	1,3	1,3	0,30	0,65
Salvajina	Colombia	1983	148	1,5	1,4	0,30 + 0,0031H	0,4
Chenbing	China	1989	75	1,3	1,3	0,30 + 0,002,7H	0,3(H):0,5(V)
Segredo	Brasil	1992	145	1,3	1,2-1,4	0.30 + 0,0035H	0,3 : 0,4
Aguamilpa	Mexico	1993	187	1,5	1,4	0,30 + 0,003H	0,3 (H): 0,35 (V)
Xingó	Brasil	1993	145	1,4	1,3	0,30 + 0,0034H	0,4
Itá	Brasil	1999	125	1,3	1,3	0,30 + 0,002H	0,3(H):0,4(V)
TSQ1	China	2000	178	1,4	1,4	0,30 + 0,035H	0,3(H):0,3(V) Dupla no 3º estágio
Torata	Peru	2002	100	1,3	1.3	0,30 + 0,002H	0,4
Xekaman	Laos	–	187	1,3	1,3	0,30 + 0,002H	0,35(H):0,4(V)
Itapebi	Brasil	2002	110	1,25	1,3	0,30 + 0,0020H	0,35(H):0,4(V)
Machadinho	Brasil	2002	125	1,3	1,3	0,30 + 0,0033H	0,35(H):0,4(V)
Mohale	Lesotho	2002	145	1,4	1,4	0,30 + 0,0035H	0,4
Campos Novos	Brasil	2006	202	1,3	1,4	0,30 + 0,002H (H≤100m) 0,005H (H>100m)	0,5 nas duas direções Dupla em faixa 20 m do plinto/ 0,3(H):0,4(V) parte central
Barra Grande	Brasil	2006	185	1,3	1,4	0,30 + 0,002H (H≤100m) 0,005H (H>100m)	
Messochora	Grécia	2006	150	1,4	1,4	0,30 + 0,003H	0,5
Shuibuya	China	2007	233	1,4	1,4	0,30 + 0,003H	0,4
Kárahnjúkar	Islândia	2007	196	1,4	1,4	0,30 + 0,002 H	0,3(H):0,4(V)
El Cajón	Mexico	2006	188	1,4	1,4	0,30 + 0,003H	0,4
Bakún	Malásia	2010	205	1,4	1,4	0,30 + 0,003H	0,3(H):0,4(V)
Porce III	Colômbia	2010	150	1,4	1,4	0,30 + 0,0024H	0,4
El Quimbo	Colômbia	2010	151	1,5	1,6	0,30 + 0,0025H	-
La Yesca	México	2012	208,5	1,4	1,4	0,30 + 0,0045H	0,4
Siah Bishe	Irã	2012	128	1,6	1,6	0,30 + 0,0020H	0,3(H):0,5(V)
Nam Ngum 2	Laos	2011	182	1,4	1,4	0,30 + 0,003H 0,4 + 0,0018H (parte superior das lajes centrais)	0,20-0,25 nos dois sentidos (*)
Mazar	Equador	2009	166	1,4	1,5	0,30 + 0,003H	0,5(H):0,5(V)
Los Caracoles	Argentina	2011	131	1,5	1,7	0,30 + 0,0020H	0,35(H):0,4(V)
Ilusu	Turquia	2013	135	1,4	1,4	-	-
Misicuni	Bolívia	Em construção	126	1,5	1,5	0,30 + 0,0020H	0,35

TAB. 8.2 Principais BEFCs e critérios de projeto adotados (cont.)

Nome	País	Ano	Altura (m)	Talude H – V		Espessura da laje $e = e_0 + k H$	Armadura em cada direção (%)
				Montante	Jusante		
Punta Negra	Argentina	Em construção	129	1,5	1,65	-	-
Reventazón	Costa Rica	Em construção	130	1,5	1,6	0,30 + 0,0020H ($H \leq 100$ m) 0,0050H ($H > 100$ m)	-
Sogamoso	Colômbia	Em construção	190	1,4	1,4	0,30 + 0,0020H	0,3(H):0,4(V)
Chaglla	Peru	Em construção	203	1,6	1,8	0,30 + 0,0027H	0,35(H):0,4(V)
Yacambu	Venezuela	1996	163	1,5	1,6	0,30 + 0,0020H	0,4

(*) Fonte: Aphichat et al. (2009).

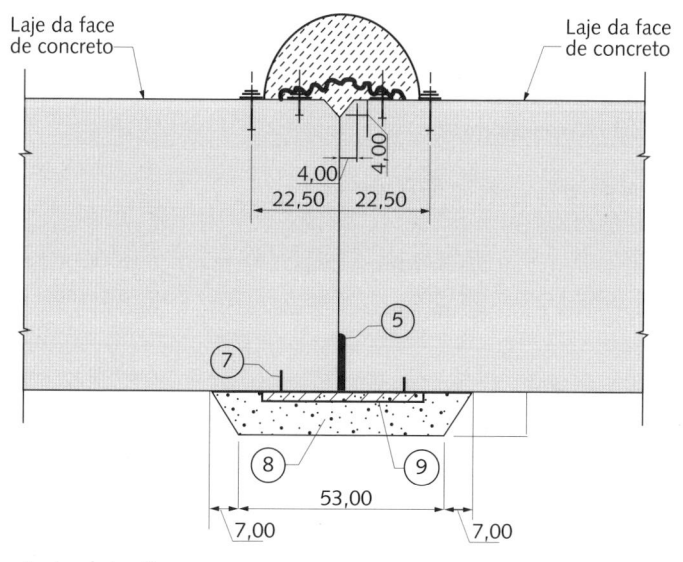

FIG. 8.22 *Junta vertical de tensão na BEFC de Chaglla*

Desde a publicação do Boletim n. 57 do ICOLD, em 1986, materiais, estrutura e tecnologia construtiva para veda-juntas em barragens têm apresentado grande melhoramento e exigências, especialmente para aplicação em altas barragens de gravidade de concreto, barragens de gravidade em arco e BEFCs.

Os materiais de vedação aplicados em veda-juntas são:

i) Policloreto de vinilo (PVC): PVC é o nome genérico para uma variação de fórmulas e qualidade. Embora muitos projetistas tenham restrições sobre sua substituição por veda-juntas de cobre, tem sido adotado para veda-juntas de barragens de até 200 m de altura. Suas qualidades inerentes de durabilidade, elasticidade e facilidade

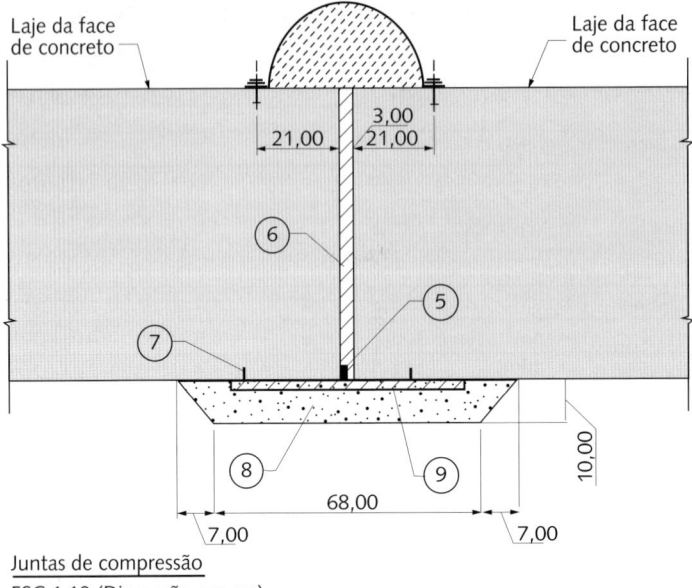

Juntas de compressão
ESC.1:10 (Dimensão em cm)

FIG. 8.23 *Junta vertical de compressão na BEFC de Chaglla*

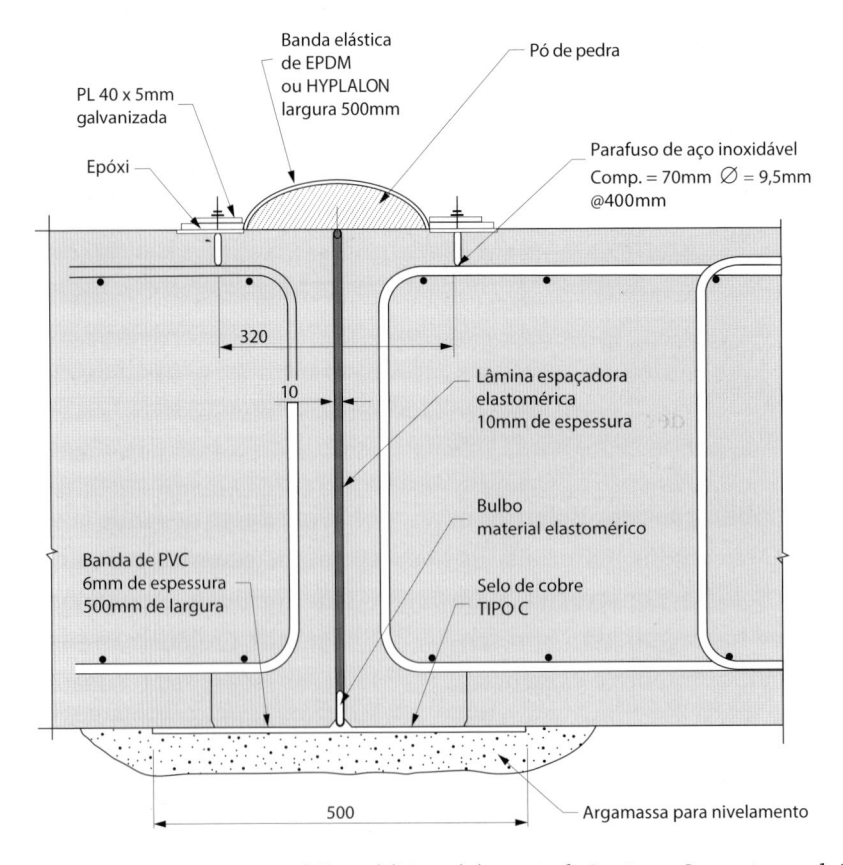

FIG. 8.24 *Juntas de tração com material flexível (10 mm) (cortesia do Instituto Costarricense de Electricidad, Costa Rica)*

de manuseio, além das considerações econômicas, têm permitido seu largo uso com essa finalidade. É menos susceptível a danos em comparação com o cobre ou outro material metálico. Ao mesmo tempo, é menos elástico que a borracha natural, mas pode absorver certas deformações e garantir que a vedação mantenha a forma correta, por exemplo, o bulbo central do veda-juntas.

ii) Borracha natural: como o PVC, tem a vantagem de não ser facilmente danificado durante sua colocação. Possui melhor resistência a baixas temperaturas e desempenho melhor que o do cobre quando submetido a um ciclo de carregamento. Assim como o PVC, possui relativamente baixa capacidade diante das variações de pressões hidráulicas da água. É significativamente mais caro que o PVC.

iii) Borracha sintética: é um material largamente utilizado em vários países e considerado melhor que o PVC devido à sua alta resistência. Ele não se torna quebradiço a baixas temperaturas e mantém as mesmas características de deformação por tração e resistência que o PVC.

A membrana de EPDM (etileno-propileno-dieno-monômero) tem sido frequentemente usada na parte superior externa como proteção das juntas.

iv) Cobre: lâmina de cobre de pequena espessura, da ordem de 1,0 a 1,6 mm, e que é extensivamente utilizada para veda-juntas. Atualmente, é mais cara que o PVC e exige maiores cuidados no manuseio, conexão e instalação. Procedimentos de soldagem durante a instalação devem ser garantidos, executados apropriadamente e bem controlados. O cobre tem a vantagem de possuir pouca espessura e poder ser manuseado e colocado com segurança e facilmente na parte inferior da junta.

v) Aço inoxidável: apresenta boa resistência à corrosão e grande solidez e tem sido aplicado satisfatoriamente como material de veda-juntas. É mais rígido que o cobre e, consequentemente, mais suscetível que ele de sofrer deslocamentos durante sua colocação. Entretanto, apresenta mais dificuldade em soldagem de conexão e alto custo inicial. Seu uso é limitado para veda-juntas de superfície. Aço inoxidável é bastante caro e tem sido utilizado frequentemente em ambientes de águas agressivas.

Para resolver o problema de baixa qualidade na colocação manual do mástique GB entre as juntas nas BEFCs, uma máquina de extrusão tem sido utilizada (Fig. 8.25). Essa máquina de extrusão para a colocação do material deformável entre as juntas permite garantir o alinhamento e o preenchimento da junta.

FIG. 8.25 *Máquina de extrusão de mástique GB*

A tecnologia tem sido aplicada em várias BEFCs na China.

8.4.2 Novo conceito de juntas vertical – 7,5 m de largura

As lajes de concreto têm sido construídas pelo sistema de formas deslizantes com larguras de 15 a 16 m, comumente, para altas BEFCs (> 160 m), por razões construtivas.

Recentemente, altas BEFCs, como Shuibuya, Mazar e Nam Ngum 2, com base em análises de elementos finitos (*FEM analysis*), têm adotado, na fase de projeto, o conceito de uma redução da laje de 15 m para duas lajes de 7,5 m na região das ombreiras, com o objetivo de mitigar os esforços de compressão ou oriundos de deslocamentos diferenciais.

O conceito de divisão das lajes de 15 m em duas de 7,5 m em altas BEFCs incorpora custos adicionais de veda-juntas de cobre e materiais de vedação e o consequente aumento de custos. Adicionalmente, crescem as possibilidades de aumento de potencial de infiltrações através dessas juntas adicionais.

Na opinião dos autores, os conceitos envolvidos nessa solução envolvem ainda o desenvolvimento de mais análises e pesquisas por parte dos projetistas.

8.5 MURO-PARAPEITO E SOBRE-ELEVAÇÃO DA CRISTA

O projeto e os progressos construtivos na última década, com a utilização de pré-moldados, têm contribuído de maneira acentuada na redução de prazos construtivos e custos do muro-parapeito.

O dimensionamento do muro-parapeito deve considerar os seguintes aspectos e diretrizes:
- Promover a dissipação das ondas que sobem pelo talude;
- A borda-livre ser calculada a partir do topo do muro-parapeito;
- As extremidades dos muros devem ser prolongadas até as ombreiras;
- Estimar a sobre-elevação nominal, devida aos recalques da barragem: pós-construtivos, pós-enchimento e os da fase de operação, considerando o efeito da fluência;
- Concretagem do muro pode ser no local ou com elementos pré-moldados.

Após a concretagem dos muros, a área entre as duas estruturas é preenchida com enrocamento fino ($D_{máx}$ 30 cm), em camadas compactadas, até atingir a cota de coroamento da barragem.

8.6 FISSURAS, TRINCAS E RUPTURAS – TRATAMENTOS

Os casos recentes de trincas e rupturas na laje ocorridos em TSQ1 (2003/2004), Barra Grande (2005), Campos Novos (2005) e Mohale (2006) têm sido debatidos em vários congressos internacionais: Portugal (Lisboa, 2006/2007), China (Yichang, 2007) e Brasil (Florianópolis, 2007).

A seguir são apresentados os pareceres de especialistas sobre o tema de fissuras e trincas (Cruz; Freitas, 2007).

Fissuras

Convencionou-se chamar de fissuras as aberturas na superfície da laje até 0,3 mm, observadas geralmente antes do enchimento do reservatório, sobretudo por causa da retração do concreto, induzida por tensões térmicas e/ou variações de temperatura (dia/noite). Essas fissuras não oferecem nenhum dano significativo à laje em BEFCs e podem ser toleradas sem nenhum tratamento superficial. Elas têm sido registradas praticamente em todas as BEFCs.

Trincas

Em casos de aberturas maiores, denominam-se trincas quando superiores a 0,3 mm, que geralmente ocorrem durante a construção ou o enchimento do reservatório, devido a tensões induzidas pelas deformações da laje oriundas de recalques diferenciais do maciço e protuberâncias de fundação. Em alguns casos, essas trincas são registradas somente alguns anos após o enchimento do reservatório, como é o caso de Xingó, Aguamilpa e TSQ1. Na barragem de Xingó (1994), foram registradas trincas na laje da ombreira esquerda dois anos após a operação (1996), com cerca de 10 mm de abertura, devido à geometria desfavorável (ponto de deflexão) entre as lajes L4/L5 e a junta perimetral. Na Laje 6, a abertura (horizontal) alcançou 15 mm na superfície. Na barragem de Aguamilpa, ocorreram trincas horizontais na parte central da laje, terço superior, com abertura máxima de cerca de ½ polegada (~12,5 mm). Em TSQ1, durante o enchimento parcial do reservatório, na fase de construção (2000), um total de 930 fissuras e trincas foram monitoradas no 2º estágio da laje (entre El. 680.0 e El. 746.0) e na parte superior do 3º estágio (entre El. 767.0 e El. 780.0). Destas, cerca de 80% apresentaram aberturas menores que 0,3 mm (fissuras) e 5,0 m de comprimento máximo, predominantemente horizontais. O restante (18%) apresentou aberturas variando de 0,3 mm a 1,0 mm, e uma pequena porcentagem (< 2%) com aberturas de 1,0 a 1,5 mm. Ao contrário do fenômeno das fissuras, as trincas (e rupturas) na laje geralmente são acompanhadas por um aumento significativo das vazões de percolação, não previstas na fase de projeto, tanto durante o enchimento como durante a operação.

Ruptura

Além dos casos de trincas, que ocorrem devido a tensões de tração ou compressão, atualmente têm sido registradas rupturas de lajes por compressão na parte central, com rompimento do concreto, lasqueamento e exposição da armadura, como os casos inéditos ocorridos em TSQ1, Barra Grande, Campos Novos e Mohale, entre junho de 2003 e março de 2006. Essas rupturas são frequentemente responsáveis pelo aumento acentuado das vazões de percolação registradas (acima de 1.000 ℓ/s).

i) **Aspectos construtivos**

A construção do maciço de enrocamento exige um planejamento que, após o fechamento ou desvio do rio, enfrente pelo menos um ou mais períodos úmidos, antes que seja possível atingir a cota da crista.

Em caso de galgamento das ensecadeiras, e se a laje não tiver sido concretada, alguma impermeabilização deverá ser executada na face de montante para impedir a franca percolação da água através do enrocamento. Concreto projetado tem sido uma alternativa utilizada para vedação. Além disso, por tratar-se de uma obra definitiva, exige-se que o próprio maciço esteja numa cota capaz de enfrentar uma cheia de 500 anos.

O concreto extrudado, pela sua própria composição, não oferece condições de estanqueidade no caso de enchentes para períodos de recorrência de 300 ou 500 anos. Essas condicionantes (altura mínima de maciço e vedação provisória) têm indicado a conveniência de dividir a construção da laje em duas etapas ou até três, como Barra Grande, Campos Novos e TSQ1.

Assim, a questão de fundo a ser enfrentada é como proteger a barragem contra a percolação durante a construção, que ficaria exposta a um ou mais períodos de cheia, principalmente se a laje for concretada em uma única etapa, prevista, consequentemente, para o final da construção. Dessa forma, a concretagem da laje em etapas é solução, e não problema. Naturalmente, devem existir ganhos de produtividade ao concentrar a concretagem das lajes numa só etapa. Esses ganhos, entretanto, devem ser comparados com os custos de proteções provisórias.

A experiência brasileira parece indicar que em BEFCs de até 130 m de altura, a concretagem da laje numa única etapa é vantajosa. Provou-se, em termos de tecnologia do concreto, que não haveria restrições para concretar as lajes dessas dimensões numa única etapa. A BEFC de Machadinho é uma experiência brasileira bem-sucedida nesse sentido.

Como o enrocamento desenvolve recalques com o tempo, é vantajoso dispor de um tempo maior para que sejam processadas as deformações do maciço compactado antes da concretagem da laje.

A construção do enrocamento e da laje de concreto são tratadas no Cap. 12, itens 12.8 e 12.9, respectivamente.

ii) **Preparativos para concretagem com formas deslizantes**

Os principais preparativos que precedem a concretagem das lajes são:
- Preparação do berço de argamassa sobre a superfície de concreto extrudado da face de montante;
- Colocação e alinhamento dos veda-juntas de cobre;
- Colocação das formas laterais e da junta vertical entre as lajes; a colocação e o alinhamento da junta entre lajes (*filler*) devem ser feitos sobre a junta de cobre (fundo) e alcançar a

parte superior da forma lateral;
- Nivelamento da superfície superior da forma ao longo de todo o talude;
- Colocação da armadura e instrumentação;
- *Check list* final e inspeção nas juntas entre lajes e laje e plinto (junta perimetral);
- Colocação e posicionamento da forma deslizante;
- Implantação do sistema de cura do concreto (aspersão ou molhagem);
- Posicionamento das calhas metálicas ou da tubulação para condução do concreto;
- Início da concretagem (Fig. 8.26).

iii) **Tipos de formas deslizantes**
- Sistema hidráulico (*hydraulic rail slipping*): Foz do Areia, Segredo, Xingó e TSQ1 – 1ª etapa da laje.
- Sistema tracionado por cabos (guinchos elétricos na parte superior da barragem): TSQ1 (2ª e 3ª etapas da laje), Itá, Machadinho, Itapebi, Quebra-Queixo, Barra Grande e Campos Novos. Sistema atualmente utilizado em todo o mundo, como na BEFC de Mazar, 166 m, Equador – Fig. 8.27.

iv) **Cura**

A cura representa um procedimento especificado de extrema importância para garantir condições da qualidade do concreto, pois permite controlar as temperaturas do concreto e o fenômeno de trincas. O início do processo de cura deve acontecer logo após a concretagem da laje. Em alguns casos, a cura inicia-se na parte de jusante da laje após os serviços de acabamento da superfície do concreto.

A cura química tem sido utilizada, em alguns casos, para simplificar a instalação hidráulica e o sistema de bombeamento de água, visando garantir o suprimento ao longo de todas as superfícies da laje durante a concretagem. Entretanto, na opinião de especialistas, a eficiência da cura química não substitui a cura convencional por molhagem.

v) **Concreto extrudado**

A proteção do talude de montante da zona de transição fina (2A) (*cushion zone*) contra erosão superficial devido a chuvas tem evoluído sensivelmente no seu processo construtivo desde a construção da BEFC de Itá (1999).

Principais tipos de proteção utilizados antes da construção de Itá:
- Concreto projetado (*shotcrete*) - solução pouco usada no Brasil;
- Argamassa de concreto, aplicada manualmente (em áreas restritas);
- Emulsão asfáltica (Foz do Areia, Segredo, Xingó e TSQ1) – solução adotada até fins da década de 1990.

O concreto extrudado, também conhecido como **"Método de Itá"**, foi

FIG. 8.26 *Calhas metálicas para condução do concreto talude abaixo até a forma deslizante*

FIG. 8.27 *BEFC de Mazar: detalhe da tração dos cabos de aço por guinchos elétricos*

utilizado inicialmente na barragem de Itá (1999) e desde 2000 é o método adotado em todas as barragens no Brasil e no mundo (ver Cap. 12).

8.7 DRENAGEM JUNTO AO PLINTO

Antes do início das camadas de transição fina a jusante do plinto, região da calha do rio, um sistema de drenagem das partes inferiores do enrocamento junto ao plinto deverá ser projetado e implementado. A água utilizada nos trabalhos de lançamento e compactação da zona 3B, além das ocorrências de chuvas, flui para montante nas áreas de elevações mais baixas junto ao plinto e ocasiona uma pressão hidrostática nas regiões do concreto extrudado e, concomitantemente, nas partes inferiores da laje, provocando seu levantamento (por exemplo, as BEFCS de Mazar e El Cajón). Na BEFC de Xingó, essa pressão ocasionou a ruptura das partes inferiores da zona 2A (antes do início da concretagem), devido ao funcionamento inadequado do sistema de drenagem.

O projeto de drenagem deverá prever a construção de um poço de bombeamento (tubulações de concreto de 1,0 a 1,20 m de diâmetro) desde o nível de fundação até a cota da superfície do talude. Esse poço deverá estar conectado a um sistema de tubos metálicos (diâmetros acima de 6 polegadas) e deverá permanecer operante durante todo o período de construção, mesmo após a concretagem das lajes de arranque e da primeira etapa da laje. Previamente à construção do aterro de montante, o sistema de drenagem (poço e tubulações) deverá ser injetado.

Os procedimentos práticos desse sistema de drenagem são apresentados no Cap. 12.

9 | Instrumentação

A monitoração de qualquer barragem é obrigatória, porque as barragens mudam com o tempo e podem apresentar defeitos. Não há substituto para uma vigilância sistemática e inteligente. (Peck, 2001)

A instrumentação de uma BEFC deve ser orientada para questões específicas ou para atender ao critério do projeto. Cooke (2000a) apresenta uma lista de fatores inerentes à segurança das BEFCs: i) todas as zonas do maciço de enrocamento localizam-se a jusante das águas do reservatório; ii) a carga d'água na face de concreto atinge a fundação a montante do eixo da barragem; iii) subpressão e pressão neutra não são atuantes; iv) a elevada e confiável resistência do enrocamento; v) a elevada resistência do enrocamento a ações sísmicas; vi) o zoneamento do enrocamento é favorável ao fluxo interno.

Todos esses fatores relativos à segurança já haviam sido enunciados por Cooke e Sherard (1985). Uma revisão atualizada é apresentada no Cap. 2. Mesmo antes destes trabalhos, o advento da compactação do enrocamento desde a década de 1970, e a construção da barragem Cethana tiveram um papel importante na consolidação de uma prática de engenharia. Até hoje, somente uma BEFC (Gouhou, China, 71 m) rompeu, em agosto de 1993, após o enchimento do reservatório (Yuan; Zhang, 2004). Recentemente ocorreu a ruptura de uma barragem nos Estados Unidos, relatada por Qian (2008) (ver Cap. 10).

Entretanto, trincas e mesmo rupturas da laje e vazão significativas foram registradas, como nos casos de Alto Anchicayá (1974), Shiroro (1984), Golillas (1984), Aguamilpa (1993), Xingó (1994), Itá (1999), Itapebi (2002), Barra Grande (2005), Campos Novos (2005) e Mohale (2006). Mesmo considerando que as condições de segurança não foram afetadas no caso das BEFCs mencionadas, a engenharia tem se empenhado grandemente para explicar esses acontecimentos não previstos, no sentido de preservar a laje de concreto de problemas futuros e reduzir as vazões, que sempre representam uma perda.

Por outro lado, no desempenho favorável das BEFCs, como Cethana (110 m), Alto Anchicayá (140 m), Foz do Areia (160 m), Aguamilpa (187 m) Tianshengqiao 1 (TSQ1, 178 m) e as atuais Barra Grande (185 m), Campos Novos (202 m), Bakún (205 m), Shuibuya (233 m) e La Yesca (220 m), e na previsão de futuras barragens acima de 300 m de altura, a monitoração do comportamento teve um papel importante no projeto, na segurança e nos processos construtivos das BEFCs.

9.1 Grandezas a serem monitoradas

O projeto e a construção das BEFCs evoluíram do enrocamento lançado para o compactado em camadas horizontais, que se tornou uma prática normal. Instrumentação e monitoramento durante a construção tornaram-se práticas obrigatórias, principalmente com o aumento da altura das BEFCs desde a década de 1980, como Alto Anchicayá e Foz do Areia.

Além de ensaios de laboratório e enrocamentos experimentais *in situ*, a instrumentação utilizada para monitorar o desempenho das BEFCs tem fornecido parâmetros de tensões e deformações relacionadas às fases da construção e do enchimento do reservatório, os quais podem ser utilizados no projeto de novas barragens maiores e em análises por métodos numéricos.

As principais grandezas a serem enfocadas pela instrumentação são:

9.1.1 Movimento da barragem

Deslocamentos verticais e horizontais durante a construção e o enchimento do reservatório são normalmente as grandezas de maior relevância a serem monitoradas. Além disso, as interferências nos movimentos da face têm preocupado os projetistas desde as trincas e rupturas registradas em TSQ1 (2003, 2004), Barra Grande (2005), Campos Novos (2005) e Mohale (2006).

Movimentos nas BEFCs durante a construção são comuns, em razão dos recalques que ocorrem na fundação e nas zonas do enrocamento. Quando a barragem é apoiada em rocha, os recalques são devidos apenas ao enrocamento. Nas barragens apoiadas em aluviões granulares, os recalques não são significativos, mas o fluxo através da fundação passa a ser motivo de preocupação. As camadas de argila siltosa e aluvião argilo-arenoso são removidas. Essa tem sido uma boa prática de engenharia.

Os recalques do enrocamento devem ser monitorados durante a construção e o enchimento do reservatório, devido a sua influência nos movimentos da laje.

Os principais aspectos a serem monitorados são (Freitas, 2004):

- deslocamentos e deflexões da laje resultantes de recalques diferenciais do enrocamento provocados por mudanças geométricas abruptas do plinto nas ombreiras;
- recalques diferenciais entre as zonas 3B, central (T) e 3C, muitas vezes resultantes de especificações construtivas diferentes em cada zona, tais como espessura das camadas, número de passadas do rolo vibratório, molhagem, além da litologia dos enrocamentos;
- estágios e velocidades de construção do enrocamento nas ombreiras e/ou aceleração na construção da zona de jusante (p. ex., TSQ1);

- módulos de compressibilidade diferentes dos materiais das zonas de montante e jusante (p. ex., Aguamilpa);
- granulometria do enrocamento nas distintas zonas;
- forma do vale.

Entretanto, a importância desses fatores no desempenho da barragem ainda é um assunto controverso entre diferentes autores.

Segundo Silveira (2006), para garantir um bom programa de monitoramento, vários tipos de instrumentos devem ser utilizados, para medir uma mesma determinada grandeza (recalques, deflexões etc). Esses instrumentos são indicados a seguir.

9.1.2 Instrumentos para monitoramento do enrocamento

Os deslocamentos em pontos internos do enrocamento são medidos por células de recalque instaladas durante a construção. Os deslocamentos das placas metálicas ou anéis magnéticos são medidos na superfície por equipamentos de leitura. Um tubo metálico ancorado na rocha de fundação serve como marco de referência.

Os principais instrumentos de medidas de deformações e recalques são: células hidráulicas (tipo caixa sueca), extensômetros, células elétricas, medidor KM (muito comum em barragens brasileiras), torpedo USBR (desenvolvido pelo Bureau of Reclamation, EUA) e anéis magnéticos (tipo Geokon). Em vários casos, inclinômetros têm sido instalados nos enrocamentos para essas medidas.

i) **Células hidráulicas** (tipo caixa sueca) são instaladas em posição horizontal nas zonas internas do enrocamento (Fig. 9.1). As células são interligadas à cabine da instrumentação por três tubos: um tubo ligado ao painel de leitura, outro para circulação de ar e outro de drenagem. As conexões hidráulicas (tubos) que atravessam o enrocamento devem considerar os recalques diferenciais que possam ocorrer nas diferentes zonas do enrocamento, porque tais recalques podem prejudicar o desempenho das células e ainda causar um colapso no sistema. Todo o sistema de tubos é conectado à cabine de controle situada a jusante. A diferença do nível d'água entre a

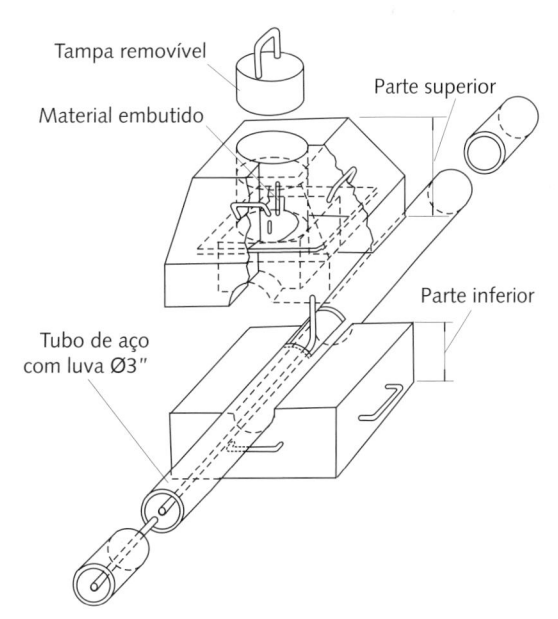

FIG. 9.1 *Célula hidráulica semelhante às instaladas em Xingó, Itá e Itapebi*

cabine e o nível d'água de cada célula permite avaliar os recalques do enrocamento. Durante a construção e instalação das células, o sistema de tubos deve ser protegido dos caminhões e equipamentos pesados que transitam no local, para garantir a medida dos recalques sem que ocorra perda de água pela tubulação. Bolhas de ar no circuito hidráulico devem ser evitadas e removidas. Deve-se implementar um programa exaustivo de ensaios com circulação de água pelo sistema de tubos, eliminando-se a circulação de ar e aplicando sucção por vácuo. Uma interrupção no sistema dos tubos é o maior problema. Os recalques diferenciais durante a construção provavelmente levam a tubulação a ficar ondulada, com concavidades grandes e vácuo. Por isso, a água e as bolhas de ar presas em vários pontos ao longo do tubo de drenagem devem ser controladas pela equipe de leitura. As células de recalque tipo caixa sueca têm sido usadas em quase todas as BEFCs.

ii) **Extensômetros** são usados para medir deslocamentos ao longo de um único eixo vertical. O extensômetro magnético consiste de uma série de magnetos instalados ao longo de um tubo de acesso. Os magnetos são fixados em cada nível especificado. As medidas são realizadas baixando um equipamento (*probe*) por dentro do tubo de acesso para detectar a profundidade dos magnetos (Durham Geo Slope Indicator Co.).

Extensores e células hidráulicas localizados na área de montante são provisoriamente instalados com fios Invar e tubos conectados a cabines temporárias durante a construção do enrocamento. Caso os enrocamentos de montante e jusante sejam elevados simultaneamente, o fio Invar e a tubulação hidráulica devem ser conectados diretamente à cabine de leitura.

iii) **Células elétricas de recalque** consistem de um reservatório, um tubo cheio de líquido e a célula de recalque que contém um transdutor. Um dos extremos do tubo é ligado à célula de recalque, que é instalada dentro do aterro, ou num furo. O outro extremo do tubo é conectado ao reservatório, localizado fora da área da construção. O transdutor mede a pressão criada pela coluna do líquido no tubo. Como o transdutor e o enrocamento recalcam juntos, a altura da coluna, aumenta e a célula de recalque mede pressões maiores. O recalque é calculado convertendo-se a diferença de pressão para milímetros de carga líquida. Em comparação com células hidráulicas, a célula elétrica e seu sistema da tubulação interferem menos com as atividades de construção (Durham Geo Slope Indicator Co.).

iv) **A célula tipo KM** é composta por hastes de aço galvanizado conectadas a placas de aço e protegidas externamente por um tubo de aço. O equipamento pode ser instalado na direção vertical ou horizontal no enrocamento (Fig. 9.2). Quando instalado na vertical para medida de recalques, as hastes verticais conectadas a placas em vários níveis, podem deslocar-se livremente dentro do tubo de proteção, que é instalado em segmentos à proporção que sobe o aterro do enrocamento. Os recalques são medidos em cada haste, tendo por referência uma haste central chumbada na rocha da fundação. A experiência brasileira sugere que até 12 placas podem ser instaladas em cada tubo. Para fins práticos, recomenda-se que cada barra seja pintada de cor diferente para facilitar sua identificação. Em algumas barragens brasileiras as placas foram instaladas na vertical (os tubos foram colocados na horizontal) para o registro dos deslocamentos horizontais do enrocamento (Fig. 9.3).

FIG. 9.2 *Medidor KM vertical (Silveira, 2006)*

FIG. 9.3 *BEFC de Xingó: instalação combinada de células hidráulicas e medidor KM horizontal (Silveira, 2006)*

v) **Extensômetros de fio Invar** são outro instrumento utilizado para monitorar os deslocamentos horizontais do enrocamento. Todos os fios Invar são conectados às cabines permanentes de leitura.

vi) **Células de pressão total**: em geral, as células de pressão são utilizadas para comparação com hipóteses ou previsões de projeto, quanto aos valores e direções atuantes, e para medir as pressões de contato entre as zonas do enrocamento (Fig. 9.4). Em geral, para medir as pressões e determinar as tensões principais, as células de pressão são instala-

FIG. 9.4 *El Cajón: célula de pressão (Sandoval et al., 2007b)*

das em várias direções. Também têm sido usadas para medir a interação entre o concreto extrudado e a zona 2B (*cushion zone*), ou mesmo entre o concreto extrudado e a laje da face.

vii) **Inclinômetros**: utilizados para monitorar deslocamentos em qualquer direção de taludes e zonas do enrocamento. São úteis para verificar se os movimentos são constantes, acelerados, e se estão respondendo a medidas corretivas adotadas.

O tubo do inclinômetro pode ser instalado de forma permanente num furo aberto e que atravesse as zonas suspeitas de movimento. Também pode ser instalado dentro do enrocamento, enterrado numa trincheira ou mesmo embutido no concreto (como a face de concreto). Detalhes importantes da tubulação são o diâmetro e a resistência do tubo, as dimensões das ranhuras e a sua linearidade, e o sistema de encaixe entre tubos (Fig. 9.5).

9.1.3 Movimentos de superfície

Marcos superficiais distribuídos ao longo de uma linha no muro-parapeito a montante, na crista e no talude de jusante são utilizados para medir os deslocamentos externos do enrocamento (Fig. 9.6).

Marcos instalados nas ombreiras, em rocha, são usados como referências de nível.

9.1.4 Pressões piezométricas a montante

Subpressão e pressões neutras não são consideradas problemas em BEFCs, no que concerne ao enrocamento.

Piezômetros elétricos ou do tipo Casagrande adaptado têm sido instalados a jusante do plinto para monitorar a eficiência da cortina de injeções durante o enchimento. Além disso, piezômetros devem ser instalados a jusante do plinto

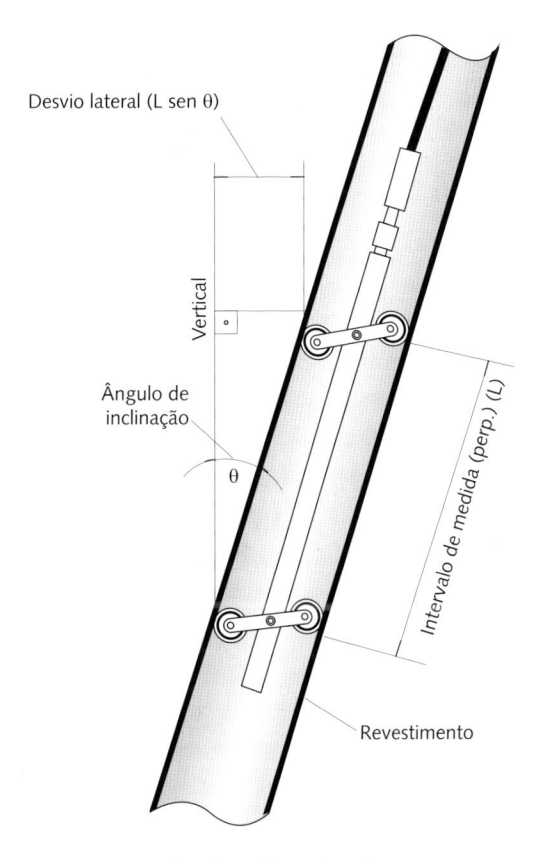

FIG. 9.5 *Detalhe da medição do inclinômetro (Durham Geo Slope Indicator Co.)*

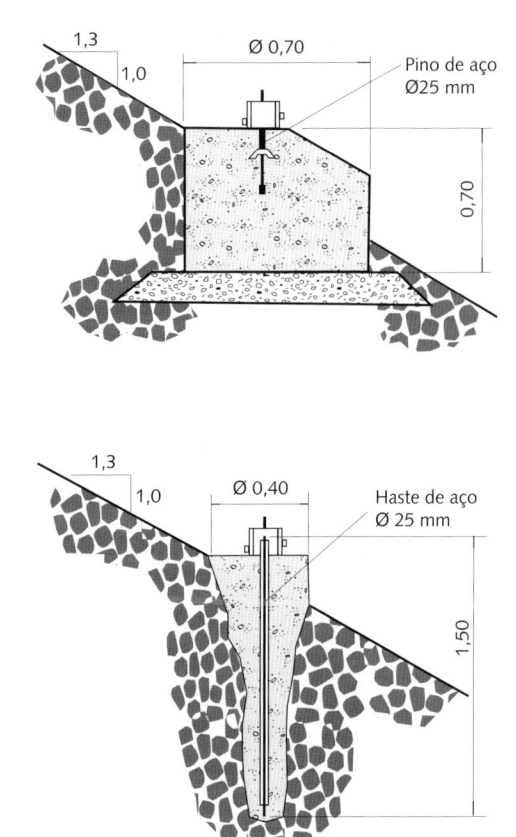

FIG. 9.6 *Marcos superficiais no talude de jusante (Silveira, 2006)*

para controle do sistema de drenagem da laje em áreas de depressão do rio.

As águas lançadas na construção do enrocamento (~200 ℓ/m³), na zona 3B, mais as águas de chuvas fluem para áreas baixas da fundação, próximas ao plinto, e podem causar pressões na zona de transição 2B, no concreto extrudado e até na laje, se já estiver instalada (p. ex., BEFCs de Xingó, Mazar e El Cajón).

9.1.5 Controle das percolações

Medidores de vazão de percolação são instalados junto ao pé do talude de jusante para monitorar as vazões pela fundação e pelo enrocamento. Uma estrutura impermeável (solo compactado ou concreto) é, em geral, embutida no talude, ou construída externamente, para coletar as águas percoladas e dirigi-las para o medidor de vazão.

No caso da fundação, a água aflorante é facilmente conduzida ao sistema de drenagem. Em alguns casos, tratamentos da fundação na área de jusante são implementados para impedir que escapes significativos de água de percolação sejam registrados. Os medidores de vazão podem ser retangulares ou triangulares (Fig. 9.7).

Vazões elevadas e imprevistas (acima de 800 ℓ/s) foram medidas em muitas barragens durante o enchimento: Alto An-

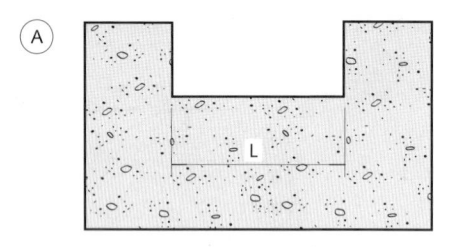

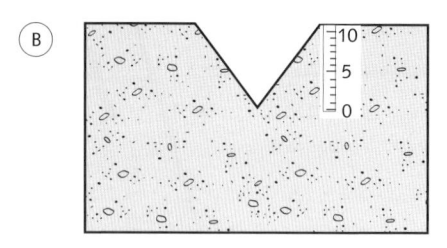

FIG. 9.7 *Medidores de vazão: (A) retangular; (B) triangular (Silveira, 2006)*

chicayá (1.800 ℓ/s), Shirodo (1.800 ℓ/s), Golillas (1.080 ℓ/s), Itá (1.730 ℓ/s), Itapebi (900 ℓ/s), Barra Grande (1.100 ℓ/s) e Campos Novos (1.300 ℓ/s). Os tratamentos adotados foram: lançamento de areia siltosa na face de concreto e reparos na laje de concreto, que reduziram as vazões substancialmente para cerca de 100 a 300 ℓ/s, na maioria das barragens (ver também Cap. 6).

O controle da vazão é uma medida importante para avaliar o desempenho da face de concreto, pois é sensível à ocorrência de trincas, ou mesmo de rupturas.

As Figs. 9.8 e 9.9 mostram, respectivamente, os medidores de vazão de TSQ1 (final da construção) e Campos Novos.

9.1.6 Deslocamentos da laje e medidas de tensões

Os deslocamentos da laje passaram a merecer mais atenção após a ocorrência de lasqueamento (*spalling*) e rupturas da face de concreto de algumas BEFCs. É importante medir os deslocamentos da laje praticamente a partir de sua execução, e não somente durante o enchimento do reservatório.

A instalação de *strain gauges* para verificar as tensões atuantes nas lajes centrais acopladas a eletroníveis ao longo da face pode fornecer informações interessantes. Em algumas BEFCs, inclinômetros embutidos na face de concreto também foram utilizados para o monitoramento das deflexões da laje.

i) **Eletronível** – É um equipamento simples e relativamente barato, e tem sido utilizado em BEFCs mais recentes para medir os deslocamentos da face. Consiste em uma cápsula de vidro parcialmente

FIG. 9.8 *TSQ1: medidor de vazão antes do enchimento do reservatório (out./2000)*

FIG. 9.9 *Campos Novos: medidor de vazão em operação (out./2007)*

cheia com um líquido eletrolítico. É também conhecido comercialmente como "sensor eletrolítico". Eletrodos embutidos na cápsula medem a resistência do fluido. As rotações angulares do eletrodo são monitoradas pela medida das variações da resistência elétrica entre os eletrodos que formam uma meia ponte de Wheatstone.

As leituras individuais de cada eletronível são plotadas ao longo do talude da face. Esse conjunto de medidas é usado para definir uma curva poligonal, sujeita a um processo de ajuste.

Eletroníveis foram instalados em várias barragens, tais como Xingó, TSQ1, Hooqjiahu, Barra Grande, El Cajón (Fig. 9.10) e Campos Novos. Em El Cajón, além dos eletroníveis, três inclinômetros foram também embutidos na face de concreto.

ii) **Inclinômetros** – Como já mencionado, têm sido utilizados também para medidas de deslocamento da laje da face em BEFCs (Figs. 9.11 e 9.12).

FIG. 9.10 *El Cajón: instalação de eletronível na laje da face*

iii) **Extensômetros e deformímetro corretor** – São também recomendados para serem instalados no concreto, para o registro de más deformações autôgenas e as desenvolvidas durante a construção e o enchimento do reservatório.

Medidores de tensões nas barras de aço, instalados na armação da laje, em geral aos pares, são recomendados para a medida da tensão longitudinal na direção paralela ao eixo da barragem. Além de extensômetros e deformímetros,

FIG. 9.11 *El Cajón: tubo para instalação de inclinômetro*

FIG. 9.12 *El Cajón: tubo-guia do inclinômetro instalado na crista*

utilizam-se também termômetros embutidos no concreto.

iv) **Medidores triortogonais de juntas** – Esses medidores, em arranjos de 1 m em cada uma das três direções, têm sido comumente instalados para medir os deslocamentos da junta perimetral e a deformação da laje. Os deslocamentos medidos são: (1) deslocamentos perpendiculares à junta perimetral, ou seja, o fechamento ou a abertura da junta entre o plinto e a face de concreto; (2) deslocamentos paralelos à junta perimetral, ou seja, recalques ou elevação da laje; (3) deslocamentos tangenciais ao plano da junta perimetral, ou seja, deslocamento para cima ou para baixo ao longo da junta perimetral (deslocamento de cisalhamento).

A maioria desses equipamentos localiza-se sob a areia siltosa e o aterro de montante. Nas Figs. 9.13 e 9.14 são apresentados detalhes dos medidores triortogonais instalados em Xingó e El Cajón, respectivamente.

v) **Medidores de juntas (simples)** – São instalados na face de concreto para monitorar a abertura das juntas verticais próximas às ombreiras. A abertura e o fechamento das juntas (acima do nível d'água) podem ser medidos com pares de pinos de aço inox.

9.1.7 Cabine de instrumentação permanente

Nas cabines de instrumentação permanentes construídas nas bermas do talude de jusante são instalados os painéis de leitura e o equipamento de leitura das células hidráulicas (caixas suecas), células de pressão total, piezômetros elétricos e extensômetros. Condições de acesso seguro, tais como escadas e degraus, devem ser instaladas para a equipe de instrumentação. Os eletroníveis e os inclinômetros podem ser lidos na área da crista da barragem ou em painéis es-

FIG. 9.13 *Medidor triortogonal na barragem de Xingó*

FIG. 9.14 *Medidor triortogonal na barragem de El Cajón*

peciais de caixa metálica embutidos nas paredes dos muros-parapeito.

9.2 Monitoração e cuidados com a manutenção

A instrumentação em BEFCs deve monitorar a barragem nas fases de construção, enchimento e operação. A monitoração das BEFCs a longo prazo é obrigatória, porque trincas imprevistas e vazões elevadas foram registradas quase um ano após o enchimento (Xingó, Aguamilpa e Alto Anchicayá), e o colapso de Gouhou ocorreu vários anos após o enchimento. Portanto, é necessário, durante a fase de operação, montar uma equipe treinada, encarregada da instrumentação, cujas medidas devem ser repassadas ao projetista para que este tenha acesso a qualquer evento imprevisto.

Como os deslocamentos verticais do enrocamento e da fundação são majoritários durante a construção e podem atingir 80% a 90% do total previsto em projeto, é importante mobilizar e treinar o pessoal para a instalação, calibração e manutenção do equipamento já na fase construtiva. Isso permitirá subsidiar a análise dos dados e fazer intervenções corretivas, se necessário, durante todo o processo construtivo.

As principais grandezas a serem monitoradas nas BEFCs altas são as seguintes:
- Recalques medidos em células de recalque e células elétricas em várias elevações e zonas da barragem: a montante, na zona 3B e na zona 2B (transição), na zona central T e nas zonas 3C e 3D, onde têm sido registrados os maiores deslocamentos verticais, de acordo com dados publicados. É importante que para cada medida das células de recalque sejam fornecidos: (i) local e elevação; (ii) elevação do enrocamento acima da célula; (iii) leitura na célula em relação à elevação da cabine de instrumentação (medida em relação a marcas topográficas fixadas na rocha das ombreiras), feita no mesmo dia, a fim de se obter uma leitura correta para cada célula do enrocamento.

Durante a fase de enchimento, além das medidas de recalque e da cabine de instrumentação, deve-se registrar o nível de água no reservatório e os dados de chuva obtidos em estações meteorológicas locais.

É fundamental que os registros de cada célula de recalque sejam anotados desde a instalação e construção da barragem, enchimento do reservatório e operação, a fim de se dispor da "sequência histórica" de cada célula para fazer parte de um "Livro de Registro de Instrumentação". Essas medidas estendem-se a todos os demais instrumentos da barragem.
- Movimentos da crista e do talude de jusante devem ser monitorados e analisados. Os movimentos da crista na direção das ombreiras e para o centro do vale, durante o enchimento e a operação, são pontos-chave para a análise do desempenho da barragem.
- Movimentos da junta perimetral, principalmente nas ombreiras,

devem merecer a atenção dos projetistas e membros da equipe de leitura.

- Deslocamentos da face e medidores de tensão e abertura e fechamento de juntas e *strain gauges*, nas ombreiras e no centro da laje, representam uma informação importante a respeito de trincas, lasqueamentos (*spalling*) e rupturas das lajes, bem como de vazões elevadas decorrentes desses incidentes. Eletroníveis têm sido usados em barragens altas na América do Sul (Brasil) e China (TSQ1 e Hongjiadu). Atualmente, eletroníveis são baratos, fáceis de ser instalados e transportados e representam um sistema confiável para medir deslocamentos. Seu uso deve ser incentivado em futuras barragens altas.
- Medidores de vazão na área de jusante devem ser monitorados diariamente. Vazões da ordem de 300 ℓ/s são aceitáveis, após o enchimento total do reservatório. Vazões acima desse valor devem ser analisadas, adotando-se eventuais medidas corretivas, como boa prática de engenharia.
- Inspeção visual diária da crista da laje acima do N.A., das ombreiras e nas cotas baixas do pé de jusante deve ser feita após o enchimento do reservatório, por uma equipe bem treinada. Infelizmente essa prática anterior e obrigatória por vezes tem sido negligenciada.
- A percolação e o nível d'água nas ombreiras devem ser monitorados e previstos no plano de instrumentação da barragem.

9.3 Considerações finais

A atividade de projeto e de instrumentação requer pessoal especializado, e na situação atual essas especializações podem se distanciar. Empresas particulares, centros de pesquisas em universidades e laboratórios governamentais têm se tornado centros de especialização e até fabricantes de instrumentos. Dependendo das circunstâncias locais de cada país, é recomendável recorrer a estas empresas ou centros de pesquisa para instalação, registro e manutenção da instrumentação, não só durante a construção, como também na fase de operação da barragem. Sem que tais questões sejam desenvolvidas com os cuidados necessários, a informação pode perder-se, ficando prejudicada a análise do desempenho da barragem.

Da mesma forma, a atenção aos dados obtidos pela equipe de instrumentação e a sua avaliação e análise face às premissas de projeto são fundamentais.

A instalação de estações sismológicas na área do reservatório tem sido uma boa prática de engenharia. A experiência recente (2008) na BEFC de Zipingpu (150 m), na Província de Sichuan, China, evidenciou que uma BEFC e sua laje de montante suportam abalos sísmicos próximos a 8.0 na Escala Richter, sem danos significativos ao maciço de enrocamento e à laje.

A Tab. 9.1 apresenta os tipos e a quantidade de instrumentos instalados nas principais BEFCs.

TAB. 9.1 Lista de instrumentação das principais BEFCs

Nome País	Altura Término	Volume do enroc. m³x10³	Área da face m²	Enrocamento zonas 3B; 3C Taludes H:1V	Instrumentos instalados Laje	Enrocamento	Ref.
Cethana Austrália	110 m 1971	1.400	30.000	Quartzito M 1,3 J 1,3	23 pinos de aço instalados como marcos na face, distribuídos em 3 seções principais e nas ombreiras; 3 tubos-guia de inclinômetros; 8 medidores de juntas (tipo Carlson) ao longo da junta perimetral; 32 medidores de deformações e de temperatura (tipo Carlson)	4 células hidrostáticas de recalque; 15 marcos superficiais na crista; 18 marcos superficiais no talude de jusante; 1 medidor de vazão	Fitzpatrick et al., 1973
Alto Anchicayá Colômbia	140 m 1974	2.400	22.000	Hornfel M 1,4 J 1,4	60 extensômetros; 22 medidores de juntas (corda vibrante)	(*) células de recalque; (*) marcos superficiais; 1 medidor de vazão	Regalado et al., 1982
Kotmale Sri Lanka	97 m (1ª etapa) 1984	—	60.000	Charnockito M 1,45 J 1,4	5 medidores de juntas (junta perimetral); 3 linhas de inclinômetros	16 piezômetros pneumáticos (fundação); 38 células de recalque; 5 medidores horizontais; 33 marcos superficiais (crista e jusante); 1 medidor de vazão (jusante)	Kulasingle e Tandon, 1993
Cirata Indonésia	125 m 1987	3.600	—	Andesito, brecha M 1,3 J 1,3	3 linhas de inclinômetros sob a laje; (*) medidores de juntas na laje e junta perimetral; (*) medidores de tensão; 2 inclinômetros (um em cada ombreira)	(*) células de recalque; (*) marcos superficiais na crista e no talude de jusante; (*) piezômetro na fundação; (*) monitoramento do nível d'água nas ombreiras; 1 medidor de vazão a jusante	Pinkerton, Siswowidjono, e Matsui, 1985
Golillas Colômbia	125 m 1978	1.300	14.000	Cascalho M 1,6 J 1,6	110 marcos ao longo das juntas e do muro-parapeito	39 células de recalque; 15 marcos superficiais; 8 piezômetros standpipe na fundação; 1 medidor de vazão	Amaya e Marulanda, 1985

Instrumentação | 259

TAB. 9.1 Lista de instrumentação das principais BEFCs (cont.)

Nome País Altura Término	Volume do enroc. m³×10³	Área da face m²	Enrocamento zonas 3B; 3C Taludes H:1V	Instrumentos instalados		Ref.
				Laje	Enrocamento	
Foz do Areia Brasil 160 m 1980	14.000	139.000	Basalto M 1,4 J 1,25–1,4	30 extensômetros (2 direções) 12 medidores de tensões da armadura 18 medidores de juntas 14 termômetros elétricos	40 células de recalque 35 marcos superficiais 1 medidor de vazão	Pinto, Materón e Marques Filho, 1982
Shiroro Nigéria 125 m 1983	3.900	50.000	Granito M 1,3 J 1,3	89 medidores de juntas 72 medidores de deformações 22 termorresistores 3 inclinômetros (*) extensômetros (*) piezômetros	3 inclinômetros 72 marcos superficiais (crista e talude jusante) 6 medidores de deformações horizontais (torpedo magnético) 2 conjuntos de medidores de deformações horizontais 2 medidores de vazão	Bodtman e Wyatt, 1985
Salvajina Colômbia 148 m 1983	3.395	57.500	Cascalho M 1,5 J 1,4	44 medidores de juntas 49 medidores de deformações	45 células de recalque e 7 grupos de células de pressão 4 células pneumáticas de recalque no contato fundação-enrocamento 6 piezômetros pneumáticos (enrocamento-fundação) (*) marcos superficiais	Sierra, Ramirez e Hacelas, 1985
Segredo Brasil 145 m 1992	7.200	87.000	Basalto M 1,3 J 1,2–1,4	55 medidores de deformações 23 medidores de juntas 3 termômetros	(*) células de recalque (*) medidores de deformações horizontais 1 medidor de vazão	Penman, Rocha Filho e Toniatti, 1995
Aguamilpa México 187 m 1993	13.000	137.000	Cascalho M 1,5 Enrocamento J 1,4	36 extensômetros elétricos (1 bidirecional e 35 unidirecionais) 19 medidores triortogonais 45 medidores mecânicos de juntas (juntas verticais e muro-parapeito) 4 inclinômetros	3 inclinômetros 40 células de recalque 7 piezômetros pneumáticos 41 piezômetros standpipe nas ombreiras 3 sets de 6 células de pressão total + 7 sets de 3 células de pressão total 6 extensômetros 1 medidor de vazão	Macedo, Castro e Montañez, 2000

Instrumentação

TAB. 9.1 Lista de instrumentação das principais BEFCs (cont.)

Nome País	Altura Término	Volume do enroc. m³×10³	Área da face m²	Enrocamento zonas 3B; 3C Taludes H:1V	Instrumentos instalados Laje	Enrocamento	Ref.
Xingó Brasil	150 m 1994	12.700	135.000	Granito gnaisse M 1,4 J 1,3	10 eletroníveis na ombreira esquerda 10 medidores elétricos de juntas 5 medidores triortogonais 6 termômetros elétricos 7 deformímetros (rosetas)	23 células de recalque 23 extensômetros horizontais (tipo KM) 24 marcos superficiais 1 medidor de vazão 2 medidores magnéticos de recalque	CHESF – Companhia Hidro Elétrica do São Francisco
Itá Brasil	125 m 1999	8.900	110.000	Basalto M 1,3 J 1,3	25 eletroníveis 6 termômetros elétricos 9 medidores de juntas 3 medidores triortogonais	26 células hidráulicas de recalque 3 medidores magnéticos de recalque 7 extensômetros horizontais (tipo KM) 19 marcos superficiais 1 medidor de vazão	Engevix Engenharia
TSQ1 China	178 m 2000	17.700	173.000	Calcário M 1,4 Argilito J 1,4	64 eletroníveis 26 medidores de juntas 12 medidores triortogonais (junta perimetral)/ 17 termômetros 20 pares de tensiômetros instalados nas armaduras 9 extensômetros 11 deformímetros	50 células de recalque 31 extensômetros horizontais 21 células de pressão total 33 piezômetros elétricos de fundação 15 piezômetros standpipe nas ombreiras 1 medidor de vazão (jusante)	Wu et al., 2000b
Itapebi Brasil	110 m 2002	3.900	67.000	Granito gnaisse M 1,25 J 1,3	13 eletroníveis 9 medidores elétricos de juntas (entre lajes) 12 medidores elétricos de juntas (triortogonais)	21 células hidráulicas de recalque 6 extensômetros horizontais (tipo KM) 3 medidores magnéticos de recalque (tipo KM) 17 marcos superficiais 1 medidor de vazão	Engevix Engenharia
Machadinho Brasil	125 m 2002	6.200	77.000	Basalto M 1,3 J 1,3	39 eletroníveis (3 seções) 15 medidores de juntas (triortogonais) 12 medidores elétricos de juntas unidimensionais	29 células hidráulicas de recalque (caixas suecas) 4 extensômetros magnéticos de recalque (35 placas) 3 medidores horizontais de placas (tipo KM: 14 placas) 38 marcos superficiais 1 medidor de vazão	CNEC Engenharia

TAB. 9.1 Lista de instrumentação das principais BEFCs (cont.)

Nome País	Altura Término	Volume do enroc. m³×10³	Área da face m²	Enrocamento zonas 3B; 3C Taludes H:1V	Instrumentos instalados Laje	Enrocamento	Ref.
Quebra-Queixo Brasil	75 m 2002	2.100	49.000	Basalto M 1,25 J 1,20	10 eletroníveis 7 medidores elétricos de juntas (verticais) 9 medidores elétricos (junta perimetral)	25 células hidráulicas de recalque 5 extensômetros horizontais 3 medidores magnéticos de recalque 15 marcos superficiais 1 medidor de vazão	Xavier et al., 2003
Campos Novos Brasil	200 m 2006	12.100	106.000	Basalto M 1,3 J 1,4	17 medidores elétricos de juntas 4 medidores triortogonais de juntas 25 eletroníveis	28 células hidráulicas de recalque 6 extensômetros múltiplos horizontais 11 marcos superficiais 4 medidores de recalque magnéticos 1 medidor de vazão	Martins et al., 2006
Barra Grande Brasil	185 m 2006	12.000	108.000	Basalto M 1,3 J 1,4	18 medidores elétricos de juntas 5 medidores triortogonais de juntas 33 eletroníveis	28 células hidráulicas de recalque 6 extensômetros múltiplos horizontais 18 marcos superficiais 2 medidores de recalque magnéticos 1 medidor de vazão	Engevix Engenharia
El Cajón México	190 m 2006	10.900	113.300	Ignimbrito M 1,4 J 1,4	6 inclinômetros verticais 96 células hidráulicas de recalque 9 células elétricas de recalque 344 marcos superficiais 12 células de pressão total 64 extensômetros 3 inclinômetros	6 inclinômetros 40 marcos topográficos 103 extensômetros de barras 90 piezômetros tipo Casagrande 10 piezômetros elétricos 12 células de pressão total 5 acelerógrafos (cortina de injeção) 6 estações sismológicas 1 medidor de vazão	Mena Sandoval et al., 2007a
Kárahnjúkar Islândia	196 m 2007	8.500	93.000	Cascalho arenoso (3B) e Basalto (3C) M 1,3 J 1,3	32 medidores de juntas verticais 14 medidores de juntas perimetrais 60 medidores de trincas 29 extensômetros	36 células hidráulicas de recalque (caixas suecas) 20 piezômetros 33 marcos superficiais 6 medidores de vazão	Johannesson, Perez e Stefansson, 2009

Instrumentação | 263

TAB. 9.1 Lista de instrumentação das principais BEFCs (cont.)

Nome País Altura Término	Volume do enroc. m³×10³	Área da face m²	Enrocamento zonas 3B; 3C Taludes H:1V	Instrumentos instalados Laje	Enrocamento	Ref.
Shuibuya China 233 m 2007	15.640	103.000	Calcário M 1,4 J 1,4	4 grupos de medidores triortogonais 30 grupos de medidores de deformações (bidimensionais) 74 medidores de deformações nas armaduras 15 termômetros 2 seções de inclinômetros 13 medidores triortogonais nas juntas perimetrais (11 nas ombreiras e 2 na calha do rio) 6 medidores de deformações entre a laje e o muro-parapeito 46 marcos fixos de deformações entre juntas verticais 20 marcos fixos de deformações entre a laje e o enrocamento	73 células hidráulicas de recalque 73 extensômetros horizontais (total 73 pontos) 28 piezômetros (elétricos) na fundação 1 medidor de vazão 56 marcos superficiais 63 piezômetros standpipe nas duas ombreiras	IWHR – Institute of Water Resources and Hydropower Research
Mazar Equador 166 m 2008	5.000	45.000	Quartzito M 1,4 J 1,4	29 (unidirecional) medidores de juntas 2 (duas direções) medidores de juntas 8 (três direções) medidores de juntas 6 deformímetros 12 marcos topográficos 80 eletroníveis	16 piezômetros 16 células elétricas de recalque 60 células hidráulicas de recalque (caixas suecas) 1 medidor de vazão (a ser instalado)	Consorcio Gerencia Mazar

(*) Quantidades não mencionadas pelos autores
M – montante
J – jusante

10 | Desempenho das BEFCs

Segundo a publicação *Water Power and Dam Construction Yearbook 2013*, existem hoje no mundo 411 BEFCs (com altura superior a ~30 m), das quais 172 estão na China e 11 no Brasil.

Se o desempenho das BEFCs for enfocado sob a ótica dos acidentes que evoluíram para ruptura, segundo um levantamento feito por Qian (2008), dos 48 casos de ruptura registrados a partir de 1860, considerando praticamente todos os tipos de barragens, apenas dois casos ocorreram em barragens do tipo BEFC. O primeiro caso foi em 1993, na barragem de Gouhou (71 m, China), construída com cascalho arenoso, devido a um fluxo interno, seis anos após o término da construção. O segundo ocorreu em 2005, na barragem de Taum Sauk (29 m, EUA), devido a galgamento 42 anos após a construção por problemas na operação do reservatório.

Descartada a questão das rupturas, já discutida nos Caps. 4, 5 e 6, outro tópico relacionado ao desempenho das BEFCs são os eventuais acidentes, que são mencionados e discutidos em outros capítulos deste livro (BEFCs de Mohale, Paradela e New Exchequer, entre outras). Graças à facilidade de comunicação existente hoje e ao grande número de congressos, simpósios, conferências e *workshops*, além de periódicos e publicações que circulam rapidamente pelo mundo das barragens, em particular das BEFCs, praticamente não há dados novos. Qualquer acidente com uma barragem, em qualquer parte do mundo, em questão de horas já ocupa os e-mails dos especialistas; em questão de dias, os relatos dessas ocorrências são disponibilizados para os comitês nacionais de barragens; em questão de meses, um conjunto de artigos sobre o problema é publicado em algum congresso nacional ou internacional. Os procedimentos dos reparos são divulgados nos seus detalhes, e passado um ou dois anos do acidente, os proprietários, projetistas e consultores já estarão publicando o que foi feito e mostrando que o desempenho da barragem atende aos usuais critérios de projeto e de segurança da BEFC.

Mas notícias sobre o desempenho dessas ou de outras barragens, no tempo, são bem mais raras e a obtenção de tais informações depende de um número restrito de pessoas com acesso aos registros de instrumentação e ao próprio local das obras. Isso é lamentável porque BEFCs são projetadas para durar, razão pela qual merecem tantos cuidados.

Portugal é um dos países que se destacam nesse aspecto, porque avaliações periódicas das barragens portuguesas são feitas por especialistas do Laboratório Nacional de Engenharia Civil (LNEC).

Retomando a questão inicial das múltiplas publicações, parece que quando os problemas de uma BEFC são resolvidos e a barragem passa a operar normalmente, o ocorrido passa para a história das BEFCs sem que as causas do acidente sejam esclarecidas e sem que as soluções emergenciais aplicadas tenham um respaldo técnico ou científico mais aprofundado. Por outro lado, nos novos projetos e mesmo nas BEFCs em construção, as soluções emergenciais passam a ser adotadas. Isso é fruto do caráter empírico e prático que ainda rege o projeto e a construção de BEFCs.

Acidentes fazem parte do desempenho das BEFCs e devem ser melhor discutidos e interpretados para o benefício de projetos futuros.

Descartados a ruptura e os acidentes anteriormente referidos, a questão do desempenho já foi abordada nos Caps. 3 (casos históricos) e 6 (fluxo) sob o enfoque das vazões (infiltrações) e dos deslocamentos tanto da laje como do maciço de enrocamento ou de cascalho. No Cap. 6, mais especificamente, reportamos as vazões medidas em 43 BEFCs e as providências adotadas para o seu controle (Tab. 6.9). No Cap. 9, por sua vez, discutimos os instrumentos utilizados na medida de deslocamentos, tensão e abertura e fechamento de juntas.

No presente capítulo, procurou-se incluir dados do desempenho de algumas barragens bem instrumentadas e alguns gráficos relacionando recalques com a altura das barragens, bem como módulos de deformabilidade relacionados à forma dos vales.

É forçoso, no entanto, reconhecer que a avaliação do desempenho desta ou daquela BEFC, como aparece no final da apresentação de cada barragem descrita no Cap. 3, diz respeito, em primeiro lugar, às vazões de percolação (ou perdas d'água) e, em segundo lugar, aos deslocamentos registrados no maciço de enrocamento e na laje. A classificação de razoável, bom e excelente atribuída ao desempenho das barragens é diretamente associada a esses dois itens, que estão diretamente interligados, na condição de causa e efeito: "maiores deslocamentos correspondem maiores vazões".

Por outro lado, é necessário reconhecer que as barragens estão se tornando cada vez mais altas. Segundo Qian (2008), seis barragens chinesas em fase de estudos de viabilidade terão mais de 300 m de altura (Maji, Lianghe Kou, Songta, Gushi, Shuangjiangkou e Rumei). Se forem essas barragens do tipo BEFC, certamente estarão sujeitas a maiores deslocamentos, e se forem mantidos os atuais taludes, terão menores coeficientes de segurança.

Continuaremos avaliando o desempenho em termos de vazões e deslocamentos, ou será necessário ampliar o conceito de desempenho?

Os dados sobre o desempenho das barragens que se seguem, bem como as correlações propostas, são registros obtidos na bibliografia que, como se verá, contém algumas repetições e atualizações de dados antigos.

Sete tipos de informações são as mais discutidas: (1) recalques (deslocamentos verticais); (2) deslocamentos horizontais medidos na direção montante-jusante (não há nenhum dado sobre deslocamentos paralelos ao eixo, ou seja, da ombreira em direção ao vale, os quais, como se vê nos Caps. 3 e 11, são de grande interesse para a análise dos acidentes ocorridos nas lajes); (3) módulos de deformabilidade verticais obtidos a partir dos recalques; (4) deslocamentos da laje, quase sempre medidos na direção normal a ela; (5) módulos de deformabilidade transversais, na direção normal à laje, medidos durante o enchimento do reservatório; (6) deformação lenta com o tempo, fluência; (7) perdas d'água.

10.1 Recalques

As Figs. 10.1 a 10.4 mostram a evolução dos deslocamentos verticais medidos em caixas suecas na barragem de Campos Novos, com a subida do aterro e a oscilação do nível d'água do reservatório.

Nota-se que as células das duas cotas inferiores indicaram recalques da construção quase simultaneamente com

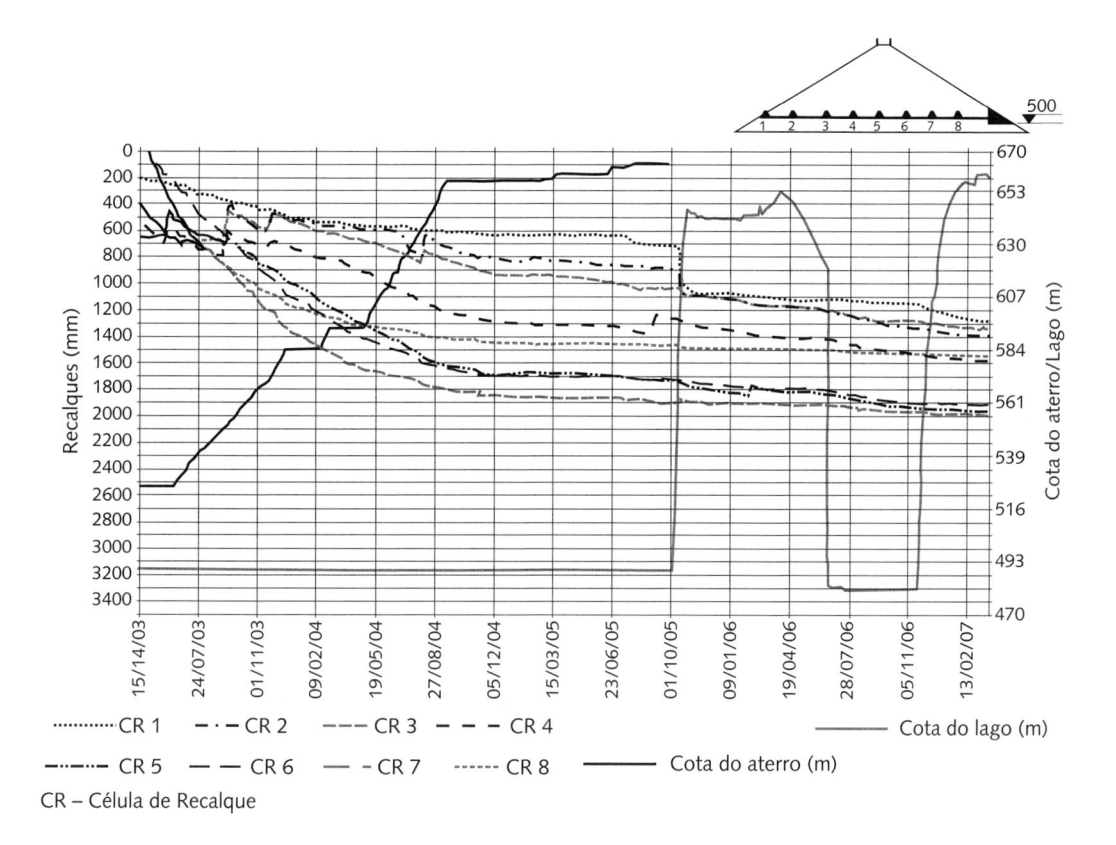

Fig. 10.1 *Deslocamentos das células de recalque CR1 a CR8 (Cruz & Pereira, 2007)*

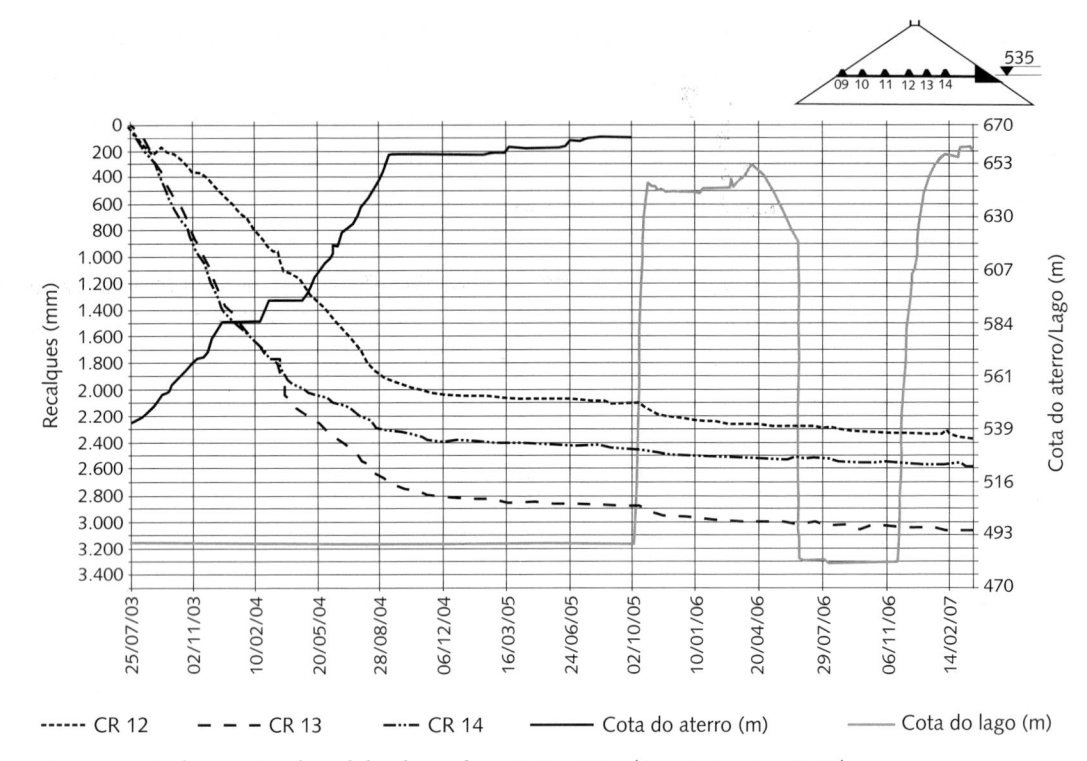

FIG. 10.2 *Deslocamentos das células de recalque CR9 a CR14 (Cruz & Pereira, 2007)*

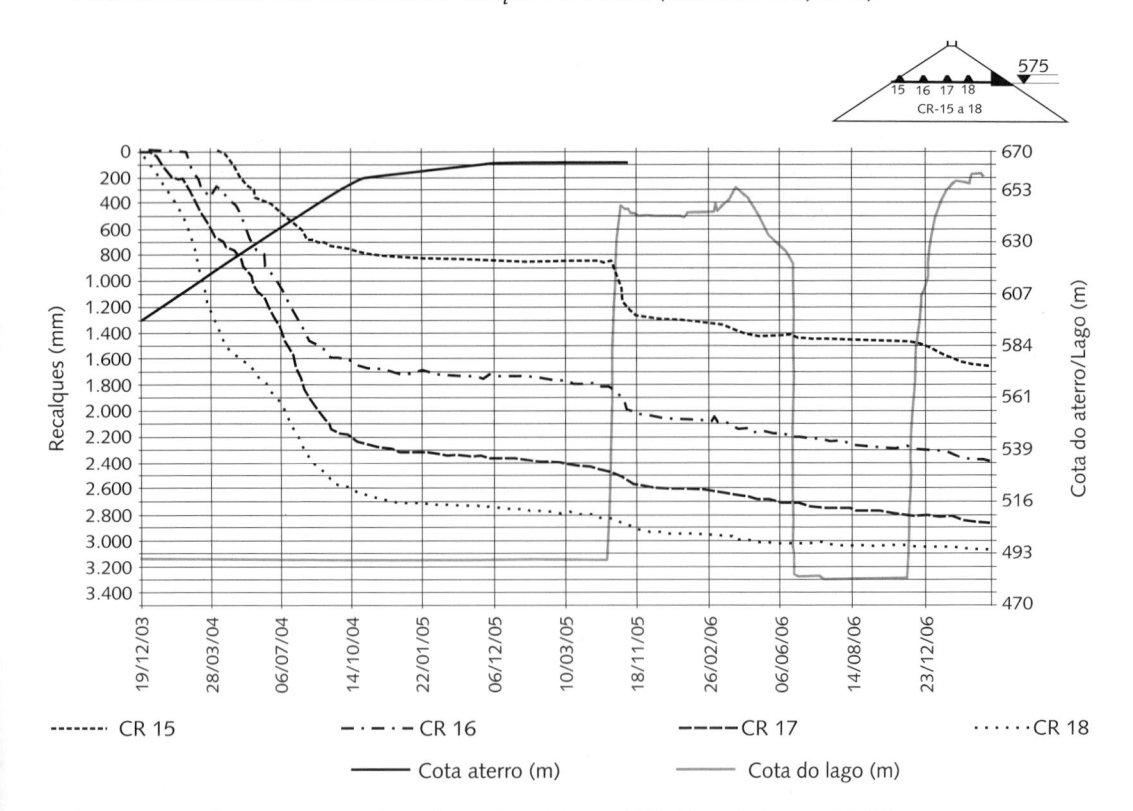

FIG. 10.3 *Deslocamentos das células de recalque CR15 a CR18 (Cruz & Pereira, 2007)*

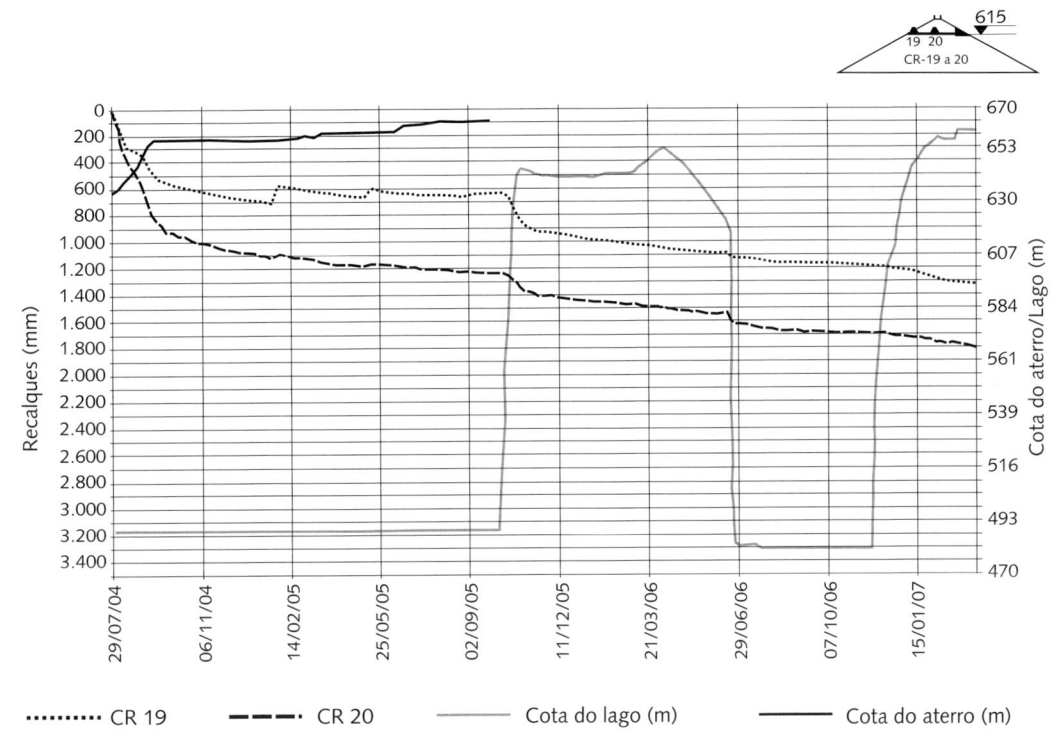

FIG. 10.4 *Deslocamentos das células de recalque CR19 e CR20 (Cruz & Pereira, 2007)*

a subida do aterro. Nas duas cotas superiores, há um pequeno atraso.

Segue-se um período de deformação lenta. Pequenos deslocamentos ocorrem com a subida do nível d'água, seguidos de deformação lenta em velocidades próximas às que ocorriam antes da subida do nível d'água, ou com pequena aceleração nas cotas superiores. É um comportamento típico registrado em muitas BEFCs.

Outra forma de visualizar os recalques é mostrada nas Figs. 10.5 e 10.6 para a barragem de Foz do Areia, respectivamente com os valores acumulados no final da construção e os acréscimos de recalque que ocorreram com a subida do nível d'água.

Na região central, onde ocorreu o maior recalque (358 cm), o recalque adicional foi de apenas uns 10% (30 cm). Já nas proximidades da laje, a proporção entre o recalque do período construtivo e o acréscimo de recalque devido ao enchimento é maior, o que era de se esperar, considerando a componente vertical do peso da água sobre a laje. A Fig. 10.7 mostra curvas de igual recalque vertical após o enchimento do reservatório.

Um terceiro gráfico da evolução dos recalques próximos à laje, com a subida do reservatório, é mostrado na Fig. 10.8 para a barragem de Mohale (Lesoto, África). Os recalques da crista crescem com a subida do nível d'água, e uma vez atingido o nível máximo, continuam evoluindo por causa da deformação lenta e do fissuramento da laje.

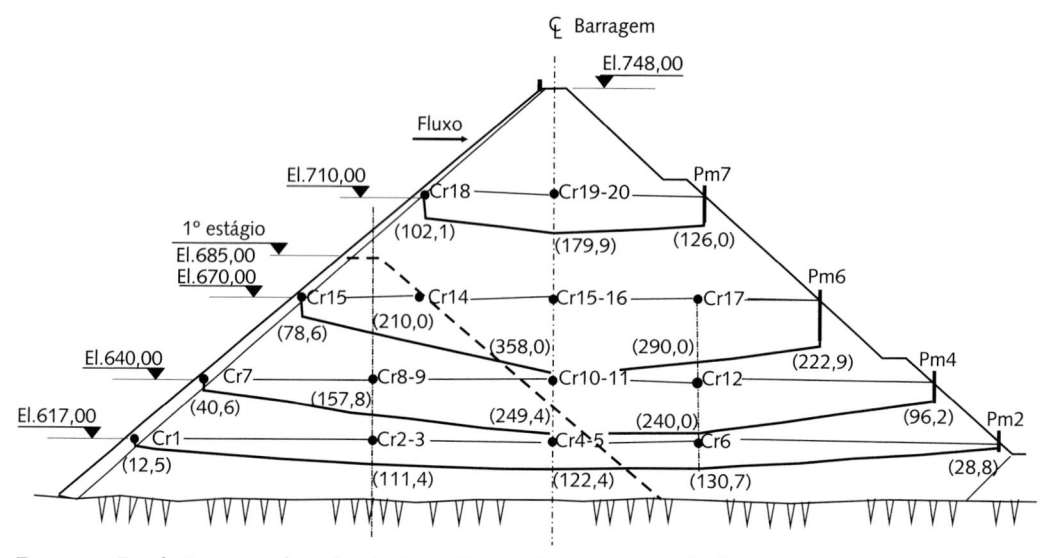

FIG. 10.5 *Foz do Areia: recalque depois do enchimento do reservatório (cm) (Pinto, Materón & Marques Filho, 1982)*

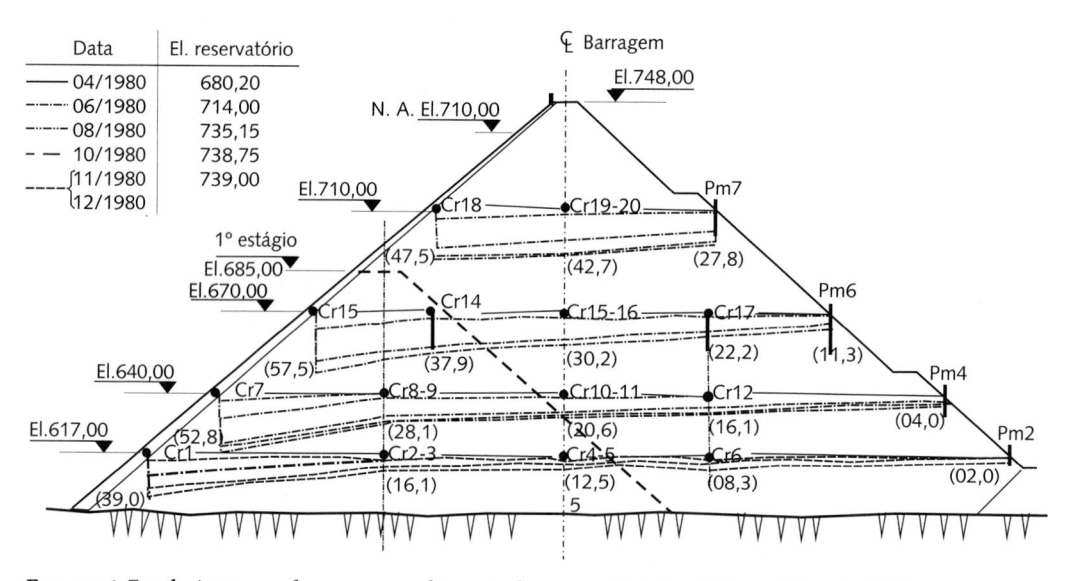

FIG. 10.6 *Foz do Areia: recalque com o enchimento do reservatório (cm) (Pinto, Materón & Marques Filho, 1982)*

10.2 Correlações entre recalques, altura da barragem e forma do vale

É comum exprimir-se o recalque de final da construção como uma porcentagem relativa à altura da barragem.

A Fig. 10.9 mostra dados de 21 barragens construídas com enrocamento de diferentes rochas e de cascalhos.

Se a barragem é homogênea, ou seja, construída com um único tipo de enrocamento, o maior recalque de final de construção ocorre aproximadamente a meia altura e é calculado pela expressão:

$$R = \frac{\gamma H^2}{4E}$$

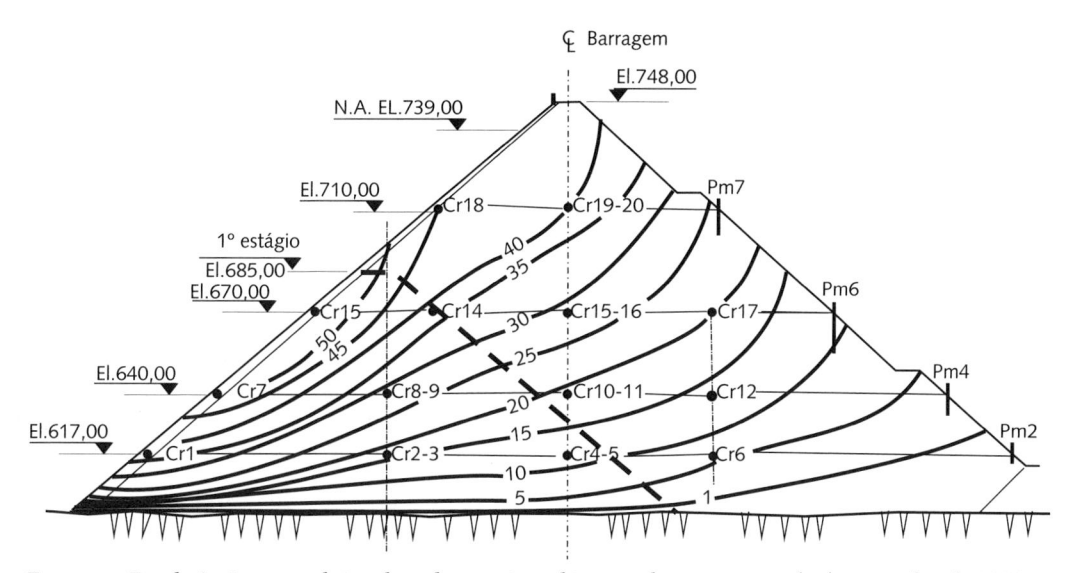

FIG. 10.7 *Foz do Areia: curva de igual recalque após enchimento do reservatório (cm) – setembro de 1980 (Pinto, Materón & Marques Filho, 1982)*

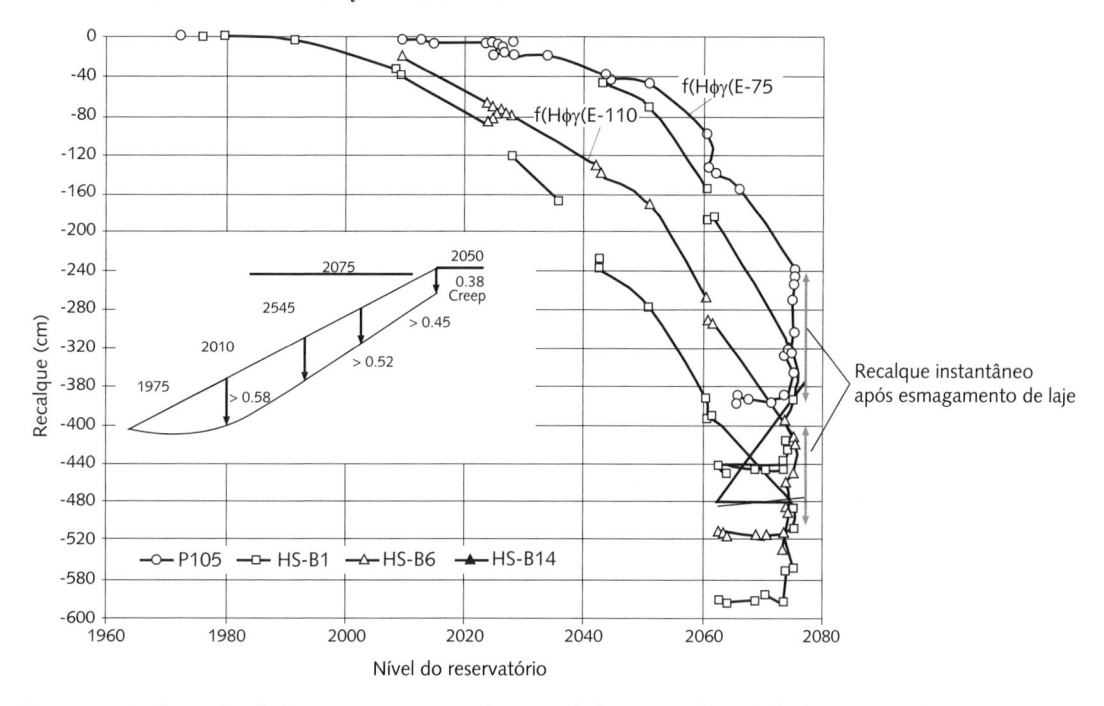

FIG. 10.8 *Evolução dos deslocamentos verticais da crista da barragem de Mohale durante o enchimento e com dano na laje (Johannesson & Tohlang, 2007b)*

sendo E o módulo de deformabilidade vertical do enrocamento.

Como E varia com o tipo de enrocamento, não surpreende o fato de, para uma mesma altura de barragem, os recalques percentuais variarem de barragem para barragem. Nota-se que as barragens de cascalho apresentaram os menores recalques.

No Cap. 4 foi mostrado que o módulo

E decresce com o aumento da pressão, e é por essa razão que a relação *R/H* versus *H* para um mesmo enrocamento não é linear, como indicado aproximadamente na Fig. 10.9.

Um segundo aspecto a ser considerado em relação aos recalques é a forma do vale, porque, devido a fenômenos de arqueamento, as tensões atuantes no maciço de enrocamento variam de um vale aberto para um vale fechado.

Pinto e Marques Filho (1998) propuseram avaliar a forma do vale pela relação A/H^2 (A = área da face e H = altura da barragem). Na Fig. 10.10, Johannesson (2007) apresenta a relação entre R/H e o fator de forma do vale (A/H^2) para várias barragens. Em vales abertos, como Foz do Areia e Xingó, as porcentagens de recalques são maiores do que em vales fechados, como Golillas, El Cajón e Campos Novos.

Segundo Cooke (Cooke; Sherard, 1987), os efeitos do arqueamento nos vales fechados podem diminuir com o passar do tempo e, em consequência, os recalques por deformação lenta podem ser maiores do que em vales abertos.

10.3 Deslocamentos horizontais

Os deslocamentos horizontais são medidos quase que exclusivamente na direção montante-jusante, por causa da limitação do instrumento de medida. Os inclinômetros usados em barragens de terra fornecem esses deslocamentos em duas direções, mas quando instalados em enrocamentos, suas leituras ficam prejudicadas, porque têm de ser envolvidos em espessas camadas de areia e transições.

No Cap. 9 já se mostrou a impor-

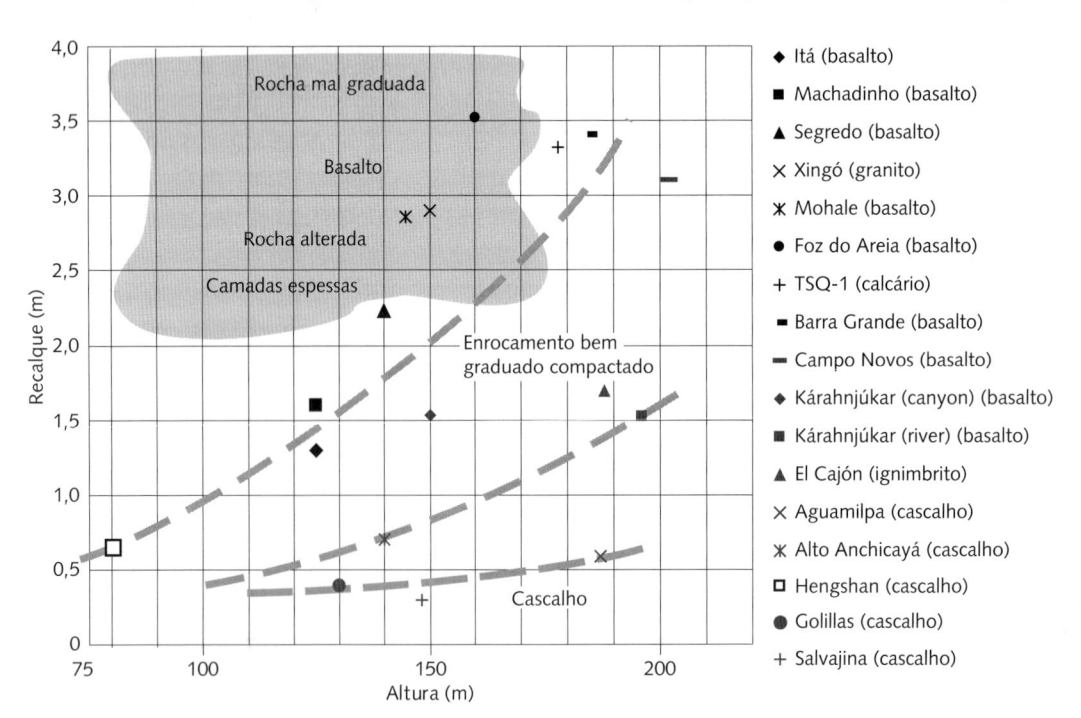

FIG. 10.9 *Evolução do recalque da crista da barragem com a altura*

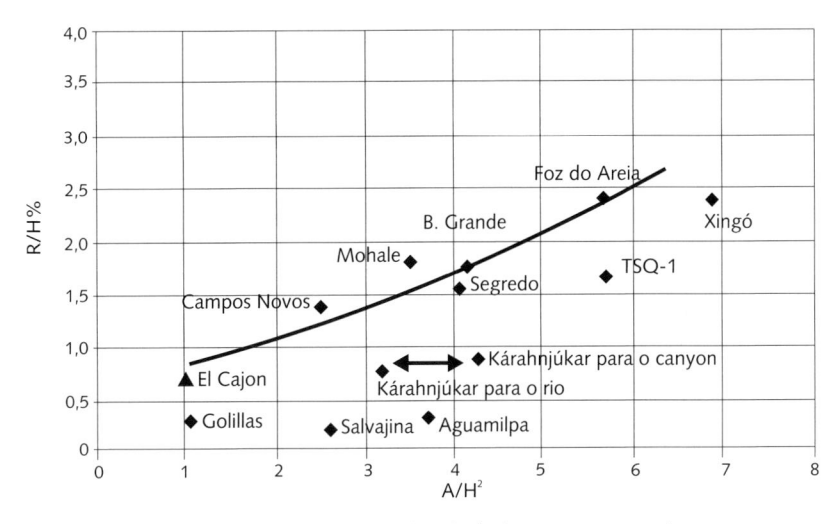

FIG. 10.10 *Porcentagem de recalques com a forma do vale (Johannesson, 2007)*

tância de medir os deslocamentos em verdadeira grandeza, ou seja, em 3D porque em vales fechados há uma tendência de os deslocamentos do maciço de enrocamento se dirigirem para o centro do vale, gerando tensões elevadas na face de concreto. Pinto (2007) chama a atenção para esse fato e mostra num gráfico de $E/\gamma H$ versus A/H^2 que as barragens que apresentaram problemas com a laje (Campos Novos, Barra Grande e Mohale) se situam abaixo de uma espécie de "linha de segurança" dada pela equação $E/\gamma H = 120 - 20\,A/H^2$.

A barragem TSQ1, que também apresentou problemas com a laje, situa-se ligeiramente abaixo de Foz do Areia, no limite da "linha de segurança" (Fig. 10.11).

Nas Figs. 10.12 a 10.15 são mostrados

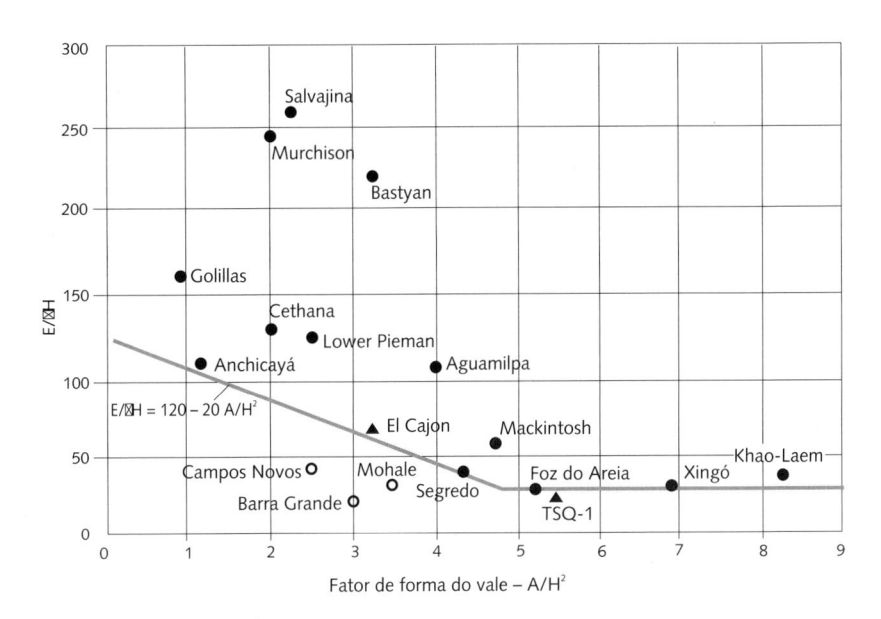

FIG. 10.11 *Relação do fator A/H^2 (Pinto, 2007)*

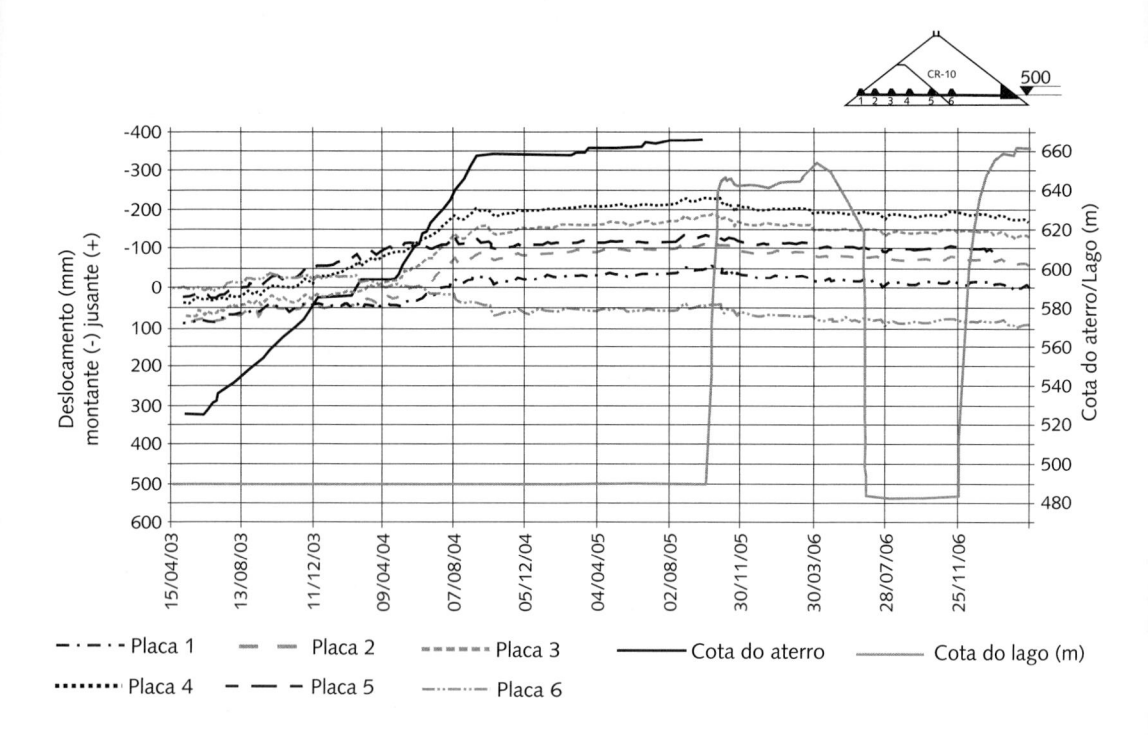

274 | Barragens de Enrocamento com Face de Concreto

FIG. 10.12 *Deslocamentos horizontais medidos na BEFC de Campos Novos (Cruz & Pereira, 2007)*

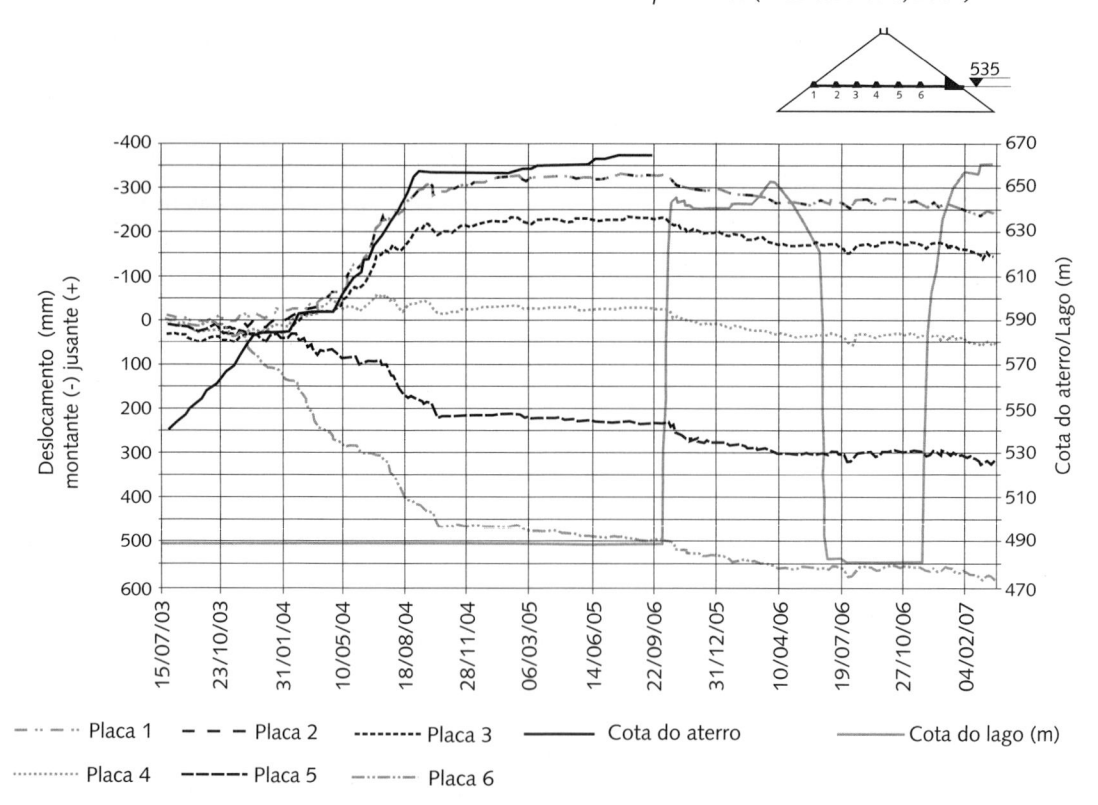

FIG. 10.13 *Deslocamentos horizontais medidos na BEFC de Campos Novos (Cruz & Pereira, 2007)*

Desempenho das BEFCs | 275

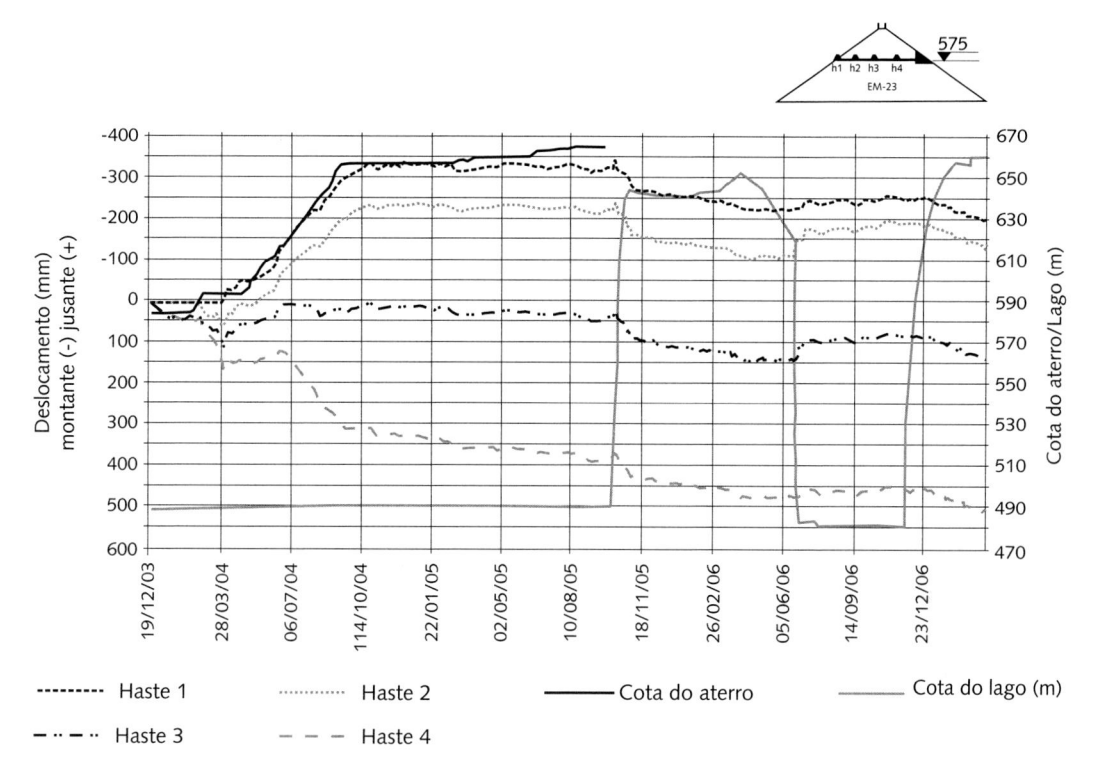

FIG. 10.14 *Deslocamentos horizontais medidos na BEFC de Campos Novos (Cruz & Pereira, 2007)*

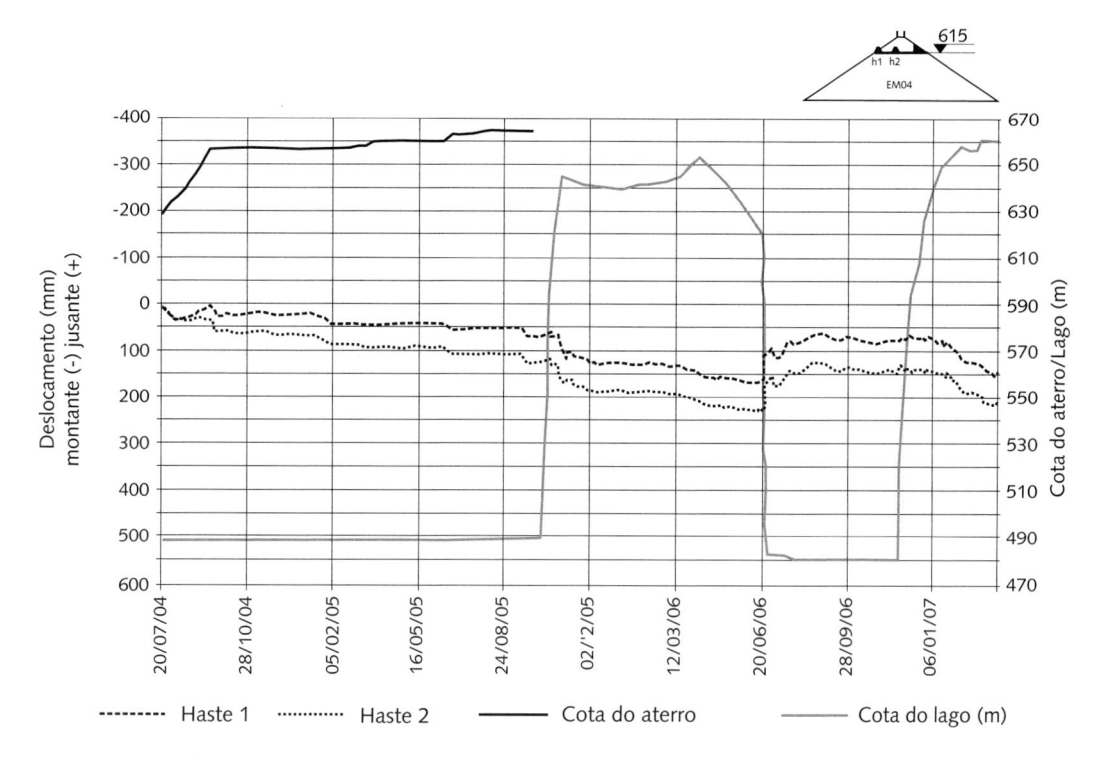

FIG. 10.15 *Deslocamentos horizontais medidos na BEFC de Campos Novos (Cruz & Pereira, 2007)*

os deslocamentos horizontais medidos praticamente nos mesmos pontos das células de recalque das Figs. 10.1 a 10.4, na barragem de Campos Novos. Na cota mais baixa, os deslocamentos durante a construção foram quase sempre para montante, mas as placas de medida também estavam localizadas do eixo da barragem para montante.

Já no segundo nível, as placas indicam deslocamentos para montante e jusante, o mesmo ocorrendo no terceiro nível. Na maior cota, os deslocamentos das duas placas são para jusante.

Esses movimentos são previsíveis por modelagem matemática, como será discutido no Cap. 11.

Durante o enchimento do reservatório, há uma reversão dos deslocamentos, que é sempre a jusante. É interessante notar que nas cotas superiores ocorreu uma nova inversão dos deslocamentos, após o rebaixamento do nível d'água.

Assim como no caso dos recalques, os deslocamentos ocorrem quase concomitantemente com a subida do aterro e do nível d'água, e, em seguida, entram num processo de deformação lenta.

10.4 Deslocamentos combinados

Compondo-se os deslocamentos verticais com os horizontais, é possível conhecer as resultantes no plano da seção transversal, como se observa na Fig. 10.16, relativa à barragem de Itapebi.

Como parte da barragem é apoiada em aluviões, há uma tendência de os maiores deslocamentos se transferirem para jusante, como se observa na seção A da Fig. 10.16.

Comparando-se os deslocamentos verticais com os horizontais, verifica-se que há uma predominância dos primeiros sobre os segundos. Essa é uma tendência geral em qualquer BEFC.

10.5 Deslocamento da laje

Os deslocamentos da laje ocorrem em decorrência dos deslocamentos do maciço de enrocamento, porque se trata de uma membrana apoiada num maciço sem qualquer vínculo lateral. A laje é simplesmente encostada no plinto por meio da junta perimetral. As restrições aos deslocamentos na direção do vale, impostas pelo muro-parapeito, são praticamente inexistentes, porque o muro acaba sofrendo os mesmos movimentos da laje. E, como a laje tende a fletir no trecho central e no topo, seguindo os deslocamentos do maciço, há uma tendência de abertura das juntas tracionadas e do fechamento das juntas centrais na área comprimida.

Esses movimentos ficam bem claros nas medidas realizadas em alguns pontos de junta perimetral da laje da barragem de Foz do Areia (Fig. 10.17).

Todos os medidores indicaram movimentos de separação, recalque e cisalhamento no sentido ascendente, como se observa na Fig. 10.17B. Os medidores de cisalhamento localizados nas partes mais íngremes (El. 662-666) danificaram-se neste período.

A Fig. 10.17C mostra a situação, quando a maior parte dos medidores

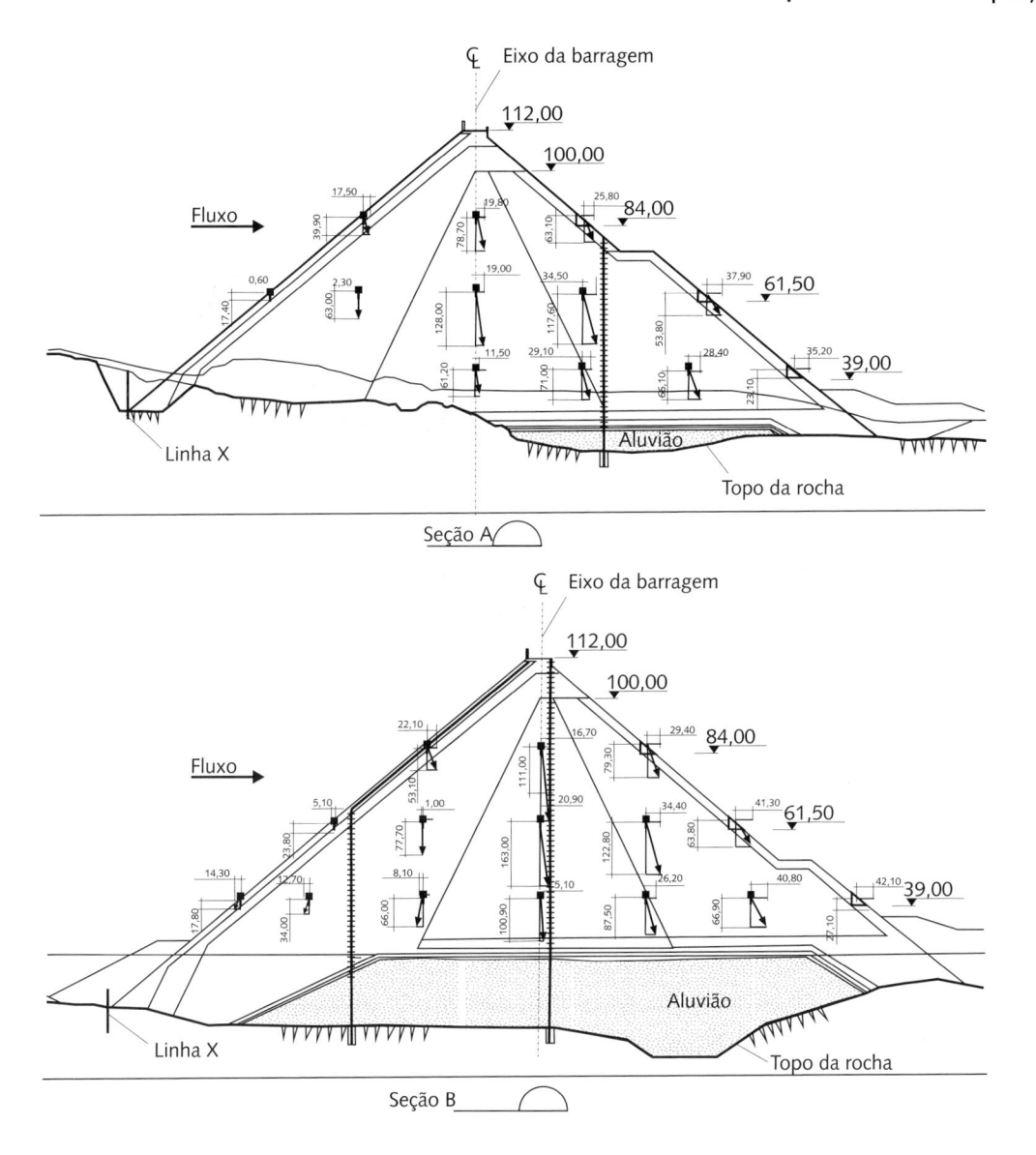

FIG. 10.16 *Deslocamentos verticais e horizontais da BEFC de Itapebi (Pereira, Albertoni & Antunes, 2007)*

estava estabilizada. De acordo com Pinto, Materón e Marques Filho (1982), os movimentos de cisalhamento correspondentes aos instrumentos danificados são valores extrapolados a partir da data de ruptura do medidor, com base nos registros existentes.

Na grande maioria das BEFCs, os deslocamentos da laje são medidos com eletroníveis na direção perpendicular a ela (Figs. 10.18 e 10.19; ver também Fig. 4.4).

A Fig. 10.20 apresenta dados dos deslocamentos medidos na laje da barragem TSQ1, alteada em três etapas, como ilustrado na Fig. 10.21, com enchimento parcial do reservatório.

O fenômeno da deformação lenta é muito mais pronunciado no caso desses

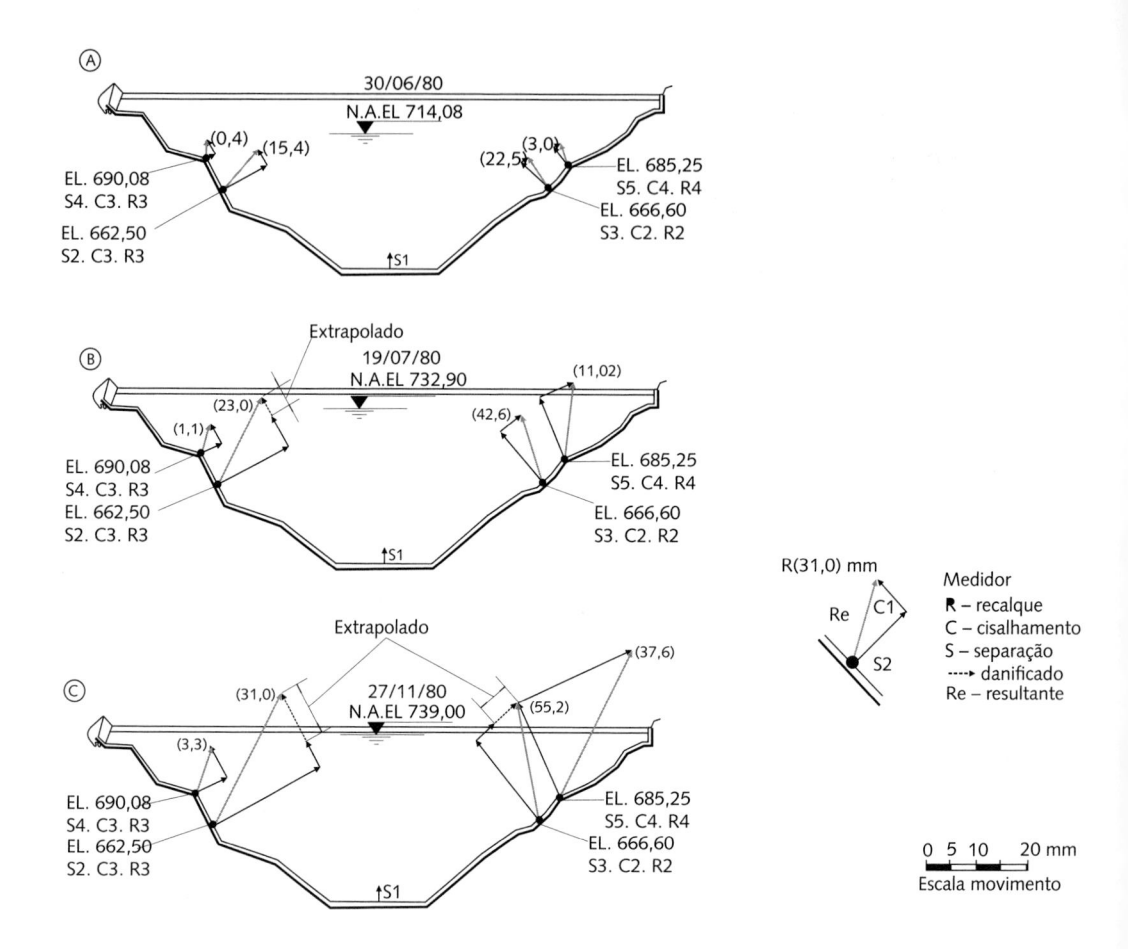

FIG. 10.17 Foz do Areia: deslocamento da junta perimetral durante o enchimento do reservatório (Pinto, Materón & Marques Filho, 1982)

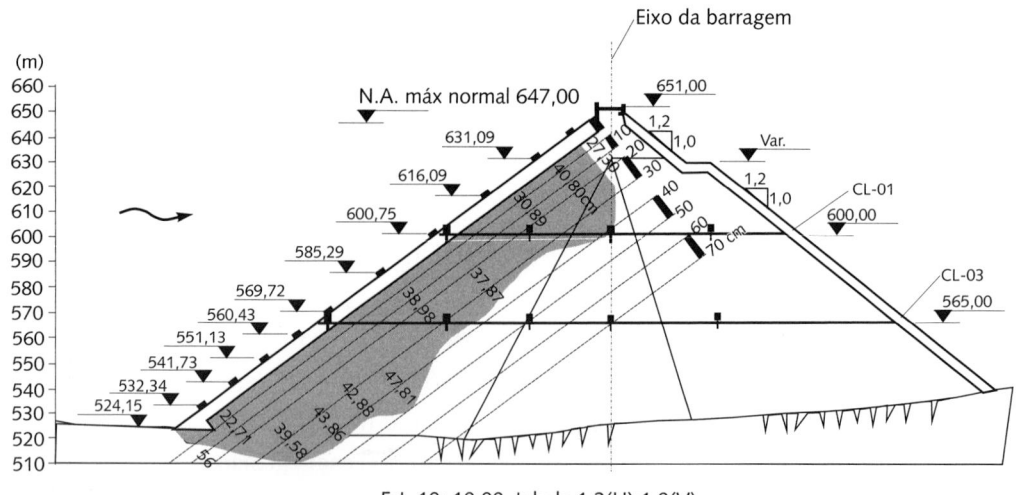

FIG. 10.18 Deformação da laje da BEFC de Barra Grande (margem direita) (Freitas, 2008)

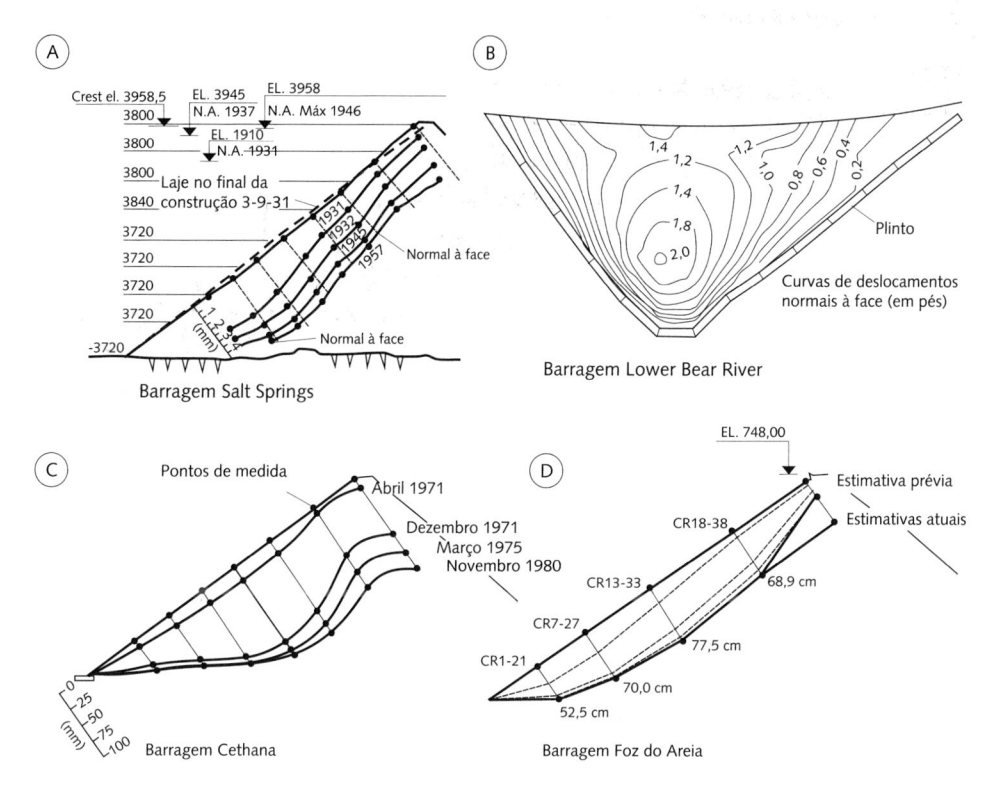

FIG. 10.19 *Deslocamento da laje das BEFCs de Salt Springs (A), Lower Bear River (B), Cethana (C) e Foz do Areia (D)*

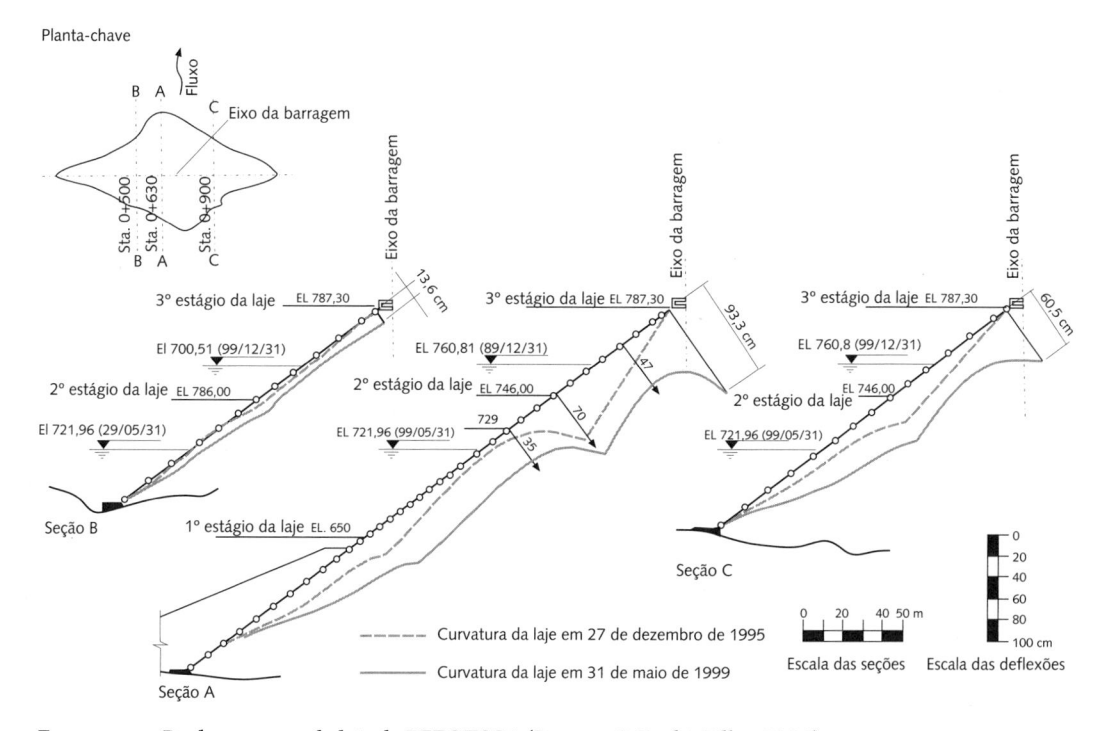

FIG. 10.20 *Deslocamentos da laje da BEFC TSQ1 (Penman & Rocha Filho, 2000)*

deslocamentos como atestado pelas paralisações. Na barragem de Xingó, por exemplo, os deslocamentos praticamente dobraram num período de seis anos (ver Fig. 4.4).

A evolução dos deslocamentos durante e após o enchimento pode ser observada na Fig. 10.22, relativa à barragem de Foz do Areia.

No caso de Foz do Areia, os incrementos da deformação da laje foram menos pronunciados. A célula 1-21 passou de 50 cm para 52 cm; a 7-27, de 65 cm para 70 cm; a 13-33, de 69 cm para 77 cm, e

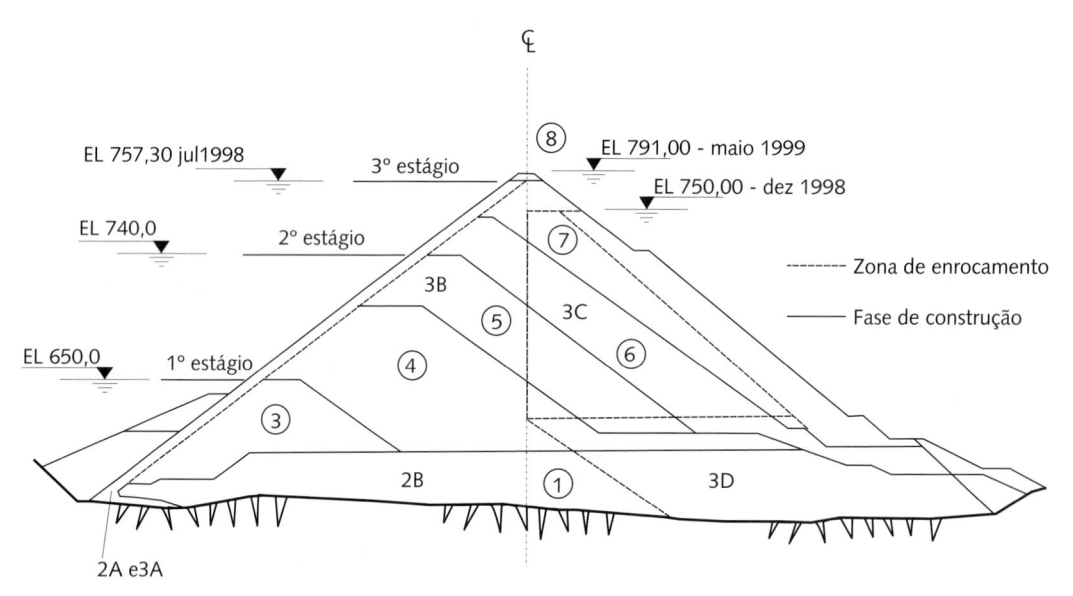

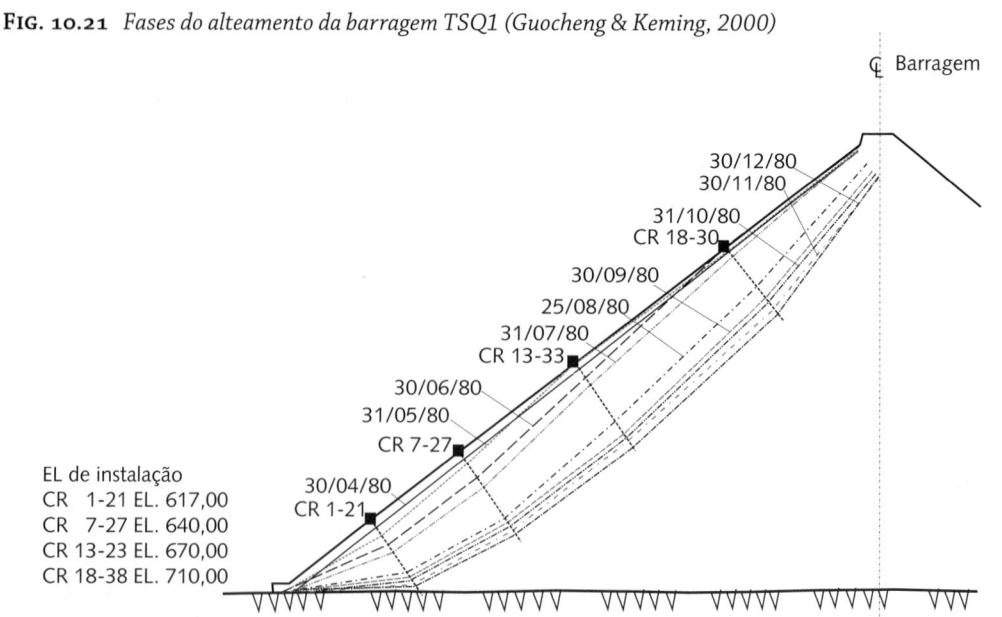

FIG. 10.21 *Fases do alteamento da barragem TSQ1 (Guocheng & Keming, 2000)*

FIG. 10.22 *BEFC de Foz do Areia: laje da face – deformação após o enchimento do reservatório (Pinto, Materón & Marques Filho, 1982)*

a célula 18-36, de 56,5 cm para 69 cm (Figs. 10.19 e 10.22). As deformações da laje foram deduzidas da leitura de células de recalque instaladas na zona 2B.

Outras referências a deslocamentos da laje são apresentadas no Cap. 2.

10.6 Módulo de deformabilidade vertical (E_V) e transversal (E_T)

Na barragem de Machadinho (125 m) foram instalados medidores magnéticos de recalque com placas a cada 6 m, e caixas suecas a cada 20 m. Com base nos recalques observados ao longo da sua construção, foi possível calcular as variações dos módulos de deformabilidade vertical E_v (Fig. 10.23). Nota-se que os módulos são decrescentes com o aumento da deformação específica, confirmando os valores dos módulos referidos no Cap. 4.

De forma semelhante, pode-se calcular os módulos de deformabilidade do enrocamento na direção perpendicular à laje (chamado de módulo de deformabilidade transversal E_T), a partir dos seus deslocamentos.

Quando se procede ao carregamento do maciço de enrocamento com o enchimento do reservatório, das tensões principais do maciço passam por uma rotação e em alguns pontos pode haver até uma redução da tensão cisalhante atuante no início do carregamento. As deformações do maciço de enrocamento ocorrerão num maciço "pré-comprimido" (pré-adensado em linguagem de mecânica dos solos), e não é de surpreender que os valores de E_T sejam superiores aos de E_v.

A relação entre valores medidos de E_v e E_T em BEFCs varia de 1,5 a 8,5, segundo o gráfico da Fig. 10.24, apresentado por Pinto e Marques Filho (1998).

Tanto 1,5 como 8,5 são casos extre-

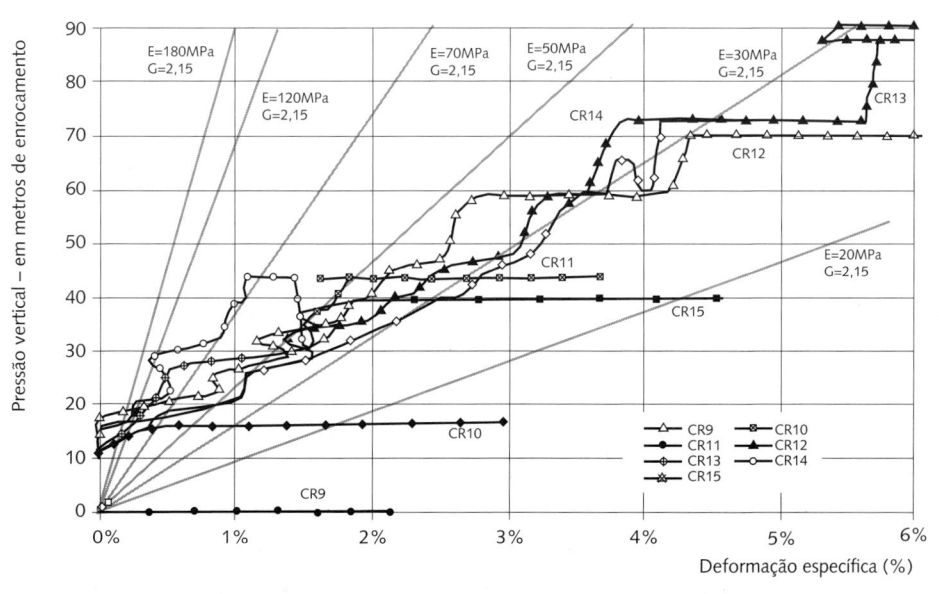

FIG. 10.23 *BEFC de Machadinho: avaliação dos módulos de deformabilidade com base nos recalques medidos pelas caixas suecas (Oliveira, 2002)*

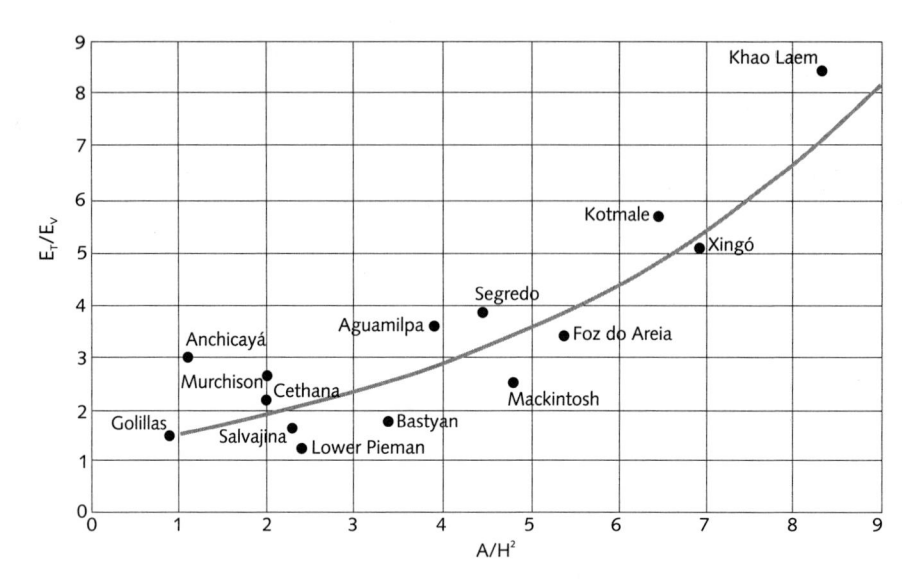

FIG. 10.24 *Correlação entre a relação dos módulos E_T e E_v versus A/H^2 (Pinto & Marques Filho, 1998)*

mos, registrados no vale muito estreito de Golillas e no vale aberto de Khao Leam. Na maioria das barragens esses valores variam entre 2 e 4.

A Fig. 10.25 apresenta as medidas feitas na barragem de El Cajón e mostra que a relação E_T/E_V tende a diminuir conforme os pontos se distanciam da laje e/ou se deslocam para jusante.

10.7 Deslocamentos tridimensionais

Outro instrumento para medir deslocamentos são os marcos superficiais, geralmente instalados na crista e no talude de jusante das BEFCs.

A grande vantagem desses instrumentos em relação aos demais é que eles fornecem os deslocamentos em verdadeira grandeza, porque permitem as leituras nas três dimensões. A desvantagem e que só se obtêm leituras após completar a construção da barragem.

A Fig. 10.26 mostra os deslocamentos observados nos marcos superficiais da barragem de Campos Novos. Observa-se claramente que os marcos de crista deslocam-se para o vale. Já os deslocamentos dos marcos do talude de jusante têm um comportamento mais errático.

Na Fig. 10.27 mostram-se os deslocamentos verticais dos mesmos marcos da Fig. 10.26. Combinando esses recalques com os deslocamentos no plano da Fig. 10.26, obtém-se o deslocamento real e sua direção.

As análises das grandezas dos deslocamentos mostram que, com exceção do marco da crista da ombreira direita, o deslocamento predominante é o vertical.

10.8 Conclusões

Considerando os casos de barragens do Cap. 3, as propriedades mecânicas e hidráulicas dos Caps. 4 e 6 e os deslocamentos descritos neste capítulo, algumas conclusões gerais podem ser tiradas:

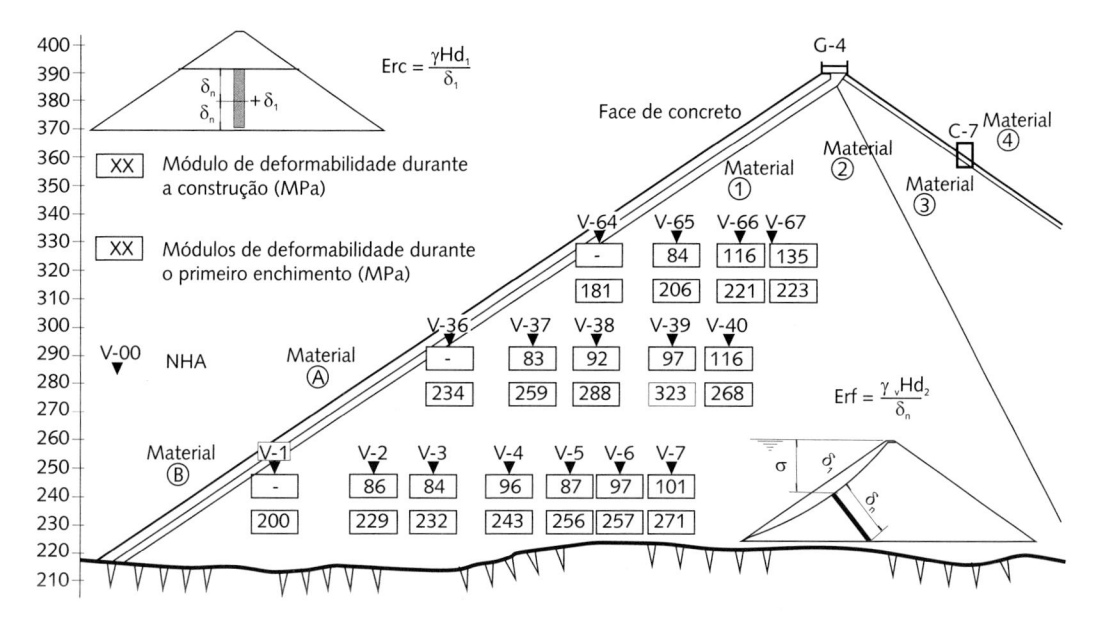

FIG. 10.25 *Medidas de deformabilidade da BEFC de El Cajón (Mena Sandoval et al., 2007a)*

- O nome genérico de BEFC, adotado tanto para barragens de enrocamento como de cascalho, deve ser alterado para BEFC e BCFC, porque o desempenho de ambas barragens, no que diz respeito a deslocamentos e deformações, é muito diferente. Cascalhos são bem menos compressíveis do que enrocamentos.

- A face de concreto das barragens construídas com cascalho nas zonas 3B e T, e enrocamento na zona 3C, tem tido um desempenho satisfatório, apesar dos elevados deslocamentos que ocorreram na parte superior da laje.

- A construção de BEFCs com sucessivos alteamentos e enchimentos

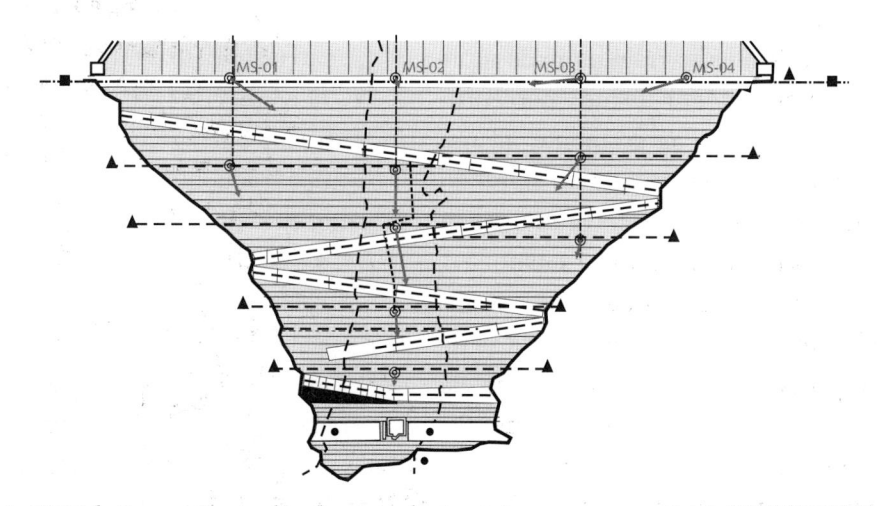

FIG. 10.26 *BEFC de Campos Novos: descolamentos horizontais – marcos superficiais (26/4/2006) (Cruz & Pereira, 2007)*

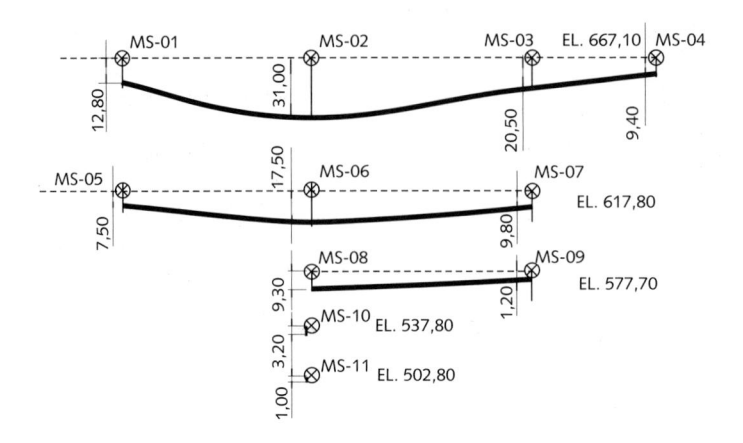

FIG. 10.27 *BEFC de Campos Novos: recalques – marcos superficiais (26/4/2006) (Cruz & Pereira, 2007)*

parciais do nível d'água levou a deslocamentos da face de concreto muito diferentes dos observados em barragens com enchimento do reservatório em etapa única.

• Dois fatores são dominantes no desempenho das BEFCs: a altura da barragem e a forma do vale. O estado de tensões que se desenvolve no maciço de enrocamento é responsável pelos deslocamentos (tanto verticais como horizontais). Como os módulos de deformabilidade desses materiais decrescem com o aumento das tensões, as barragens mais altas irão deformar, em termos percentuais, mais do que as de menor altura. A forma do vale interfere no efeito do arqueamento, que é mais pronunciado em vales fechados, como é sabido.

• Estes condicionantes têm resultado em mudanças nos requisitos de compactação de todas as zonas da barragem, porque os deslocamentos do enrocamento se refletem nas tensões atuantes na laje e podem levá-la à ruptura.

• O mesmo comportamento também conduziu a uma revisão dos detalhes das juntas verticais na zona comprimida da face.

• A sequência da construção e os alteamentos parciais, bem como o início da construção da laje, merecem uma atenção maior nas barragens altas, porque o desempenho da laje depende da magnitude dos deslocamentos. Em barragens altas, a face de concreto deve ser postergada o máximo possível para reduzir os efeitos dos deslocamentos resultantes da construção da barragem sobre a laje.

• O conhecimento atual permite dividir as barragens de enrocamento compactado, quanto ao seu desempenho, em função da sua altura:

  ♦ BEFCs até 50 m não têm apresentado problemas de qualquer natureza;

  ♦ BEFCs entre 50 m e 100 m têm mostrado fissuras e trincas na laje, as quais são facilmente reparadas com o lançamento de material com finos a montante;

- BEFCs entre 100 m e 150 m têm apresentado problemas com vazões resultantes dos deslocamentos da face, mas, no geral, têm um bom desempenho;
- BEFCs entre 150 m e 200 m requerem mais reparos, em razão da maior incidência de trincas e, em alguns casos, da ruptura das lajes.
- BEFCs da ordem de 200 m são poucas e requerem mudanças nos requisitos de compactação do enrocamento e nas juntas.

• Em relação a perdas de água ou à vazão que percola pelo enrocamento, as grandezas são muito menores do que as necessárias para iniciar um processo de instabilização dos blocos de jusante. Essas perdas ou vazões devem, porém, ser medidas e observadas, porque podem indicar problemas com a laje e representam uma perda econômica.

• O fenômeno da fluência ou deformação lenta por fragmentação contínua, esmagamento e acomodação do enrocamento, embora decrescente com o tempo, deve ser medido, porque a face de concreto pode sofrer danos por causa dos contínuos deslocamentos.

11 | Análise Numérica e suas Aplicações

Os laços de amizade e colaboração entre o Brasil e a China no campo das BEFCs levou os autores a convidarem o Dr. Xu Zeping a colaborar na elaboração deste livro. Escolheu-se o presente capítulo sobre Métodos Numéricos, por se tratar de um tópico que poderia ser discutido de forma isolada, sem a interdependência dos assuntos abordados nos demais capítulos. No final, incluímos alguns resultados de análises por elementos finitos referentes às barragens brasileiras de Itá, Itapebi, Machadinho, Barra Grande e Campos Novos.

BEFC é um tipo de barragem que utiliza o enrocamento como estrutura de apoio, e lajes de concreto a montante como elemento de vedação. As modernas BEFCs construídas com camadas delgadas de compactação começaram pelos anos 1970. Em menos de 30 anos, ocorreu um progresso acelerado no projeto e na construção das BEFCs.

Num primeiro estágio de desenvolvimento, o projeto dessas barragens era empírico, ou seja, baseado em experiências prévias e no julgamento dos engenheiros. Pouca pesquisa sistemática era realizada. Nos anos 1980 e 1990, engenheiros da China, do Brasil, do México e da Austrália conduziram uma série de trabalhos de pesquisa na área de ensaios de enrocamentos, análises de deformação, estruturas de controle etc.

O projeto das BEFCs vem gradativamente mudando de uma situação de julgamento de engenheiros para uma situação que contempla análises técnicas e pesquisas mediante ensaios.

As primeiras análises das BEFCs utilizaram basicamente modelos lineares elásticos, e a maioria das análises era em 2D. Mais recentemente, análises não lineares são normalmente realizadas, e os principais recursos de análise são o método dos elementos finitos (MEF) e o método das diferenças finitas.

Para BEFCs, as características de tensões e deformações do enrocamento e da laje de concreto são as mais importantes no contexto da segurança da barragem e seu desempenho. Nos últimos anos, as alturas das barragens têm se tornado cada vez maiores; a topografia e as condições geológicas da fundação das barragens, mais e mais complicadas, o que tem oferecido um número crescente de desafios à modelagem teórica e aos métodos numéricos de análise das barragens.

Para barragens altas, como se pode prever as tendências das deformações? Otimizar o projeto e melhorar o estado de tensões na laje de concreto tornou-se o problema-chave dos projetos das BEFCs.

No projeto das BEFCs, a análise numérica é uma ferramenta-chave, com a qual o compotamento de tensão-deformação de enrocamentos em várias condições podem ser obtidas e possíveis mecanismos de deformação e ruptura podem ser previstos. Os resultados das análises numéricas podem oferecer informações úteis para o projeto da estrutura e para a construção da barragem.

11.1 Propriedades de engenharia do enrocamento

Os materiais de construção das BEFCs têm uma grande variedade, que inclui rochas sedimentares, rochas ígneas e metamórficas. Os principais índices da rocha que compõe o enrocamento são: densidade, densidade dos grãos, índice de vazios, resistência à compressão, resistência à tração, coeficiente de perda de resistência etc. De acordo com a resistência à compressão simples dos blocos de rocha, o enrocamento pode ser classificado como duro, médio e mole ou brando. Enrocamentos com resistência à compressão simples dos blocos de rocha saturada maior que 80 MPa são classificados como enrocamentos duros; entre 30 e 80 MPa, como enrocamentos médios; e menor que 30 MPa, como enrocamentos brandos.

As principais propriedades de engenharia dos enrocamentos incluem as características de tensão-deformação, a granulometria e as características de deformabilidade e resistência.

A exploração dos enrocamentos é basicamente por fogo. Daí resulta que a gradação do material depende basicamente do plano do fogo, da estrutura do maciço rochoso e da ocorrência de fissuras e juntas no maciço rochoso. Normalmente a curva granulométrica do enrocamento apresenta uma distribuição contínua. Quando o coeficiente de uniformidade do enrocamento é maior do que 15, considera-se uma boa gradação.

Outra característica da granulometria do enrocamento é a variabilidade. A variação mais importante na gradação é devida a quebra dos blocos durante a compactação, que depende principalmente da resistência da rocha e da energia da compactação. A variação na gradação do enrocamento está ligada diretamente às mudanças nas propriedades de engenharia dos enrocamentos.

A forma dos blocos é poliédrica. A compressibilidade dos enrocamentos é basicamente controlada pelo rearranjo das partículas e é também afetada pelas propriedades dos blocos (partículas) – densidade, gradação etc. Normalmente, enrocamentos compactos terão densidade elevada e baixo índice de vazios. Sua compressibilidade é relativamente baixa. Para barragens altas, os níveis de tensão alcançados no enrocamento podem levar a uma quebra secundária dos blocos de rocha, seguida de novos arranjos dos blocos quebrados, que resultam na deformação lenta ou fluência.

Quando o enrocamento é molhado, deformações adicionais vão ocorrer, em razão do enfraquecimento e da quebra dos cantos dos blocos, bem como dos deslocamentos e rearranjos das partículas de rocha geradas pela ação lubrificante da água.

As deformações por umedecimento estão relacionadas com as propriedades da rocha, podendo ser reduzidas se a densidade inicial do enrocamento for elevada e se o teor de umidade inicial for alto.

A compressibilidade do enrocamento tem uma relação direta com a gradação. A mesma rocha, com diferentes gradações, terá comportamentos totalmente diferentes quanto à compressibilidade. O módulo de compressibilidade do enrocamento cresce significativamente se a densidade é aumentada.

Os enrocamentos são um tipo de material granular composto por partículas duras. A resistência ao cisalhamento inclui a ação do escorregamento por atrito e o entrosamento entre as partículas. Este é afetado pela dilatação durante o cisalhamento e pela quebra das partículas. Para a resistência ao cisalhamento do enrocamento, usam-se expressões lineares e não lineares.

A equação de resistência linear é $\tau_f = c + \sigma_n \tan\varphi$, é usada principalmente em análises de estabilidade. Para análises numéricas de tensões e deformações, deve-se usar a equação não linear. A equação não linear mais usada para a resistência é $\varphi = \varphi_0 - \Delta\varphi \log(\sigma_3/P_a)$. Os parâmetros da equação φ_0 e $\Delta\varphi$ podem ser obtidos em ensaios com enrocamentos realizados em equipamentos triaxiais de grande diâmetro.

11.2 Modelos constitutivos dos enrocamentos

Em análises numéricas de BEFCs, o modelo constitutivo do enrocamento é o elemento mais importante da análise. A análise tensão-deformação da barragem de enrocamento com face de concreto necessita de considerações abrangentes dos diferentes fatores, incluindo a relação tensão-deformação, propriedades de resistência e deformação etc.

A partir dos anos 1970, o surgimento do MEF e o rápido desenvolvimento da ciência da computação promoveram intensos trabalhos de pesquisa no campo dos modelos constitutivos do material do enrocamento. Além disso, com o desenvolvimento de grandes equipamentos para ensaiar enrocamentos e o progresso da tecnologia de ensaios, as propriedades dos enrocamentos puderam ser profundamente estudadas, o que fez com que a pesquisa dos modelos constitutivos gradualmente evoluísse do modelo empírico simplificado para modelos teóricos mais elaborados.

As relações constitutivas dos enrocamentos possuem características complicadas, que incluem: não linearidade, endurecimento, variações de volume no cisalhamento, escoamento plástico, anisotropia, fluência etc. Além disso, são também influenciadas por fatores externos, como trajetória de tensões, história das tensões, estado inicial das tensões, composição das partículas etc.

Para um material com propriedades tão complexas e sujeitas à influência de fatores externos, não existe um modelo abrangente que represente todos esses fatores e propriedades. Na prática, o desenvolvimento dos modelos constitutivos limita-se a considerar os principais aspectos da relação tensão-deformação do material e determinar o modelo matemático por meio da observação e da análise dos resultados de ensaios em laboratório.

As atuais teorias sobre modelos constitutivos incluem teorias elásticas não lineares, teorias elastoplásticas e teorias viscoelastoplásticas. Nas análises numéricas de BEFCs, os modelos constitutivos mais usados são os modelos não lineares elásticos e modelos elastoplásticos.

Como as relações elastoplásticas do material são altamente não lineares, o modelo constitutivo das análises numéricas das BEFCs precisa representar corretamente a relação não linear. Além disso, as variações de volume do enrocamento durante o cisalhamento terão também um impacto significativo na distribuição das tensões na face de concreto.

Para se considerar corretamente as variações do volume do enrocamento no cisalhamento, que inclui reduções e aumentos de volume, os modelos elastoplásticos com aplicação de múltiplas superfícies de escoamento e sem fluxo associado são teoricamente perfeitos.

No presente momento, porém, tais modelos ainda encontram algumas dificuldades na obtenção de parâmetros de ensaio e nos métodos computacionais. Comparativamente ao modelo elastoplástico, o não linear, como o modelo hiperbólico (E-B) de Duncan-Chang, é mais prático e aplicável.

11.2.1 Modelo não linear elástico

Modelos elásticos baseados na teoria da mecânica do contínuo podem ser classificados como lineares elásticos (Lei de Hook generalizada), Cauchy elástico, hiperelástico e hipoelástico.

No modelo elástico de Cauchy, o estado de tensão do material depende somente da deformação (estado da deformação), ou seja, as tensões e deformações do material obedecem a uma única relação não linear.

A maioria dos modelos elásticos não lineares utilizados em BEFCs é composta pelo modelo elástico de Cauchy (modelo de elasticidade variável), no qual se utiliza da forma incremental da Lei de Hook generalizada:

$$\{\Delta\varepsilon\} = [C]\{\Delta\sigma\}$$

Assume-se que as constantes elásticas (E, ν, K, G) na matriz flexível são funções apenas do estado de tensões, em nada relacionados com a história das tensões.

A matriz de flexibilidade pode ser expressa como:

$$[C] = \begin{bmatrix} C_1 & C_2 & C_2 & 0 & 0 & 0 \\ C_2 & C_1 & C_2 & 0 & 0 & 0 \\ C_2 & C_2 & C_1 & 0 & 0 & 0 \\ 0 & 0 & 0 & C_t & 0 & 0 \\ 0 & 0 & 0 & 0 & C_t & 0 \\ 0 & 0 & 0 & 0 & 0 & C_t \end{bmatrix}$$

Com a inversão, obtém-se a matriz de rigidez (D):

$$[D] = \begin{bmatrix} D_1 & D_2 & D_2 & 0 & 0 & 0 \\ D_2 & D_1 & D_2 & 0 & 0 & 0 \\ D_2 & D_2 & D_1 & 0 & 0 & 0 \\ 0 & 0 & 0 & G_t & 0 & 0 \\ 0 & 0 & 0 & 0 & G_t & 0 \\ 0 & 0 & 0 & 0 & 0 & G_t \end{bmatrix}$$

onde:
$$C_t = 1/G_t;\ C_1 = 1/9K_t + 1/3G_t;$$
$$C_2 = 1/9K_t - 1/6G_t;\ D_1 = K_t + 4G_t/3;$$
$$D_2 = K_t - 2G_t/3$$

K_t e G_t são o módulo volumétrico (*bulk*) tangente e o módulo de cisalhamento tangente.

11.2.2 Modelo hiperbólico de Duncan-Chang

Em ensaios triaxiais convencionais, $\Delta\sigma_2 = \Delta\sigma_3 = 0$. Define-se $E_t = \Delta\sigma_1/\Delta\varepsilon_1 = 1/C_1$, $\nu_t = -\Delta\varepsilon_3/\Delta\varepsilon_1 = -C_2/C_1$, e, a seguir, as relações entre E_t, ν_t, K_t e G_t podem ser expressas por:

$$E_t = \frac{9K_t G_t}{3K_t + G_t} \qquad \nu_t = \frac{3K_t - 2G_t}{6K_t + 2G_t}$$

A curva de $(\sigma_1 - \sigma_3)$ versus $(\varepsilon_3 - \varepsilon_1)$ é considerada hiperbólica, e a relação entre o módulo tangente inicial E_t e o coeficiente de Poisson inicial ν_t, em relação à tensão, pode ser expressa por:

$$E_t = KP_a(\frac{\sigma_3}{P_a})^n \qquad \nu_t = G - F\log(\frac{\sigma_3}{P_a})$$

Por cálculos diferenciais, o módulo elástico tangente E_t e o coeficiente de Poisson tangente serão:

$$E_t = E_i(1 - R_f S_l)^2$$

$$\nu_t = \frac{\nu_i}{[1 - D\dfrac{\sigma_1 - \sigma_3}{E_i(1 - R_f S_l)}]^2}$$

Em 1980, Duncan propôs o modelo E-B, que utiliza o módulo volumétrico tangente (bulk) para substituir o coeficiente de Poisson. A equação do módulo volumétrico tangente é:

$$B_t = K_b P_a (\frac{\sigma_3}{P_a})^m$$

Estabelecendo um princípio para uma certa carga e descarga, o modelo E-B de Duncan pode considerar também o impacto da história das tensões. O modelo de descarga é definido como:

$$E_{ur} = K_{ur} P_a (\frac{\sigma_3}{P_a})^n$$

Nas expressões apresentadas, P_a é a pressão atmosférica; K, R_f, n, G, F, D e K_b são parâmetros do modelo; K_{ur} é o módulo de descarga; S_l é o nível de tensões, definido como $S_l = (\sigma_1 - \sigma_3)/(\sigma_1 - \sigma_3)_f$, $(\sigma_1 - \sigma_3)_f = 2(c\cos\varphi + \sigma_3 \sen\varphi)/(1 - \sen\varphi)$.

11.2.3 Modelo de Naylor modificado

O modelo de Naylor modificado K-G utiliza o módulo volumétrico K (*bulk modulus*) e o módulo ao cisalhamento G (*shear modulus*) como parâmetros elásticos variáveis. A equação do modelo é:

$$K_t = K_i + \alpha_k \sigma_m$$
$$G_t = G_i + \alpha_G \sigma_m + \beta_G \sigma$$

onde: K_t, G_i, α_k, α_G e β_G são parâmetros do modelo; na condição de compressão isotrópica, $\Delta\varepsilon_v = \Delta\sigma_m/K_t$; na condição de cisalhamento com σ_m constante, $\Delta\varepsilon_s = \Delta\sigma_s/2G_t$. Após a integração, pode-se obter:

$$\varepsilon_v = \varepsilon_{v1} + \frac{1}{\alpha_k}\ln(K_i + \alpha_k \sigma_m)$$

$$\varepsilon_s = \varepsilon_{s1} + \frac{1}{2\beta_G}\ln(G_i + \alpha_G \sigma_m + \beta_G \sigma_s)$$

O modelo modificado K-G de Naylor tem equações relativamente simples, mas a obtenção dos parâmetros só é possível por meio de ensaios especiais de compressão isotrópica e cisalhamento na condição de σ_m constante.

11.2.4 Modelo elastoplástico

No modelo elastoplástico, a deformação total (incremento) é decomposta nos componentes elástico e plástico:

$$\{\Delta\varepsilon\} = \{\Delta\varepsilon^e\} + \{\Delta\varepsilon^p\}$$

Consequentemente, a relação tensão elastoplástica/deformação pode ser expressa por:

$$\{\Delta\sigma\} = [D](\{\Delta\varepsilon\} - \{\Delta\varepsilon p\})$$

onde a deformação elástica ($\Delta\varepsilon_e$) pode ser calculada pela Lei de Hook generalizada e a deformação plástica ($\Delta\varepsilon_p$), pela seguinte fórmula:

$$\{\Delta\varepsilon_p\} = \Delta\lambda\{n\}$$

onde $\Delta\lambda$ é um escalar positivo de proporcionalidade que depende do estado de tensões e da história de tensões. Ele representa a magnitude da deformação plástica incremental e é determinado por regra de endurecimento. $\{n\}$ representa a direção do vetor do incremento da deformação plástica e é determinado pela regra de fluxo. A fronteira entre as deformações elástica e plástica é definida pela curva de cedência.

De acordo com a última fórmula, a matriz elastoplástica geral pode ser expressa por:

$$\{\Delta\varepsilon\} = \{\Delta\varepsilon^e\} + \sum_{i=1}^{l} A_i\{n_i\}\Delta f_i$$

onde l é o número da superfície de escoamento; daí a matriz de flexibilidade poder ser expressa por:

$$[C] = [C]_e + \sum_{i=1}^{l}[C_i]_p$$

onde $|C_i|_p = A_i|n_i|\{\frac{\partial f}{\partial \sigma}\}^T$. Assim, quando o incremento $|\Delta\sigma|$ é conhecido, o incremento plástico pode ser determinado por A_i (regra de endurecimento), $\{n_i\}$ (regra do fluxo) e $\frac{\partial f_i}{\partial \sigma}$ (superfície do escoamento).

Quando uma superfície dupla de escoamento é utilizada ($l = 2$), a matriz elastoplástica pode ser expressa por:

$$[D_{ep}] = [D] - \frac{1}{D_{et}}\{A_1[D]\{n_1\}\{\frac{\partial f_1}{\partial \sigma}\}^T$$

$$+ A_2[D]\{n_2\}\{\frac{\partial f_2}{\partial \sigma}\}^T +$$

$$+ A_1 A_2[D](\{n_1\}\{\frac{\partial f_1}{\partial \sigma}\}^T[D]\{n_2\}\{\frac{\partial f_1}{\partial \sigma}\}^T -$$

$$- \{n_1\}\{\frac{\partial f_1}{\partial \sigma}\}^T[D]\{\frac{\partial f_2}{\partial \sigma}\}^T +$$

$$+ \{n_2\}\{\frac{\partial f_1}{\partial \sigma}\}^T[D]\{n_1\}\{\frac{\partial f_2}{\partial \sigma}\}^T$$

$$- \{n_2\}\{\frac{\partial f_2}{\partial \sigma}\}^T[D]\{n_1\}\{\frac{\partial f_1}{\partial \sigma}\}^T)\}[D]$$

onde:

$$D_{et} = 1 + A_1\{\frac{\partial f_1}{\partial \sigma}\}^T[D]\{n_1\} + A_2\{\frac{\partial f_2}{\partial \sigma}\}^T[D]\{n_2\} +$$

$$+ A_1 A_2(\{\frac{\partial f_1}{\partial \sigma}\}^T[D]\{n_1\}\{\frac{\partial f_2}{\partial \sigma}\}^T[D]\{n_2\} -$$

$$- \{\frac{\partial f_1}{\partial \sigma}\}^T[D]\{n_2\}\{\frac{\partial f_2}{\partial \sigma}\}^T[D]\{n_1\})$$

Para uma superfície de plastificação, a matriz elastoplástica pode ser expressa por:

$$[D]_{ep} = [D] - \frac{A[D]\{n\}\{\frac{\partial f}{\partial \sigma}\}^T[D]}{1 + A\{\frac{\partial f}{\partial \sigma}\}^T[D]\{n\}}$$

Em engenharia geotécnica, considerando a anisotropia do endurecimento com as deformações plásticas e a dependência da deformação incremental da direção do incremento da tensão, a superfície de plastificação múltipla será mais aplicável. Atualmente, o modelo mais popular em análises numéricas é o de duas superfícies de plastificação, incluindo o modelo de Lade-Duncan e o modelo de Shen Zhujiang (China).

A dupla superfície de plastificação sugerida por Lade é:

$$f_1 = I_1^2 + 2I_2 \quad f_2 = (\frac{I_1^3}{I_3} - 27)(\frac{I_1}{P_a})^m$$

onde: I_1, I_2 e I_3 são o primeiro, o segundo e o terceiro invariantes, respectivamente; f_1 e f_2 representam a superfície de plastificação e a superfície de cisalhamento, respectivamente.

A dupla superfície de plastificação sugerida por Shen Zhujiang é:

$$f_1 = \sigma_m^2 + r^2\sigma_s^2 \quad f_2 = \frac{\sigma_s^2}{\sigma_m}$$

Na condição de estado triaxial de tensões, $\Delta\sigma_m = \Delta\sigma_1/3$, $\Delta\sigma_s = \Delta\sigma_1$. A partir da expressão geral da matriz elastoplástica, os correspondentes coeficientes plásticos do modelo são:

$$A_1 = \frac{\eta(\frac{9}{E_t} - \frac{3\mu_t}{E_t} - \frac{3}{G}) + 2s(\frac{3\mu_t}{E_t} - \frac{1}{K})}{2(1 + 3r^2\eta)(s + r^2\eta^2)}$$

$$A_2 = \frac{(\frac{9}{E_t} - \frac{3\mu_t}{E_t} - \frac{3}{G}) - 2r^2\eta(\frac{3\mu_t}{E_t} - \frac{1}{K})}{2(3s - \eta)(s + r^2\eta^2)}$$

11.3 Métodos de análises numéricas em BEFCs

11.3.1 Simulação da superfície de contato e das juntas

A estrutura das BEFCs envolve a interface de contato da laje de concreto com o enrocamento, as juntas entre as lajes e a junta entre as lajes e o plinto. Em análises numéricas de BEFCs, essas interfaces e juntas precisam ser simuladas. Como as propriedades físicas do concreto têm uma grande diferença das do enrocamento, o deslizamento e as deformações de separação podem ocorrer na interface pela ação de forças externas. Elementos especiais devem ser usados para simular a interação dos diferentes materiais.

Para simular a interface de materiais diferentes, o elemento de interface normalmente usado é o de Goodman, de espessura zero. O elemento é configurado por um par de pontos nodais nas duas faces da interface. O elemento não tem espessura e, por hipótese, a tensão normal e a tensão de cisalhamento não estão associadas aos deslocamentos resultantes de cisalhamento e aos deslocamentos normais. A relação entre as tensões e os deslocamentos relativos dos pontos nodais do elemento é:

onde:

$$\{\sigma\} = [\lambda]\{\omega\}$$

$$[\lambda] = \begin{bmatrix} \lambda_s & 0 \\ 0 & \lambda_n \end{bmatrix}$$

Quando a interface é submetida a compressão, a rigidez normal tem um valor elevado, mas quando o elemento é submetido a tração, a rigidez normal tem um valor baixo. A tensão cisalhante do elemento dependerá diretamente do deslocamento relativo dos pontos nodais dos dois lados da interface. Para uma interface entre materiais diferentes, λ_s pode ser determinado em ensaios de cisalhamento direto. A relação hiperbólica comumente aceita entre a tensão cisalhante e o deslocamento relativo é:

$$\tau = K_s u$$

$$K_s = K_i \gamma_w \left(\frac{\sigma_n}{P_a}\right)^n \left(1 - \frac{R_f \tau}{\sigma_n \tan\varphi + c}\right)^2$$

onde R_f é a razão de ruptura; φ e c são o ângulo de atrito e a coesão na interface, respectivamente.

Na utilização do elemento de Goodman, os pontos nodais da superfície podem penetrar uns nos outros pela ação da compressão, e a elevada rigidez normal pode ter efeitos adversos nos resultados da computação. Por essa razão, foi desenvolvido um novo elemento, chamado elemento delgado de interface.

Por observação e ensaios de laboratório, quando a interface entre dois materiais de propriedades muito diferentes é submetida a tensões de cisalhamento, pode-se notar a formação de uma camada delgada de cisalhamento no material com propriedades relativamente mais fracas. Por essa razão, o emprego de um elemento delgado de interface pode simular melhor a interação de materiais diferentes.

Para o elemento delgado da interface, a deformação é composta de deformação elástica e de deformação da ruptura. Na condição normal, somente a deformação elástica {ε'} ocorre no elemento. As propriedades do material são as mesmas do enrocamento de transição e o elemento é tratado como um elemento normal. Quando a tensão cisalhante no elemento atinge a resistência ao cisalhamento, ou a tensão de tração atinge a resistência à tração, a deformação de ruptura {ε"} irá ocorrer. A hipótese sobre a maneira como ocorre a deformação de ruptura é: não há deslocamento da interface antes da ruptura, e o deslocamento relativo desenvolve-se continuamente após a ruptura.

A deformação da ruptura {ε"} é expressa por:

$$\begin{Bmatrix} \Delta\varepsilon_s'' \\ \Delta\varepsilon_n'' \\ \Delta\gamma_{sn}'' \end{Bmatrix} = \begin{bmatrix} 0 & 0 & 0 \\ 0 & \dfrac{1}{E''} & 0 \\ 0 & 0 & \dfrac{1}{G''} \end{bmatrix} \begin{Bmatrix} \Delta\sigma_s \\ \Delta\sigma_n \\ \Delta\tau_{sn} \end{Bmatrix} = [C]''\{\Delta\sigma\}$$

Na fórmula, E'' e G'' são módulos paramétricos para tensão e tensão cisalhante de ruptura. Como não ocorre a deformação normal na interface, devido às restrições das lajes de concreto, $\Delta\varepsilon_s'' = 0$ e o coeficiente correspondente na matriz pode ser considerado nulo.

A deformação total na interface é a soma da deformação elástica e a deformação de ruptura.

$$\{\Delta\varepsilon\} = \{\Delta\varepsilon'\} + \{\Delta\varepsilon''\}$$
$$= [C']\{\Delta\sigma\} + [C'']\{\Delta\sigma\} = [C]\{\Delta\sigma\}$$

Na prática das análises numéricas de BEFCs utilizam-se elementos diferentes para conviver com as interfaces de materiais diferentes que compõem a estrutura. Para a interface entre o concreto da face e o enrocamento, utiliza-se o elemento delgado de interface. Para as juntas verticais entre as lajes de concreto, dois nós são usados nas juntas. Esse elemento de junta tem espessura zero. Quando a junta abre, os dois nós se separam; quando a junta fecha, considera-se que os dois nós têm o mesmo deslocamento. Para as juntas entre as faces e o plinto (junta perimetral), utiliza-se o elemento frágil, isto é, quando o elemento é submetido a tensões de compressão, comporta-se com as propriedades do concreto, e quando é submetido a tensões de tração ou de cisalhamento, comporta-se segundo as propriedades do material mais fraco.

Deve-se notar que, embora o elemento de interface tenha vantagens em simular a transferência das tensões cisalhantes, sem o problema de penetração, ele ainda tem limitações na simulação da separação na interface. Em análises futuras, será importante desenvolver um elemento de interface que possa simular os deslocamentos descontínuos.

11.3.2 Simulação das etapas da construção e sequência do enchimento do reservatório

A utilização dos métodos numéricos de análise mostra que os procedimentos da construção em etapas e a forma de encher o reservatório têm efeitos significativos nas deformações do enrocamento e nas tensões na face de concreto. Por essa razão, nas análises numéricas, as fases reais de construção e as etapas do enchimento devem ser simuladas, em especial a construção da seção principal.

Para análises não lineares, utiliza-se o método incremental, no qual o carregamento total é dividido em várias etapas. As etapas de carregamento correspondem às etapas de construção do enrocamento e às fases do enchimento. Nas análises, cada camada de construção é associada a um incremento de carga para o cálculo iterativo. As fases do enchimento também são divididas em vários incrementos de carga. Levando em consideração a situação real da construção, os deslocamentos dos pontos nodais, no topo de cada camada de construção, serão reajustados para zero ao final do cálculo incremental.

Durante o enchimento, a direção das tensões principais na zona de montante do enrocamento é defletida pela ação da água. Comparativamente aos valores da tensão principal maior, os valores da tensão principal menor crescem mais rapidamente, o que pode resultar num decréscimo de $(\sigma_1 - \sigma_3)$ e num alívio parcial das tensões. Nos cálculos durante o enchimento, esse alívio deve ser considerado utilizando-se os módulos de descarregamento.

11.4 Aplicação de análises numéricas em BEFCs

11.4.1 A contribuição das análises numéricas para a melhoria dos projetos das BEFCs

No projeto das BEFCs, as análises numéricas são a ferramenta mais importante para antecipar e compreender as tensões e deformações do maciço e da face de concreto.

Prevendo-se as possíveis deformações do enrocamento e a distribuição das tensões na face de concreto, diferentes opções podem ser comparadas para se chegar a um projeto otimizado. Além disso, os fatores de impacto, tais como o zoneamento do enrocamento, a sequência construtiva, o procedimento no enchimento, a forma do vale, a densidade da compactação etc., podem ser estudados via análise numérica para melhorias no projeto e nos métodos construtivos.

11.4.2 Compreendendo o estado tensão-deformação da barragem

Por meio de análises numéricas, pode-se obter o estado tensão-deformação em diferentes seções da barragem. Pode-se também determinar a distribuição das tensões nas várias partes do enrocamento. As Figs. 11.1 a 11.4 mostram exemplos com resultados dos deslocamentos e tensões.

11.4.3 Compreendendo o estado de tensões na face de concreto

Para o projeto da face de concreto, as deformações e tensões atuantes na laje, após o enchimento do reservatório, são da maior preocupação, e, em particular, a máxima tensão de compressão e a distribuição das tensões cisalhantes. Normalmente, os resultados obtidos das tensões são apresentados na direção do eixo da barragem e no talude de montante.

As Figs. 11.5 a 11.7 apresentam alguns resultados da distribuição das tensões e dos vetores de deformação da face de concreto, obtida em análises numéricas.

11.4.4 Previsão dos deslocamentos das juntas

Para o projeto dos veda-juntas das juntas, a previsão dos deslocamentos da junta é importante. Por meio de análises numéricas, pode-se obter o deslocamento vertical da junta e os deslocamentos da junta perimétrica em três direções (abertura, cisalhamento e recalque). A Fig. 11.8 mostra os deslocamentos da junta perimetral.

11.4.5 Estudo de casos

Caso 1: Análise de uma BEFC em vale fechado (Hongjiadu, China)

Introdução ao projeto

A barragem Hongjiadu está localizada na província de Guizhou, no sudoeste da China. Sua altura máxima é de 179,5 m e o comprimento da crista é de 427,79 m. O fator de forma do vale é 2,32. A largura da crista é de 11 m e sua elevação é 1.148,0 m. Os taludes de montante e jusante têm inclinação de 1,4H:1V. O rio muda da direção S45°W para S45°E, do que resulta uma curva retangular, e seu vale tem uma forma de V muito assimétrico.

As encostas da montanha elevam-se por mais de 300 m. De montante para jusante, a ombreira esquerda tem dois penhascos com altura de 100 m. Entre os penhascos ocorre um argilito (*mudstone*) com inclinação suave e largura de 80 m a 120 m. A inclinação da ombreira direita é de 25° a 40°. A Fig. 11.9 mostra o vale do rio no local da obra e a Fig. 11.10, uma seção típica do projeto da barragem.

Modelo constitutivo do enrocamento e parâmetros de análise

O modelo constitutivo adotado para o enrocamento foi o modelo não linear

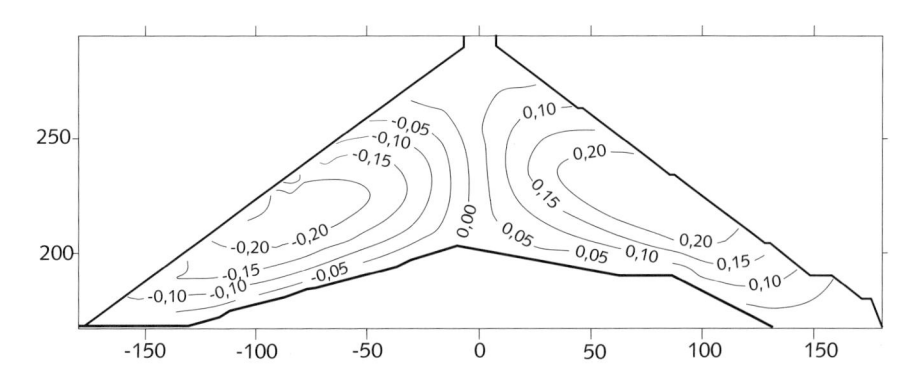

FIG. 11.1 *Deslocamentos horizontais da barragem (m)*

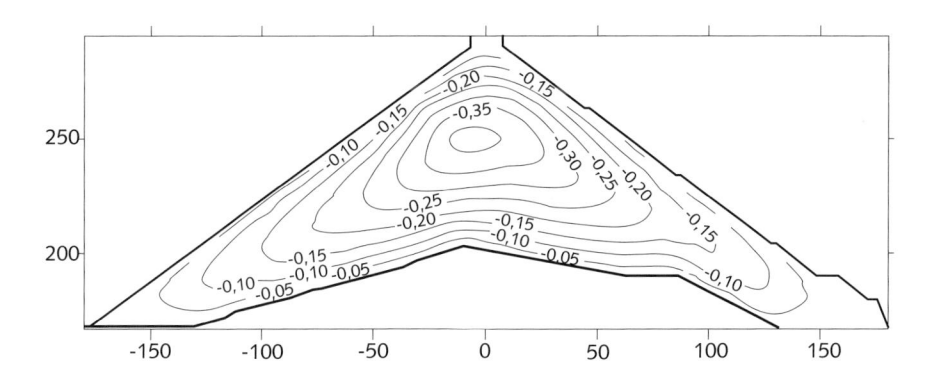

FIG. 11.2 *Recalques da barragem (m)*

elástico hiperbólico de Duncan-Chang. Na análise, utilizou-se o método do incremento não linear. Para cada incremento, foram adotados dois passos no processo iterativo. Os parâmetros usados na análise provêm de ensaios triaxiais de grandes dimensões, de laboratório como se observa na Tab. 11.1.

Resultados obtidos – Tensões e deformações no enrocamento

As tensões e deformações na seção do vale são mostradas nas Figs. 11.11 a 11.15 por linhas de contorno. Os deslocamentos na seção longitudinal (ao longo do eixo) estão nas Figs. 11.12 e 11.13.

Pelo resultado da análise, observa-se que o maior recalque do corpo da barragem após a construção é de 0,78 m cerca de 44% da altura da barragem. O local do maior recalque situa-se na seção do leito do rio, aproximadamente a meia altura da barragem. Os maiores deslocamentos horizontais a montante e a jusante são de 0,14 m e 0,16 m, respectivamente. Após o enchimento, os recalques crescem um pouco – o maior recalque é de 0,81 m. A distribuição dos deslocamentos horizontais na seção transversal sofre uma mudança óbvia após o enchimento. Os deslocamentos horizontais decrescem na zona de montante e crescem na zona de

FIG. 11.3 *Distribuição dos deslocamentos da barragem*

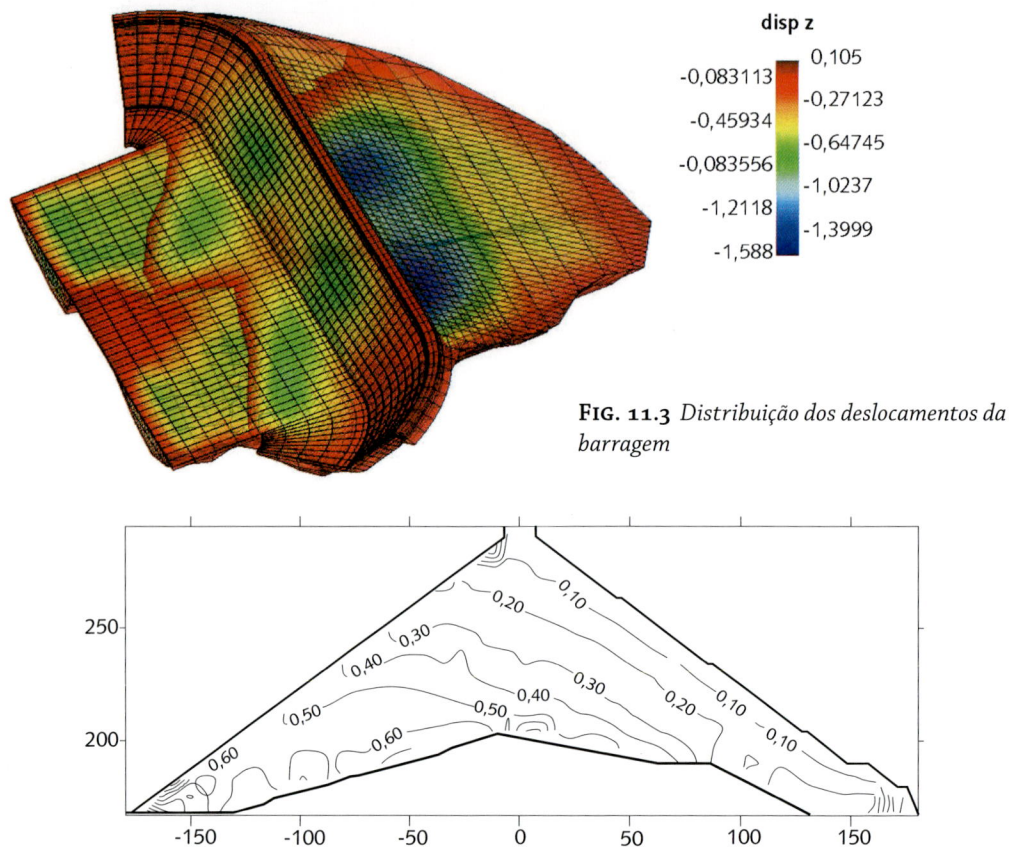

FIG. 11.4 *Distribuição da tensão principal menor durante o enchimento (MPa)*

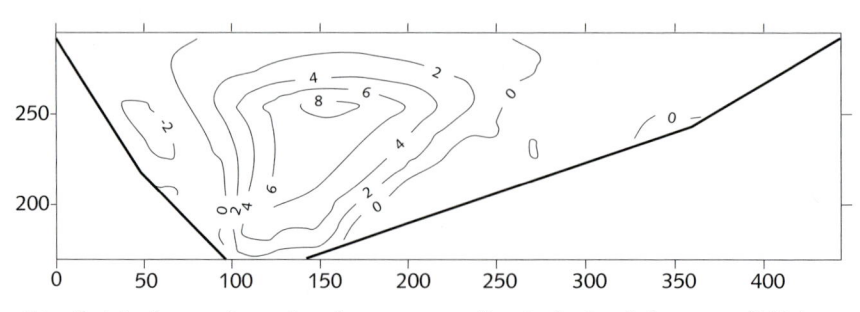

FIG. 11.5 *Distribuição das tensões na face de concreto, na direção do eixo da barragem (MPa)*

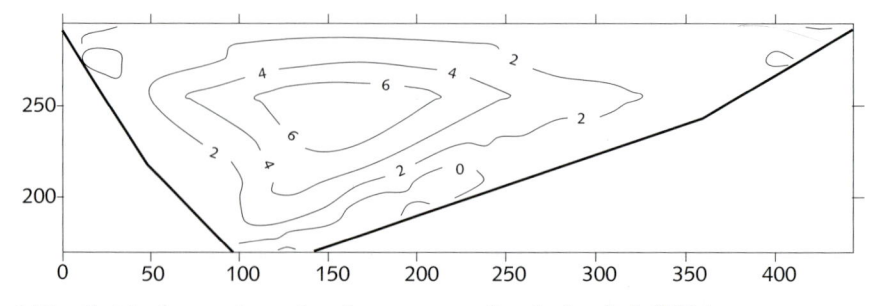

FIG. 11.6 *Distribuição das tensões na face de concreto, na direção do talude (MPa)*

FIG. 11.7 *Vetores de deslocamentos da face de concreto*

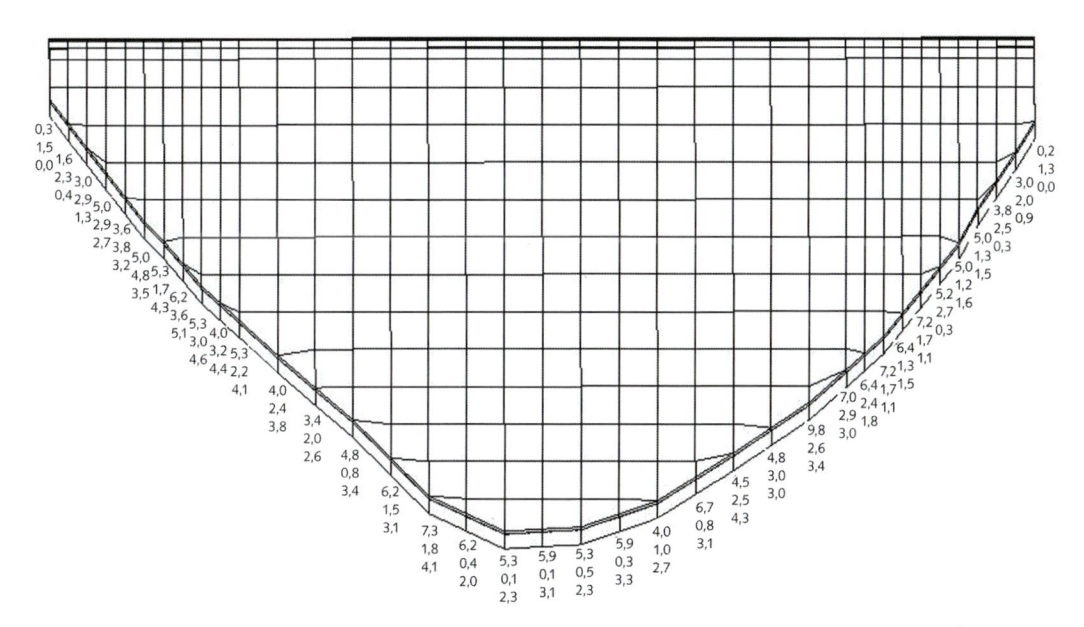

FIG. 11.8 *Deslocamentos da junta perimetral*

FIG. 11.9 *Vale do rio no local da barragem Hongjiadu*

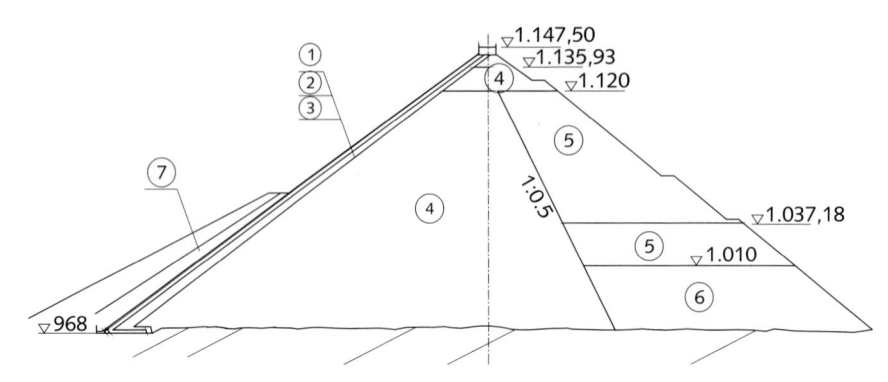

FIG. 11.10 *Zoneamento da BEFC Hongjiadu*

TAB. 11.1 Parâmetros de cálculo para o caso 1 (modelo E-B)

Material	γd kN/m³	K	K_{ur}	n	R_f	K_b	m	φ (°)	Δφ (°)
2B	22,05	1.100	2.250	0,40	0,865	680	0,21	52	10
3A	21,90	1.050	2.150	0,43	0,867	620	0,24	53	9
3B	21,81	1.000	2.050	0,47	0,87	600	0,40	53	9
3C	21,20	850	1.750	0,36	0,29	580	0,30	52	10

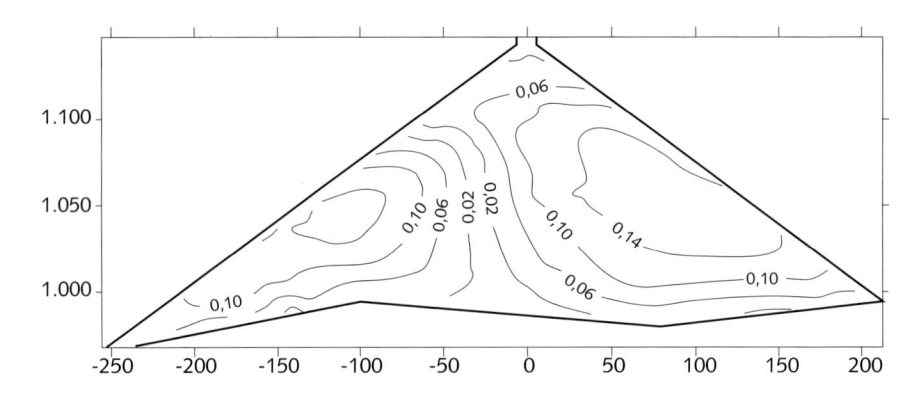

FIG. 11.11 *BEFC Hongjiadu: deslocamentos horizontais após a construção (m)*

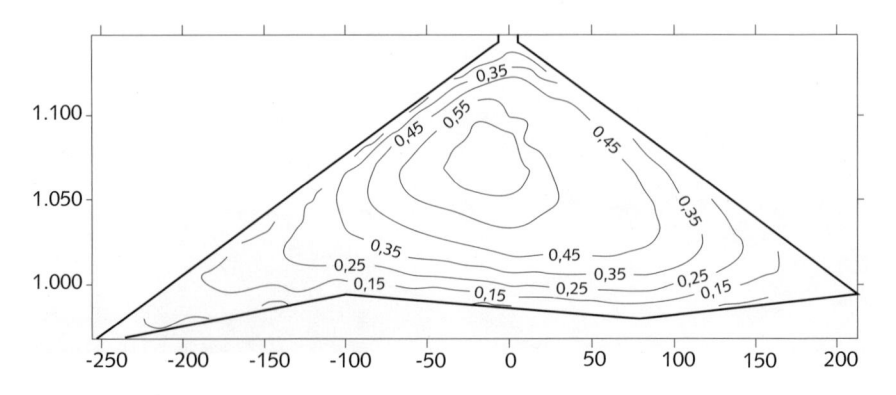

FIG. 11.12 *BEFC Hongjiadu: recalques após a construção (m)*

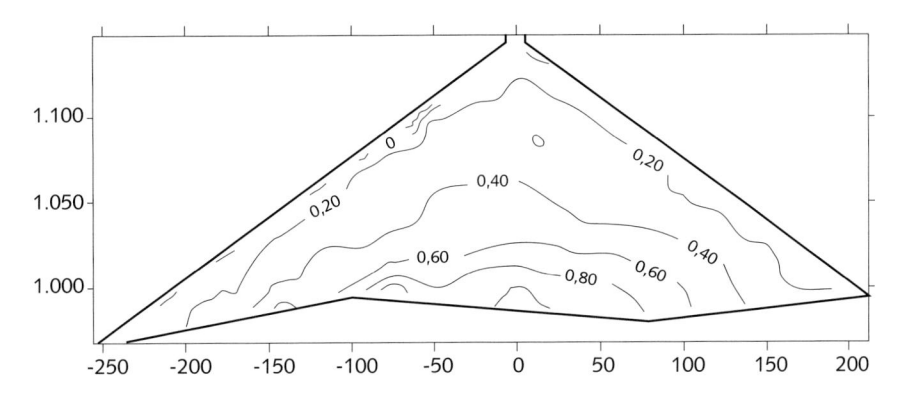

FIG. 11.13 *BEFC Hongjiadu: tensão principal menor após a construção (MPa)*

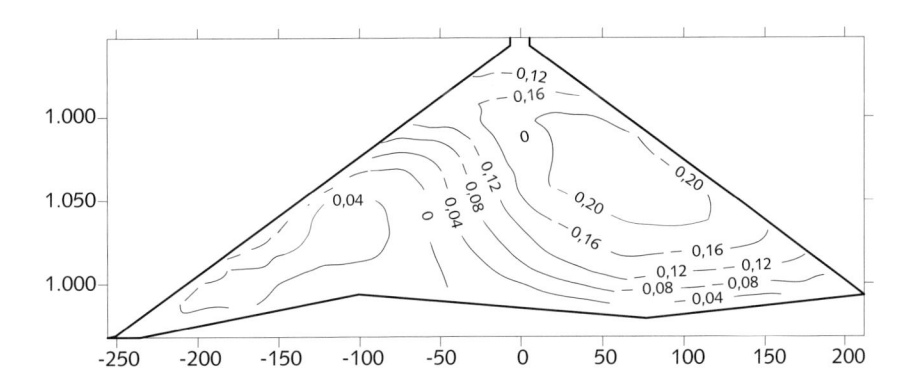

FIG. 11.14 *BEFC Hongjiadu: deslocamentos horizontais após o enchimento (m)*

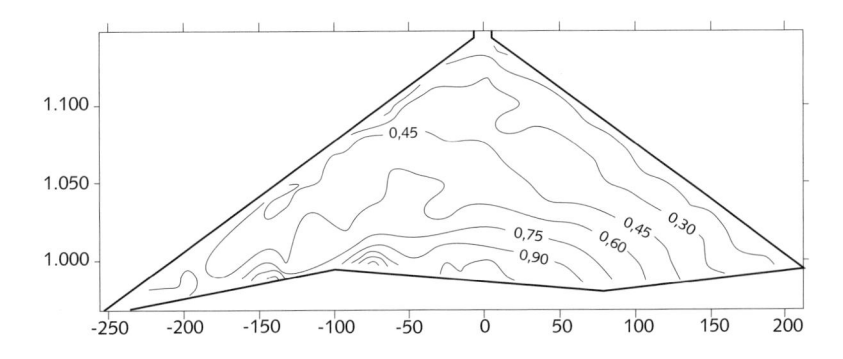

FIG. 11.15 *BEFC Hongjiadu: tensão principal menor após o enchimento (MPa)*

jusante. O maior deslocamento para jusante é de 0,24 m.

Ao longo do eixo da barragem, o enrocamento desloca-se para o centro do vale, e os deslocamentos do lado direito são relativamente grandes. Quanto ao gradiente dos recalques da ombreira para o vale, o gradiente do lado esquerdo é maior que o do lado direito. A maior tensão no enrocamento encontra-se na base da barragem – a tensão principal maior é de 4,7 MPa e a tensão principal menor é de 1,6 MPa.

As deformações e a distribuição das tensões na face de concreto durante o enchimento são mostradas nas Figs. 11.16 a 11.19.

O maior deslocamento normal à face de concreto ocorre na parte superior da laje, na seção do leito do rio. Desse ponto em direção às ombreiras, os deslocamentos se reduzem. No lado esquerdo, o gradiente desses deslocamentos é relativamente grande. Ao longo do eixo da barragem, os deslocamentos são assimétricos em relação ao vale. Os deslocamentos da laje orientam-se basicamente para o centro do rio; os da ombreira direita são relativamente maiores que os da ombreira esquerda.

Analisando a distribuição das tensões durante o enchimento, nota-se que a maior parte da laje está sob compressão. As tensões de tração desenvolvem-se principalmente ao longo do perímetro e na crista. A maior tensão de compressão ao longo do talude é 8,20 MPa, e a máxima tensão de compressão ao longo do eixo da barragem é 8,9 MPa. Como o vale é estreito e as encostas são íngremes, as tensões de tração ocorrem nas lajes das ombreiras. Devido à inclinação da ombreira esquerda, as tensões de tração são bastante elevadas, mas a área é relativamente pequena. Para o talude suave da outra ombreira, as tensões são bem baixas, mas a área é relativamente grande. Ao longo do talude de montante ocorrem tensões de tração no topo da laje.

Os estudos numéricos mostram que o método mais eficiente para o controle das deformações nas BEFCs é o zoneamento e a compactação do enrocamento. Um arranjo racional do zoneamento do enrocamento e um controle eficiente das especificações da compactação terão um papel importante no estado de tensões na face e na segurança da barragem.

Das análises numéricas conclui-se que a densidade, a sequência da construção e as propriedades do enrocamento da zona 3C têm um impacto significativo nas tensões e deformações que ocorrem na barragem

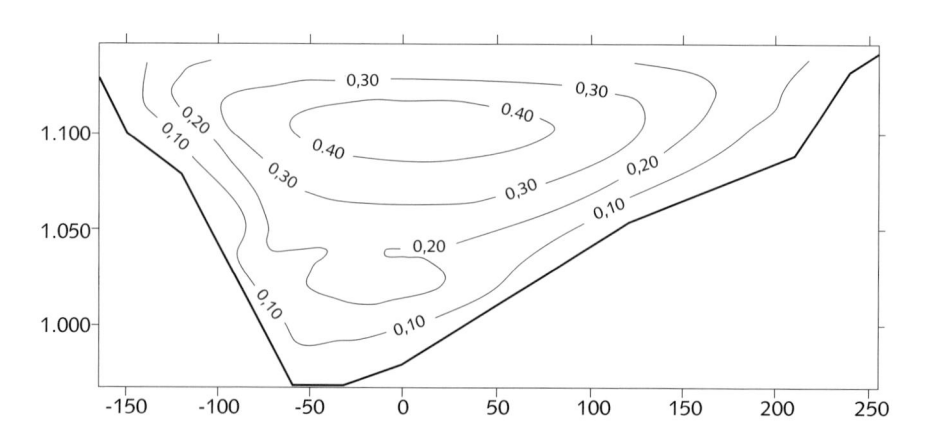

FIG. 11.16 *BEFC Hongjiadu: recalques da face durante o enchimento (m)*

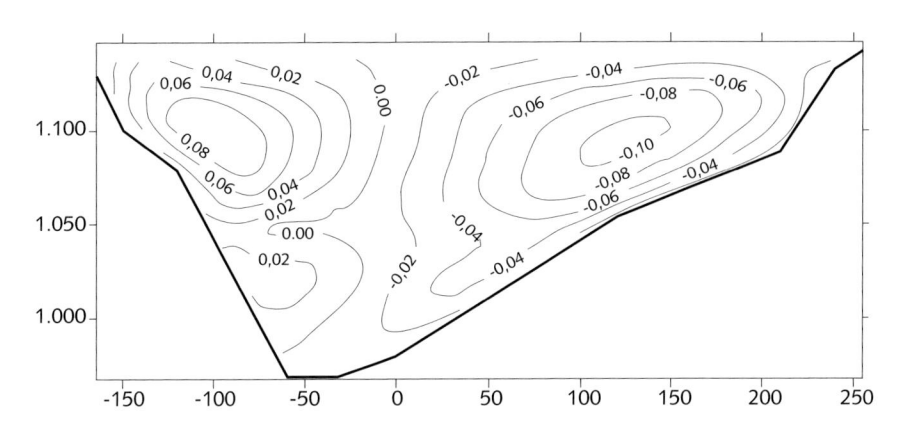

FIG. 11.17 BEFC Hongjiadu: deslocamentos horizontais da laje durante o enchimento (m)

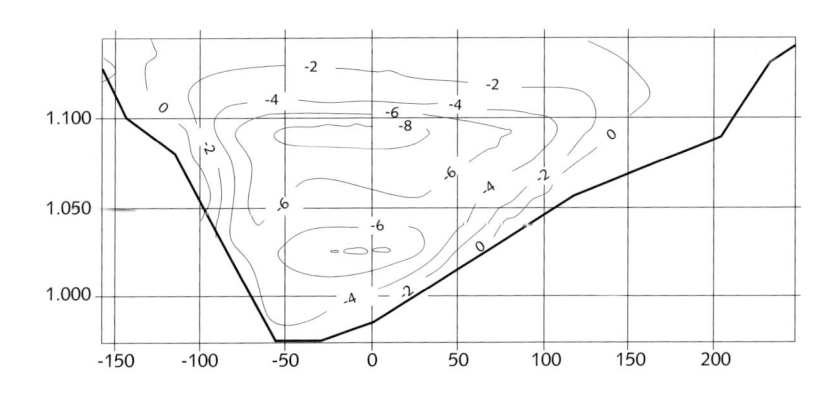

FIG. 11.18 BEFC Hongjiadu: tensões ao longo do eixo durante o enchimento (MPa)

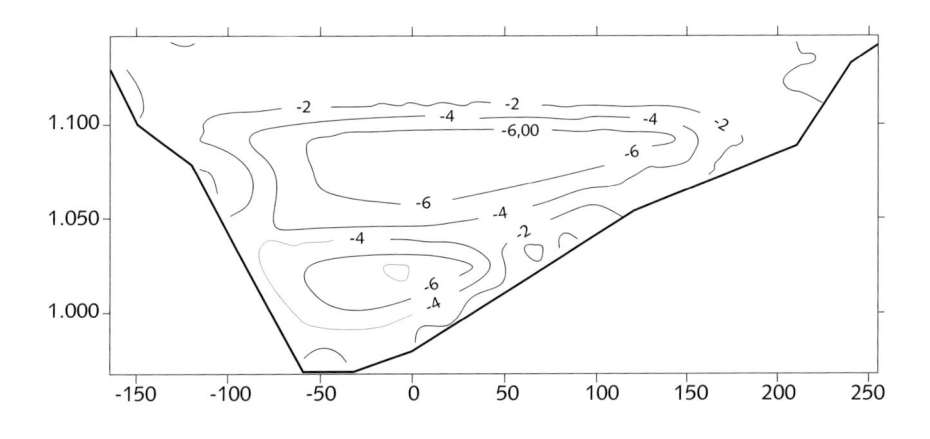

FIG. 11.19 BEFC Hongjiadu: tensões ao longo da face durante o enchimento (MPa)

e na face de concreto. Para as barragens altas, os enrocamentos das zonas de montante e jusante não devem ter uma grande diferença nos módulos e na densidade. Considerando as condições topográficas especiais da BEFC Hongjiadu e para eliminar o impacto adverso das deformações diferenciais entre o enrocamento de montante e o de jusante, a mesma densidade de compactação foi requerida nos dois espaldares durante a construção. Além disso, para a área próxima ao talude íngreme da ombreira exigiu-se compactação com maior densidade, com o propósito de reduzir a deformação diferencial do enrocamento ao longo da direção do eixo da barragem.

Caso 2: Análise de uma BEFC construída sobre aluvião profundo (Chahanwusu, China)

Introdução ao projeto

A barragem Chahanwusu localiza-se na província chinesa de Xinjiang e está projetada para ser construída sobre uma camada aluvionar profunda de cascalho arenoso e areia grossa. O aluvião da fundação tem entre 34 a 47 m de espessura. A altura máxima da barragem é de 110 m, com a crista na elevação 1.654,0 m. Os taludes são 1,5H:1V a montante e 1,8H:1V, em média, a jusante.

A seção da barragem é mostrado na Fig. 11.20. Uma combinação de diafragma, lajes de conexão plinto e laje da face foi adotada para formar a defesa impermeável. O diafragma de concreto, com uma profundidade máxima de 40,8 m, tem 1,20 m de espessura e é conectado ao plinto por duas lajes de concreto, como mostrado na Fig. 11.21. Cada laje de conexão tem 3,0 m de comprimento e 0,8 m de espessura, com uma delgada camada de asfalto subjacente.

O aluvião, com profundidade média de 40 m, pode ser simplificado em três

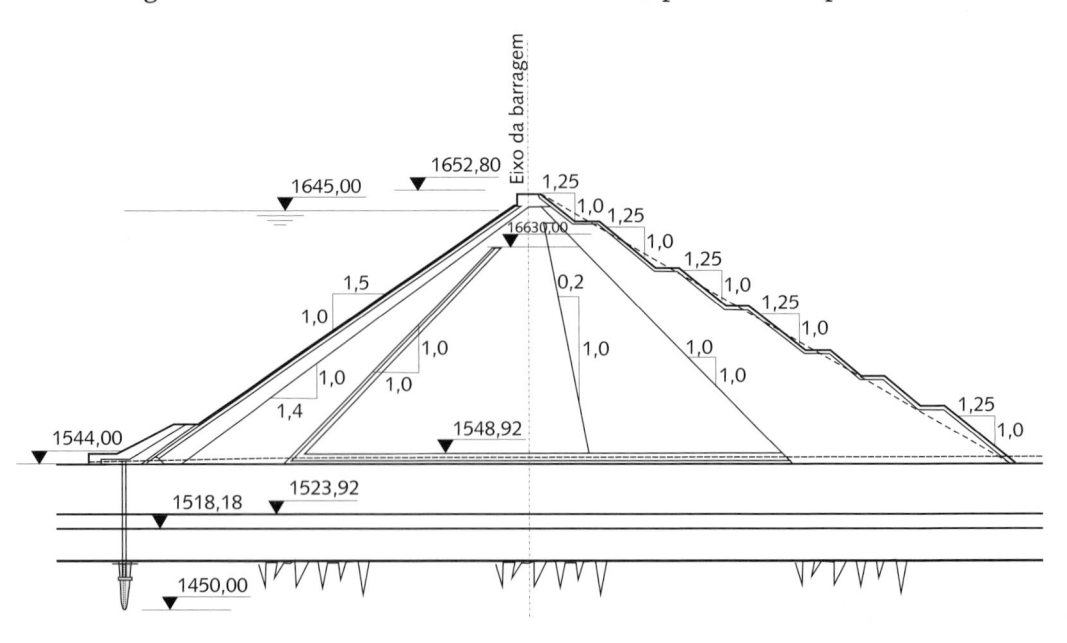

FIG. 11.20 *Seção típica da barragem Chahanwusu*

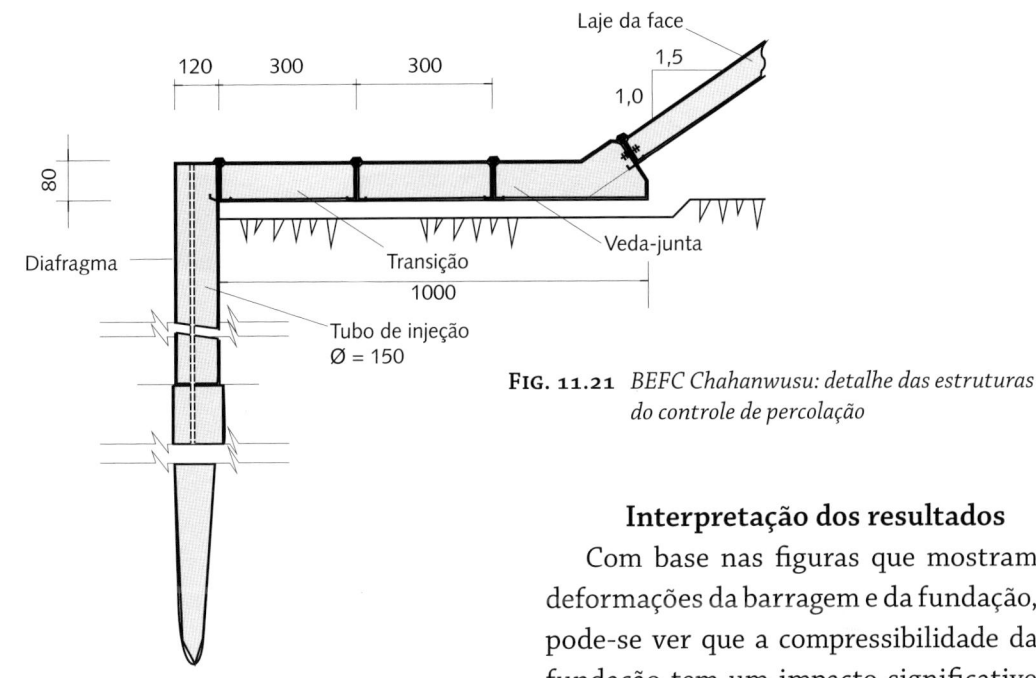

FIG. 11.21 BEFC Chahanwusu: detalhe das estruturas do controle de percolação

camadas: a primeira, de cascalho arenoso, com 19,24 m; a segunda, no meio, de areia grossa, com 5,92 m; e a terceira, na base, de cascalho com areia, com 11,18 m de altura.

Modelo construtivo da barragem e malha de elementos finitos

Nas análises numéricas, utiliza-se o modelo *E-B* de Duncan para a fundação e o enrocamento. Na rocha de fundação, a laje de concreto e o diafragma são simulados utilizando-se o modelo elástico linear.

A malha de elementos finitos para a análise numérica é mostrada na Fig. 11.22. Ela contém 6.189 elementos e 8.163 pontos nodais.

Os resultados das análises numéricas, relativos às tensões e deformações da barragem, da face de concreto e do diafragma são mostrados nas Figs. 11.23 a 11.30.

Interpretação dos resultados

Com base nas figuras que mostram deformações da barragem e da fundação, pode-se ver que a compressibilidade da fundação tem um impacto significativo na deformação da barragem. Para BEFCs construídas sobre rocha, o recalque da fundação é muito pequeno. A deformação da barragem é causada pelo peso próprio e pela carga da água. Já para as BEFCs construídas sobre aluviões espessos, a compressibilidade da fundação irá resultar num afundamento sob a carga da barragem. Portanto, a maior deformação da barragem irá se deslocar para a sua parte inferior e a crista da barragem também irá "afundar" no centro da barragem.

Como a laje da face é apoiada no enrocamento, a compressibilidade do aluvião também terá algum impacto nas tensões e deformações das lajes.

Pela curva dos deslocamentos da laje da face, o topo da laje pode se separar do corpo da barragem durante a construção. Como o plinto é apoiado no aluvião compressível, o plinto e a laje da face terão

FIG. 11.22 *BEFC Chahanwusu: malha de elementos finitos para a análise*

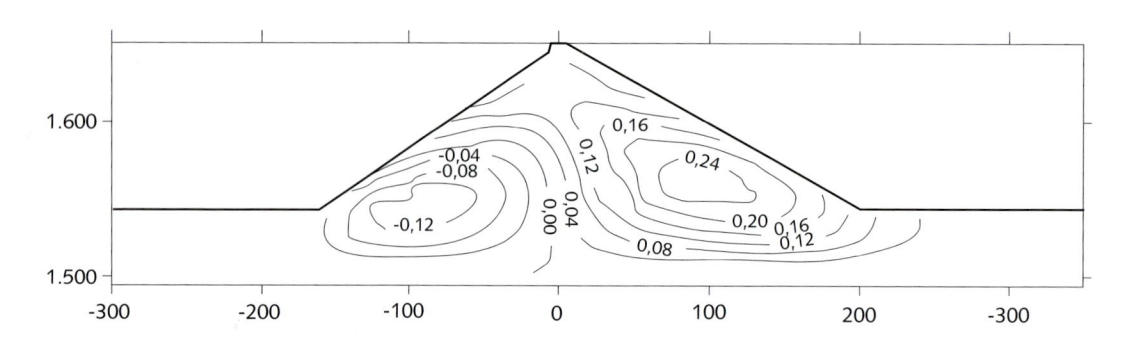

FIG. 11.23 *BEFC Chahanwusu: deslocamentos horizontais na barragem e na fundação (m)*

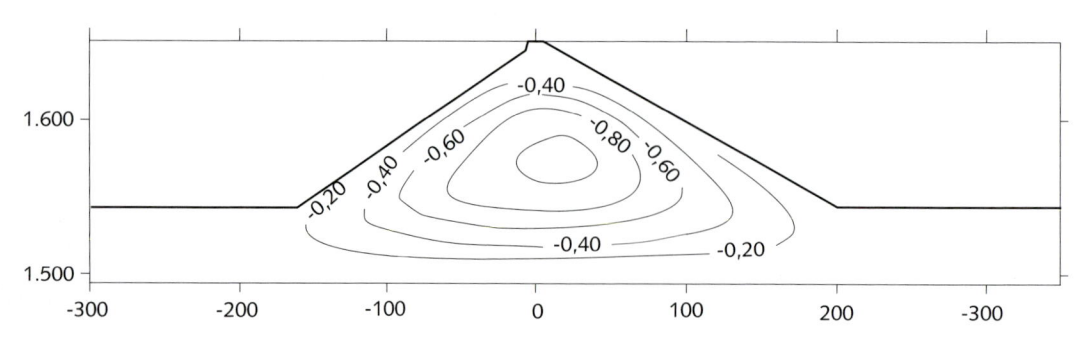

FIG. 11.24 *BEFC Chahanwusu: recalques na barragem e na fundação (m)*

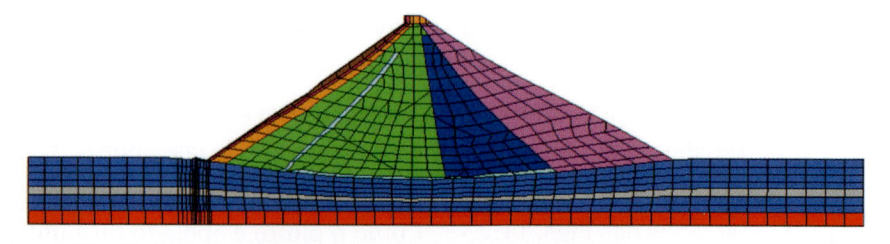

FIG. 11.25 *BEFC Chahanwusu: deformação da barragem e da fundação*

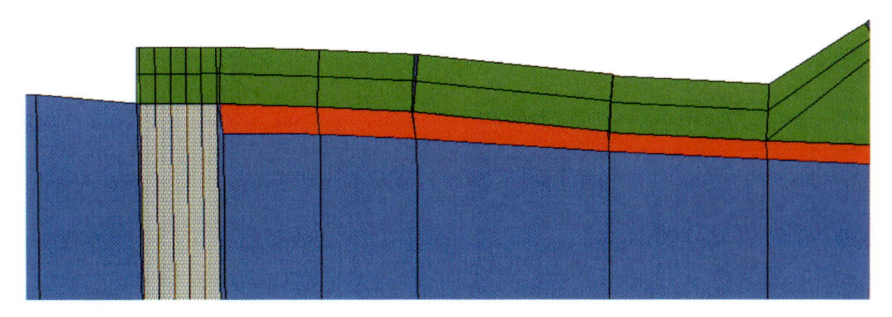

FIG. 11.26 *BEFC Chahanwusu: deformação da laje de conexão (construção)*

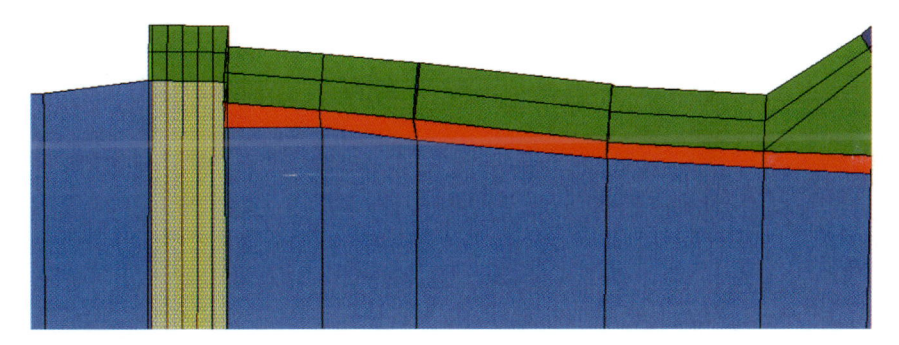

FIG. 11.27 *BEFC Chahanwusu: deformação da laje de conexão (enchimento)*

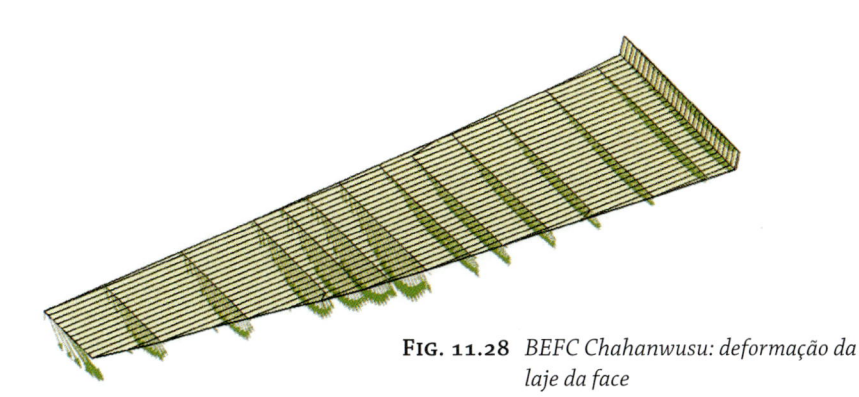

FIG. 11.28 *BEFC Chahanwusu: deformação da laje da face*

algum deslocamento durante a construção e o enchimento. A principal tendência dos deslocamentos é para recalque.

Como o aluvião é comprimido pela carga do corpo da barragem e a base do aluvião está em rocha, deslocamentos horizontais para montante e jusante vão ocorrer no aluvião durante a construção. Por essa razão, o diafragma se move para montante. Após o enchimento do reservatório, o diafragma é empurrado de volta pela carga da água.

Como a base do diafragma fica embutida na rocha, o deslocamento máximo vai ocorrer no topo do diafragma. Tensões de tração ocorrem próximo à base e

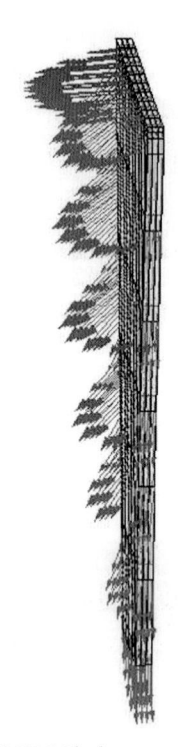

Fig. 11.29 *BEFC Chahanwusu: deformação do diafragma (construção)*

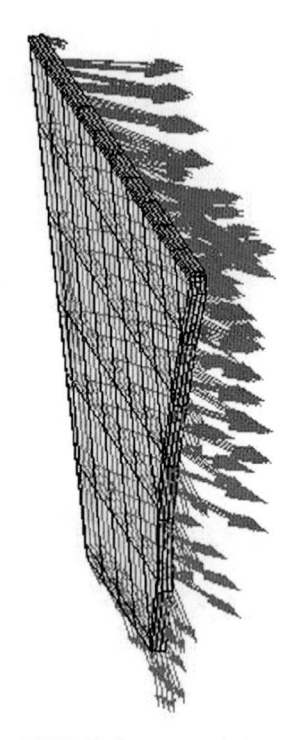

Fig. 11.30 *BEFC Chahanwusu: deformação do diafragma (enchimento)*

no topo do diafragma, e a tensão de tração no topo é relativamente grande. Exceto na base e em seu topo, predominam tensões de compressão na maior parte do diafragma. Durante a construção, o diafragma está sujeito principalmente às forças de atrito resultantes dos recalques do aluvião adjacente. Durante o enchimento, o diafragma fica sujeito basicamente às pressões da água em seu topo e lateralmente.

Em vista das deformações das lajes de conexão durante o período construtivo, deslocamentos de tração irão ocorrer na junta, entre o diafragma e a laje de conexão. Recalques diferenciais não foram constatados. Após o enchimento, um recalque diferencial relativamente grande ocorreu na junta entre o diafragma e as lajes de conexão. Pode-se concluir que o recalque diferencial entre o diafragma e as lajes de conexão é causado essencialmente pelo enchimento do reservatório.

Para BEFCs construídas sobre aluvião, o detalhe da conexão entre o diafragma e o plinto é da maior importância. Na prática, em alguns projetos, o diafragma é ligado diretamente ao plinto; em outros, usam-se as lajes de conexão. Para acomodar o recalque diferencial das fundações em aluvião, a laje de conexão é mais apropriada, mas isso pode aumentar o número de juntas e, com isso, reduzir a confiabilidade de todo o sistema de conexão. De qualquer forma, uma certa distância deve ser mantida entre o diafragma e o plinto, para facilitar a interação deste àquele.

Observando a tendência dos deslocamentos do aluvião durante a construção da barragem, a magnitude na deformação da fundação irá depender da distância do eixo da barragem. Quanto maior a distância do eixo, menores serão os deslocamentos horizontais. Após o enchimento do reservatório, as lajes de conexão ficarão submetidas à carga da água do reservatório.

Lajes longas terão áreas relativamente grandes para a ação da água. Daí decorre uma relação entre os deslocamentos do diafragma e o comprimento da laje. Quanto mais longa a laje de conexão, menores os deslocamentos horizontais do diafragma para montante durante a construção, porém, maiores os deslocamentos do diafragma para jusante durante o enchimento. Ao contrário, quanto menor for o comprimento da laje de conexão, maiores serão os deslocamentos horizontais do diafragma para montante durante a construção, porém, menores os deslocamentos do diafragma para jusante durante o enchimento. Disso se conclui que os deslocamentos do diafragma têm uma estreita relação com o comprimento da laje de conexão ou do plinto. Para diferentes projetos deve existir o melhor comprimento da conexão, o qual pode ser otimizado por análises numéricas.

Quanto ao estado de tensões do diafragma, este ficará sujeito à ação do empuxo do aluvião na face de jusante durante a construção. Após o enchimento, a pressão da água na face de montante e no topo será a carga dominante. Além disso, a tração produzida pelo recalque do aluvião da fundação é também uma força importante agindo no diafragma. Daí resulta que o estado de tensões atuantes no diafragma é muito complexo. Em geral, as tensões de compressão atuam na maior parte do diafragma; porém, próximo ao topo e à base, o diafragma estará sujeito a tensões de tração.

11.5 Conclusões

Em geral, as análises numéricas são uma ferramenta útil para a análise do estado de tensões e deformações atuantes em uma BEFC sob diferentes condições de carregamento. Podem também indicar as tendências nas tensões e deformações da barragem em diferentes projetos. Embora não se possa acreditar totalmente nos valores calculados pelas análises numéricas do projeto, estas podem definitivamente servir de boa referência para os projetistas melhorarem seus projetos.

Bons resultados dessas análises dependem de um bom programa. Para as BEFCs, a correta simulação da interação entre a laje de concreto e o enrocamento é muito importante. Por outro lado, o modelo constitutivo do enrocamento, a simulação das várias juntas e a correta simulação das etapas construtivas e da ação da água têm um papel relevante nas análises. Embora os atuais modelos não sejam perfeitos, eles podem representar as principais características das BEFCs durante a construção e a operação.

Com os avanços na tecnologia das BEFCs, novos desafios virão no projeto e na construção futuros. Experiência formal e critérios de projeto podem necessitar de reconsiderações para as BEFCs muito altas e aquelas construídas em condições difíceis. Para as futuras BEFCs construídas em condições complexas de engenharia, as análises matemáticas terão de ser desenvolvidas continuamente para enfrentar os desafios.

11.6 Análises numéricas aplicadas a projetos brasileiros de BEFCs

Em de Foz do Areia, primeira BEFC construída no Brasil, já foram desenvolvidos estudos por elementos finitos para apoio ao projeto.

Entre os primeiros trabalhos publicados sobre análises numéricas aplicadas a BFECs, pode-se mencionar o de Peixoto, Saboya Jr. e Karan (1999), sobre deslocamentos relativos entre a laje e o enrocamento na barragem de Xingó durante o período construtivo. As Figs. 11.31 e 11.32 mostram as diferenças previstas entre os deslocamentos horizontais e verticais da laje e do maciço do enrocamento.

Um artigo de Saboya Jr (1999) apresenta previsões e observações dos deslocamentos verticais e horizontais na BEFC de Segredo (Figs. 11.33 e 11.34).

Deslocamentos previstos e observados na laje da barragem de Machadinho são discutidos por Oliveira (2002). As previsões foram feitas para diferentes combinações de módulos de compressibilidade. Observa-se alguma concordância entre previsões e medidas no terço inferior da laje. A partir desse ponto, os deslocamentos da laje distanciam-se significativamente das previsões. Deslocamentos da laje observados nas barragens de Itá e Xingó vários anos após o enchimento mostraram a mesma tendência de deslocamentos observados em Machadinho (Fig. 11.35).

Basso (2007) e Basso e Cruz (2007) demonstram que, desde o período construtivo para o enchimento do reservatório, ocorrem rotações das tensões principais no espaldar de montante, e

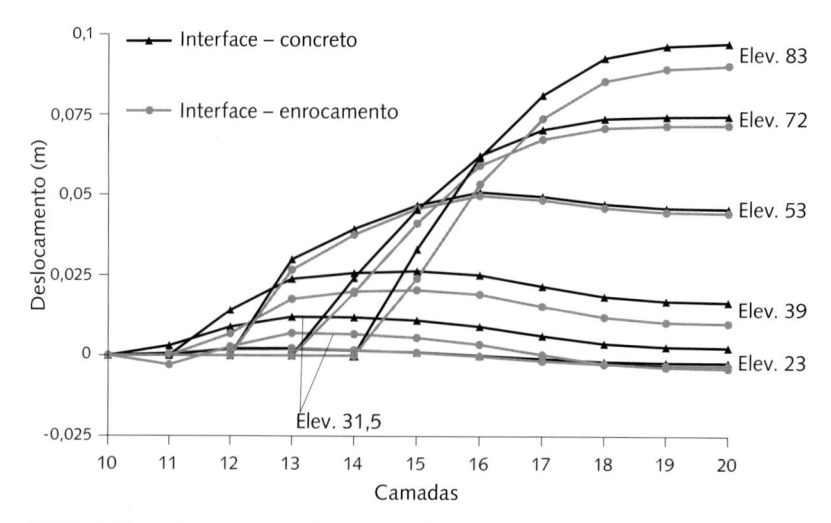

Fig. 11.31 *BEFC de Xingó: deslocamentos horizontais laje-enrocamento (Peixoto, Saboya Jr. & Karan, 1999)*

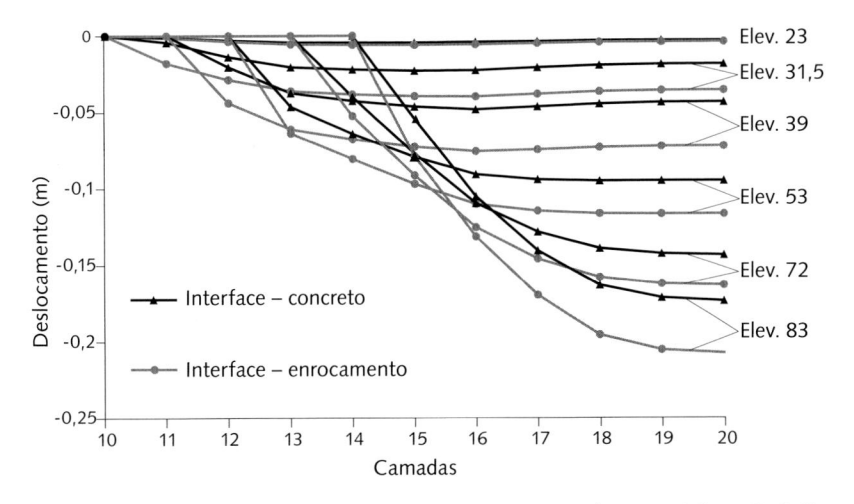

FIG. 11.32 *BEFC de Xingó: deslocamentos verticais laje-enrocamento (Peixoto, Saboya Jr. & Karan, 1999)*

até mesmo uma redução da tensão desviatória no início do enchimento do reservatório. A conclusão semelhante chega Zeping (ver seção 11.4.5) em suas análises de tensões.

Modelos bi e tridimensionais foram desenvolvidos por Xavier et al. (2007a) para as barragens de Itá, Itapebi, Barra Grande e Campos Novos. Esses modelos concentraram-se na determinação das tensões atuantes na face de concreto, distinguindo-se as tensões no lado interno das tensões do lado externo da laje (Fig. 11.36).

Diagramas com a distribuição das tensões nas lajes são mostrados nas Figs. 11.37 a 11.40.

As tensões máximas que ocorrem próximo ao centro da laje variaram entre 7,5 e 15 MPa. Algumas características dessas barragens são resumidas na Tab. 11.2.

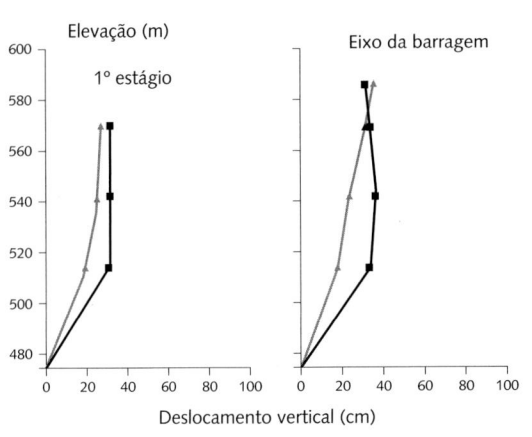

FIG. 11.33 *BEFC de Segredo: deslocamentos verticais previstos e observados (Saboya Jr., 1999)*

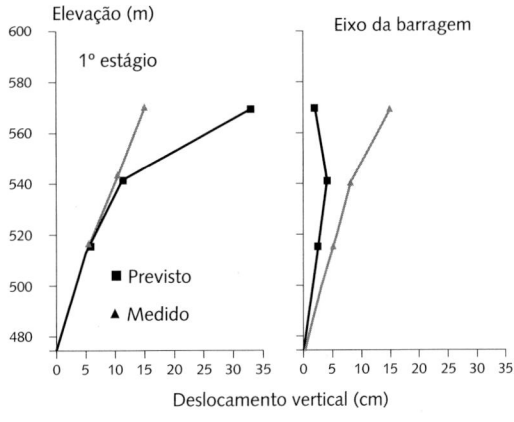

FIG. 11.34 *BEFC de Segredo: deslocamentos horizontais previstos e observados (Saboya Jr., 1999)*

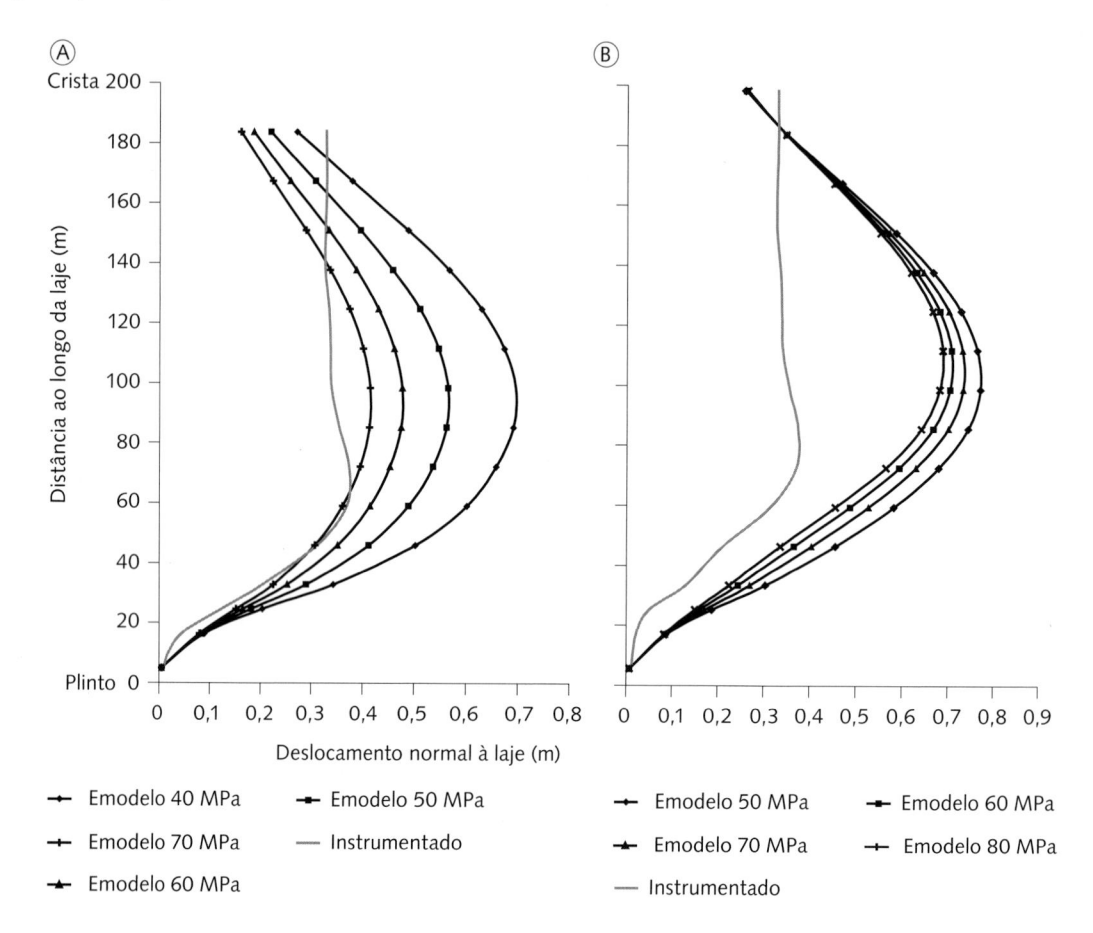

FIG. 11.35 BEFC de Machadinho: (A) modelagem para E de 40 MPa a 70 MPa nas várias zonas da barragem; (B) modelagem para E de 50 MPa a 80 MPa nas várias zonas da barragem (Oliveira, 2002)

Tanto na barragem de Campos Novos como na de Barra Grande ocorreram rupturas por compressão na laje e, nesse caso, as tensões de compressão foram superiores a 21 MPa (resistência especificada para o concreto da laje). Essas tensões não foram previstas pela análise numérica. Observa-se também, pela Tab. 11.2, que as tensões máximas previstas para a laje parecem não apresentar correlações entre as tensões e a altura da barragem (caso de Itapebi e Campos Novos), e entre as tensões e a forma do vale. Mesmo no vale mais fechado (Hongjiadu), relatado por Zeping (ver seção 11.4.5), a máxima tensão de compressão é inferior à de outros vales fechados, como Campos Novos e Barra Grande, nas quais, por outro lado, os modelos não foram capazes de prever a ruptura das lajes. Isso torna inválidas quaisquer conclusões e correlações tiradas de tais análises.

Modelos tridimensionais foram desenvolvidos por Xavier et al. (2007a) para analisar os deslocamentos do enrocamento durante o enchimento do reservatório da barragem de Campos Novos (Figs. 11.41 e 11.42).

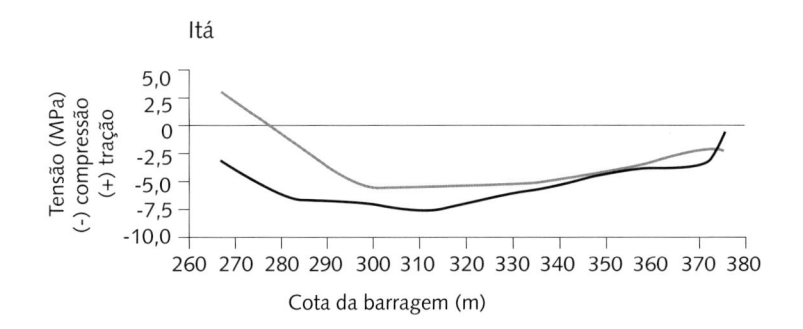

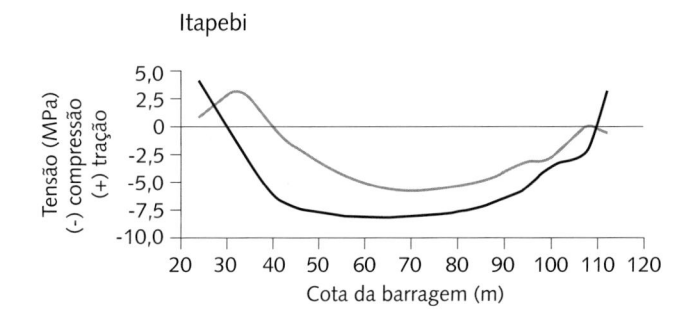

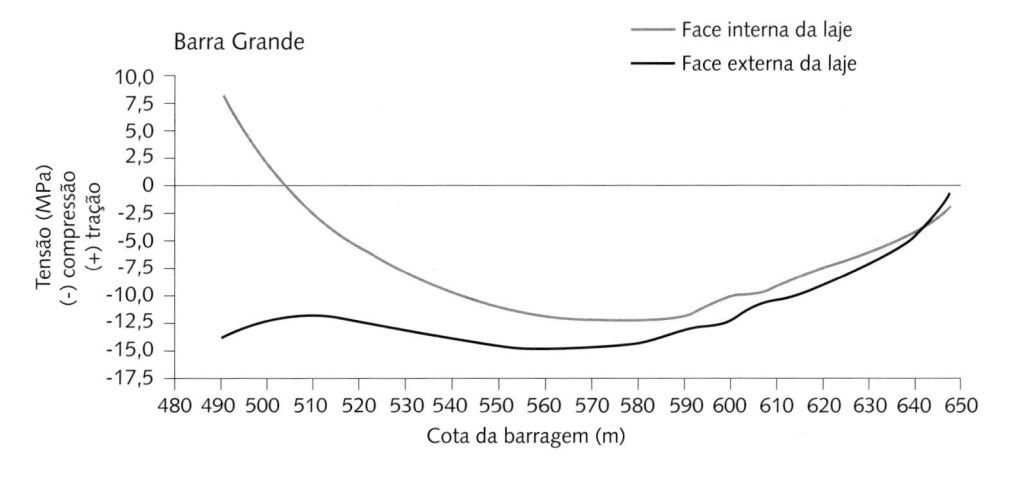

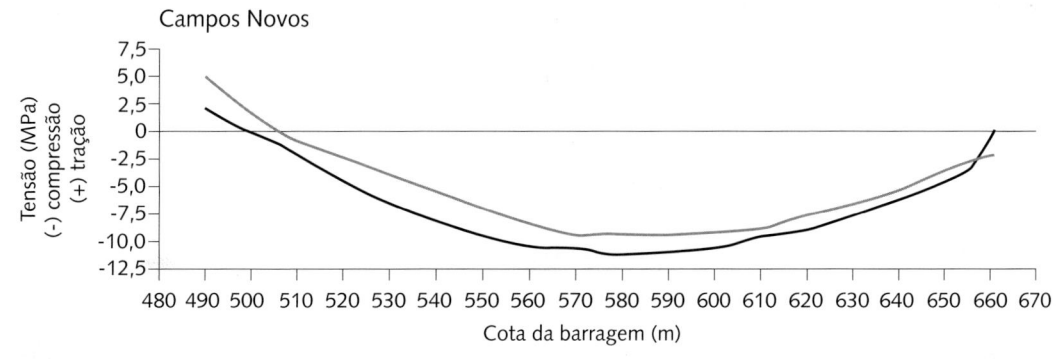

FIG. 11.36 *Tensões na laje em quatro barragens brasileiras (Xavier et al., 2007a)*

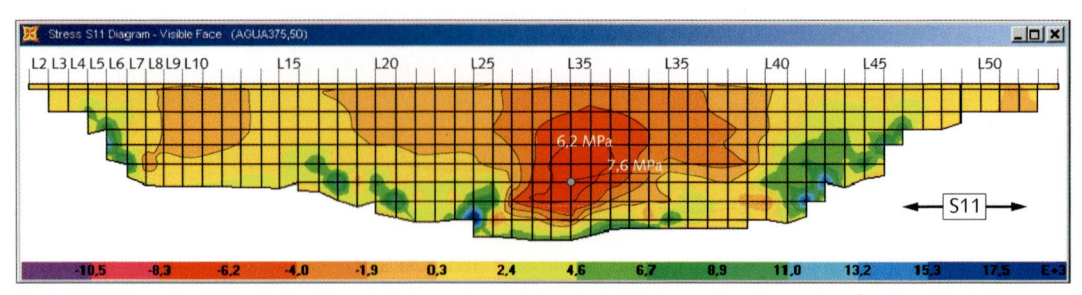

FIG. 11.37 BEFC de Itá: diagrama das tensões longitudinais na face de concreto (Xavier et al., 2007a)

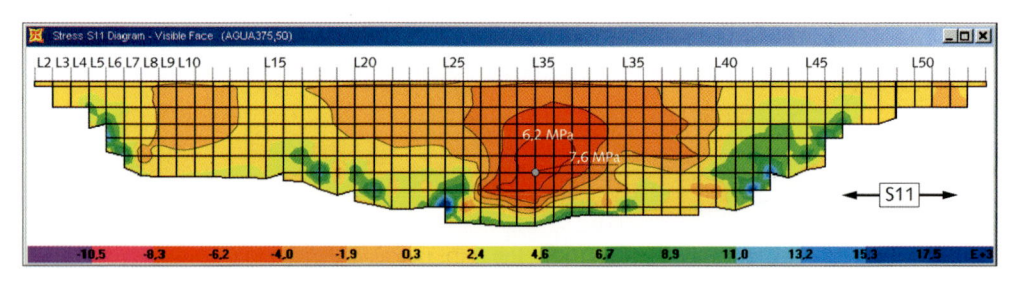

FIG. 11.38 BEFC Itapebi: diagrama das tensões longitudinais na face de concreto (Xavier et al., 2007a)

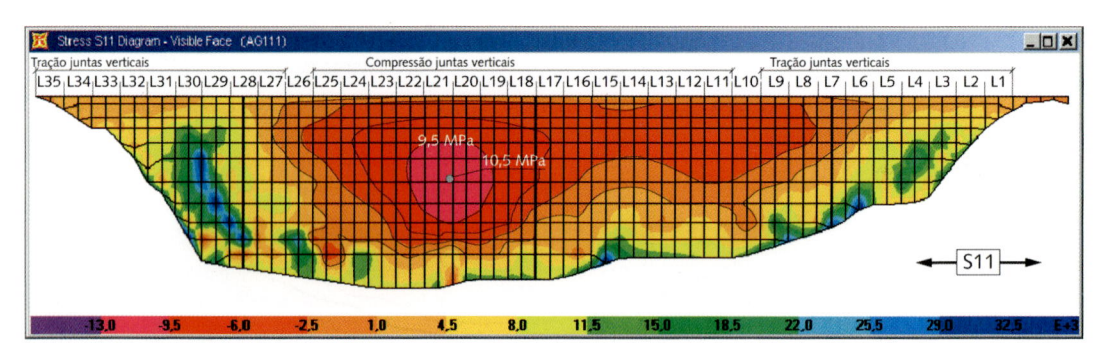

FIG. 11.39 BEFC de Campos Novos: diagrama das tensões longitudinais na face de concreto (Xavier et al., 2007a)

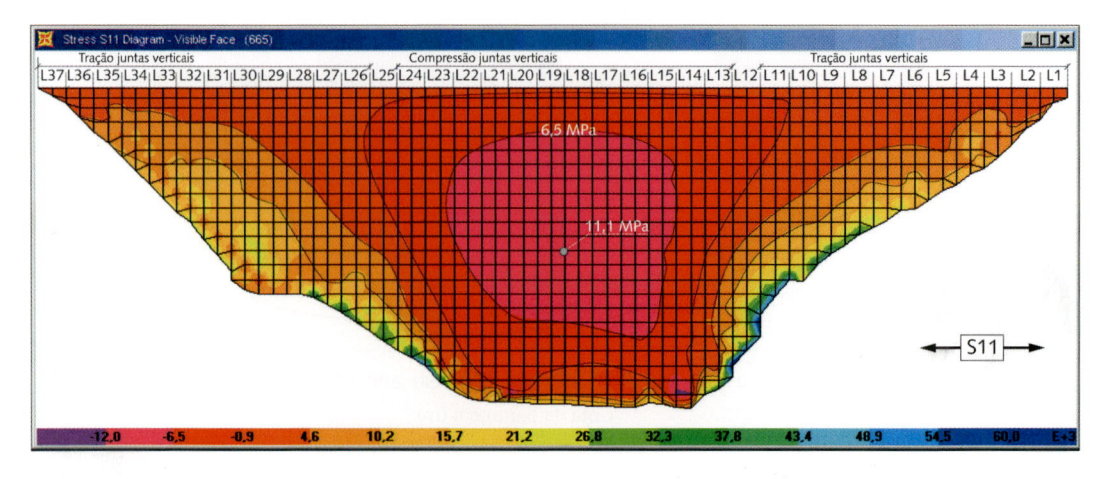

FIG. 11.40 BEFC de Barra Grande: diagrama das tensões longitudinais na face de concreto (Xavier et al., 2007a)

TAB. 11.2 Tensões de compressão previstas na laje

Características	Itá	Itapebi	Campos Novos	Barra Grande	Hongjiadu
Altura (m)	125	121	202	185	179,5
Comprimento (m)	880	583	590	665	428
Área da face (m^2)	110.000	70.400	104.600	106.000	74.751
A/H^2	7,04	4,81	2,56	3,15	2,32
Máx. tensão de compressão (MPa)	7,5	11	11	14,80	8,90

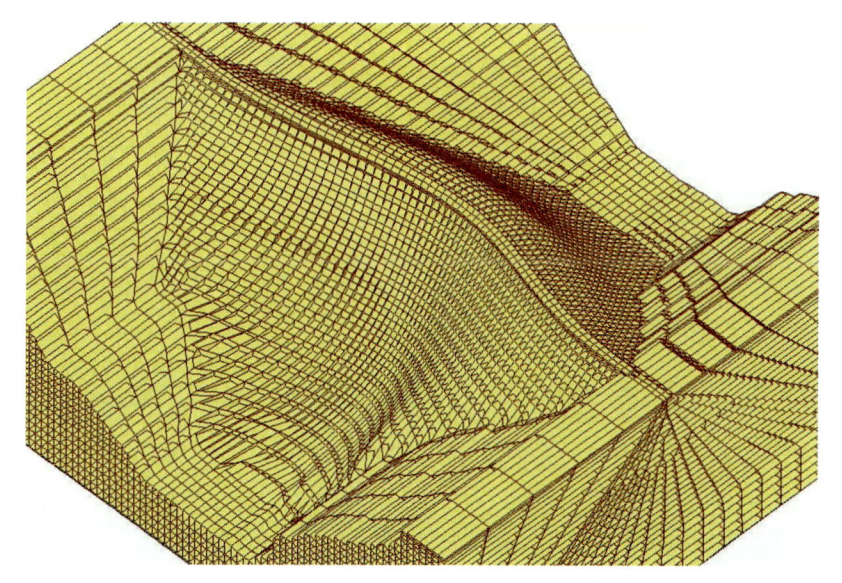

FIG. 11.41 *BEFC de Campos Novos: modelo matemático 3D (Xavier et al., 2007a)*

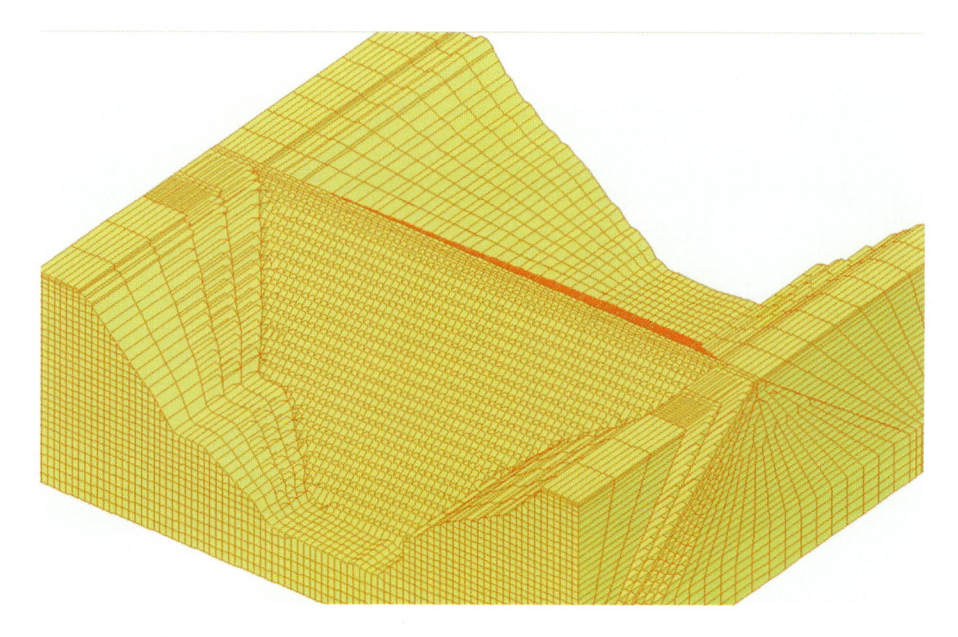

FIG. 11.42 *BEFC de Campos Novos: modelo matemático deformado (situação pós-enchimento) (Xavier et al., 2007a)*

12 | Aspectos Construtivos

Este capítulo apresenta uma revisão geral dos aspectos construtivos das BEFCs, comentada no *J. Barry Cooke Volume* (Materón; Mori, 2000) e baseada nas experiências dos autores em barragens brasileiras e em observações de trabalhos internacionais com esse tipo de barragem.

A tecnologia da construção de BEFCs tem evoluído muito rapidamente, em razão da simplicidade, dos procedimentos econômicos e da inerente segurança desse tipo de estrutura.

A demanda por construção rápida, como imposta pelo novo tipo de contratos (EPC – *Engineering Procurement and Construction*), tem motivado projetistas e construtores ao desenvolvimento de novas técnicas de projeto e metodologias construtivas, onde aplicáveis. Ao mesmo tempo, o desenvolvimento de rolos lisos vibratórios pesados, desde 1960, permitiu o projeto e a construção de BEFCs altas, com boa compatibilidade entre o módulo de compressibilidade dos enrocamentos compactados e as deformações da face de concreto.

Este capítulo discute as técnicas de construção dos diferentes elementos que formam a BEFC e apresenta as modernas tendências de construção e os resultados obtidos nos maiores projetos já em operação ou em construção no momento.

A Tab. 12.1 apresenta, em ordem cronológica, uma lista das barragens que contribuíram para o desenvolvimento do projeto e da construção nos últimos 40 anos. Na maioria dessas barragens os autores tiveram participação no projeto e na construção.

12.1 Generalidades

Os conceitos de projeto e os métodos construtivos foram apresentados e discutidos nos seguintes eventos:

a] Simpósio patrocinado pela Divisão de Engenharia Geotécnica da Sociedade Americana de Engenheiros Civis (ASCE), Detroit, EUA. Nesse encontro foi publicado o "Green Book": *Concrete Face Rockfill Dams – Design, Construction and Performance*, e pós-conferência, os volumes 112 e 113 do *Journal of the Geotechnical Engineering Division*, organizado por J. Barry Cooke e James L. Sherard.

b] Simpósio patrocinado pela Sociedade Chinesa para Engenharia Hidrelétrica e pelo ICOLD, sediado em Pequim, China, em 1993, que

TAB. 12.1 Barragens mais altas em ordem cronológica

Barragem	Ano do término da construção	País	Altura (m)	Área talude (m²)	Tipo de enrocamento
Cethana	1971	Austrália	110	30.000	Quartzito
Alto Anchicayá	1974	Colômbia	140	22.000	Hornfel-xisto
Foz do Areia	1980	Brasil	160	139.000	Basalto
Salvajina	1983	Colômbia	148	57.500	Cascalho, siltito/arenito
Aguamilpa	1993	México	187	137.000	Cascalho-ignimbrito
Xingó	1994	Brasil	150	135.000	Granito-gnaisse
Santa Juana	1995	Chile	113	39.000	Cascalho
Tianshengqiao 1	1999	China	178	180.000	Calcário, argilito
Itá	1999	Brasil	125	110.000	Basalto
Puclaro	2000	Chile	83	68.000	Cascalho
Antamina	2002	Peru	109	67.000	Calcário
Machadinho	2002	Brasil	125	77.000	Basalto
Itapebi	2003	Brasil	120	67.000	Gnaisse-micaxisto
Mohale	2003	Lesoto	145	87.000	Basalto
Barra Grande	2006	Brasil	185	108.000	Basalto
Campos Novos	2006	Brasil	202	106.000	Basalto
El Cajón	2007	México	189	99.000	Ignimbrito
Kárahnjúkar	2007	Islândia	196	93.000	Basalto
Shuibuya	2008	China	233	120.000	Calcário
Merowe	2008	Sudão	53	135.000	Gnaisse
Bakún	2008	Malásia	205	127.000	Grauvaca/folhelho

resultou na publicação de três volumes: *Proceedings of International Symposium on High Earth-Rockfill Dams (Especially CFRD)*, organizados por Jian Guocheng e outros.

c) II Simpósio sobre BEFCs, patrocinado pelo Comitê Brasileiro de Barragens (CBDB), Engevix e Copel, sediado em Florianópolis, Brasil, em 1999, que resultou no livro *Concrete Face Rockfill Dams Proceedings*.

d) Anais do "Symposium on 20 years for Chinese CFRD Construction", setembro de 2005, Yichang, China, organizado por Chen Qian.

e) Anais do III Simpósio sobre BEFCs, em homenagem a J. Barry Cooke, outubro de 2007, Florianópolis, Brasil.

As designações e a nomenclatura internacional do zoneamento da BEFC sugeridas nessas publicações estão incluídas no Cap. 3 e são fortemente recomendadas.

12.2 Construção do plinto

A construção do plinto depende da topografia do local da barragem. Logisticamente, o plinto deve ser escavado em primeiro lugar, concomitantemente à escavação dos túneis de desvio, de forma a dar continuidade à construção da barragem após o desvio do rio. No entanto, a forma do vale e o volume da escavação em alguns casos interferem nessa sequência dos trabalhos.

Em vales amplos, como Foz do Areia (160 m), Xingó (150 m) ou Itá (125 m), tem sido uma boa prática abrir estradas de acesso a pontos estratégicos do alinhamento do plinto, onde o equipamento de construção pode ser mobilizado. É muito comum dispor de tratores, carregadeiras, caminhões pesados e retroescavadeiras, complementados com equipamentos de perfuração para proceder às escavações.

Em vales fechados, onde a relação comprimento da crista dividido pela altura é menor do que 3, pode ser vantajoso construir o plinto simultaneamente à colocação do enrocamento. O aterro propicia o acesso para a execução da escavação e as operações de concretagem.

Durante a construção das barragens colombianas de Alto Anchicayá (140 m) e Golillas (125 m), os taludes das encostas eram muito íngremes e impediram a construção das estradas de acesso; a escavação do plinto foi executada junto com a construção do aterro.

12.3 Escavação

A escavação do plinto varia de acordo com o tipo de fundação. Embora haja o conceito de que o plinto deva ter como fundação rocha sã e não erodível, há vários exemplos de plintos fundados em rochas de pior qualidade, como se verá adiante.

12.3.1 Escavação em rocha sã

Esta é a prática geral. A escavação é planejada para evitar uma excessiva quebra, utilizando-se pré-fissuramento com furos espaçados a cada 0,60 m.

Geralmente o equipamento de perfuração é composto de perfuratrizes com martelos hidráulicos e, em lugares de acesso restrito, perfuratrizes de pé (*jack legs*) ou manuais. O material do desmonte é empurrado por tratores e carregado nos caminhões por retroescavadeiras hidráulicas ou carregadores frontais.

O conceito básico é obter longos alinhamentos e evitar colocar o plinto sobre muros altos. O método geral é escavar até uma boa fundação e, a seguir, usar concreto dental para nivelar a fundação, permitindo a instalação da ancoragem e da armadura prevista do plinto.

Alguns projetos exigem executar as ancoragens na rocha antes da colocação do concreto dental, mas isso complica a construção. Locais com rocha abalada devem ser tratados com chumbadores ou ancoragens para assegurar a estabilidade do plinto. O concreto dental que nivela a fundação é de baixa resistência, embora alguns projetistas exijam a mesma qualidade que a do concreto estrutural do plinto.

12.3.2 Escavação em rocha alterada

Embora o objetivo básico seja fundar o plinto em rocha sã, há casos em que é necessário defrontar zonas alteradas, apoiando o plinto sobre elas. Nestes locais é importante avaliar as características geomecânicas da fundação e adaptar as dimensões do plinto à fundação, fixando um gradiente conservador para reduzir a erosão potencial da fundação.

Durante a construção da barragem de Machadinho (125 m, Brasil), foi encontrado na área do plinto um trecho de basalto ácido alterado, com juntas abertas ou preenchidas de argila, que foi intensamente tratada. Muros altos foram construídos para suportar o plinto neste trecho.

A fundação do plinto da barragem Berg River (60 m, África do Sul) foi quase toda em rocha alterada. A rocha foi classificada pelo RMR de Bieniawski, e a dimensão do plinto foi ajustada para prevenir a erosão das feições alteradas. Fez-se a escavação com tratores, carregadores e pequenos caminhões.

12.3.3 Escavação em saprolito

Há casos nos quais, em razão da atividade hidrotermal, da presença de camadas fracas ou de zonas de cisalhamento, o projeto do plinto é forçado a suplantá-las, evitando grandes escavações.

Foi o que ocorreu em Salvajina (148 m, Colômbia), onde se colocou o plinto superior sobre rocha muito decomposta, contendo solo coesivo. Em Itapebi (125 m, Brasil), em certos trechos do plinto, foram encontradas camadas de micaxisto inseridas no gnaisse da fundação.

Há, ainda, casos na literatura técnica nos quais tratamentos locais foram feitos para evitar grandes escavações. O plinto tem sido executado em rocha alterada, sendo a fundação tratada com concreto projetado armado, com filtros para prevenir a erosão da fundação, sujeita a gradientes elevados.

12.3.4 Nos aluviões

A experiência bem conhecida de implantar o plinto sobre fundação em aluvião, em barragens com face em asfalto, tem sido utilizada com sucesso em BEFCs.

O plinto articulado é colocado sobre o material aluvionar compacto, devidamente protegido por filtros, para evitar a migração de finos ou cascalho para o enrocamento.

A escavação é executada após o rebaixamento do nível d'água por bombas ou ponteiras, removendo-se o material solto com carregadeiras ou tratores e transportando-o em caminhões.

Há muitos exemplos desse tipo de solução na Europa, China e, recentemente, na América do Sul. Santa Juana (110 m) e Puclaro (85 m), no Chile; Potrerillos (116 m) e Caracoles (130 m), na Argentina, são barragens construídas com plinto articulado sobre aluviões, interligado a paredes-diafragma para impermeabilizar a fundação.

No caso de Puclaro e El Bato (55 m), no Chile, foi admitida alguma percolação da água sob a barragem, porque a construção da parede-diafragma até a rocha se tornou muito onerosa.

12.4 EXECUÇÃO DO CONCRETO

A execução do concreto do plinto varia com a solução geométrica e a possibilidade de se construir um acesso adequado. A Fig. 12.1 mostra vários tipos de plinto.

O plinto convencional tem uma laje e a cabeça com a face perpendicular à face da laje, como se fez em Foz do Areia (Fig. 12.2), Cethana e outras barragens em rocha sã.

Em algumas ombreiras é recomendável projetar o plinto com uma laje externa de 3 a 4 m e uma laje interna para completar o comprimento que atenda ao requisito de gradiente, como no caso de Itá e Itapebi (Fig. 12.3), Brasil.

Em ombreiras muito íngremes, em vales estreitos, é comum o plinto ser projetado como se fosse uma parede ancorada na rocha, como foi o caso de Alto Anchicayá e Golillas, na Colômbia.

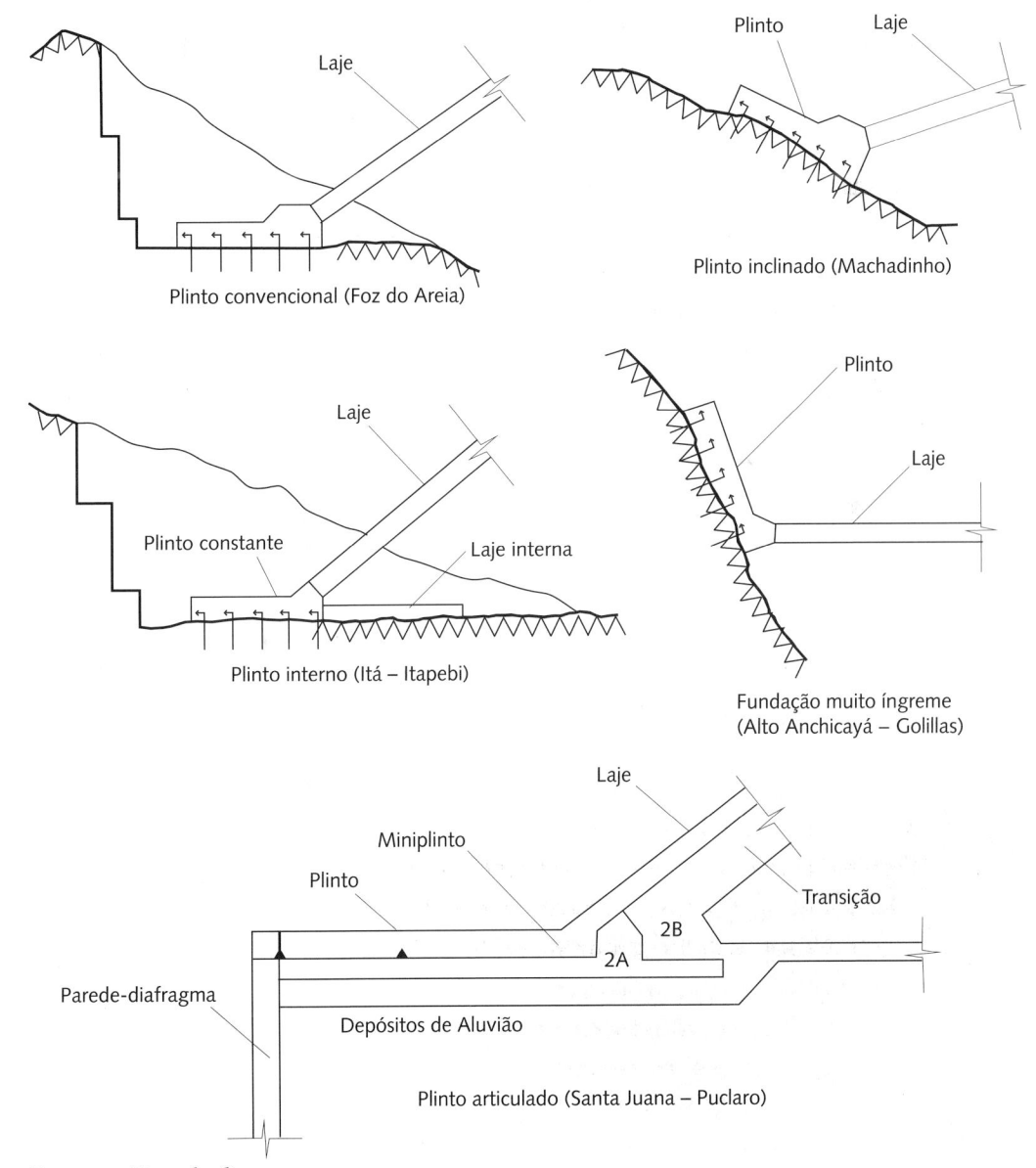

FIG. 12.1 *Tipos de plintos*

FIG. 12.2 *BEFC de Foz do Areia: plinto em construção*

FIG. 12.3 *BEFC de Itapebi: plinto com laje interna*

12.4.1 Tipo de concreto

O concreto especificado normalmente é fabricado com pozolana ou cimento pozolânico com resistência de 21 MPa aos 28 dias; porém, dependendo do tempo de operação, em alguns casos especifica-se a mesma resistência, porém aos 60 e 90 dias.

O concreto é fabricado em usinas convencionais e transportado por caminhões betoneira de 5-6 m^3 de capacidade, para ser colocado nas fôrmas por meio de guindastes com caçambas ou bombeado, quando não se dispõe de acesso direto.

12.4.2 Tipo de fôrmas

Fôrmas de madeira são, em geral, preferidas na construção da maioria dos plintos. Entretanto, em locais onde o plinto foi projetado para trechos longos, é conveniente adotar fôrmas deslizantes (Fig. 12.4) operadas com macacos hidráulicos em trilhos, ou guinchos com cabos para movimentar as fôrmas para cima. Xingó e Itapebi, no Brasil, utilizaram fôrmas deslizantes.

Em Merowe, Sudão, onde o comprimento do plinto era de vários quilômetros, a solução prática foi usar uma fôrma metálica com guinchos internos para acionar o cabo ancorado adiante dela.

12.4.3 O plinto articulado

O plinto articulado é utilizado em depósitos aluvionares. Normalmente, dependendo da espessura do aluvião no leito do rio, a articulação é feita por duas ou três lajes, como no caso das barragens de Santa Juana (Fig. 12.5) e Puclaro, no Chile.

A sequência construtiva é:
- nivelar a fundação depois de remo-

FIG. 12.4 *Plinto com fôrmas deslizantes*

ver todo o material solto e preparar a fundação compactando o aluvião com várias passadas do rolo vibratório;
- colocar os materiais de transição, 2A e 2B, compactando e nivelando a área;
- construir um miniplinto (uma vez concluído o miniplinto, a construção do aterro do cascalho prosseguir);
- simultaneamente, colocar as paredes-guia para a construção da parede-diafragma;
- deposição da parede-diafragma em painéis como um serviço independente;
- finalmente, quando o aterro de cascalho estiver completo, executar os plintos intermediários.

A construção do miniplinto e das lajes intermediárias requerem equipamentos semelhantes aos da construção do plinto convencional.

12.4.4 Parede-diafragma

A execução da parede-diafragma requer equipamento especializado para a escavação e lançamento do concreto. Dependendo da largura da parede (0,80 – 1 m), será necessária a construção de paredes-guia de concreto reforçado (21 MPa). Essas paredes-guias têm espessura de 0,20 a 0,25 m e altura de 1 a 1,5 m. Elas servem para ajudar no alinhamento do diafragma, controlar o nível do concreto plástico e também para permitir a fixação dos tubos *tremie* (para deposição do concreto abaixo do N.A.) durante a construção do diafragma (Fig. 12.6).

FIG. 12.5 *BEFC de Santa Juana: plinto articulado em aluvião*

FIG. 12.6 *Típica construção do muro-guia*

A abertura entre as paredes-guia é sempre um pouco maior do que a dimensão teórica do diafragma. A escavação é feita com retroescavadeiras.

O material escavado pode ser reutilizado para dar estabilidade às paredes antes de colocar a bentonita.

A escavação do diafragma é feita com escavadeiras clamshell tipo Kelly, cujas dimensões são adequadas aos painéis principais que, em geral, têm 6,0 m de comprimento, sendo a concha de 2,50 m.

Portanto, as escavações podem ser feitas em três etapas: dois painéis de 2,50 m e um central, de 1 m, garantindo a superposição com os dois painéis laterais.

A estabilidade da escavação é feita colocando-se uma mistura de bentonita simultaneamente à remoção do material.

Para preparar a mistura da bentonita, a prática usual é usar misturadores e bombas que a depositam em piscinas próximas à escavação do diafragma. Após a escavação do aluvião, utilizam-se "cinzéis" ou equipamento especial metálico para penetrar na rocha, como se vê na Fig. 12.7.

A parede-diafragma pode ser feita com concreto convencional, armado nos primeiros 6 a 10 m, ou com concreto plástico, que se acomoda melhor às deformações do aluvião, durante a construção do aterro e durante o enchimento do reservatório.

A colocação do concreto no painel escavado é executada com o equipamento descrito:

- 1 conjunto de caminhões misturadores de concreto;
- 2 tubos *tremie* de concreto;
- 4 funis para descarregar o concreto;
- 1 guindaste;
- 1 bomba para circular a mistura de bentonita;
- 2 laboratórios com pessoal;
- 1 encarregado;
- 8 - 10 trabalhadores.

Um método alternativo de escavação pode ser adotado utilizando uma hidrofresa hidráulica pesada, como no caso de Merowe (Sudão). Esse equipamento é capaz de escavar rocha com penetração de 5 m para encaixe do diafragma na rocha de fundação (Fig. 12.8).

12.4.5 Injeção

Uma das vantagens das BEFCs é que a injeção é uma operação independente da construção da barragem, porque lhe é externa. Essa operação não deve afetar o cronograma da construção.

Uma vez terminado o plinto, a operação de injeção pode ser iniciada usando-se a laje do plinto como um tampo à injeção. A perfuração para a

FIG. 12.7 *Penetração em rocha com cinzéis*

FIG. 12.8 *Hidrofresa*

injeção é normalmente realizada com equipamento de percussão. Quando o plinto é horizontal, vários equipamentos de perfuração podem operar simultaneamente, como mostrado na Fig. 12.9.

Quando o plinto é inclinado, o equipamento de perfuração desloca-se sobre ele por meio de equipamento mecânico acionado por *tirfors* ou guinchos elétricos operados do ponto mais alto do alinhamento do plinto. Durante a construção de Messochora, (150 m, Grécia), o equipamento de perfuração foi montado em trilhos e movimentado por meio de cabos, graças ao alinhamento retilíneo. A Fig. 12.10 mostra o alinhamento do plinto e o equipamento de perfuração.

Em Itá (Brasil), o equipamento de perfuração foi montado em plataformas que permitiram nivelar a posição da perfuratriz, e o equipamento era movimentado por cabos e roldanas. A Fig. 12.11 ilustra os equipamentos para injeção utilizados em Foz do Areia.

Em vales estreitos, onde o plinto é inclinado ou quase vertical, a perfuração é executada com equipamentos de perfuração pequenos (*jack legs*) ou martelos de perfuração manuais, utilizando-se o

FIG. 12.9 *BEFC de Merowe: equipamento de perfuração para injeção do plinto*

FIG. 12.10 *BEFC de Messochora: equipamento de perfuração para injeções*

FIG. 12.11 *BEFC de Foz do Areia: equipamento de perfuração sobre plataforma de madeira*

aterro como uma plataforma próxima da injeção.

Recentemente o método GIN foi adotado em algumas BEFCs, como Aguamilpa, Pichi Picún Leufú e Corrales, no Chile, e Mohale (145 m), em Lesoto. A injeção é preparada em contêineres e bombeada para os furos de injeção utilizando-se bombas "Moyno" ou bombas deslocáveis.

Algumas dessas bombas podem ser suplementadas com equipamentos automáticos de controle, quando o produto da vazão de injeção multiplicado pela pressão alcança o número da hipérbole do método GIN. Em Pichi Picún Leufú, um equipamento "Jean Lutz" foi instalado para controlar automaticamente a penetração da calda de injeção.

As injeções têm sido executadas por dois métodos: injeção a partir do topo e reperfuração da zona injetada para a continuação do estágio; e injeção a partir do fundo, usando obturadores calibrados no trecho selecionado, que é de aproximadamente 3 m.

12.5 Desvio do rio

O desvio do rio pode ser feito por dois métodos clássicos:
a] por túneis;
b] por encaixe do rio numa das margens para permitir a construção da estrutura de concreto (vertedouro) pela qual o rio será desviado mais tarde.

Para o primeiro caso (túneis), o desvio pode ser otimizado elegendo-se a estação seca para fazê-lo, assumindo-se riscos calculados para as enchentes das estações seguintes.

Aterros de enrocamento permitem o galgamento se forem projetadas proteções adequadas utilizando-se enrocamentos armados (Cethana, Austrália) e gabiões localizados a jusante, como descrito nos projetos australianos.

Em grandes rios, o desvio é feito por meio de uma estratégia que visa reduzir o tamanho dos túneis, o que pode requerer a construção de etapas internas do enrocamento para prevenir o galgamento da barragem durante a construção.

No caso de Xingó (Brasil), decidiu-se construir a barragem com uma ensecadeira interna, a qual poderia ser galgada na próxima estação úmida pós-desvio. Uma camada de proteção de concreto compactado foi construída sobre o talude de jusante, para eventuais cheias maiores que 10.500 m³/s. Essa cheia corresponde a um período de retorno de 180 anos. A estratégia do desvio foi, então, planejada para as etapas futuras da construção da barragem, para garantir uma proteção contra uma cheia de 500 anos.

Em TSQ1, o aterro de enrocamento foi inundado várias vezes durante a primeira estação úmida, como mencionado nos Caps. 3 e 6. Medidas de proteção foram adotadas para garantir um galgamento seguro, tais como enrocamentos armados nas paredes laterais e nos taludes, e inundação prévia do espaço entre a ensecadeira de jusante e a barragem. As ensecadeiras de jusante e montante tinham taludes de jusante muito abatidos e protegidos com cobertura de placas de concreto. O galgamento foi bem-sucedido, com apenas algum estrago na ensecadeira de jusante. As Figs. 12.12 e 12.13 mostram aspectos desse galgamento.

Um aspecto interessante no projeto de Xingó foi o fechamento do rio utilizando-se três em vez das duas ensecadeiras convencionais de enrocamento, para forçar o desvio do rio pelo túnel. A grande perda de carga entre as ensecadeiras de montante e jusante requereu um terceiro dique localizado no eixo da barragem. O enrocamento lançado dentro d'água foi considerado aceitável para integrar a barragem, em razão da sua localização na parte central desta.

12.5.1 Estratégias de desvio

A construção das barragens tem de ser ajustada à estratégia de desvio selecionada para evitar o galgamento do aterro. O desvio do rio é projetado reduzindo-se o tamanho dos túneis de desvio e a altura das ensecadeiras, para permitir a construção da seção prioritária dentro da barragem, de tal forma que durante o próximo período de chuvas, pós-desvio, essa seção da barragem possa resistir a períodos de retorno de 300 ou 500 anos.

12.5.2 Seções prioritárias

A seção prioritária pode ser construída alteando-se a porção de montante da barragem, como planejado para Aguamilpa (México), Foz do Areia e Segredo (Brasil) e TSQ1 (China), ou construindo-se um alteamento interno da barragem, como executado nos projetos de Itá e Machadinho (Brasil).

FIG. 12.13 BEFC TSQ1: *galgamento do enrocamento*

FIG. 12.12 BEFC TSQ1: *galgamento protegido por gabião*

A ensecadeira principal controla o risco de galgamento no período seco. Para o primeiro período de chuvas, um canal fusível ou outro recurso é construído para prevenir a perda da ensecadeira principal por galgamento. A seção prioritária dentro da barragem irá evitar qualquer galgamento sobre o enrocamento principal, o que seria catastrófico.

Para evitar grandes vazões através do enrocamento principal, uma camada de transição semipermeável é colocada a montante do talude da seção prioritária, quando esta é construída a jusante. Essa transição irá criar uma restrição no gradiente hidráulico, tornando-se um controle efetivo da vazão através do enrocamento. Posteriormente essa transição deve ser removida para evitar um possível e indesejável acúmulo de água dentro do enrocamento a montante da seção prioritária, que poderá aumentar os recalques diferenciais posteriores à construção.

Logisticamente é sempre melhor e mais econômico construir primeiro o plinto, para permitir a construção da seção prioritária a montante, usando unicamente material de transição 2B, o qual, sendo semi-permeável, restringe o gradiente e reduz o fluxo através do enrocamento principal. Esse material 2B é protegido atualmente pela mureta de concreto extrudado. Entretanto, em algumas barragens o acesso à construção ou a topografia local impedem o início do plinto antes do desvio. Nesses projetos adota-se uma seção prioritária interna. A Fig. 12.14 mostra estágios de desvio de quatro barragens, indicando a escolha das seções prioritárias.

12.5.3 Etapas

Dependendo da forma do vale, é sempre possível prever a estratégia de construção para dividir a barragem em etapas. Deve-se prever proteções adequadas ao aterro de enrocamento, de acordo com o cronograma de construção da barragem, como mostrado na Fig. 12.15.

Essa é uma das questões significativas em BEFCs. Barragens altas como Foz do Areia, Segredo, Mohale, Itá, TSQ1 etc. têm sido divididas em etapas durante a sua construção.

A Fig. 12.15 descreve a estratégia das etapas adotadas em Xingó (150 m, Brasil), onde foi possível construir a barragem com as seguintes etapas:

Etapa I – Colocou-se nas duas ombreiras, antes do desvio, um volume substancial de enrocamento proveniente da escavação da tomada de água, da casa de força e das estruturas de desvio. Essa etapa foi executada simultaneamente à construção dos quatro túneis de desvio.

Etapa II – Depois do desvio do rio, a barragem foi alteada até a mesma elevação da ensecadeira, construindo-se uma proteção de concreto compactado a rolo, para o caso de alguma cheia galgar a ensecadeira e o aterro durante o primeiro período de chuvas.

Etapa III – A seção principal foi parcialmente construída até a elevação 118 m, e o enrocamento a montante foi alteado até a elevação 70 m. Isso permitiu a construção da face de concreto simultaneamente à colocação do enrocamento para completar a seção principal, proporcionando uma proteção contra enchentes com recorrência de 500 anos.

Etapa IV – Construção da barragem até a crista.

Em Aguamilpa (187 m, México), a ensecadeira principal foi projetada para uma cheia de frequência de 1:100 anos. Depois do desvio, uma cheia do rio (10.800 m^3/s) galgou a ensecadeira principal. Um fusível lateral foi aberto para evitar a perda da ensecadeira. Uma vez que o enrocamento principal tinha altura suficiente para desviar a cheia do

Aspectos Construtivos | 329

Foz do Areia – 160 m – Brasil

Estágio 1A Antes do desvio – Ombreira direita

Estágio 1B Depois do desvio – 1:500 anos (Seção prioritária)

Estágio 2 Simultâneo com a laje

Estágio 3 Término da barragem – muro-parapeito

Xingó – 150 m – Brasil

Estágio 1A Antes do desvio – ambas as ombreiras

Estágio 2 Depois do desvio

Estágio 3 Seção prioritária – 1:500 anos – laje na el. 70

Estágio 4 Término da barragem – muro-parapeito

Segredo – 145 m – Brasil

Estágio 1A Antes do desvio – Ombreira direita

Estágio 1B Depois do desvio – 1:500 anos

Estágio 2 Simultâneo com a laje el. 570

Estágio 3 Término da barragem – muro-parapeito

Itá – 125 m – Brasil

Estágio 1A Antes do desvio – ambas as ombreiras

Estágio 1B Término da seção prioritária

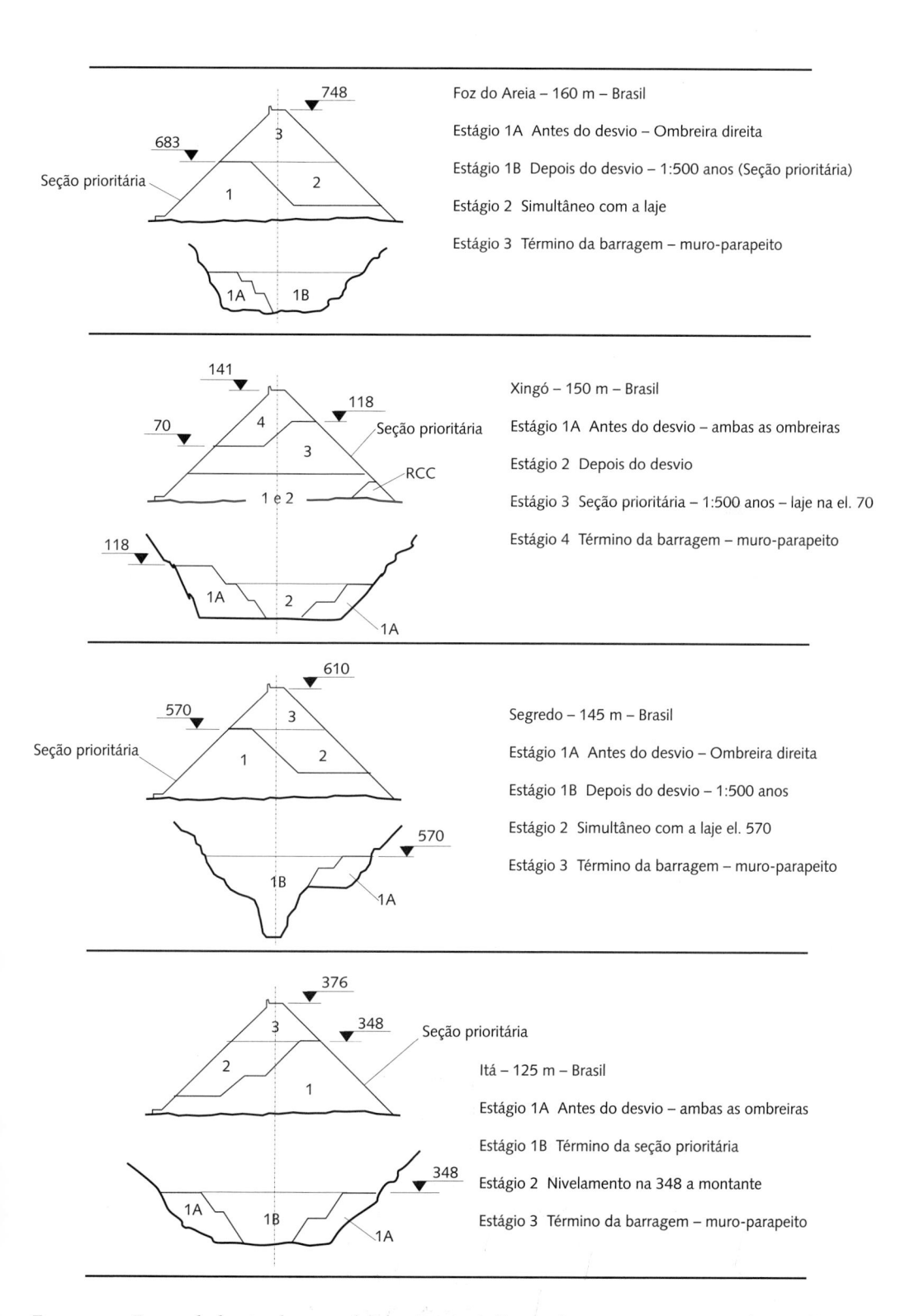

Estágio 2 Nivelamento na 348 a montante

Estágio 3 Término da barragem – muro-parapeito

FIG. 12.14 *Etapas de desvios de quatro barragens, com indicação das seções prioritárias selecionadas*

Estágio 1: enrocamento antes do desvio, onde:

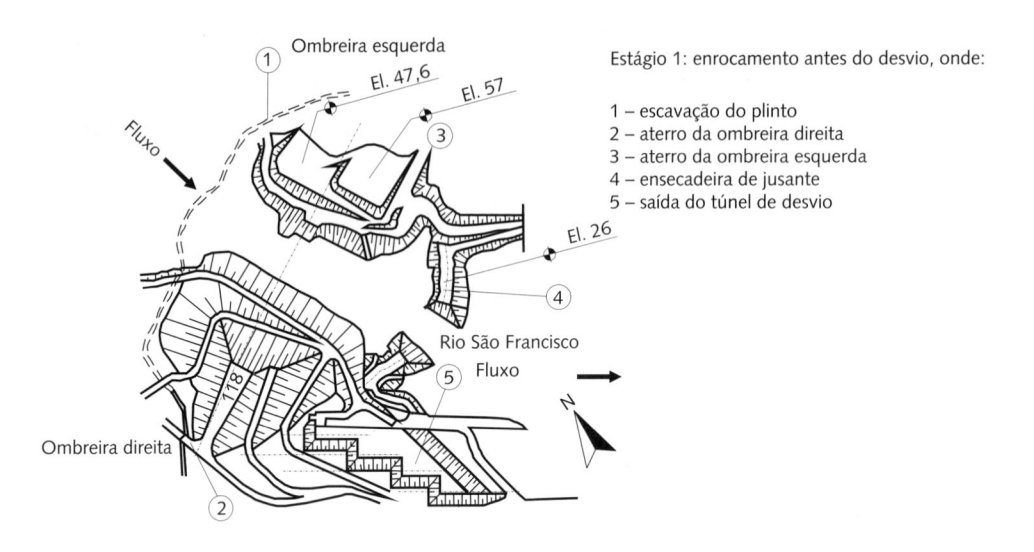

1 – escavação do plinto
2 – aterro da ombreira direita
3 – aterro da ombreira esquerda
4 – ensecadeira de jusante
5 – saída do túnel de desvio

Estágio 1 – estrangulamento do rio antes do desvio

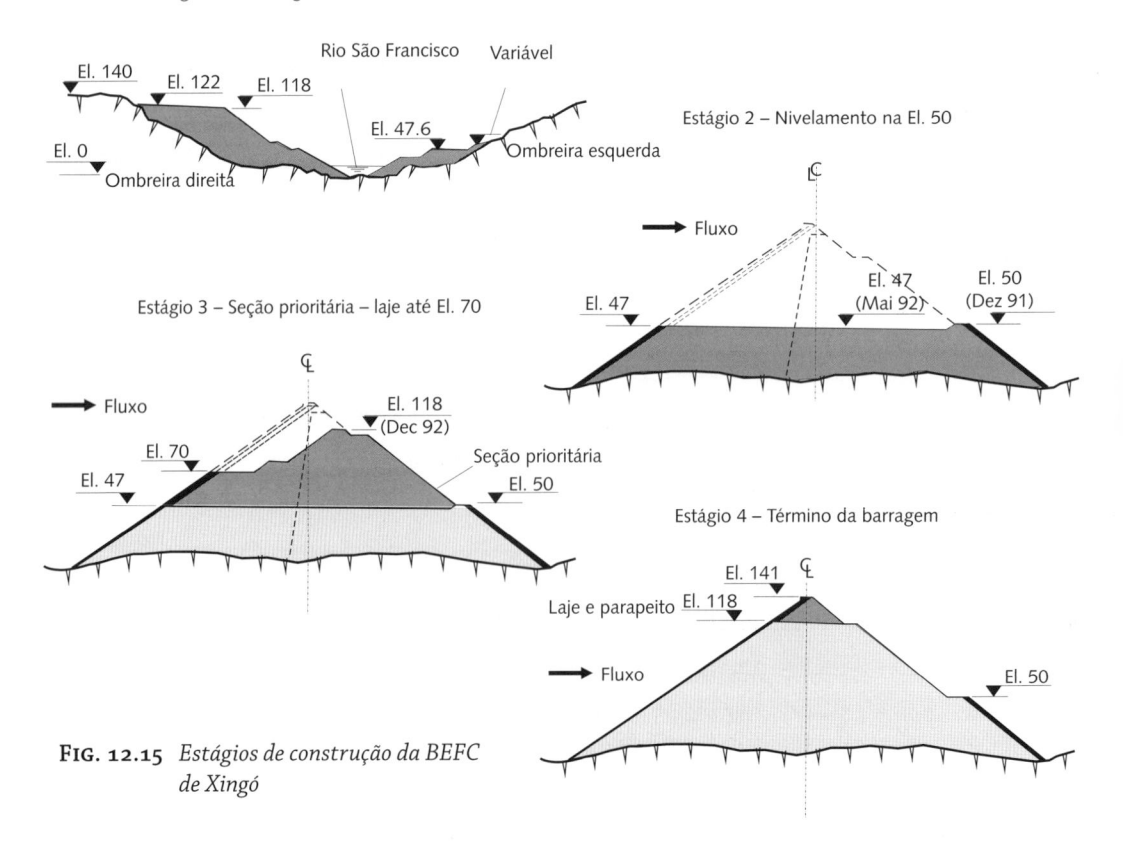

Estágio 2 – Nivelamento na El. 50

Estágio 3 – Seção prioritária – laje até El. 70

Estágio 4 – Término da barragem

FIG. 12.15 *Estágios de construção da BEFC de Xingó*

rio para os túneis de desvio, a barragem não foi galgada e a construção continuou. Aguamilpa não tinha a mureta extrudada e alguns estragos ocorreram no material 2B (Castro et al., 1993).

12.5.4 Cronograma

O cronograma de construção de uma BEFC alta é relacionado ao local específico da construção e às etapas de construção da estrutura.

Para arranjos convencionais, como o mostrado na Fig. 12.16, onde o rio é desviado através de túneis, é usual iniciar o aterro de enrocamento antes do desvio. A construção da barragem pode ser dividida nas seguintes etapas:

A – Mobilização, acessos, escavação da ombreira, construção do desvio, construção do plinto acima do nível d'água do rio e aterro antes do desvio.

B – Desvio do rio, ensecadeira, escavação do leito do rio, rebaixamento d'água, colocação do enrocamento e construção do plinto no leito do rio; início da seção prioritária, injeção.

C – Término da seção prioritária, primeira etapa da construção da laje, construção do enrocamento de jusante, finalização da injeção.

D – Término do aterro até a crista, etapa final de construção da laje.

E – Parapeito e aterros complementares.

Na fase A é extremamente importante preparar os acessos para a construção da barragem e iniciar a escavação do plinto, acima do nível do rio, e concretá-lo antes do desvio do rio.

Atrasos na construção do plinto sempre afetam o cronograma geral da barragem. O plinto é construído acima do N.A. máximo do rio. Em vales abertos, como os de alguns locais brasileiros, é recomendável e econômico iniciar a colocação do enrocamento sobre as ombreiras antes do desvio.

Na etapa B, o rio é desviado através dos túneis, com a construção das ensecadeiras correspondentes. Após o rebaixamento da água, é possível iniciar a escavação no leito do rio e completar o plinto nesse trecho. Simultaneamente, a seção prioritária é iniciada pela colocação do enrocamento 20-30 m a jusante do plinto. Pode-se iniciar a injeção como atividade independente.

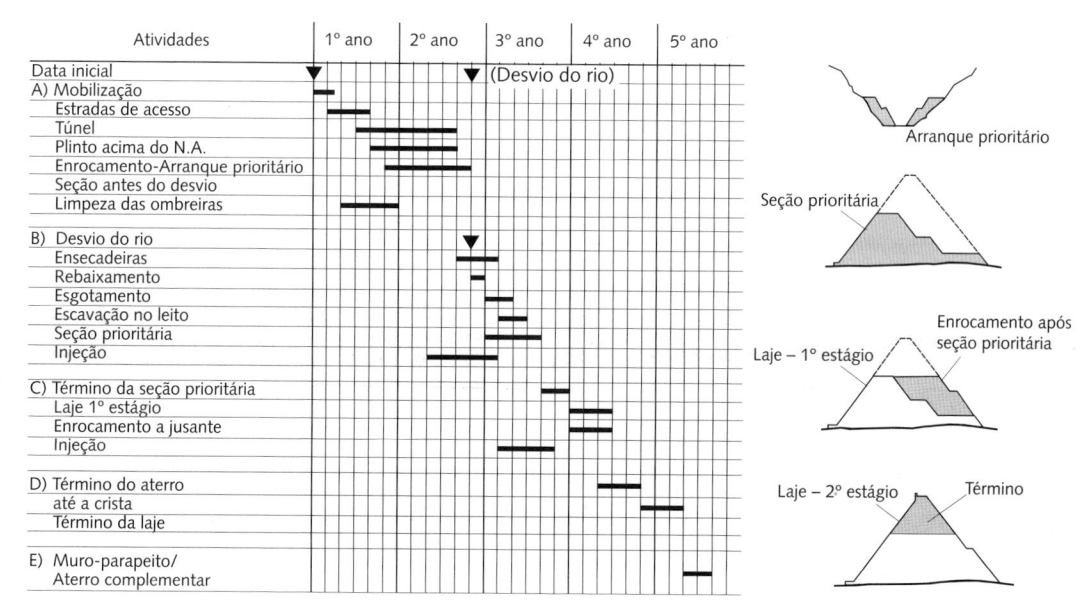

FIG. 12.16 *Típico cronograma de construção de uma BEFC*

Na etapa *C*, a seção prioritária é finalizada. O primeiro estágio de construção da laje é iniciado juntamente com o enrocamento de jusante em ações simultâneas para nivelar a barragem na mesma altura da laje. A injeção prossegue.

Na etapa *D*, a construção do aterro é completada e serve de fundação do parapeito; executa-se também o último trecho da laje. É importante ter em mente que durante as etapas *B* e *D*, colocam-se os materiais de transição. Esses materiais são processados e é recomendável dispor de pilhas de estoque, evitando que sua falta prejudique a construção. Há muitos casos de BEFCs cuja construção foi afetada pela falta dos materiais de transição, que impediu a subida do aterro.

Finalmente, a etapa *E* inclui o parapeito e o término do enrocamento. Construções de parapeitos altos consomem precioso tempo de construção. Parapeitos pré-moldados reduzem o tempo da construção, como se deu nas barragens de Pichi Picún Leufú (Argentina) e Itapebi (Brasil). Ver Fig. 12.17.

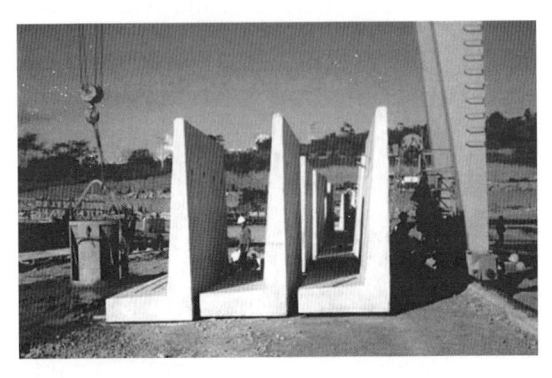

FIG. 12.17 *Barragem de Itapebi: parapeito pré-moldado*

12.6 Construção dos aterros

Geralmente, vários tipos de aterros granulares têm sido usados na construção das BEFCs, propiciando um zoneamento adequado para o corpo da barragem.

12.6.1 Tipos de aterros

Tipos de aterros variam desde enrocamento de rocha sã proveniente de escavações das estruturas até depósitos de cascalho ou combinações de materiais. Cascalhos e enrocamento foram colocados em camadas alternadas em Santa Juana (Chile) e Caracoles (Argentina).

Enrocamento

Enrocamentos são obtidos de pedreiras ou das escavações obrigatórias das estruturas. Eles podem ser desde rocha sã e bem graduados a rocha dura e uniformes, quase sem finos, como no caso dos basaltos utilizados em barragens brasileiras ou na barragem de Mohale (Lesoto).

Enrocamentos de rocha alterada têm sido utilizados no espaldar de jusante $3C$ ou na zona central (T), e a rocha é afastada da face de concreto.

O emprego de enrocamentos tem sido muito discutido na literatura técnica. Teoricamente, todos os tipos de rocha têm sido usados em BEFCs, otimizando sua localização na seção da barragem, com material de baixa compressibilidade no espaldar de montante.

Aterro de cascalho

A experiência de utilização de cascalho aluvionar compactado em barragens altas, como Aguamilpa (México) ou Salvajina (Colômbia), tem aberto as portas para a exploração desse material em barragens novas, como Santa Juana e Puclaro, no Chile, e Pichi Picún Leufú, Los Caracoles e Punta Negra, na Argentina.

A compressibilidade do cascalho é geralmente muito menor que a do enrocamento.

Outros materiais não coesivos, como depósitos fluviais, são também excelentes para a construção das zonas internas desse tipo de barragem.

Aterro combinado

Combinações de enrocamento e de cascalho têm sido economicamente utilizadas na construção de vários projetos, colocando-se o cascalho na zona de montante e o enrocamento na zona de jusante. Considerando que a compressibilidade do enrocamento pode ser de 5 a 6 vezes maior que a do cascalho compactado, cuidados especiais são necessários nas seções mais elevadas da barragem, cuja largura é menor.

Em barragens de cascalho, onde o volume de rocha escavada não é significativo para justificar a separação de zonas de enrocamento e de cascalho, tem-se utilizado a combinação de ambos os materiais.

Como já comentado, durante a construção da barragem de Santa Juana, os materiais de escavação do vertedouro foram colocados alternadamente com cascalho a jusante. O melhor cascalho compactado foi colocado a montante. Solução similar foi usada nas barragens de Caracoles e Punta Negra, na Argentina.

A combinação de materiais requer uma análise de recalques diferenciais entre as duas zonas, o que pode induzir trincas na zona de transição ou na laje de concreto.

12.6.2 Zoneamento do aterro

Equipamentos e técnicas de construção são definidos de acordo com o zoneamento da barragem. Uma vez que cada zona é lançada com determinada espessura de camada e número de passadas do equipamento de compactação, é importante recordar que cada zona deve ser identificada de acordo com a nomenclatura internacional apresentada no Cap. 3.

Zona 1

Consiste de um random que recobre o depósito de areia fina siltosa localizada sobre a junta perimetral a montante da face da laje. A areia siltosa fina é um elemento migratório em caso de ruptura no veda-junta e que pode obturar as aberturas. A prática antiga de utilizar material argiloso foi abandonada, uma vez que esse material coesivo mantém aberto um vão entre o aterro e o concreto da face.

O volume do material granular é pequeno, porque não se trata de um tapete de montante, mas somente de um depósito para obturar as fissuras comuns ou eventuais juntas abertas que ocorram nas lajes.

Divide-se em duas zonas secundárias:
• Zona 1A – Situada sobre a junta perimetral, é geralmente de areia fina

aluvionar siltosa, cinza de carvão ou cinza volante (*fly ash*). Seu volume é pequeno, porque o material é necessário somente para preencher as juntas abertas ou as fissuras da laje adjacente;

- Zona 1B – É o material random de confinamento e proteção do material da zona 1A contra erosão por água durante a construção. Um aterro de random lançado no leito do rio e sacos de areia colocados nas ombreiras são formas satisfatórias de executar a zona 1B.

Recentemente, em barragens altas, esse material passou a ser colocado como proteção da parte inferior da laje da face.

Zona 2

Consiste na construção dos filtros sob a laje e também se dividem em duas subzonas:

- Zona 2A – Situada sob a junta perimetral, é feita com material processado com uma graduação de filtro para reter a areia siltosa fina que migrar através da junta, obstruindo e impedindo qualquer passagem dos finos;
- Zona 2B – É a zona de transição para a face da laje. É feita também com um material processado, colocado sob a laje principal, com um tamanho máximo de 3 a 4 polegadas. A função desse material é fornecer a sustentação da laje e controlar a passagem da água em caso de vazamento eventual através da junta da laje da face, ou durante a construção, ocorrendo eventual galgamento da ensecadeira, como em Aguamilpa (México). Com o desenvolvimento da mureta extrudada, essa transição é bem protegida contra a erosão por chuvas.

Durante a construção, as deformações ocorrem continuamente. Não há necessidade de preencher a linha *offset* do projeto para a zona 2B. A BEFC TSQ1 pode ser um caso único, onde a linha *offset* foi recomposta espalhando-se e compactando-se manualmente o material 2B adicional.

Zona 3

É a zona do enrocamento do corpo principal da barragem.

A zona 3A é, em geral, uma zona de transição situada entre as zonas 2B e 3B. Seu material algumas vezes é processado, mas normalmente se trata de enrocamento fino selecionado na pedreira e estocado especialmente para essa finalidade. Esse material é espalhado e compactado em camadas de espessura igual à do material da zona 2B.

A zona 3B é o enrocamento principal, compactado em camadas de, no máximo, 0,80 m a 1,00 m, dependendo do rolo vibratório utilizado. Fica situada imediatamente a jusante de 3A, com variação do limite jusante, que depende do tipo de granulometria, da altura da barragem e das especificações do projeto. É prática comum que o material 3B seja estendido até pelo menos 1/3 da largura da seção tranversal. Recentemente essa zona passou a ser aumentada para a jusante do eixo da barragem.

A zona 3C é construída com o mesmo material ou com uma rocha mais alterada, compactada em camadas de até 1,2 m. Blocos grandes e rochas menos resistentes são aceitáveis nessa zona, que fica localizada a jusante do eixo da barragem, ou, mais recentemente, a jusante das zonas 3B ou T.

Entre as zonas 3B e 3C às vezes cria-se uma zona morta, a zona T, onde materiais de qualidade inferior são utilizados. Esse zoneamento pode contribuir para um balanço do enrocamento e para tornar o projeto mais econômico, como foi o caso de Xingó e TSQ1.

Embora em algumas barragens altas tenham sido compactadas camadas de até 2 m, os autores recomendam reduzir a espessura aos valores anteriormente indicados.

Zona 4

A zona 4 é um enrocamento de blocos grandes colocados no talude de jusante. Geralmente o material é empurrado para o talude e arrumado para dar a este um aspecto agradável, como feito nas barragens de Foz do Areia e Xingó, e, recentemente, na barragem de Bakún (Fig. 12.18).

Zona drenante

Quando no enrocamento predominam finos e sua permeabilidade é baixa, requer-se a provisão de uma zona de drenagem. A localização mais apropriada da camada drenante é aproximadamente o eixo da barragem.

Durante o alteamento da barragem, o centro da seção do enrocamento recalca mais, e a água de chuva que penetra na barragem escoa para o centro da seção, mesmo depois da construção da laje da face e do enchimento do reservatório.

Cada camada compactada tem mais finos no topo do que na base, o que gera uma anisotropia que pode causar recalques adicionais indesejáveis. Adicionalmente, a fundação de jusante deve ser coberta por um enrocamento mais uniforme e são.

A barragem de Porce III, construída com xistos com finos, tem uma zona drenante no eixo da barragem conectada a um filtro horizontal processado.

12.7 Construção do aterro

As técnicas de construção são resumidas aqui, complementando-as com comentários relativos às novas práticas aplicadas na execução das barragens mais recentes.

12.7.1 Lançamento das camadas

A camada é espalhada em espessuras que variam entre 20 cm e 50 cm para as zonas 2 e 3A, e de 0,80 m a 1,20 m para as demais zonas do enrocamento. As barra-

Fig. 12.18 *BEFC de Bakún: talude de jusante*

gens muito elevadas com enrocamentos de granulometria uniforme devem ser compactadas em camadas de 0,80 m.

12.7.2 Compactação

O material siltoso localizado na zona 1A é simplesmente lançado ou ligeiramente compactado em camadas de 0,20 m a 0,30 m, por meio de placas vibratórias, e confinado contra a laje da barragem pelo material 1B, um material *random* compactado por equipamentos de construção (caminhões de 20 t e tratores).

A zona 2A, situada sob a junta perimetral, é colocada em camadas de 0,20 m e compactada por placas vibratórias manuais. Na face do talude é também compactada por placas vibratórias montadas numa retroescavadeira. Em alguns projetos, faz-se a adição de 3% a 4% de cimento para dar alguma coesão e estabilidade ao material durante a remoção da proteção do veda-junta.

O material da zona 2B é geralmente compactado em camadas de 0,30 m (cascalhos) e de até 50 cm para o enrocamento processado. Com o desenvolvimento do concreto extrudado, chamado de "Método de Itá", a compactação no talude foi eliminada.

Os equipamentos de construção típicos usados para o transporte, o lançamento e a compactação dos materiais da zona 2B nas barragens altas requerem grandes volumes. Em geral, o transporte de materiais processados para a barragem é realizado com caminhões articulados de 20 t a 25 t, que são carregados por carregadeiras frontais com capacidades compatíveis com as unidades do transporte. É útil criar um estoque do material contendo de 20% a 30% do volume total a ser colocado, porque a demanda desse material aumenta com a subida do aterro. As grades e as escavadeiras são usadas também para espalhar o material, bem como os rolos vibratórios de 6 t para a compactação.

Quando o material é processado de uma pedreira com deficiência de finos, como o basalto encontrado no Brasil ou na África do Sul, a gradação não pode atender à proposta de Sherard. Em barragens recentes, como Itá, Machadinho, Mohale, Antamina, Bakún e Kárahnjúkar, a mureta extrudada permitiu eliminar a compactação da face. Esse método é explicado adiante neste capítulo.

Em algumas barragens, durante o lançamento do material 2B (*cushion zone*), observou-se uma tendência à segregação, devido ao tipo de material empregado e ao método construtivo. A redução do diâmetro máximo e o aumento da fração da areia para teores entre 35% e 55% melhoram as condições de colocação do material. Mesmo assim, ainda se nota uma tendência à segregação durante a descarga e o espalhamento.

A segregação ocorre normalmente quando:

- se utiliza cascalho, porque as partículas tendem a rolar mais facilmente, devido à sua forma arredondada;
- o material é descarregado do caminhão próximo à borda do talude de montante;

- o material é descarregado dos caminhões em posição perpendicular ao eixo da zona 2B (*cushion zone*).

No caso de Alto Anchicayá, Salvajina, Cirata e outras barragens, frequentemente ocorria erosão na zona 2B. Os problemas observados em barragens já construídas motivaram o construtor de Itá a desenvolver um método para a colocação da transição 2B que desse uma proteção capaz de evitar ravinamento e minimizar a segregação e a erosão da face de montante.

Esse método, conhecido como "Método de Itá", consiste em construir uma mureta de concreto extrudado antes da construção da camada do material 2B (Fig. 12.19). O método foi descrito na literatura técnica e seu uso, com inovações complementares, foi aplicado em barragens recentes com as seguintes vantagens construtivas:

- controla a segregação, o ravinamento e a erosão, porque a proteção da face é mais resistente a chuvas pesadas;
- reduz atividades na face, resultando em economia e segurança;
- não afeta a produção ou o andamento da obra, como demonstrado em Itá, Itapebi, Machadinho e em outras modernas barragens altas;
- reduz a quantidade de equipamentos para estabilizar a face;
- facilita a aplicação da armadura e a construção da laje de concreto da face.

Os detalhes da dosagem e do equipamento foram divulgados em algumas referências técnicas e são explicados

FIG. 12.19 *Construção da mureta extrudada*

neste capítulo na descrição da construção da laje.

O enrocamento usado na construção da zona 3 é descarregado por caminhões perto da borda da camada em construção, empurrando-se o material com um trator D8 ou similar, permitindo a segregação do material de tal maneira que as partículas mais grossas se deslocam para a base e as mais finas são mantidas na superfície. Esse método resulta numa permeabilidade horizontal interna favorável e, na superfície, tem-se o benefício de transportar a carga sem desgaste excessivo dos pneus dos caminhões. A espessura das camadas pode variar entre 0,80 m para a zona 3B e 1,20 m para a zona 3C. A zona 3A é compactada em camadas similares à 2B (0,20-0,50 m).

Na zona 3B, quando se utiliza cascalho compactado, as camadas são executadas de maneira similar, mas com espessura menor (0,60 m). A segregação por camada não é tão visível, embora a permeabilidade horizontal resulte também maior do que a vertical.

O equipamento usado para construir o enrocamento depende da origem do material, das distâncias de transporte e do volume da barragem.

Um balanço apropriado da rocha é básico para otimizar os custos de projeto, reduzir a demanda da rocha de pedreira e controlar as perdas de material.

Nas barragens que demandaram grandes volumes de material, como Foz do Areia e Segredo (Brasil), Bakún (Malásia), nas quais o material era originário de diversas escavações das estruturas, foi conveniente usar unidades carregadeiras móveis (carregadeiras dianteiras), tratores D8 e unidades móveis de transporte de 25 t a 35 t. Quando os volumes a serem escavados são grandes, a tendência moderna é utilizar grandes carregadeiras estacionárias ou pás carregadeiras sobre esteiras.

Uma frota típica para lidar com grandes volumes de enrocamento constitui-se de:
- guindastes estacionários ou gruas eletromecânicas;
- carregadeiras hidráulicas de esteira rolante (≥ 3 m^3 de capacidade);
- caminhões de 35 t a 50 t; eventualmente de 75 t;
- tratores (320 HP);
- carregadeiras leves (CAT 966 ou similar) para correção da segregação;
- trator de grade;
- rolos compactadores vibratórios 6 t, 12 t, 18 t (5 t/m de rolo, no mínimo);
- placa vibratória montada em retroescavadeira hidráulica;
- máquina para a mureta extrudada, conforme descrita anteriormente.

Na especificação de projeto relativa à aplicação da água no enrocamento, é importante calcular o número de monitores de água de acordo com o pico da demanda. O esquema ideal é usar água natural dos córregos, que podem fornecer, por gravidade, o volume de água necessário. Para os projetos em que tal recurso natural não existe, são necessárias bombas para armazenar a água em tanques e, assim, fornecer o volume necessário de água.

O volume de água especificado depende do tipo de rocha e varia entre 10% e 30% do volume de enrocamento. A água não é especificada para o cascalho, mas é conveniente compactar os cascalhos ligeiramente úmidos.

Em Merowe, onde o plinto fica longe do rio, foram usados chuveiros para a aplicação da água.

Em projetos mineiros onde o transporte é fundamental para o processo industrial, os equipamentos de carga e os caminhões de transporte tornaram-se muito pesados, exigindo acessos especiais para levar o enrocamento para a barragem, como em Antamina (Peru), que terá 235 m de altura no segundo estágio.

12.7.3 Rampas

Um aspecto muito conveniente nas BEFCs é a possibilidade de implantar rampas em qualquer direção e, assim, reduzir o número de acessos às margens.

As dimensões das rampas dependem principalmente do equipamento utilizado, mas algumas regras práticas podem ser assim resumidas:

- As rampas podem ser construídas dentro do aterro, com inclinação de até 15% em qualquer direção. As rampas permanentes, encaixadas no talude de jusante, podem ter inclinação de até 12%.
- É desejável que as mudanças de direção sejam feitas em platôs nivelados (plataformas de retorno).
- Os taludes entre rampas podem ser de até 1,2H:1,0V para enrocamento. Para cascalho, os taludes intermediários devem ser mais suaves (1,3-1,35H): 1,0V, para evitar a perda das partículas esféricas.

12.7.4 Lançamento submerso

Para a construção da barragem no leito do rio, o enrocamento pode ser lançado na água, desde que seu recalque seja pequeno durante o enchimento do reservatório. Em Xingó, o enrocamento foi lançado na direção longitudinal com uma profundidade de 20 m de lâmina d'água na cota de fundação mais baixa da barragem, para ampliar a praça de deposição do enrocamento nas ombreiras (Fig. 12.15). O lançamento foi realizado antes do desvio do rio. Durante o fechamento, lançou-se na água mais enrocamento para um terceiro dique. Esse tipo de lançamento foi utilizado também em Itá.

Os autores deste livro acreditam que é possível, em barragens muito elevadas, construir um enrocamento moderado (± 20 m), lançado em água na área central para facilitar o desvio, como executado em Xingó, com sucesso.

A rocha saturada suportará as cargas mais elevadas durante a construção do enrocamento e, por causa de sua altura relativamente baixa comparada à altura da barragem, estará suficientemente compactada, com recalques insignificantes de construção até o enchimento do reservatório.

12.7.5 Etapas de construção

A flexibilidade na construção do aterro em BEFCs permite desenvolver um planejamento prático e econômico:

- Em vales abertos, o volume considerável do enrocamento pode ser colocado com rampas incorporadas, que ajudarão a reduzir as distâncias de transporte dentro do local da barragem. Isso resultará numa redução do volume a ser construído e permitirá alcançar alturas seguras e fazer um manejo econômico do rio, evitando transbordamentos (Fig. 12.20).
- Facilidade de colocar o material quando outras atividades estão sendo conduzidas simultaneamente.

Em Xingó, Machadinho, Segredo, Itá, Campos Novos e Barra Grande (Brasil) foi possível colocar o enrocamento em ambas as ombreiras antes de desviar o rio. A Fig. 12.15 mostra a sequência esquemática das etapas de construção de Xingó, típica de algumas barragens brasileiras.

FIG. 12.20 *Rampas incorporadas ao enrocamento*

12.8 Construção da laje

12.8.1 Preparação da superfície

A construção da laje da face melhorou nos últimos anos, se comparada com o projeto tradicional de painéis quadrados separados com juntas de compressão para colocação contínua dos painéis usando fôrmas deslizantes. A Tab. 12.1 fornece a área e a altura de algumas das mais altas BEFCs construídas ou em construção.

12.8.2 Proteção convencional dos taludes

A preparação da superfície do talude de montante depende do tipo de material 2B utilizado e do uso ou não do concreto extrudado. Em geral, as barragens modernas usam o concreto extrudado, mas alguns projetistas ainda mantêm o método antigo.

Em barragem convencional sem a mureta, a proteção durante a construção pode ser feita mediante revestimento asfáltico, ou concreto projetado, ou com argamassa. A proteção da superfície é importante para impedir a erosão durante as chuvas pesadas e prover uma base firme para a colocação do equipamento para disposição da ferragem e das fôrmas da laje.

Quando se utiliza a proteção asfáltica, são geralmente adotadas as seguintes etapas:

• Quando o material segue a granulometria de Sherard, com elevada porcentagem de areia (35%-55%) e com 2% a 8% de finos (inferior # 200), o tratamento com asfalto é importante para minimizar a ação erosiva da chuva. Asfalto recortado é selecionado (cimento asfáltico dividido) por oferecer alta capacidade de penetração. Normalmente se aplica uma segunda camada de imprimação asfáltica antes da execução da argamassa e da colocação da ferragem.

- Quando o material da zona 2B é mais grosseiro e bem graduado, o tratamento asfáltico é realizado usando-se emulsões asfálticas. Esse método foi adotado nas primeiras barragens brasileiras, Foz do Areia e Segredo.

A diferença na graduação elimina a necessidade da retroescavadeira ou de equipamento telescópico para cortar a superfície. Normalmente o material é espalhado a aproximadamente 1,5 m a 2,0 m da borda do talude, e essa zona é preenchida mais tarde com o material mais fino, como em Foz do Areia e Segredo.

Em Messochora (Grécia), o material da zona 2B foi estabilizado com concreto projetado aplicado por um robô, depois da face do talude ter sido compactada. Métodos similares têm sido empregados também em outras barragens (Golillas, Salvajina). O empenamento e trincas no concreto projetado demandam reparos contínuos da face, como observado em Messochora.

Há referências (técnicas) que reportam que na China, na barragem Guanmenshan, na província de Lianoning, foi usada argamassa de cimento compactada (para proteção da face) com resultados satisfatórios.

Em barragens altas, nas etapas de construção da laje da face, podem ocorrer vãos entre a laje precedente e a zona 2B, devido às deformações do enrocamento

FIG. 12.21 *Equipamento de construção da mureta extrudada*

TAB. 12.2 Dosagem da mureta de concreto

Cimento	70-75 kg/m³
Agregados ¾'	1.173 kg/m³
Areia	1.173 kg/m³
Água	125 litros

que não podem ser acompanhadas pelas lajes de concreto. Em Xingó e em TSQ1, observou-se claramente que o vão das lajes foi, em média, 10 cm de largura e 15 cm, no máximo, alcançando profundidade de 7 m na seção do leito do rio. Em TSQ1, a fenda observada no topo das lajes do primeiro e do segundo estágio foi preenchida com uma mistura fluida contendo 90% de cinza volante (*fly ash*) e 10% de cimento. Essa calda penetra satisfatoriamente. Em Mohale e em Bakún, vãos abertos foram encontrados entre a mureta extrudada e a laje e entre a mureta extrudada e o aterro.

12.8.3 Mureta de concreto extrudado

Quando se utiliza o método do concreto extrudado, a preparação da superfície do talude é simplificada.

Uma máquina extrusora é empregada usando-se uma dosagem com pouco cimento, conforme indicado na Tab. 12.2.

O molde da máquina é ajustado para dar a mesma inclinação da face (1,3H:1V ou 1,4H:1V). A altura das muretas extrudadas varia entre 30 cm e 50 cm, como já explicado.

A construção da mureta segue os passos:

- Nivela-se a camada compactada da zona 2B para se dispor de uma superfície horizontal para movimentar a máquina extrusora (Fig. 12.21).
- Para a execução da mureta, utiliza-se um molde metálico com a altura da camada de projeto (usualmente 0,40 m) e a inclinação da face de montante de 1,3 H:1V a 1,4H:1V.
- Usa-se uma dosagem seca do concreto, como indicado na Tab. 12.2.
- Controla-se o alinhamento da máquina por meio de equipamento a *laser* montado em uma posição fixa no plinto ou pela equipe da topografia.
- Após uma hora, pode-se espalhar o material da zona 2B por meio de um molde metálico ou descarregando-o diretamente dos caminhões.
- Nivela-se o material da zona 2B com uma grade, compactando-o com 4-6 passagens do rolo vibratório de 6-10 t. Em Antamina (Peru), a mureta tem 0,50 m de altura e o material da zona 2B foi espalhado e compactado em duas camadas de 0,25 m de espessura.

Os benefícios desse método são:

- segregação reduzida;
- baixas perdas de material que derrama para montante;
- imediata proteção contra erosão e chuvas;
- redução do equipamento de construção;
- método mais seguro de construção, que evita que os operários trabalhem na face de montante;
- produções elevadas (duas camadas por dia podem ser construídas nas barragens com comprimento da crista de 500 m);
- o equipamento de construção é simplificado (a máquina extrusora é um equipamento de baixo custo);
- trabalho limpo (a face fica preparada para a colocação da armadura e construção da laje, reduzindo-se o excesso do concreto).

Esse método foi utilizado pela primeira vez em Itá e aplicado depois nas barragens de Antamina, Machadinho, Mohale, Campos Novos, Barra Grande, Kárahnjúkar, Bakún, Porce III, El Cercado etc., com resultados excelentes do ponto de vista construtivo.

12.8.4 Berços de argamassa

Os berços de argamassa são colocados para servir de base para os veda-juntas e o alinhamento das fôrmas deslizantes. A distância entre os berços de argamassa é definida pela largura da camada de concreto.

Diversos métodos de construção foram adotados. Em Foz do Areia, os berços de argamassa foram construídos manualmente. Em outras barragens, empregaram-se "carrinhos" especiais montados em rodas e operados por guinchos. Mais recentemente, em Xingó, os berços de argamassa foram construídos com concreto projetado convencional e finalizados manualmente. Foi também necessário reforçar a parte superior das placas de argamassa com uma malha de aço, para impedir as trincas causadas pela repetição das cargas durante a colocação da armadura. A razão da argamassa (cimento/areia) foi de 1:3.

Em Itá, onde se utilizou a mureta extrudada, a construção dos berços de argamassa ficou restrita às juntas de tração com veda-juntas de cobre inferiores. Os berços de argamassa devem ser colocados fora da espessura teórica da laje.

12.8.5 Veda-juntas

Nas barragens construídas mais recentemente, eliminou-se o veda-junta central de PVC, mas manteve-se o veda-junta inferior de cobre na junta perimetral e nas juntas das lajes principais. A tendência é colocar um material arenoso fino autosselante no topo da junta perimetral e instalar um veda-junta tipo cogumelo de neoprene ou EPDM, ou solo autosselante, no topo das juntas verticais, que tendem a abrir durante o enchimento do reservatório.

Os veda-juntas de cobre são fabricados industrialmente por meio de laminadores similares aos empregados pela primeira vez em Salvajina (Colômbia).

Em Xingó, a máquina operada pelos mesmos macacos hidráulicos que moveram as fôrmas deslizantes do plinto foi usada na fabricação dos veda-juntas de cobre. Com 12 a 14 m de comprimento, os veda-juntas são transportados para o local da barragem para serem soldados. Em Aguamilpa e em Pichi Picún Leufú, máquinas com discos foram usadas para moldar gradualmente o veda-junta até que se conseguisse a forma final. Em TSQ1 e em Antamina adotaram-se laminadores similares de fabricação.

Em Itá utilizaram-se veda-juntas de cobre somente na junta perimetral e nas juntas verticais perto das ombreiras, que trabalham sob tração. No topo das juntas de compressão situadas nas seções mais altas das lajes da face foram colocadas juntas Jeene de neoprene em forma de cogumelo. Como estas foram utilizadas pioneiramente, realizaram-se ensaios exaustivos em laboratório, com pressões crescentes equivalentes e mesmo acima das pressões hidrostáticas previstas para o reservatório. As amostras foram alongadas para os mesmos valores das deformações previstas.

A Fig. 12.22 ilustra o veda-junta corrugado utilizado na BEFC de Merowe (Sudão).

É importante proteger o veda-junta de cobre com caixas de metal ou de madeira, para impedir danos durante a construção do aterro. O projeto de Messochora adotou uma proteção metálica fácil de ser instalada e removida. A Fig. 12.23 ilustra uma proteção de madeira.

Um novo veda-junta corrugado é usado na China. Um veda-junta similar foi usado nas barragens Bakún (Malá-

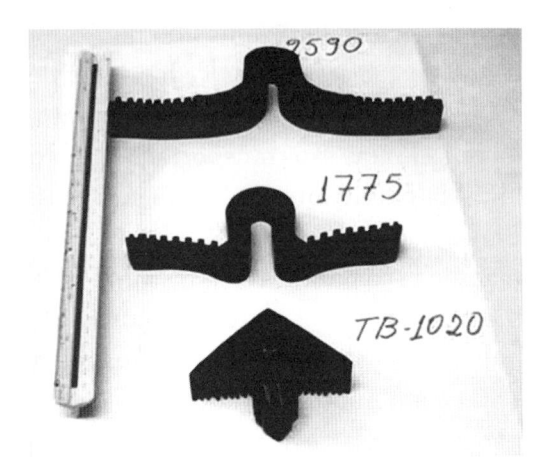

FIG. 12.22 *Veda-junta corrugado utilizado na barragem de Merowe (Sudão)*

FIG. 12.23 *Construção da proteção do veda-junta com caixa de madeira*

sia); Mazar (Equador) e Merowe (Sudão). A Fig. 12.24 mostra a aplicação desse veda-junta.

12.8.6 Mástique

Em barragens altas, desde Alto Anchicayá, tem-se colocado mástique sobre as juntas perimetrais (Fig. 12.25). Foz do Areia, Xingó e Segredo são algumas barragens onde o mástique foi colocado coberto com uma membrana de borracha. Em Aguamilpa e em TSQ1, as barragens mais altas até então construídas, o mástique foi substituído por cinza vulcânica e cinza de carvão sobre essas juntas, com resultados muito satisfatórios. A perda d'água foi muito pequena. Há uma tendência de se usar essa solução nas novas barragens em construção.

Os chineses desenvolveram um mástique denominado de *GB*, com desempenho adequado. Esse mástique é colocado sobre as juntas e protegido com uma cobertura de EPDM.

12.8.7 Concreto – Tipo de concreto

O tipo de concreto para a construção da laje principal é geralmente uma mistura trabalhável de cimento pozolânico

FIG. 12.24 *Veda-junta corrugado*

FIG. 12.25 *Mástique sobre a junta perimétrica*

com aditivos redutores de água e incorporação de ar na faixa de 4%-6%.

O concreto usado em barragens altas tem *slump* de 2" a 4" e consumo médio de cimento de 250 kg/m^3.

A resistência especificada é de 20 MPa para 28 dias, embora em algumas barragens onde a laje é construída em dois ou três estágios, a resistência requerida é especificada para 60 ou 90 dias.

Fôrmas

A construção da laje principal geralmente requer dois tipos de fôrmas: fôrmas de madeira para a execução das lajes de partida (arranque) e fôrmas deslizantes para a construção das lajes principais. Alguns projetos estão usando a fôrma deslizante para construir também as lajes de arranque.

Lajes de arranque

As lajes de arranque são segmentos da laje em contato com a junta perimetral, construídas primeiramente para facilitar a subida das fôrmas deslizantes.

A construção das lajes de arranque ocorre simultaneamente à do enrocamento, bem antes da construção da laje principal. São usadas fôrmas temporariamente fixas, feitas de caixas de madeira com dimensões de 2,00 x 0,50 m, que são levadas para cima entre tubos-guia. O concreto é confinado por essas caixas. Depois que a caixa é removida, a superfície recebe um acabamento. Cuidado especial deve ser dado na construção desses acabamentos, porque a junta perimetral já existe e a execução do concreto em torno dos veda-juntas é importante para evitar eventuais vazamentos.

As lajes de arranque podem ser construídas com a mesma fôrma deslizante, por meio do deslizamento das fôrmas com a ajuda de cabos ou dos guindastes hidráulicos, conforme comentado.

Laje principal

A construção da laje principal é realizada pelo deslizamento da fôrma após a instalação da armadura de aço. O tamanho da face define o número das fôrmas deslizantes. Em barragens altas, pode-se utilizar duas fôrmas deslizantes leves, operadas por guinchos eletromecânicos ou macacos hidráulicos. Ambos os sistemas são eficientes, embora o uso dos macacos hidráulicos apresente vantagens econômicas.

O sistema de macaqueamento pode ser utilizado colocando-se um trilho montado na fôrma lateral, o qual permite o avanço controlado de dois macacos laterais de capacidade de 15 t para levar a fôrma para cima. O mesmo sistema permite abaixar a fôrma desde a crista até a base, para iniciar um novo painel. Recentemente, algumas fôrmas deslizantes estão sendo operadas utilizando-se cabos como guias para o sistema de macaqueamento. O tipo de macaco é semelhante ao usado para cabos pré-tensionados.

A vantagem do uso das fôrmas deslizantes é que em grandes projetos elas podem ser utilizadas também para a construção da laje do vertedouro, como em Messochora (Grécia) e em Xingó (Brasil).

Na BEFC TSQ1 ocorreu a experiência única de uso de dois tipos diferentes de fôrmas deslizantes: a fôrma em trilhos, como explicado anteriormente, e a fôrma sem trilhos, como é usual na China. As fôrmas deslizantes operadas por macacos hidráulicos foram usadas no primeiro estágio das lajes, e as sem trilhos, operadas por guindastes, usadas no segundo e no terceiro estágio das lajes. Ambos os métodos foram satisfatórios em termos de produção e qualidade da concretagem.

O projeto de fôrmas deslizantes é simples e normalmente executado para cargas permanentes de aproximadamente 300 kg/m, incluindo o peso próprio dos elementos da fôrma.

As cargas vivas são de aproximadamente 70 a 100 kg/m, e as cargas adicionais, tais como a vibração, o efeito do vento, as contingências etc., são admitidas como 20% desse valor.

Essas fôrmas deslizantes não são calculadas para resistir à subpressão causada pela flutuação. Entretanto, como esse é um aspecto muito importante que pode ocorrer durante o processo de construção, os seguintes procedimentos devem ser considerados:
• evitar vibração perto da fôrma;
• as tubulações de bombeamento de concreto ou as calhas metálicas devem ser colocadas entre 1,00 e 1,50 m da parte frontal do trabalho;
• a placa superficial deve ser ligeiramente inclinada para prevenir o desenvolvimento da subpressão total na área de deslizamento. A placa de deslizamento deve permitir (introduzir) deflexões contrárias para neutralizar os efeitos de flutuação sem afetar a espessura da laje;
• as forças de atrito são admitidas como aproximadamente 0,025 kg/cm^2.

A manipulação das fôrmas deslizantes tem sido simplificada pelo uso das plataformas de subida, que podem ser transportadas lateralmente às camadas seguintes. A Fig. 12.26 mostra as plataformas usadas na barragem de Kannaviou (Chipre).

Controle

A construção da laje requer o contínuo monitoramento da velocidade de colocação, do excesso de concreto, do *slump*, da entrada de ar e das resistências previstas, para registro e análise estatística de cada lançamento. Esse controle tem permitido reduzir as perdas e o excesso de concreto para valores perto de 3% do volume teórico.

Transporte e entrega

O concreto da usina geralmente é transportado para o topo do estágio da laje por betoneiras com capacidade de 6 m^3, que descarregam nos silos de armazenamento do concreto. O lançamento é feito em calhas metálicas apoiadas diretamente na armadura de aço. Duas ou três linhas de calhas metálicas são necessárias para uma boa distribuição do concreto (Fig. 12.27).

Em Messochora (Grécia) e em Kannaviou (Chipre), uma calha metálica foi colocada lateralmente para alimentar

FIG. 12.26 *Estrutura de transporte de uma fôrma deslizante para o painel seguinte*

FIG. 12.27 *Colocação do concreto com calhas metálicas*

uma correia transportadora que distribuía o concreto na fôrma (Fig. 12.28).

A construção das lajes em estágios diferentes é conveniente para o enchimento parcial do reservatório e para iniciar também a construção da laje da face, enquanto o enrocamento é construído simultaneamente a jusante. Em barragens altas, não há limitação a respeito da definição dos estágios de construção da laje, e há razões suficientes para discutir com o projetista ou proprietário a melhor sequência de construção em relação aos histogramas de produção do concreto.

Armadura de aço

A tendência nos últimos anos tem sido reduzir a porcentagem de armadura na laje; entretanto, a experiência com fissuras em barragens altas vem forçando os projetistas a retornar à velha prática. É importante avaliar o custo de colocação da armadura de aço diretamente no local, em relação à produtividade ganha quando são aplicados os métodos mecanizados.

Em Xingó, por causa da programação apertada relativa à elevação da barragem, para conseguir proteções hidrológicas efetivas, utilizou-se um esquema mecanizado para fabricar as malhas de armadura antecipadamente e posicioná-las nos locais com o emprego de guindastes elétricos. Os resultados foram excelentes.

O método de colocação de armadura depende do custo da mão-de-obra do país e da produção prevista para atender ao cronograma. A colocação da armadura controla a eficiência de produção do concreto.

FIG. 12.28 *Colocação do concreto com correia transportadora*

Os métodos manuais são eficientes nos países com baixo custo de mão-de-obra. Sistemas semimecanizados foram usados também, dependendo da demanda requerida para a construção da face. A armadura de aço soldado com porcentagem máxima de carbono entre 0,20% e 0,24% e baixas porcentagens de manganês, como fabricada no Brasil, permite a solda de fusão, que evita o desperdício causado pela superposição.

Todas as malhas pré-fabricadas usadas em Xingó foram soldadas por fusão, o que trouxe economia pelo uso de barras comerciais. Normalmente o tamanho da barra é de 11 m de comprimento e as armaduras pré-moldadas têm 16 m x 11 m (Fig. 12.29).

FIG. 12.29 *Detalhe da armadura*

12.9 PRODUTIVIDADE

BEFCs altas têm registrado picos de produção de 60.000 m^3 na zona 2B por mês. É possível construir duas a três camadas de mureta extrudada por dia nas barragens com comprimento maior que 500 m de crista. É usual colocar 30.000 m^3/mês de material 2B.

A produção do enrocamento tem sido maior do que 1.200.000 m^3/mês, como registrado em Barra Grande (Brasil). Em geral, numa barragem alta, a produção media é de 500.000 m^3/mês.

A produção da mureta extrudada varia entre 40 e 60 m/hora, para uma barragem alta e com uma máquina.

A produção média de fôrmas deslizantes varia entre 2 e 4 m/hora. A máxima produção em seções estreitas perto do topo da barragem é de aproximadamente 6 m/hora. Em Xingó era possível produzir 20.500 m^2/mês durante a construção do segundo estágio da laje da face. A produção normal foi de 13-22 m^3/hora. O valor de pico de colocação de concreto foi de 60 m^3/hora.

A colocação da armadura variou entre 500-920 t/mês para o pico de produção. Os valores médios são da ordem de 300 t/mês.

Referências Bibliográficas

ALBERTONI, S. et al. Aspectos do projeto da Barragem EFC no AHE Itapebi. In: XXIV SEMINÁRIO NACIONAL DE GRANDES BARRAGENS, 2001, Fortaleza. *Anais...* Fortaleza: CBDB, 2001.

ALEMÁN-VELÁSQUEZ, J. D.; MARENGO-MOGOLLÓN, H.; RIVERA-CONSTANTINO, R.; PANTOJA-SÁNCHEZ, A.; DÍAZ-BARRIGA, A. F. *Relevant aspects of the geotechnical design for "La Yesca" hydroelectric project and of its behavior during the construction stage: the Mexican experience in concrete face rockfill dams.* The Second International Symposium on Rockfill Dams, Rio de Janeiro, 2011.

AMAYA, F.; MARULANDA, A. Golillas Dam – Design, construction and performance. In: COOKE, J. B.; SHERARD, J. L. (Eds.). *Concrete Face Rockfill Dams – Design, construction and performance* – Proceedings ASCE Symposium, Detroit, USA, 1985.

ANGUITA, P.; ALVAREZ, L.; VIDAL, L. Two Chilean CFRD designed on riverbed alluviums. In: *Proceedings International Symposium on High Earth-Rockfill Dams (Especially CFRD)*, Beijing, China, October 1993.

ANTUNES SOBRINHO, J. et al. Performance and concrete face repair at Campos Novos. *Intern. Journal on Hydropower & Dams*, n. 2, 2007.

ANTUNES SOBRINHO, J. et al. Development aspects of CFRD in Brazil. In: J. *Barry Cooke Volume – Concrete Face Rockfill Dams*, Beijing, 2000.

APHICHAT, S.; PASTSAKORN, K.; WEERAYOT, C.; RAWEE, S. Design of concrete face slab for 182 m high NN2 CFRD. In: INTERNATIONAL SYMPOSIUM ON ROCKFILL DAMS, 1., Chengdu, 2009.

BARBAREZ, Milijove. *Olmos dam project CFRD design and construction challenges.* Workshop on High Dam Know-how, Yichang, China, 2007.

BASSO, R. V. Estudo tensão-deformação de um enrocamento visando barragem de enrocamento com face de concreto. 2007. Dissertação de Mestrado – Escola Politécnica da USP, São Paulo, 2007.

BASSO, R. V.; CRUZ, P. T. Deformability study of a granular material submitted to different stress paths aiming CFRDs. In: SYMPOSIUM ON CFRD-DAMS HONORING J. BARRY COOKE, 3., 2007, Florianópolis. *Proceedings...* Florianópolis, 2007.

BASSO, R. V.; CRUZ, P. T. Estudo de deformabilidade de enrocamento visando BEFC. In: XIII Congresso Brasileiro de Mecânica dos Solos e Engenharia Geotécnica, 13, 2006, Curitiba. *Anais...* Curitiba: ABMS, 2006. p.1971-1976.

BODTMAN, W. L.; WYATT, J. D. Design and performance of Shiroro rockfill dam. In: COOKE, J. B.; SHERARD, J. L. (Eds.). *Concrete Face Rockfill Dams – Design, construction and performance –* Proceedings ASCE Symposium, Detroit, USA, 1985.

BORGES, J. M. V.; PEREIRA, R. F.; ANTUNES, J. Design, construction and performance of Barra Grande Dam. In: SYMPOSIUM ON CFRD-DAMS HONORING J. BARRY COOKE, 3., 2007, Florianópolis. *Proceedings...* Florianópolis, 2007.

BOUGHTON, N. O. Elastic analysis for the behavior of rockfill. ASCE, *Journal of the Soil Mechanics and Foundations Division*, v. 96, n. 5, p. 1715-1733, 1970.

CASINADER, R.; ROME, G. Estimation of leakage through upstream concrete facings of rockfill dams. In: *Transactions of the 16th International Congress on Large Dams*. San Francisco: ICOLD, 1988. v. 2, Q. 61, R. 17.

CASTRO, J. et al. Behavior of Aguamilpa and diversion works during January 1992 floods. In: *Proceedings International Symposium on High Earth-Rockfill Dams (Especially CFRD)*, Beijing, China, October 1993.

CHARLES, J. A.; SKINNER, H. D. Compressibility of foundation fills. Proceedings of ICE, *Geotechnical Engineering*, v. 149, n. 3, p.145-157, 2001.

CHARLES, J. A.; SOARES, M. M. Stability of compacted rockfill slopes. *Géotechnique*, v. 34, n. 1, 1984.

CLEMENTS, R. P. *The deformation of rockfill*: inter-particle behaviour, bulk properties and behaviour in dams. PhD Thesis, Faculty of Engineering, King's College, London University, 1981.

COOKE, J. B. The high CFRD Dam. In: INTERNATIONAL SYMPOSIUM ON CONCRETE FACED ROCKFILL DAMS, 2000, Beijing, China. *Invited lecture...* Beijing: ICOLD, 2000a.

COOKE, J. B. The plinth of the CFRD Dam. In: INTERNATIONAL SYMPOSIUM ON CONCRETE FACED ROCKFILL DAMS, 2000, Beijing, China. *Proceedings...* Beijing: ICOLD, 2000b.

COOKE, J. B. *Notes on Aguamilpa face crack*. Memo n. 165, 1999.

COOKE, J. B.; SHERARD, J. L. Concrete Face Rockfill Dam: I. Assessment; II. Design. *Journal of Geotechnical Engineering*, ASCE, v. 113, n. 10, 1987.

COOKE, J. B.; SHERARD, J. L. (Eds.). *Concrete Face Rockfill Dams – Design, Construction and Performance*. Proceedings ASCE Symposium, Detroit, USA, 1985.

COOKE, J. B. Progress in rockfill dams. 18th Rankine Lecture. *Journal of Geotechnical Engineering*, ASCE, v. 110, n. 10, 1984.

COOKE, J. B. New Exchequer. In: DAVIS, V. C.; SORENSEN, K. *Handbook of Applied Hydraulics*. 3. ed. New York: McGraw-Hill, 1969.

CRUZ, P. T.; FREITAS, M. S. Jr. Cracks and Flows in Concrete Face Rockfill Dams. In: 5th International Conference on Dam Engineering, Lisboa, Portugal, 2007.

CRUZ, P. T.; PEREIRA, F. R. *The Rockfill of Campos Novos* CFRD. In: SYMPOSIUM ON CFRD-DAMS HONORING J. BARRY COOKE, 3., 2007, Florianópolis. *Proceedings...* Florianópolis, 2007.

CRUZ, P. T. *Leakage on concrete face rockfill dams*. Proceedings of the International Conference on Hydropower, Yichang, China, May 2005a.

CRUZ, P. T. *Stability and instability of rockfills during throughflow*. Dam Engineering, n. 3, serial n. 59, August 2005b.

CRUZ, P. T. *100 barragens brasileiras*: casos históricos, materiais de construção e projeto. São Paulo: Oficina de Textos, 1996.

CRUZ, P. T.; MATERÓN, B.; FREITAS, M. S. Jr. Design criteria for CFRD – An actual review of 1987 papers by J. Barry Cooke and James L. Sherard – Concrete Face Rockfill Dams: I – Assesment; II – Design. *Journal of Geotechnical Engineering*, v. 113, October 10, 1987.

CRUZ, P. T.; QUADROS, E.; CORRÊA, D. F. *Análise de perda d'água e fluxo em fraturas de basalto*. In: Simpósio sobre a Geotecnia da Bacia do Alto do Paraná, v. IIB, São Paulo, 1983.

CRUZ, P. T. *Fluxo de água em enrocamento*: contribuição ao estudo do fluxo em meios contínuos e descontínuos. Relatório IPT – DMGA, cap. IX, São Paulo, 1979.

CRUZ, P. T.; SILVA, R. F. Uplift pressure at the base and in the rock basaltic foundation of gravity concrete dams. In: INTERNATIONAL SYMPOSIUM ON ROCK MECHANICS RELATED TO DAM FOUDATIONS, 1978, Rio de Janeiro. *Proceedings...* Rio de Janeiro: ISRM/ABMS, 1978. v. 1.

CRUZ, P. T.; NIEBLE, C. M. *Engineering properties of residual soils and granular rocks originated from basalts – Capivara Dam – Brazil*. São Paulo: IPT, 1970.

DAKOULAS, P.; THANOPOULOS, Y.; ANASTASSOPOULOS, K. Non linear 3D simulation of the construction and impounding of a CFRD. *Intern. Journal on Hydropower & Dams*, v. 15, n. 2, 2008.

DE MELLO, V. F. B. Reflection on design decisions of pratical significance to embankment dams". 17th Rankine Lecture. *Géotechnique*, v. 27, n. 3, p. 279-355, 1977.

DINÇER, A.; HUMBEL, M.; YAVUZ, O. Ilisu dam and hepp selection and evaluation of embankment material. *Studies on modern technology of rockfill dam construction and hydropower development*, Kunming, Nov. 2013.

EIGENHEER, L. P. Q. T.; MORI, R. T. Xingó Rockfill Dam. In: *Proceedings International Symposium on High Earth-Rockfill Dams* (Especially CFRD), Beijing, China, October 1993.

ESCANDE, L. *Experiments concerning the infiltration of water through a rock mass*. Proceedings Minnesota Int. Hydro Convention, 1953.

FERNANDEZ, R. et al. Instrumentation and auscultation of Itapebi CFRD during and after filling the reservoir. In: SYMPOSIUM ON CFRD-DAMS HONORING J. BARRY COOKE, 3., 2007, Florianópolis. *Proceedings...* Florianópolis, 2007.

FITZPATRICK, M. D. et al. Design of Concrete Faced Rockfill Dams. In: COOKE, J. B.; SHERARD, J. L. (Eds.). *Concrete Face Rockfill Dams – Design, Construction and Performance*. Proceedings ASCE Symposium, Detroit, USA, 1985.

FITZPATRICK, M. D. et al. Instrumentation and performance of Cethana Dam. In: xi International Congress on Large Dams. *Proceedings...* Madrid: ICOLD, 1973.

FLEURY, S. V. et al. *Estudo experimental da deformabilidade e resistência do enrocamento da barragem de Itapebi*. In: II Congresso Luso-Brasileiro de Geotecnia, 2004, Aveiro, Portugal. *Anais...* Aveiro, Portugal: SPG-ABMS, 2004.

FREITAS, M. S. Jr. *Notas de aula do curso* BEFC, Escola Politécnica da Universidade de São Paulo, 2008.

FREITAS, M. S. Jr. Contribution on designing and construction of high CFRDs. In: *Proceedings of the International Conference of Hydropower*, v. 1, Yichang, China, May 2004.

FREITAS, M. S. Jr. *Conferência sobre galagamentos em barragens de enrocamento*, Instituto de Engenharia de São Paulo, 26 mar. 2006.

GÓMEZ, G. M. Comportamento de la cara de concreto de Aguamilpa. In: II SIMPÓSIO SOBRE BARRAGENS DE ENROCAMENTO COM FACE DE CONCRETO, 1999, Florianópolis. *Anais...* Florianópolis: CBDB, 1999.

GUOCHENG, J.; KEMING, K. The Concrete Face Rockfill Dams in China. In: *J. Barry Cooke Volume – Concrete Face Rockfill Dams*, Beijing, 2000.

HARTUNG, F.; SCHEUERLEIN, H. *Design of overflow rockfill dam*. In: X ICOLD CONGRESS, Montreal, 1970, Q. 36, R. 35, v. 1, p. 587-598.

HELLSTRÖM, B. Compaction of a rockfill dam. In: *Transactions of the 5th International Congress on Large Dams*. Paris: ICOLD, 1955. v. 3. p. 331-337.

HIRSCHWALD, J. *Handbuch der bautechnischen Gesteinsprufung*. Berlin: Gebr. Borntraeger, 1912.

HOEK, E.; BRAY, J. *Rock slope engineering*. London: The Institution of Mining and Metallurgy, 1974.

HONG TAO, Li. Enlargement of Hengshan Dam. In: *Proceedings International Symposium on High Earth-Rockfill Dams (Especially CFRD)*, Beijing, China, October, 1993.

International Commission on Large Dams (ICOLD). Rockfill Dams with Concrete Facing - State of the Art. *ICOLD Bulletin* 70, 1989.

International water power & dam construction. *International Water Power & Dam Construction Yearbook 2008*. 456p.

JOHANNESSON, P.; PEREZ, H. J.; STEFANSSON, B. Updated behavior of the Kárahnjúkar Concrete Face Rockfill Dam in Iceland. In: 23rd ICOLD CONGRESS, Brazil 2009.

JOHANNESSON, P. Design improvements of high CFRDs constructed of low modulus rock. In: SYMPOSIUM ON CFRD-DAMS HONORING J. BARRY COOKE, 3., 2007, Florianópolis. *Proceedings...* Florianópolis, 2007.

JOHANNESSON, P.; TOHLANG, S. L. Lessons learned from Mohale. *International Water Power & Dam Construction*, August, p. 16-25, 2007a.

JOHANNESSON, P.; TOHLANG, S. L. Updated assessment of Mohale Dam behavior, including of slab cracking and seepage evolution. In: SYMPOSIUM ON CFRD-DAMS HONORING J. BARRY COOKE, 3., 2007, Florianópolis. *Proceedings...* Florianópolis, 2007b.

KOCH, O. G. et al. Concrete Face Rockfill Dam of Xingó - construction control. In: *Proceedings International Symposium on High Earth-Rockfill Dams (Especially CFRD)*, Beijing, China, October 1993.

KULASINGLE, A. N. S.; TANDON, G. N. Technical and behavior aspects of Kotmale Dam. In: *Proceedings International Symposium on High Earth-Rockfill Dams (Especially CFRD)*, Beijing, China, October 1993.

LARSON, E.; KELLY, R. *Geomembrane installation at Salt Springs CFRD Dam*. Pacific Gas & Electric Co, 2005.

LEAL, J. R. et al. Innovative design features of the Misicuni CFRD in Bolivia. *Hydropower & Dams*, n. 1, 2012.

LEPS, T. M.; CASHATT, C. A.; JANOPAUL, R. N. *New Exchequer Dam, California*. Concrete Face Rockfill Dams, ASCE Convention, Detroit, Michigan, October 1985. p. 15-26.

LEPS, T. M. Flow through rockfill. In: HIRSCHFELD, R. C.; POULOS, S. J. (Eds). *Embankment Dam Engineering; Casagrande Volume*. NY: John Wiley & Sons, 1973.

LEPS, T. M. Review of shearing strenght of rockfill. *Journal of the Soil Mechanics and Foundations Division*, v. 96, n. SM4, 1970.

LOMBARDI, G. Selecting the grouting intensity. *Intern. Journal on Hydropower & Dams*, v. 3, n. 4, p. 62-66, 1996.

LONG, Tan Yong et al. Bakun Dam – Some design and construction challenges. In: *Proceedings of the Symposium on 20 Years for Chinese CFRD Construction*, Yichang, China, September 2005.

MACEDO, G. G.; CASTRO, A. J.; MONTAÑEZ, L. C. Behavior of Aguamilpa Dam. In: *J. Barry Cooke Volume – Concrete Face Rockfill Dams*, Beijing, 2000.

MACHADO, B. P. et al. Pichi Picun Leufu - The first modern CFRD in Argentina. *Proceedings International Symposium on High Earth-Rockfill Dams (Especially CFRD)*, Beijing, China, October, 1993.

MAIA, P. C. A. *Avaliação do comportamento geomecânico e de alterabilidade de enrocamentos*. 2001. 351 f. Tese (Doutorado). DEC, Pontifícia Universidade Católica, Rio de Janeiro, 2001.

MARACHI, D. et al. *Strength and deformation characteristic of rockfill materials*. Report n. TE-69-5, University of California, Berkeley, 1969.

MARANHA DAS NEVES, E. Algumas considerações sobre a mecânica dos enrocamentos – solos e rochas. *Revista Latino–Americana de Geotecnia*, v. 25, n. 3, set-dez 2002.

MARANHA DAS NEVES, E. Fills and embankments. International Conference on Geotechnical Engineering of Hard Soils and Soft Rocks. *General Report*, Athens, v. 3, p. 2023-2037, 1993.

MARENGO-MOGOLLÓN, H.; AGUIRRE-TELLO, S. Instrumentation and Behavior of El Cajón Dam. In: SYMPOSIUM ON CFRD-DAMS HONORING J. BARRY COOKE, 3., 2007, Florianópolis. *Proceedings...* Florianópolis, 2007.

MARQUES FILHO, P. L. et al. Pichi-Picún-Leufú – uma barragem de cascalho compactado com face de concreto. In: II SIMPÓSIO SOBRE BARRAGENS DE ENROCAMENTO COM FACE DE CONCRETO, 1999, Florianópolis. *Anais...* Florianópolis: CBDB, 1999.

MARSAL, R. J. Mechanical properties of rockfill. In: HIRSCHFELD, R. C.; POULOS, S. J. (Eds). *Embankment Dam Engineering; Casagrande Volume*. NY: John Wiley & Sons, 1973. p. 109-200.

MARSAL, R. J. *Resistencia y compresibilidad de enrocamientos y gravas*. México D. F.: Instituto de Ingeniería, UNAM, 1971.

MARSAL, R. J. *The Behaviour of granular soils*. Curso ministrado na Universidad Nacional Autónoma de México, 1969.

MARSAL, R. J. Large scale testing of rockfill materials. *Journal of the Soil Mechanics and Foundations Division*, ASCE, v. 93, n. SM2, p. 27-43, 1967.

MARTINS, L. C. et al. *Instrumentação na UHE Campos Novos*. In: III SYMPOSIUM ON DAMS INSTRUMENTATION, 3., 2006, São Paulo. Proceedings... São Paulo: CBDB/ICOLD, 2006.

MARULANDA, A.; PINTO, N. L. S. Recent experience on design, construction and performance of CFRD dams. In: *J. Barry Cooke Volume – Concrete Face Rockfill Dams*, Beijing, 2000.

MARULANDA, A.; AMAYA, F.; MILLAN, M. Quimbo Dam. In: INTERNATIONAL SYMPOSIUM ON CONCRETE FACED ROCKFILL DAMS, 2000, Beijing, China. Proceedings... Beijing: ICOLD, 2000.

MATERÓN, B. *Introduction of vertical drains as a safety measure for concrete face dams (CFRDs) with new materials located in seismic areas*. Chincold, 2013.

MATERÓN, B.; FERNANDEZ, G. Considerations on the seismic design of high concrete face rockfill dams (CFRDs). In: INTERNATIONAL SYMPOSIUM ON ROCKFILL DAMS, 2., Oct. 2011, Rio de Janeiro, Brazil. 2011.

MATERÓN, B. Design, construction and behavior of slabs of the highest concrete-faced dams. CFRD *World*, v. 2, n. 1, CFRD International Society and HydrOu China, mar. 2008.

MATERÓN, B. Hengshan Dam. *Internal report for the raising of Carén dam*. Codelco, Chile, 2007.

MATERÓN, B. *Innovative design and construction methods for CFRDs*. In: XXII INTERNATIONAL CONGRESS ON LARGE DAMS. Proceedings... Barcelona: ICOLD, 2006.

MATERÓN, B. Responding to the demands of EPC contracts. *International Water Power & Dam Construction*, August 2002.

MATERÓN, B.; RESENDE, F. Construction innovations for the Itapebi CFRD. *Intern. Journal on Hydropower & Dams*, v. 8, n. 5, p. 66-70, 2001.

MATERÓN, B.; MORI, R. T. Construction features of CFRD dams. In: *J. Barry Cooke Volume – Concrete Face Rockfill Dams*, Beijing, 2000.

MATERÓN, B. Transition material in the highest CFRDs. *Intern. Journal on Hydropower & Dams*, England, v. 5, n. 6, 1998.

MATERÓN, B. Alto Anchicaya Dam – Ten Years Performance. In: COOKE, J. B.; SHERARD, J. L. (Eds.). *Concrete Face Rockfill Dams – Design, construction and performance* – Proceedings ASCE Symposium, Detroit, USA, 1985.

MATERÓN, B. *Compressibilidade e comportamento de enrocamentos*. Simpósio sobre a Geotecnia da Bacia do Alto Paraná, ABMS, 1983.

MATERÓN, B. et al. Alto Anchicayá Concrete Face Rockfill Dam - Behavior of the concrete face membrane. In: INTERNATIONAL CONGRESS ON LARGE DAMS, 14., 1982, Rio de Janeiro. Proceedings... Rio de Janeiro: CBGB-ICOLD, 1982.

MATERÓN, B. Estúdios geotécnicos y aspectos constructivos de la presa de Alto Anchicayá. In: PRIMER SIMPOSIO GEOLÓGICO COLOMBIANO, 1970.

MATEUS DA SILVA, J. M. M. *Modelação do colapso e da fluência em aterros*. 1996. 295f. Tese (Doutorado) – Faculdade de Engenharia da Universidade do Porto, Lisboa, 1996.

MAURO, V. et al. The use of high gravity walls for plinth foundation on Machadinho CFRD. In: SYMPOSIUM ON CFRD-DAMS HONORING J. BARRY COOKE, 3., 2007, Florianópolis. *Proceedings...* Florianópolis, 2007.

MAURO, V. et. al. O projeto da barragem principal da UHE Machadinho. In: II SIMPÓSIO SOBRE BARRAGENS DE ENROCAMENTO COM FACE DE CONCRETO, 1999, Florianópolis. *Anais...* Florianópolis: CBDB, 1999.

McHENRY, D. Discussion on stress conditions for the failure of saturated concrete and rock. *Proceedings of American Society of Civil Engineers*, v. 45, 1945.

MENA SANDOVAL, J. E. et al. Behavior observed at the El Cajón Dam (CFRD) Mexico during the first filling and one year of operation. In: SYMPOSIUM ON CFRD-DAMS HONORING J. BARRY COOKE, 3., 2007, Florianópolis. *Proceedings...* Florianópolis, 2007a.

MENA SANDOVAL, J. E. et al. El Cajón Hydroelectric Project (CFRD), Mexico – Dam auscultation system and behavior observed during construction. In: SYMPOSIUM ON CFRD-DAMS HONORING J. BARRY COOKE, 3., 2007, Florianópolis. *Proceedings...* Florianópolis, 2007b.

MENDEZ, F. et al. The behavior of a very high CFRD under first reservoir filling. *Intern. Journal on Hydropower & Dams*, v. 14, n. 2, 2007.

MENDEZ, F. Rapid construction of the El Cajón CFRD. *Intern. Journal on Hydropower & Dams*, v. 12, n. 1, 2005.

MIDEA, N. F. *Ensaio de cisalhamento direto (em laboratório) sobre enrocamento de gnaisse – Obra de Paraibuna*. LEC/CESP, Relatório G - 07/73, 1973.

MONTAÑEZ-CARTAXO, L. E; HACELAS, J. E.; CASTRO-ABONE, J. Design of Aguamilpa. *Proceedings International Symposium on High Earth-Rockfill Dams*. Beijing, China: ICOLD, 1993.

NARVAEZ, B. M. Resistência e deformabilidade de materiais granulares e enrocamento. *Revista Construção Pesada*, nov. 1980.

NEWMARK, N. M. Effects of earthquakes on dams and embankments. *Géotechnique*, v. 15, p. 140-141, 1965.

NOGUERA, G.; PINILLA, L.; SAN MARTIN, L. CFRD constructed on deep alluvium. In: *J. Barry Cooke Volume - Concrete Face Rockfill Dams*, Beijing, 2000.

NOGUERA, G.; VIDAL, L. Puclaro's cut-off wall. In: SYMPOSIUM ON CFRD-DAMS, 2., 1999, Florianópolis. *Proceedings...* Florianópolis: CBDB, 1999.

OLIVEIRA, L. O. *Barragens de Enrocamento com Face de Concreto – BEFC – Influência do zoneamento nas deformações da laje de montante*. 2002. Dissertação (Mestrado) – Escola Politécnica da Universidade de São Paulo, 2002.

OLDCOP, L. A. *Compresibilidad de escolleras. Influencia de la humedad*. Tesis doctoral, Escuela de Caminos, Canales y Puertos, Universidad Politécnica de Cataluña, 2000.

OLIVIER, H. Through and overflow rockfill dams – new design techniques. *Proceedings of the Institution of Civil Engineers*, v. 36, paper 7012, p. 433-471, 1967.

PARKIN, A. K.; ADIKARI, G. S. N. Rockfill deformation from large-scale tests. *Proceedings 10th International Conference on Soil Mechanics and Foundation Engineering*, Estocolmo, v. 4, p. 727-731, 1981.

PECK, R. B. *Geotechnical Instrumentation News*, USA, Sept. 2001.

PEIXOTO, M.; SABOYA JR., F.; KARAN, J. Analysis of differential movements between the face and the embankment body of concrete face rockfill dams. In: SYMPOSIUM ON CFRD-DAMS, 2., 1999, Florianópolis. *Proceedings...* Florianópolis: CBDB, 1999.

PENMAN, A. D. M.; ROCHA FILHO, P. Instrumentation for CFRD Dams. In: *J. Barry Cooke Volume – Concrete Face Rockfill Dams*, Beijing, 2000.

PENMAN, A. D. M.; ROCHA FILHO, P.; TONIATTI, N. B. Instrumentation of the 145m Segredo dam – problems and results. In: *Proceedings IV Int. Symposium on Field Measurements in Geomechanics*, Bergamo, Italy, 1995.

PENMAN, A. D. M. *Rockfill*. Building Research Station Current Paper, Department of the Environment, CP 15/71, Apr. 1971.

PENMAN, A. D. M. Shear characteristics of a saturated silt, measured in triaxial compression. *Géotechnique*, v. 3, n. 8, p. 312-328, 1953.

PEREIRA, R. F.; ALBERTONI, S. C.; ANTUNES, J. Instrumentation and ascultation of Itapebi CFRD during and after filling the reservoir. In: SYMPOSIUM ON CFRD-DAMS HONORING J. BARRY COOKE, 3., 2007, Florianópolis. *Proceedings...* Florianópolis, 2007.

PEREZ, H. J.; JOHANNESSON, P.; STEFANSSON, B. The Kárahnjúkar CFRD in Iceland instrumentation and first impoundment dam behavior. In: SYMPOSIUM ON CFRD-DAMS HONORING J. BARRY COOKE, 3., 2007, Florianópolis. *Proceedings...* Florianópolis, 2007.

PINKERTON, I. L.; SISWOWIDJONO, S.; MATSUI, Y. Design of Cirata Concrete Face Rockfill Dam. In: COOKE, J. B.; SHERARD, J. L. (Eds.). *Concrete Face Rockfill Dams – Design, Construction and Performance*. Proceedings ASCE Symposium, Detroit, USA, 1985.

PINTO, N. L. S. Very high CFRD dams – Behavior and design features. In: SYMPOSIUM ON CFRD-DAMS HONORING J. BARRY COOKE, 3., 2007, Florianópolis. *Proceedings...* Florianópolis, 2007.

PINTO, N. L. S. Percolação nas barragens de enrocamento com face de concreto em construção. In: II SIMPÓSIO SOBRE BARRAGENS DE ENROCAMENTO COM FACE DE CONCRETO, 1999, Florianópolis. *Anais...* Florianópolis: CBDB, 1999.

PINTO, N. L. S.; MARQUES FILHO, P. L. Estimating the maximum face deflection in CFRDs. *Intern. Journal on Hydropower & Dams*, n. 6, p.28-31, 1998.

PINTO, N. L. S.; BLINDER, S.; TONIATTI, N. B. Foz do Areia and Segredo CFRD Dams – 12 Years Evolution. *Proceedings International Symposium on High Earth-Rockfill Dams (Especially CFRD)*, Beijing, China, October, 1993.

PINTO, N. L. S.; MATERÓN, B.; MARQUES FILHO, P. L. Design and performance of Foz do Areia concrete membrane as related to basalt properties. In: INTERNATIONAL CONGRESS ON LARGE DAMS, 14., 1982, Rio de Janeiro. *Proceedings...* Rio de Janeiro: CBGB-ICOLD, 1982. v. 4. Q. 55, R. 51. p. 873-905.

QIAN, CHEN. Immediate development and future of 300 m high CFRD. CFRD *World, Journal of CFRD International Society*, v. 2, n. 1, 2008.

RAMIREZ, O. C. A.; PEÑA, M. E. A. Considerations on the geometric design of plinth. In: SYMPOSIUM ON CFRD-DAMS, 2., 1999, Florianópolis. *Proceedings...* Florianópolis: CBDB, 1999. p. 201-210.

RAMIREZ, O. C. A. Mazar Dam: a 166 m high CFRD in an asymmetric. In: SYMPOSIUM ON CFRD-DAMS HONORING J. BARRY COOKE, 3., 2007, Florianópolis. *Proceedings...* Florianópolis, 2007.

REGALADO, G. et al. Alto Anchicayá Concrete Face Rockfill Dam - Behavior of the concrete face membrane. In: INTERNATIONAL CONGRESS ON LARGE DAMS, 14., 1982, Rio de Janeiro. *Proceedings...* Rio de Janeiro: CBGB-ICOLD, 1982.

RESENDE, F.; MATERÓN, B. Itá Method – New Construction Technology for the Transition Zone of CFRDs. In: INTERNATIONAL SYMPOSIUM ON CONCRETE FACED ROCKFILL DAMS, 2000, Beijing, China. *Proceedings...* Beijing: ICOLD, 2000.

ROBERTS, C. M. The Quoich Rockfill Dam. In: VI INTERNATIONAL CONGRESS ON LARGE DAMS, 1958, New York. *Proceedings...* New York: ICOLD, 1958. v. 3, p. 101-121.

ROMO, M. P. *Aguamilpa – Análisis sísmico de la presa*. Mesa redonda - Homenaje al Prof. Raúl. J. Marsal. Sociedad Mexicana de Mecánica de Suelos, A. C., Marzo 1991.

ROMO, M. P.; RESÉNDIZ, D. Computed and observed deformation of two embankment dams under seismic loading. CONFERENCE ON THE DESIGN OF DAMS TO RESIST EARTHQUAKE, The Institution of Civil Engineers, London, p. 219-226, October 1980.

SABOYA JR., F. Considerações sobre compressibilidade de enrocamento e determinação de parâmetros para análise numérica de barragens de enrocamento com face de concreto. In: II SIMPÓSIO SOBRE BARRAGENS DE ENROCAMENTO COM FACE DE CONCRETO, 1999, Florianópolis. *Anais...* Florianópolis: CBDB, 1999.

SCHEWE, L. D.; EL TAYEB, A. Merowe dam project CFRD of extended lenght. In: *Proceedings of the Symposium on 20 Years for Chinese CFRD Construction*, Yichang, China, September 2005.

SCUERO, A.; VASCHETTI, G.; WILKES, J. Repair of a 10 m High CFRD: Geomembrane installation at Salt Springs, USA. In: SYMPOSIUM ON CFRD-DAMS HONORING J. BARRY COOKE, 3., 2007, Florianópolis. *Proceedings...* Florianópolis, 2007.

SEED, H. B.; LEE, K. L. Undrained strength characteristics of cohesionless soils. *Journal of the SMFD*, ASCE, v. 93, n. SM6, p. 333-360, 1967.

SIERRA, J. M.; RAMIREZ, C. A.; HACELAS, J. E. Design features of Salvajina Dam. In: COOKE, J. B.; SHERARD, J. L. (Eds.). *Concrete Face Rockfill Dams – Design, construction and performance* – Proceedings ASCE Symposium, Detroit, USA, 1985.

SIGNER, S. Estudo experimental da resistência ao cisalhamento dos basaltos desagregados e desagregáveis de Capivara. 1973. 92 f. Dissertação (Mestrado) – Escola Politécnica da Universidade de São Paulo, 1973.

SIGVALDASON, O. T. et. al. *Analysis of the Alto Anchicaya dam using the Finite Element Method*. International Symposium Criteria and Assumptions for Numerical Analysis of Dams, Swansea, UK, Sept. 1975.

SILVA, S. A.; CASARIN, C.; SOUZA, R. J. B. Xingó Dam – Use of semi-permeable transition under the concrete face. In: SYMPOSIUM ON CFRD-DAMS, 2., 1999, Florianópolis. *Proceedings...* Florianópolis: CBDB, 1999.

SILVEIRA, A. A note on critical hydraulic gradient. *Solos e Rochas – Revista Brasileira de Geotecnia*, v. 6, n. 2, ago. 1983.

SILVEIRA, A. *Algumas considerações sobre filtros de proteção: uma análise de carreamento*. 1964. Tese (Doutorado) – Escola Politécnica da USP, são Paulo, 1964.

SILVEIRA, J. F. A. *Instrumentação e segurança de barragens de terra e enrocamento*. São Paulo: Oficina de Textos, 2006.

SOUZA, R. J. B. et al. Barragem de Enrocamento com Face de Concreto de Xingó – Comportamento da Barragem de Enrocamento na Região da Ombreira Esquerda. In: II SIMPÓSIO SOBRE BARRAGENS DE ENROCAMENTO COM FACE DE CONCRETO, 1999, Florianópolis. *Anais...* Florianópolis: CBDB, 1999.

SOWERS, G. F.; WILLIAMS, R. C.; WALLACE, T. S. Compressibility of broken rock and settlement of rockfills. *Proceedings 6th International Conference on Soil Mechanics and Foundation Engineering*, Montreal, v. 3, p. 561-565, 1965.

STEELE, I. C.; COOKE, J. B. Rockfill dams: Salt Springs and Lower Bear River concrete face dams. *ASCE Transactions*, v. 125, pt. 2, p. 74-116, 1960.

SUN, Yi; YANG, Z. Application of new technologies in Shuibuya CFRD. In: *Proceedings of the Symposium on 20 Years for Chinese CFRD Construction*, Yichang, China, September 2005.

TAYLOR, D. M. *Fundamentals of soil mechanics*. New York: John Wiley & Sons, 1948. Cap. 6 e 16.

TERZAGHI, K. Discussion on settlement of Salt Springs and Lower Bear river concrete face dams. ASCE Transactions, v. 125, n. 2, p. 139-148, 1960a.

TERZAGHI, K. From theory to practice in soil mechanics. Selections from the writings of Karl Terzaghi. New York: John Wiley & Sons, 1960b.

TERZAGHI, K. Discussion on "Wishon and Coutright concrete face dams. *Journal of Geotechnical Engineering*, ASCE, v. 125, part II, 1960c.

THOMAS, H. H. Flow through and over rockfills. In: _____. *The engineering of large dams*. New York: John Wiley & Sons, 1976. v. 2. cap. 15.

TRONCOSO, J. *Análisis de estabilidade de la Presa del Embalse de Santa Juana*. Chile: Ministerio de Obras Públicas, 1993.

TSCHEBOTARIOFF, G. P.; WELCH, J. D. Lateral earth pressure and friction between soil minerals. *Proceedings 2nd International Conference on Soil Mechanics and Foundation Engineering*, Rotterdam, v. 7, p. 135-138, 1948.

TSUNODA, N. T. et al. UHE ITÁ – Metodologia Executiva da Laje da Face da Barragem. In: II SIMPÓSIO SOBRE BARRAGENS DE ENROCAMENTO COM FACE DE CONCRETO, 1999, Florianópolis. *Anais...* Florianópolis: CBDB, 1999.

VEIGA PINTO, A. A. *Previsão do comportamento estrutural de barragens de enrocamento*. 1983. 157 f. Tese (Doutorado) – Laboratório Nacional de Engenharia Civil, Lisboa, Portugal, 1983.

WATZKO, A. *Barragens de Enrocamento com Face de Concreto no Brasil*. 2007. Dissertação (Mestrado em Engenharia Civil) – Universidade Federal de Santa Catarina-UFSC, Florianópolis, 2007.

WILKINS, J. K. A theory for the shear strength of rockfill. *Rock Mechanics and Rock Engineering*, v. 2, n. 4, p. 205-222, 1970.

WILKINS, J. K. The stability of overtopped rockfill dams. *Proceedings 4th Australia-New Zealand Conference on Soil Mechanics and Foundation Engineering*, 1963.

WILKINS, J. K. Flow of water through rockfill and its application to the design of dams. *Proceedings 2nd Australia-New Zealand Conference on Soil Mechanics and Foundation Engineering*, p. 141-149, 1956.

WU, G. Y. et al. Face slab construction at Tianshengqiao 1 (China). In: INTERNATIONAL SYMPOSIUM ON CONCRETE FACED ROCKFILL DAMS, 2000, Beijing, China. *Proceedings...* Beijing: ICOLD, 2000a.

WU, G. Y. et al. Tianshengqiao-1 CFRD – Monitoring & Performance – Lessons & New Trends for Future CFRDs (China). In: INTERNATIONAL SYMPOSIUM ON CONCRETE FACED ROCKFILL DAMS, 2000, Beijing, China. *Proceedings...* Beijing: ICOLD, 2000b.

XAVIER, L. V. et al. Campos Novos CFRD – Treatment and behavior of the dam in the second filling of the reservoir. In: SYMPOSIUM ON CFRD-DAMS HONORING J. BARRY COOKE, 3., 2007, Florianópolis. *Proceedings...* Florianópolis, 2007a.

XAVIER, L. V. et al. Concrete face rockfill dams – Studies on face stresses through mathematical models. In: SYMPOSIUM ON CFRD-DAMS HONORING J. BARRY COOKE, 3., 2007, Florianópolis. *Proceedings...* Florianópolis, 2007b.

XAVIER, L. V. et al. Projeto e desempenho da BEFC AHE Quebra-Queixo. In: Seminário Nacional de Grandes Barragens, 25., 2003, Salvador/Bahia. *Anais...* Salvador: CBDB, 2003.

ZEPING, Xu. *Conferência sobre BEFC na China*. Instituto de Engenharia de São Paulo, 2006.

YANG, J.; LfVOLL, A. *Turbulent seepage in a 6 m rockfill dam – Field measurements, analytical and numerical solutions*. In: Vingt Deuxième Congrès Des Grands Barrages, 2006, Barcelone. Commission Internationale Des Grands Barrages, Q.86, R.1, 2006.

YUAN, H.; ZHANG, C. Rehabilitation design of Gouhou CFRD. In: *Proceedings of the International Conference of Hydropower*, v. 1, Yichang, China, May 2004.

CTP•Impressão•Acabamento
Com arquivos fornecidos pelo Editor

EDITORA e GRÁFICA
VIDA & CONSCIÊNCIA

R. Agostinho Gomes, 2312 • Ipiranga • SP
Fone/fax: (11) 3577-3200 / 3577-3201
e-mail:grafica@vidaeconsciencia.com.br
site: www.vidaeconsciencia.com.br